Lambacher Schweizer

Mathematik

Abitur- und Klausurtraining

Bayern

erarbeitet von
Jürgen Frink,
Detlef Hoche,
Matthias Janssen,
Arne Jessen,
Klaus-Peter Jungmann,
Karen Kaps,
Michael Kölle,
Peter Neumann,
Heike Spielmans

Ernst Klett Verlag
Stuttgart · Leipzig

1. Auflage 1 9 8 7 6 | 24 23 22

Alle Drucke dieser Auflage sind unverändert und können im Unterricht nebeneinander verwendet werden.
Die letzte Zahl bezeichnet das Jahr des Druckes.

Autorinnen und Autoren: Jürgen Frink, Tübingen; Detlef Hoche, Stuttgart; Dr. Matthias Janssen, Inzlingen; Arne Jessen, Balingen; Klaus-Peter Jungmann, Dortmund; Karen Kaps, Stade; Dr. Michael Kölle, Tübingen; Peter Neumann, Markkleeberg; Heike Spielmans, Köln

Redaktion: Annegret Weimer, Kerstin Leidenberger
Herstellung: Renate Mönch

Umschlaggestaltung: KomaAmok, Stuttgart
Titelbilder: Wasserstrudel: Getty Images (amana Images/Takeshi Daigo), München; Wendeltreppe: Getty Images (Image Bank/Joao Paulo), München
Illustrationen: Da-TeX Gerd Blumenstein, Leipzig
Satz: Da-Tex Gerd Blumenstein, Leipzig
Reproduktion: Meyle & Müller Medienmanagement, Pforzheim
Druck: AZ Druck und Datentechnik GmbH, Kempten/Allgäu

Printed in Germany
ISBN 978-3-12-733919-1

9 783127 339192

Inhaltsverzeichnis

Hinweise für Schülerinnen und Schüler ____ 5

Klasse 11

I Graphen gebrochen rationaler Funktionen
Verhalten in der Umgebung von Definitionslücken ____ 6
Verhalten im Unendlichen ____ 7
Zusammenhang von Graphen und Termen ____ 8
Klausurtraining ____ 9

II Lokales und globales Differenzieren
Differenzenquotient und mittlere Änderungsrate ____ 10
Differentialquotient und lokale Änderungsrate ____ 11
Ableitungsfunktion ____ 12
Die Ableitung der Funktion $x \mapsto x^n$ ____ 13
Summen- und Faktorregel ____ 14
Produkt- und Quotientenregel ____ 15
Klausurtraining ____ 16

III Anwendungen der Ableitung
Monotonie ____ 17
Extremstellen, Extremwerte, Bedingungen für Extrema ____ 18
Bedingungen für Extrema ____ 19
Funktionsuntersuchung rationaler Funktionen (1) ____ 20
Funktionsuntersuchung rationaler Funktionen (2) ____ 21
Klausurtraining ____ 22

IV Koordinatengeometrie im Raum
Das dreidimensionale Koordinatensystem ____ 23
Vektoren ____ 24
Addition und Subtraktion von Vektoren ____ 25
Multiplikation eines Vektors mit einer Zahl (S-Multiplikation) ____ 26
Betrag von Vektoren, Länge von Strecken ____ 27
Skalarprodukt von Vektoren, Größe von Winkeln ____ 28
Das Vektorprodukt ____ 29
Kreise und Kugeln im Koordinatensystem ____ 30
Klausurtraining ____ 31

V Weitere Ableitungsregeln
Ableitung der Sinus- und Kosinusfunktion ____ 32
Umkehrfunktion ____ 33
Verkettung von Funktionen ____ 34
Ableitung von verketteten Funktionen ____ 35
Potenzfunktionen mit rationalen Exponenten und ihre Ableitung ____ 36
Klausurtraining ____ 37

VI Natürliche Exponential- und Logarithmusfunktion
Die natürliche Exponentialfunktion und ihre Ableitung ____ 38
Die natürliche Logarithmusfunktion und ihre Ableitung ____ 39
Ableiten zusammengesetzter Funktionen ____ 40
Exponentialfunktionen und Exponentialgleichungen ____ 41
Exponential- und Logarithmusfunktionen und ihre Graphen ____ 42
Klausurtraining ____ 43

VII Wahrscheinlichkeitsbegriff und Unabhängigkeit
Zusammengesetzte Ereignisse ____ 44
Der Additionssatz ____ 45
Unabhängigkeit von Ereignissen ____ 46
Klausurtraining ____ 47

VIII Anwendungen der Differentialrechnung
Ganzrationale Funktionen in realen Situationen ____ 48
Extremwertprobleme ____ 49
Komplexere Extremwertprobleme ____ 50
Funktionen mit Parametern ____ 51
Funktionsbestimmungen ____ 52
Funktionsanpassungen ____ 53
Klausurtraining ____ 54

Klasse 12

I Integralrechnung
Lokale Änderungsrate und Gesamtänderung, das Integral ____ 55
Das Integral als Flächenbilanz; die Integralfunktion ____ 56
Der Hauptsatz der Integral- und Differentialrechnung ____ 57
Stammfunktionen ____ 58
Eigenschaften von Stammfunktionen und Integralen ____ 59
Flächenberechnungen mit dem Integral; ins Unendliche reichende Flächen ____ 60
Klausurtraining ____ 61

II Weitere Eigenschaften von Funktionen und deren Graphen
Die zweite Ableitung ____ 62
Krümmung von Graphen ____ 63
Wendepunkte, Art der Extrema ____ 64
Klausurtraining ____ 65

III Zufallsgrößen und Binomialverteilung
Zufallsgrößen und ihre Verteilung ____ 66
Erwartungswert und Varianz ____ 67
Spielpläne (1) ____ 68
Spielpläne (2) ____ 69
Anzahl der Möglichkeiten – das Urnenmodell ____ 70
Wahrscheinlichkeiten mit dem Urnenmodell ____ 71
Bernoulliversuche ____ 72
Binomialverteilung (1) ____ 73
Binomialverteilung (2) ____ 74
Klausurtraining ____ 75

IV Beurteilende Statistik
Hypothesentest (1) ____ 76
Hypothesentest (2) ____ 77
Klausurtraining ____ 78

V Geraden und Ebenen im Raum
Vektorielle Darstellung von Geraden ____ 79
Gegenseitige Lage von Geraden ____ 80
Vektorielle Darstellung von Ebenen ____ 81
Normalenform der Ebenengleichung ____ 82
Lagebeziehungen ____ 83
Abstandsbestimmungen (1) ____ 84
Abstandsbestimmungen (2) ____ 85
Schnittwinkel ____ 86
Klausurtraining (1) ____ 87
Klausurtraining (2) ____ 88

VI Anwendungen der Differential- und Integralrechnung
Exponentielles Wachstum ____ 89
Verdopplungs- und Halbwertszeit ____ 90
Untersuchung verknüpfter Funktionen ____ 91
Klausurtraining ____ 92

Inhaltsverzeichnis

Basisfertigkeiten
Analysis ____ 93
Analytische Geometrie ____ 98
Stochastik ____ 101

Abiturvorbereitung
Abiturähnliche Aufgaben – Aufgaben ohne Hilfsmittel ____ 105
Abiturähnliche Aufgaben – Geometrie ____ 117
Abiturähnliche Aufgaben – Stochastik ____ 119

Lösungen
Lösungen Übungsaufgaben ____ 122
Lösungen Abiturvorbereitung ____ 168

Stichwortverzeichnis ____ 178

Liebe Schülerinnen und Schüler,

dieses Arbeitsheft soll Ihnen helfen, sich erfolgreich auf die Abiturprüfung vorzubereiten, es soll Sie aber auch auf dem Weg dorthin bei Klausuren unterstützen. Dieses Heft besteht aus drei Teilen:

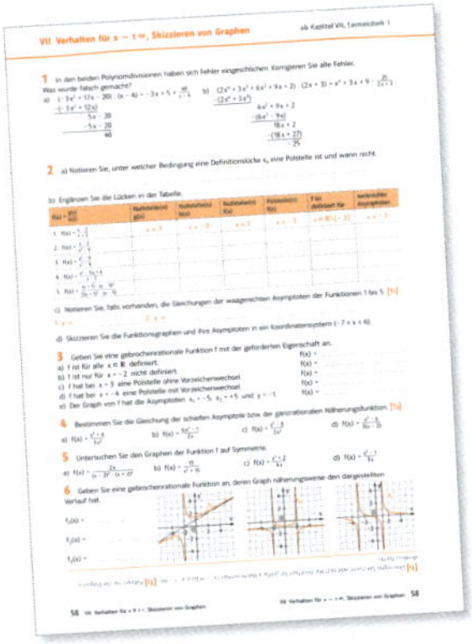

Übungsaufgaben

Der erste Teil enthält Übungsaufgaben unterschiedlicher Schwierigkeitsgrade. Die Kapitelnamen sind gleich wie im Schülerbuch Lambacher Schweizer Klasse 11 (ISBN 978-3-12-732760-1) und Klasse 12 (ISBN 978-3-12-732860-8)
Oben auf den Seiten ist angegeben, ab welcher Lerneinheit des entsprechenden Kapitels im Schülerbuch die jeweilige Seite bearbeitet werden kann. Jeweils eine Seite ist einem Thema gewidmet. Die Aufgaben werden nach unten hin immer schwieriger. Aufgaben mit orangefarbener Aufgabenziffer sollen ohne GTR gelöst werden, bei Aufgaben mit schwarzer Aufgabenziffer kann der GTR oder ein anderer Rechner hilfreich sein. Wenn Ihnen der Lösungsansatz für eine Aufgabe fehlt, können Ihnen die Tipps zu den Aufgaben helfen, einen Ansatz zu finden, mit dem Sie weiterarbeiten können.
Am Ende jedes Kapitels stehen Klausuraufgaben mit und ohne Hilfsmittel, die das Niveau von anspruchsvollen Klausuren oder von Abituraufgaben aufweisen.
Mit diesen Übungsaufgaben können Sie nicht nur parallel zum Unterricht üben, sondern auch in den Wochen und Monaten vor der schriftlichen Abiturprüfung die Inhalte der Kursstufe systematisch auffrischen und eventuelle Lücken identifizieren.
Den Themen, die typischerweise für die Abiturprüfung besonders relevant sind, haben wir in diesem Heft besonders breiten Raum eingeräumt. Die Lösungen zu allen Aufgaben sind hinten im Heft zu finden.

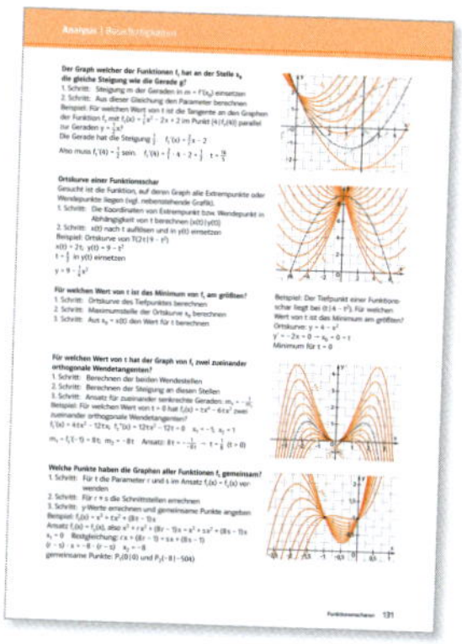

Basisfertigkeiten

Die Seiten zu Basisfertigkeiten zeigen typische Fragestellungen in Prüfungen und typische Vorgehensweisen zur Lösung dieser Fragestellungen.
Der Schwerpunkt der Basisfertigkeiten liegt auf Schrittfolgen, mit denen komplexe Aufgaben in einzelne Schritte zerlegt werden können. Die Schrittfolgen sollen auch das Verständnis für Lösungsstrategien fördern. Probleme, die alleine mit der Anwendung einer Formel aus der Formelsammlung oder einer einfachen Berechnung mit dem Rechner gelöst werden können, werden bei den Basisfertigkeiten nicht behandelt. Die Basisfertigkeiten und die Formelsammlung ergänzen daher einander, ohne sich gegenseitig überflüssig zu machen.

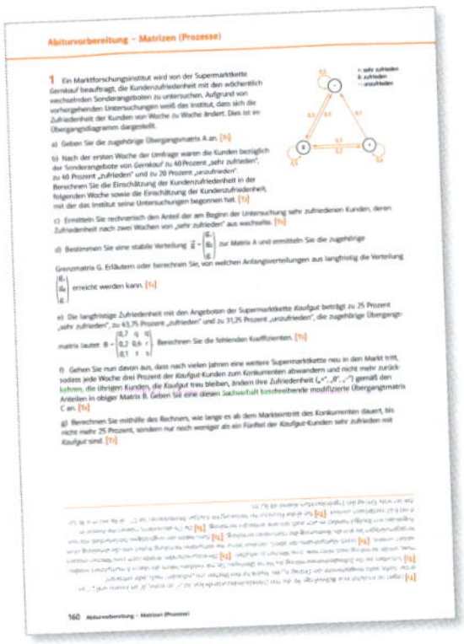

Abiturvorbereitung

Diese Aufgaben sollen eine Abiturvorbereitung unter Echtbedingungen ermöglichen. Die Aufgaben im Heft haben den üblichen Aufbau und die übliche Länge von Prüfungsaufgaben, enthalten aber auch an schwierigen Stellen Tipps.
Die Lösungen der abiturähnlichen Aufgaben sind ausführlich und erlauben eine Selbstkontrolle.

Viel Erfolg!

1 Gegeben ist die Funktion $f: x \mapsto \frac{3}{4 - x^2}$.

a) Ermitteln Sie die Definitionsmenge von f.

Definitionslücken von f sind die ____________________

des Nenners. Es ist ____________ = 0 für x_1 = ________

und x_2 = ________.

Die Definitionsmenge ist also D_f = ____________________.

b) Ergänzen Sie die Wertetabelle und zeichnen Sie dann den Graphen von f.

x	± 4	± 3	± 2,5	± 1,5	± 1	± 0,5	0
y							

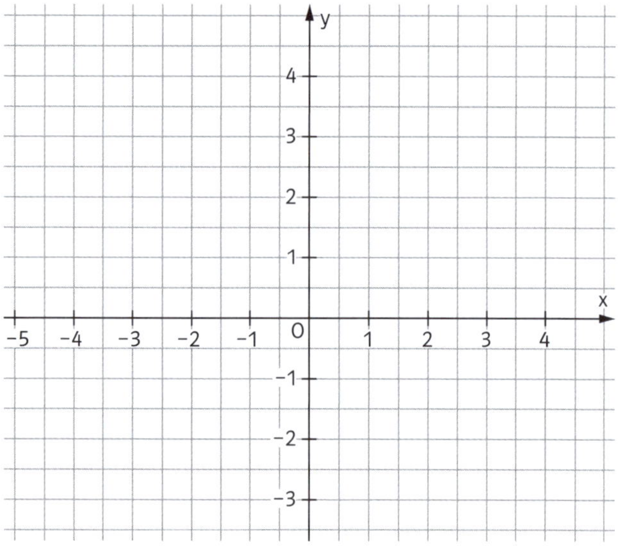

2 Geben Sie jeweils eine gebrochenrationale Funktion f mit der Definitionsmenge D_f an.

a) $D_f = \mathbb{R}$

f: x ↦ ____________________

b) $D_f = \mathbb{R}\setminus\{-2\}$

f: x ↦ ____________________

c) $D_f = \mathbb{R}\setminus\{-3; 0; 3\}$

f: x ↦ ____________________

3 Geben Sie einen möglichst einfachen Funktionsterm an, sodass die Bedingungen erfüllt werden.

a) Der Graph von f hat eine senkrechte Asymptote bei $x = 5$ und schneidet die y-Achse in (0|7).

f: x ↦ ____________________

b) Der Graph von g hat zwei senkrechte Asymptoten bei $x = -2$ und $x = 3$ und verläuft durch den Ursprung.

g: x ↦ ____________________

4 Welcher Graph gehört zu welcher Funktion? Ordnen Sie die Kärtchen einander passend zu und begründen Sie Ihre Entscheidung.

A $f: x \mapsto \frac{1}{1 - x}$

B $f: x \mapsto \frac{1}{1 + x}$

C $f: x \mapsto \frac{1}{x^2 + 1}$

D $f: x \mapsto \frac{1}{x}$

E $f: x \mapsto \frac{1}{x - 1}$

F $f: x \mapsto \frac{x}{x^2 - 1}$

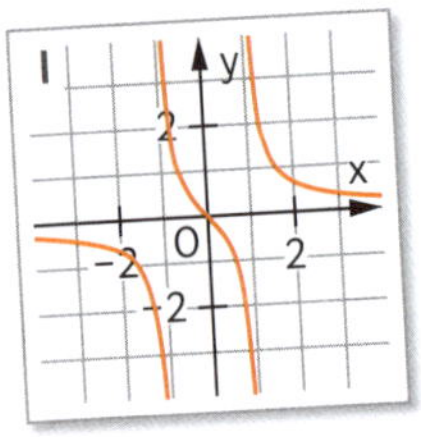

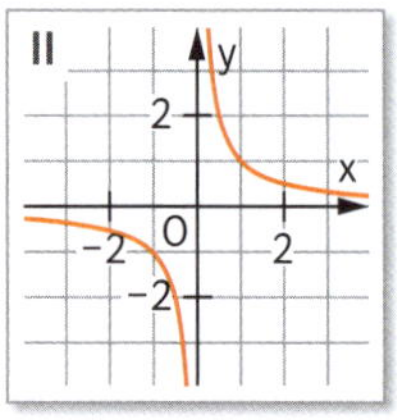

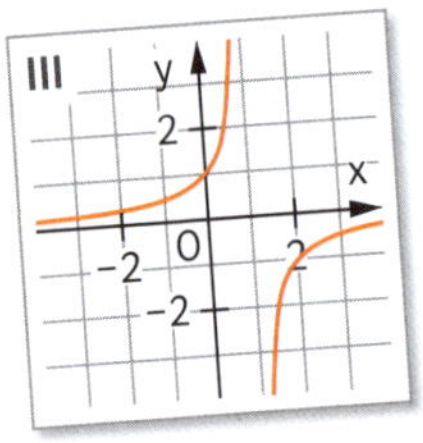

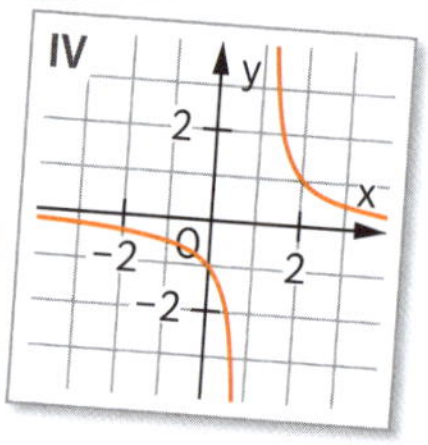

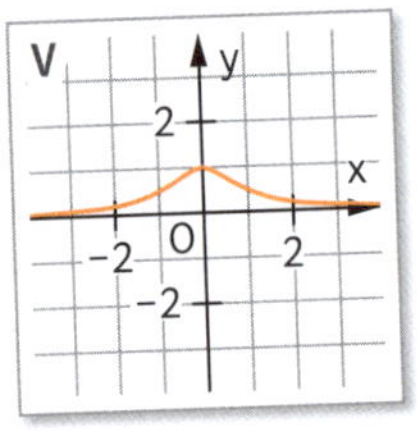

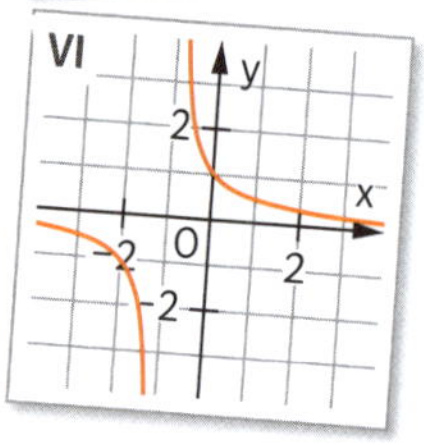

5 Ergänzen Sie die Tabelle.

Funktion f	Definitionsbereich $D_f = \mathbb{R}\setminus\{x_0\}$	Nullstelle(n)	f(0)	Verhalten von f in der Umgebung der Definitionslücke x_0 [T1]: $x \to x_0,\ x < x_0$	$x \to x_0,\ x > x_0$	Polstelle
a) $f: x \mapsto \frac{x + 1}{x - 2}$				$f(x) \to -\infty$		x = 2 mit VzW
b) $f: x \mapsto \frac{0{,}25x^2}{x + 4}$		0	0			
c) $f: x \mapsto \frac{3}{(x - 3)^2}$					$f(x) \to +\infty$	
d) $f: x \mapsto \frac{x^2 - 4x}{2x - 8}$						
e) $f: x \mapsto \frac{x^2 + 3x}{2 - 2x}$						

[T1] Betrachten Sie die Funktionswerte bei links- und rechtsseitiger Annäherung an die Definitionslücke x_0.

1 Ordnen Sie den Termen auf den Zahlenkärtchen die äquivalenten Terme auf den Buchstabenkärtchen zu.
Wie lautet das Lösungswort?

1: $\frac{x-1}{x+1}$	2: $\frac{x+4}{2x}$	3: $-\frac{x+2}{x}$	E: $x+4$	P: $\frac{6x-2}{4x-2}$	Z: $\frac{-x^2+7x-12}{2-x}$
4: $\frac{2x^3-3x^2+2x-3}{x^2+1}$	5: $\frac{3-\frac{1}{x}}{2-\frac{1}{x}}$	6: $\frac{1}{2}x+\frac{3}{2}-\frac{2}{x}$	Z: $\frac{1-\frac{1}{x}}{1+\frac{1}{x}}$	I: $\frac{x^2+3x-4}{2x}$	S: $2x-3$
7: $2-\frac{1}{x}$	8: $x-5-\frac{2}{2-x}$	9: $\frac{-x^2-2x+8}{2-x}$	T: $\frac{2x-1}{x}$	G: $-1-\frac{2}{x}$	U: $\frac{1}{2}+\frac{2}{x}$

2 Bestimmen Sie die Gleichungen aller Asymptoten.

a) $f\colon x \mapsto \frac{6}{3x+9}$ b) $f\colon x \mapsto \frac{3+4x^2}{2x^2-8}$ c) $f\colon x \mapsto \frac{5x^3}{5-2x}$ d) $f\colon x \mapsto \frac{4x^2}{4x^2+1}$

3 Geben Sie eine gebrochenrationale Funktion f mit der geforderten Eigenschaft an.

a) f ist für alle $x \in \mathbb{R}$ definiert. $f\colon x \mapsto$ ____________
b) f ist nur für $x = -2$ nicht definiert. $f\colon x \mapsto$ ____________
c) f hat bei $x = 3$ eine Polstelle ohne Vorzeichenwechsel. $f\colon x \mapsto$ ____________
d) f hat bei $x = -4$ eine Polstelle mit Vorzeichenwechsel. $f\colon x \mapsto$ ____________
e) Der Graph von f hat die Asymptoten $x = -5$; $x = +5$ und $y = -1$. $f\colon x \mapsto$ ____________

4 Bestimmen Sie die Gleichung der waagrechten bzw. der schrägen Asymptote. [T1]

a) $f\colon x \mapsto \frac{x^3+4}{3x^3}$ b) $f\colon x \mapsto \frac{6x^2-1}{2x}$ c) $f\colon x \mapsto \frac{8-x^2}{2x^2}$ d) $f\colon x \mapsto \frac{x^2-6}{3(x-2)}$

5 Geben Sie eine gebrochenrationale Funktion an, deren Graph näherungsweise den dargestellten Verlauf hat.

$f_1\colon x \mapsto$ ____________

$f_2\colon x \mapsto$ ____________

$f_3\colon x \mapsto$ ____________

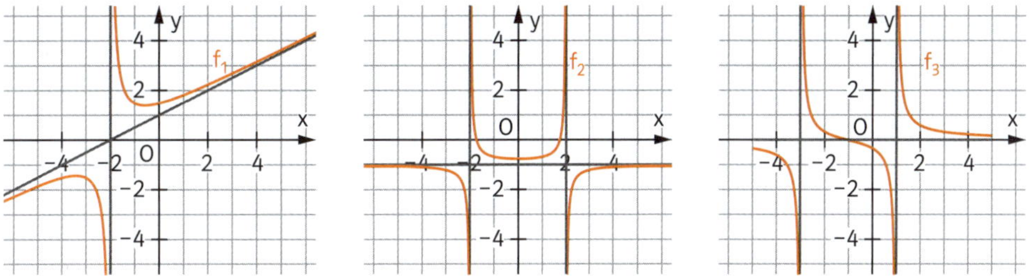

6 In den beiden Polynomdivisionen haben sich Fehler eingeschlichen. Korrigieren Sie alle Fehler.
Was wurde falsch gemacht?

a)
$$\begin{array}{l} (-3x^2+17x-20) : (x-4) = -3x+5+\frac{40}{x-4} \\ \underline{-(-3x^2+12x)} \\ \qquad 5x-20 \\ \qquad \underline{-5x-20} \\ \qquad\quad 40 \end{array}$$

b)
$$\begin{array}{l} (2x^4+3x^3+6x^2+9x+2) : (2x+3) = x^3+3x+9-\frac{25}{2x+3} \\ \underline{-(2x^4+3x^3)} \\ \qquad 6x^2+9x+2 \\ \qquad \underline{-(6x^2-9x)} \\ \qquad\quad 18x+2 \\ \qquad\quad \underline{-(18x+27)} \\ \qquad\quad\quad -25 \end{array}$$

[T1] Führen Sie die Polynomdivision durch.

1 Gegeben ist die Funktion $f: x \mapsto \frac{3x + x^3}{2x^2 - 2}$. Skizzieren Sie den Graphen der Funktion f.
Untersuchen Sie dazu geeignete Eigenschaften der Funktion bzw. des Funktionsgraphen.
Ergänzen Sie die Lücken und skizzieren Sie den Funktionsgraphen schrittweise.

1. Definitionsmenge: ________________ = 0 für x_1 = ______ und x_2 = ______; D_f = ____________

2. Polstellen / senkrechte Asymptoten:

Für $x \to$ −1 und $x <$ ______ gilt: $f(x) \to$ ______; für $x \to$ −1 und $x >$ ______ gilt: $f(x) \to$ ______;
also ist x_1 = ______ eine Polstelle ______ VzW von ______ nach ______.
Die Gerade mit der Gleichung x = ______ ist senkrechte Asymptote des Graphen von f.

Für $x \to$ 1 und $x <$ ______ gilt: $f(x) \to$ ______; für $x \to$ ______ und $x >$ ______ gilt: $f(x) \to$ ______;
also ist x_2 = ______ eine Polstelle ______ VzW von ______ nach ______.
Die Gerade mit der Gleichung x = ______ ist senkrechte Asymptote des Graphen von f.

3. Symmetrie: $f(-x)$ = ____________________
d.h. ____________________
____________________.

4. Nullstellen / Schnittpunkte mit der x-Achse:
______ = 0; x · ____________ für x_3 = ______;
Schnittpunkt mit der x-Achse: N(______ | 0).

5. Verhalten für $x \to \pm\infty$ / waagrechte bzw. schräge Asymptote: Der Grad des Zählerpolynoms ist ______ ________ als der Grad des Nennerpolynoms, also hat der Graph von f eine ________ Asymptote.
Ausklammern und Kürzen von x^2 liefert:
$\frac{3x + x^3}{2x^2 - 2}$ = ____________________.
Die Gerade mit der Gleichung y = ____________
ist also ________ Asymptote des Graphen von f.

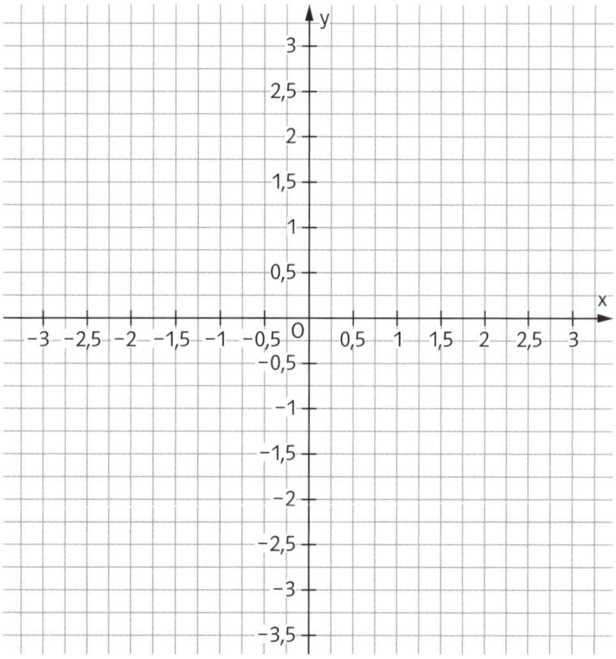

2 Untersuchen Sie den Graphen der Funktion f auf Symmetrie.

a) $f: x \mapsto \frac{2x}{(x-2)^2 \cdot (x+2)^2}$ b) $f: x \mapsto \frac{15}{x^2 + 15}$ c) $f: x \mapsto \frac{x^3 + 2}{4x}$ d) $f: x \mapsto \frac{x^2 - 1}{3x}$

3 a) Ergänzen Sie die Lücken in der Tabelle.

$f: x \mapsto \frac{g(x)}{h(x)}$	Nullstelle(n) g(x)	Nullstelle(n) h(x)	Nullstelle(n) f(x)	Polstelle(n) f(x)	f ist definiert für	senkrechte Asymptoten
1. $f: x \mapsto \frac{x-3}{x+3}$	$x = 3$	$x = -3$	$x = 3$	$x = -3$	$x \in \mathbb{R} \setminus \{-3\}$	$x = -3$
2. $f: x \mapsto \frac{x-3}{x^2-9}$						
3. $f: x \mapsto \frac{x^2-9}{x^2-9}$						

b) Notieren Sie, falls vorhanden, die Gleichungen der waagrechten Asymptoten der Funktionen 1 bis 3: [T1]
1. y = 2. y =

[T1] Überlegen Sie zuvor, wie sich die Funktion für große x-Werte verhält ($x \to \infty$ bzw. $x \to -\infty$).

1 Ordnen Sie den Funktionsgraphen die Karten mit den Funktionstermen richtig zu.

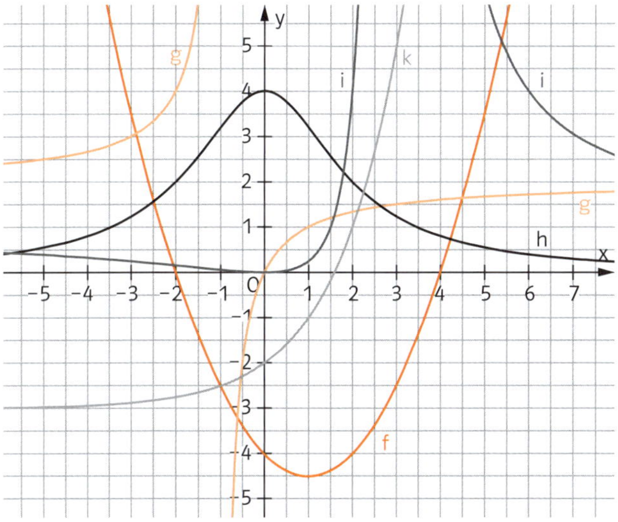

I $x \mapsto \frac{2x}{1+x}$

II $x \mapsto \frac{1}{(x-3)^2}$

III $x \mapsto x^2 - 2x - 4$

IV $x \mapsto \frac{16}{x^2+4}$

V $x \mapsto \frac{x^2}{(x-3)^2}$

VI $x \mapsto \frac{2}{x-1}$

VII $x \mapsto \frac{1}{2}x^2 - x - 4$

VIII $x \mapsto 3^x - 3$

IX $x \mapsto \frac{16}{x^2-4}$

X $x \mapsto 2^x - 3$

2 Geben Sie eine gebrochenrationale Funktion an, deren Graph
a) achsensymmetrisch zur y-Achse ist und die Geraden mit den Gleichungen $x = 3$ und $y = 4$ als Asymptoten besitzt. [T1]
b) die Geraden mit den Gleichungen $x = -2$ und $y = -x$ als Asymptoten besitzt.

3 Bestimmen Sie die Gleichungen aller Asymptoten des Graphen der Funktion f.

a) $f(x) = \frac{4x}{x^2-9}$ b) $f(x) = \frac{3x}{x-2}$ c) $f(x) = \frac{4-x^3}{x^2+2}$ d) $f(x) = \frac{3x^2-2x^3}{2x^2-8x}$

4 Die Abbildung zeigt die Graphen der Funktionen $f_1\colon x \mapsto \frac{-2}{(x+4)^2} + a$ und $f_2\colon x \mapsto \frac{b}{c+x} + 2$ sowie alle Asymptoten.

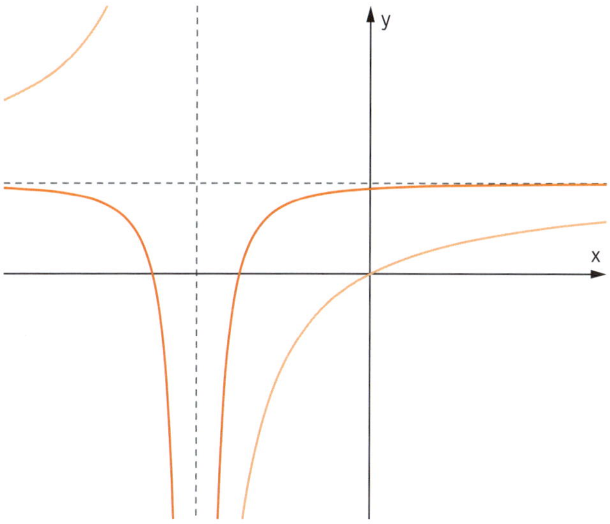

a) Ordnen Sie den Funktionen f_1 und f_2 den jeweils passenden Graphen zu und begründen Sie Ihre Entscheidung.

b) Bestimmen Sie die Werte für a, b und c. [T2]

5 Gegeben ist die Funktion $f\colon x \mapsto \frac{16-x^2}{2x^2-8}$. Skizzieren Sie den Graphen der Funktion f. Untersuchen Sie dazu geeignete Eigenschaften der Funktion bzw. des Funktionsgraphen.

[T1] Bestimmen Sie einen geeigneten Funktionsterm schrittweise. [T2] Bestimmen Sie die Gleichungen der Asymptoten und damit dann die Werte für a, b und c.

1 Bestimmen Sie die mittleren Änderungsraten m_1, m_2, m_3, und m_4 der Funktion $f: x \mapsto \frac{1}{2}x^2 - 4$.

a) im Intervall $I_1 = [0; 2]$

b) im Intervall $I_2 = [1; 2]$

c) im Intervall $I_3 = [1,9; 2]$

d) im Intervall $I_4 = [-2; -1,9]$

Ergebnis: ____________ Ergebnis: ____________ Ergebnis: ____________ Ergebnis: ____________

2 Grüner Tee wird mit 70 °C heißem Wasser aufgebrüht. Beim Abkühlen wurde die Temperatur gemessen.

Zeit t (in min)	0	2	4	6	8	10	12	14	16	18
Temperatur T (in °C)	70,0	60,6	52,8	46,7	41,5	37,3	34,0	31,3	29,3	27,5

a) Skizzieren Sie den Verlauf des Graphen.

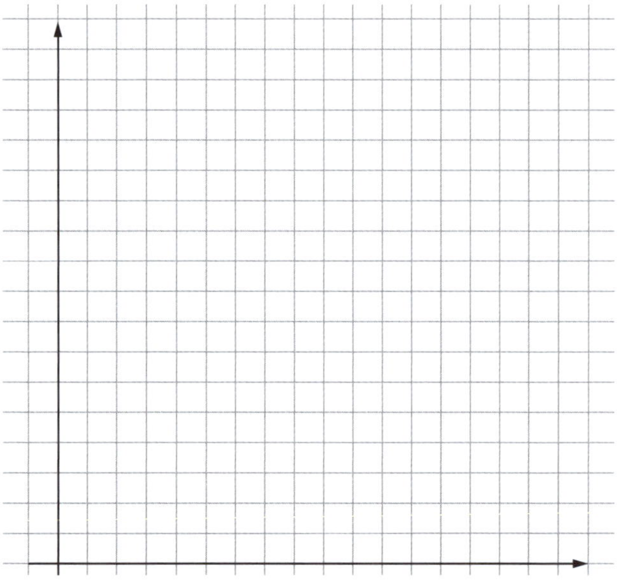

b) Die mittlere Änderungsrate der Funktion Zeit t ↦ Temperatur T für den gesamten Messzeitraum beträgt $\frac{\quad}{\quad}$ ≈ ________ (in $\frac{°C}{min}$).

c) Die mittlere Änderungsrate ist negativ, weil

____.

d) Bestimmen Sie die mittleren Änderungsraten für die ersten und die letzten zwei Minuten.

e) Beschreiben Sie das Abkühlverhalten des Tees.

____

3 Bei der Fahrt mit einem Heißluftballon wird die aktuelle Höhe aufgezeichnet.

a) Die mittlere Steiggeschwindigkeit in den ersten 10 Minuten beträgt ____ (in $\frac{m}{min}$). Zwischen Minute 10 und Minute 20 beträgt die mittlere Steiggeschwindigkeit ____ (in $\frac{m}{min}$). Der Ballon steigt also in dieser zweiten Zeitspanne ________________.

b) Berechnen Sie die durchschnittliche Sinkgeschwindigkeit von Minute 70 bis Minute 90 und von Minute 65 bis Minute 70.

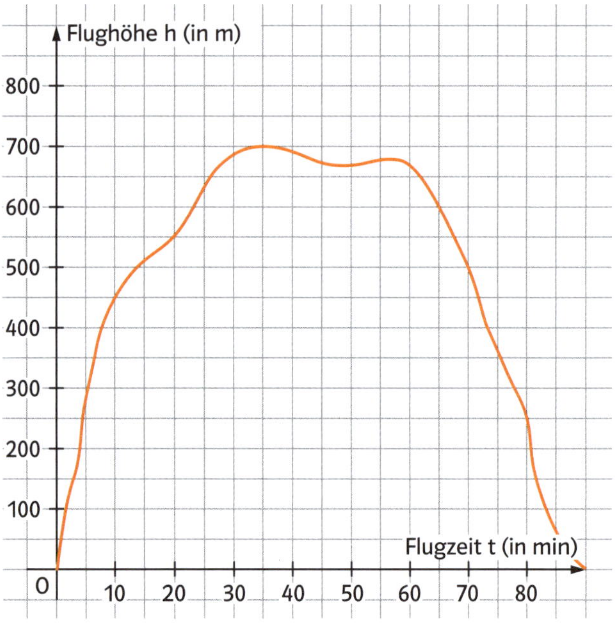

1 a) In den Punkten ____ und ____ ist die Steigung des Graphen negativ, in den Punkten ____________ ist sie null und in den Punkten ____________ ist die Steigung ____________. Also ist die Steigung in den Punkten ____ und ____ gleich.

b) Ordnen Sie die Punkte aufsteigend nach der zugehörigen Steigung.

____ / ____ / ____ / ____ / ____ / ____

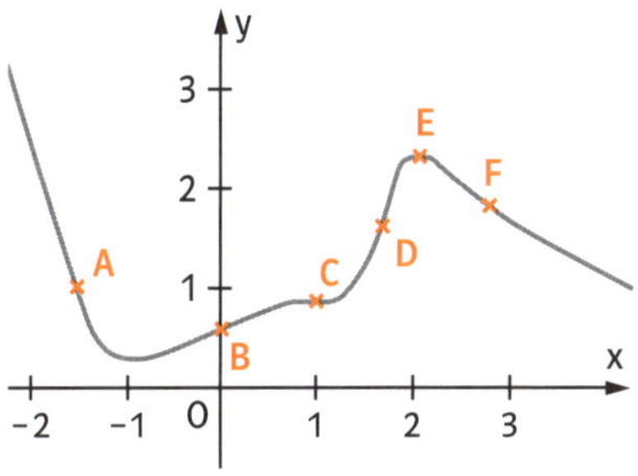

2 Ermitteln Sie die lokalen Änderungsraten der Funktion $f: x \mapsto 0{,}5x^2$ an den Stellen $x_0 = -1$ und $x_1 = 2$

a) rechnerisch mithilfe einer Tabelle.

x							
$\frac{f(x) - \square}{x - \square}$							

Die Tabelle zeigt: $\lim\limits_{x \to -1} \frac{f(x) - \square}{x - \square} =$ ______.

x							
$\frac{f(x) - \square}{x - \square}$							

Die Tabelle zeigt: $\lim\limits_{x \to \square} \frac{f(x) - \square}{x - \square} =$ ______.

b) geometrisch mithilfe der Steigung der Tangente im Punkt P(−1 | ___) bzw. Q(2 | ___).

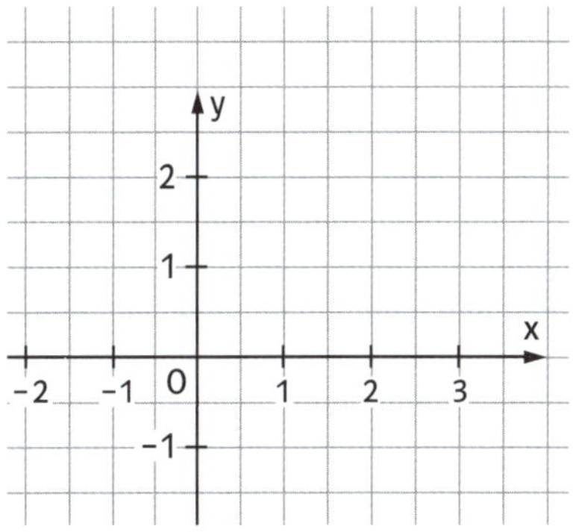

3 Die Flugbahn eines Speerwurfs kann näherungsweise durch die Funktion h mit $h(x) = -\frac{1}{200}(x - 43)^2 + 11$ beschrieben werden. Dabei gibt x die horizontale Entfernung vom Abwurfpunkt und h die Höhe in Metern an. Bearbeiten Sie die Aufgaben z. B. mithilfe eines Funktionenplotters.

a) Geben Sie eine sinnvolle Definitionsmenge für die Funktion h an. $D_h =$ ________

b) Geben Sie die Abwurfhöhe des Speeres an. ____________________________

c) Bestimmen Sie die lokale Änderungsrate am Abwurfpunkt, bei 33 m und 43 m und deuten Sie diese.

Die lokale Änderungsrate beträgt am Abwurfpunkt ________, bei 33 m ______ und bei 43 m ______. ____________________________

____

____

4 Entscheiden Sie, welches Vorzeichen die lokale Änderungsrate m_{x_0} der Funktion f an der Stelle x_0 hat, indem Sie sich den Graphen vorstellen.

Funktion	$x_0 = -2$	$x_0 = -1$	$x_0 = 0$	$x_0 = 0{,}5$	$x_0 = 3$
$f(x) = x^4 - 3$	m_{x_0} negativ				
$f(x) = x^3$	m_{x_0} positiv				
$f(x) = (x + 1)^2$		m_{x_0} null			
$f(x) = -\left(x - \frac{1}{2}\right)^3$					

1 Ordnen Sie den Graphen A, B, C, D die Graphen der zugehörigen Ableitungsfunktion zu.

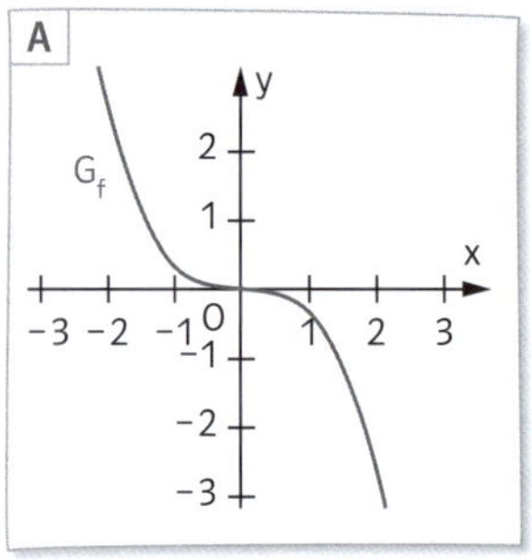

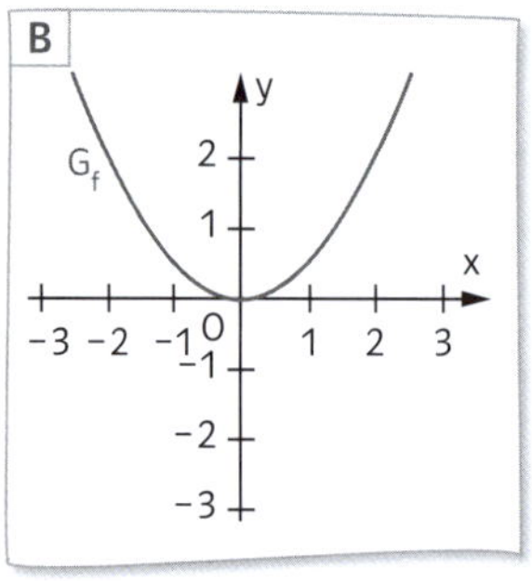

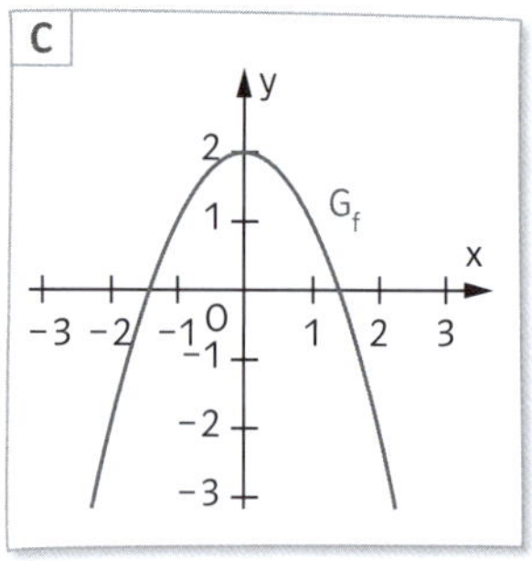

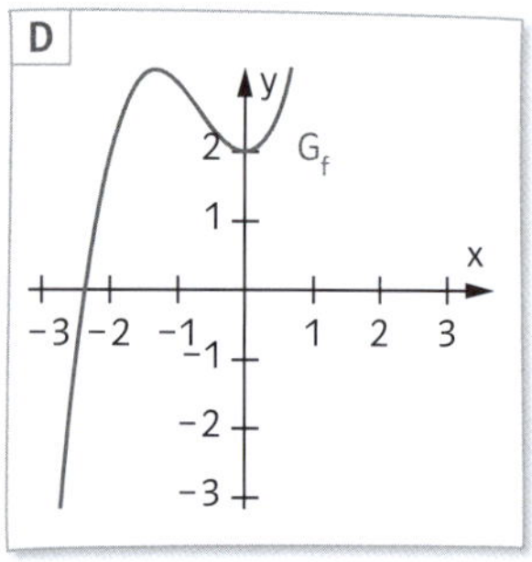

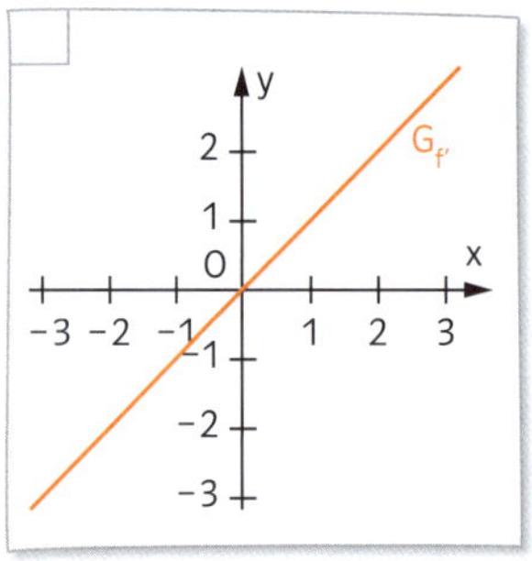

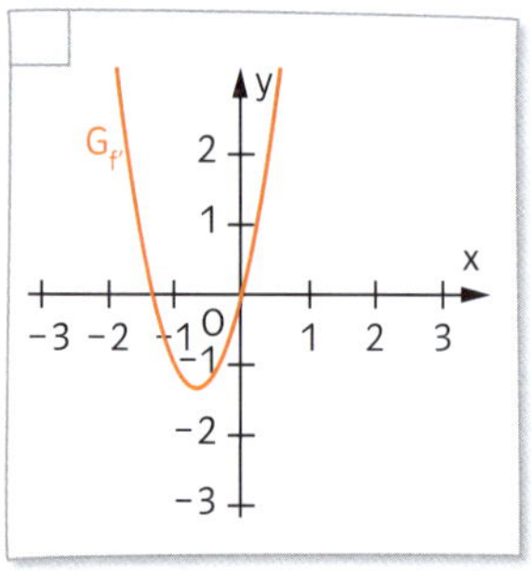

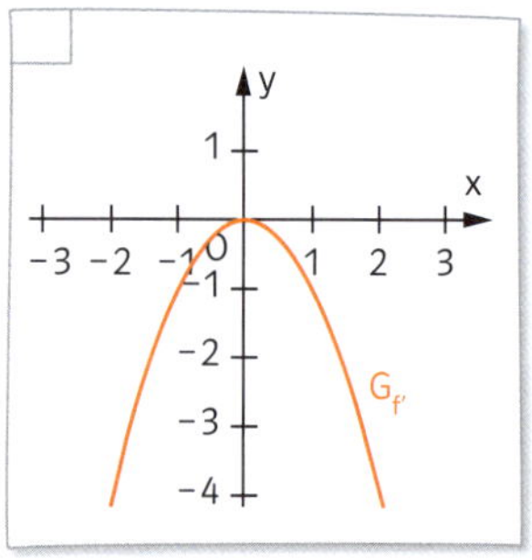

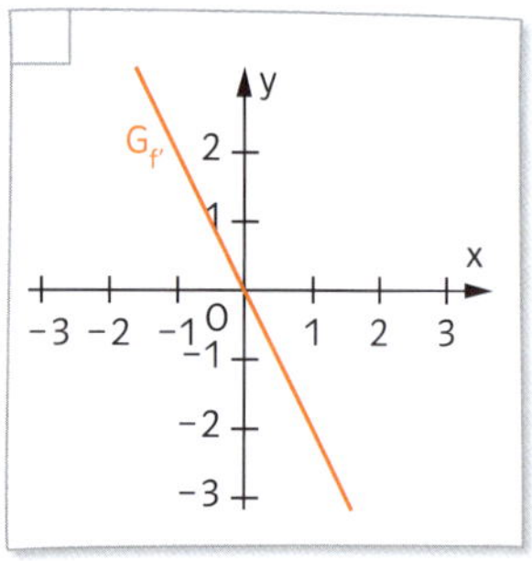

2 Bestimmen Sie für die Funktion f die Ableitung f′ und berechnen Sie den Punkt P, in dem G_f die Steigung 2 aufweist.

a) $f\colon x \mapsto -2x^2$

$$f'(x_0) = \lim_{x \to x_0} \frac{f(x) - f(x_0)}{x - x_0} = \lim_{x \to x_0} \frac{\_\_\_\_ - \_\_\_\_}{\_\_\_\_}$$

Ableitung $f'\colon x \mapsto$ ______ ; P(_____ | _____)

b) $f\colon x \mapsto 4x^2 + 4$

Ableitung $f'\colon x \mapsto$ ______ ; P(_____ | _____)

3 Füllen Sie die Lücken und skizzieren Sie dann den Graphen von f′.

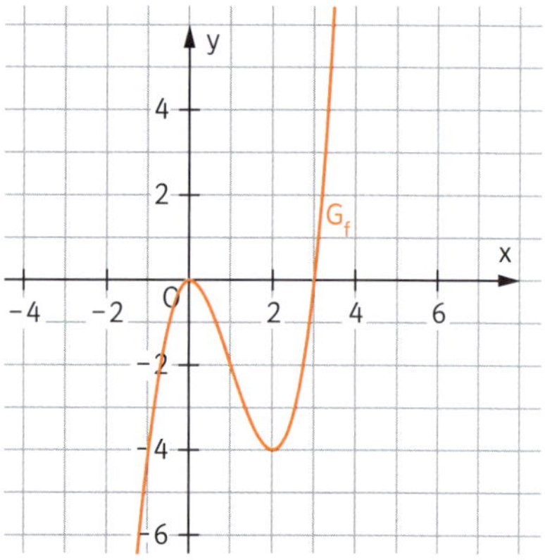

Der Graph von f hat an den Stellen ____ und ____ Tangenten, die parallel zur x-Achse verlaufen. Diese Tangenten haben daher die Steigung ____ .

Also hat der Graph von f′ dort ________________ .

Die Steigung des Graphen von f ist für $x < 0$ und für $x >$ ____ positiv, also verläuft der Graph von f′ in diesen Intervallen ________________ der x-Achse.

Für $0 < x <$ ____ ist die Steigung von f ____________ , der Graph von f′ verläuft in diesem Intervall somit ________________ der x-Achse.

Um die Steigung der Tangente im Punkt P(1 | ____) näherungsweise zu bestimmen, zeichnet man die Tangente an den Graphen in diesem Punkt ungefähr ein und liest die Steigung ab. Die Steigung der Tangente ist ungefähr ____ .

1 Bestimmen Sie f′(x) für die Funktion f mit

a) $f(x) = x^5$ $f'(x) =$ ______

b) $f(x) = x^{-3}$ $f'(x) =$ ______

c) $f(x) = x^{99}$ $f'(x) =$ ______

d) $f(x) = \frac{1}{x^4}$ $f'(x) =$ ______

2 Bestimmen Sie die Gleichungen der Tangente t und der Normalen n an den Graphen G_f von f im Punkt P.

a) $f\colon x \to \frac{1}{x^3}$; $P(1\,|\,f(1))$

Steigung der Tangente: $m_t = f'($ ___ $)$

$f(x) = \frac{1}{x^3} =$ ___ $\Rightarrow f'(x) =$ ______

$m_t = f'($ ___ $) =$ ______

y-Koordinate des Berührpunktes P:

$f(1) =$ ______

Tangentengleichung allgemein: $y =$ ______

Einsetzen der Steigung m_t und der Koordinaten von P: ______ = ______

Tangentengleichung t: ______

Steigung der Normale: $m_n =$ ______

Normalengleichung: ______

______

n: ______

b) $f\colon x \to \frac{1}{x^2}$; $P(-2\,|\,f(-2))$

Tangentengleichung: ______

Normalengleichung: ______

3 Der Graph der Funktion f hat im Punkt P die Tangente t. Markieren Sie zusammengehörige Karten.

f′(0) = 2 **P(1 | 0,5)** **t(x) = −x + 0,5** **f′(1) = −1** **P(0 | 2)** **t(x) = x − 0,5** **f′(0) = 0** **P(0 | 0)** **t(x) = 2** **f′(1) = 1** **P(1 | −0,5)** **t(x) = 2x**

4 Bestimmen Sie für die Funktion f eine Gleichung der Tangente an den Graphen von f mit der angegebenen Steigung m.

a) $f\colon x \mapsto x^2$; $m = -1$

Tangentengleichung: ______

b) $f\colon x \mapsto \frac{1}{x^2}$; $m = -16$

Tangentengleichung: ______

c) $f\colon x \mapsto x^4$; $m = 13{,}5$

Tangentengleichung: ______

5 Gegeben ist der Graph der Funktion f. Begründen Sie, welche der folgenden Funktionen Stammfunktionen von f sein können.

a) $g_1(x) = \frac{1}{3}x^3 + 2x^2$

b) $g_2(x) = -\frac{1}{6}x^3 - x^2$

c) $g_3(x) = -\frac{1}{3}x^2 - 2x$

d) $g_4(x) = -\frac{1}{3}x^3 - 2x^2 + 4$

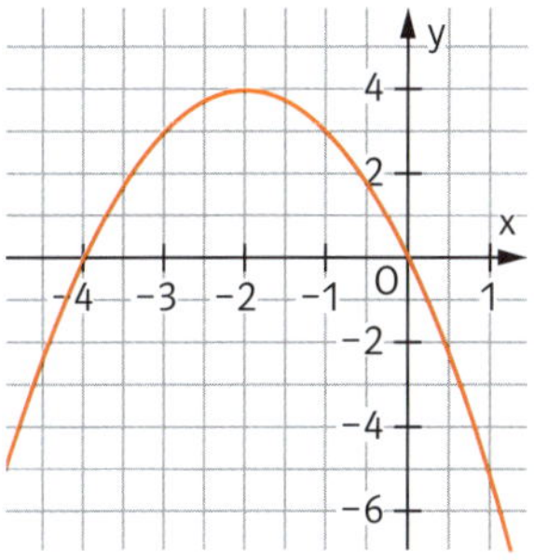

1 Bestimmen Sie die Ableitung der Funktion.

a) $f: x \mapsto 2x^6 + x^3$ b) $f: x \mapsto \frac{1}{4}x^4 - x^{-4}$ c) $f: z \mapsto 0{,}5z^5 - 2z^3$ d) $g: x \mapsto x^8 + 3x - x^{-1}$

$f'(x) =$ ____________ ____________ ____________ ____________

e) $f: u \mapsto \frac{4}{u^4} + \frac{1}{u^2}$ f) $f: a \mapsto \frac{1}{2}a^5 - 2x^3$ g) $f: x \mapsto 1{,}5a^4 - 2x^3$ h) $h: x \mapsto \frac{3x}{4} - \frac{2}{3x}$

____________ ____________ ____________ ____________

2 Markieren Sie zusammengehörige Karten.

$f(x) = x^2 + tx$ | $f(x) = tx^2 + tx$ | $f(x) = x^2 - t^2x$ | $f(t) = tx^2 + tx$ | $f(t) = x^2 - t^2x$ | $f(t) = tx^2 - t^2x$

$f'(t) = -2tx$ | $f'(t) = x^2 - 2tx$ | $f'(t) = x^2 + x$ | $f'(x) = 2x + t$ | $f'(x) = 2x - t^2$ | $f'(x) = 2tx + t$

3 Kontrollieren Sie die Ableitungen (r für richtig und f für falsch) und verbessern Sie gegebenenfalls. Beschreiben Sie auch, worin der Fehler besteht.

	Funktion f	Ableitung	Kontrolle und Verbesserung	Fehlerbeschreibung
a)	$f(x) = x^3 + 3$	$f'(x) = 3x^2 + 3$	f $f'(x) = 3x^2$	2. Summand wurde übernommen
b)	$f(x) = x^{-6}$	$f'(x) = -6x^{-5}$		
c)	$f(x) = \frac{1}{x}$	$f'(x) = -\frac{1}{x^2}$		
d)	$f(x) = \frac{2}{3}x^2 - 4x$	$f'(x) = \frac{1}{3}x - 4$		
e)	$f(t) = tx^2$	$f'(t) = 2tx$		

4 Ergänzen Sie die Tabelle.

	Funktion f	Ableitung f'	f'(−1)	f'(0)	f'(1)	An der Stelle 1 … der Graph von f.
a)	$f(x) = x^5 - 2x^4 + x$					
b)	$f(x) = \frac{1}{4}x^8 + \frac{1}{3}x^3 - 2$					
c)	$f(x) = 0{,}5x^2 - x + 2{,}5$					

5 Überprüfen Sie, ob die Funktion F eine Stammfunktion der Funktion f ist. Verbessern Sie den Term F(x) gegebenenfalls so, dass F eine Stammfunktion ist.

a) $f(x) = 5x^4$
$F(x) = x^5$
F(x) = ____________

b) $f(x) = -3x$
$F(x) = x^{-3}$
F(x) = ____________

c) $f(x) = 2x + 4$
$F(x) = 2x^2 + 4x$
F(x) = ____________

d) $f(x) = 3x^2 + x$
$F(x) = x^3 + 0{,}5x^2$
F(x) = ____________

6 Bestimmen Sie die Gleichung der Tangente an den Graphen von f im Punkt P.

a) $f(x) = 2x^3 + 3x$, $P(1\,|\,f(1))$

Steigung der Tangente:

y-Koordinate des Punktes P: ____________

Tangentengleichung: ____________

b) $f(x) = 2x^{-3} + x$, $P(1\,|\,f(1))$

Tangentengleichung: ____________

1 Berechnen Sie die Ableitung f′ von f mithilfe der Produktregel.

a) $f(x) = (x^3 + 1)(x - 4)$

Mit Produktregel:

$f(x) = u(x) \cdot v(x)$ mit

$u(x) =$ ______ und $v(x) =$ ______

$\Rightarrow u'(x) =$ ______; $v'(x) =$ ______

$f'(x) =$ ______

______

b) $f(x) = (x + 3)(2 - x)$

c) $f(x) = (x^4 - 2x^2 + 3)(x^2 - 4)$

2 Berechnen Sie die Ableitung.

a) $f(x) = \frac{2 - x^2}{3x + 4}$

$f(x) = \frac{u(x)}{v(x)}$ mit $u(x) =$ ______ und $v(x) =$ ______

$\Rightarrow u'(x) =$ ______ und $v'(x) =$ ______

Mit der Quotientenregel gilt:

$f'(x) =$ ______

______

b) $f(z) = \frac{5z}{z - 1}$ $f'(z) =$ ______

c) $g(t) = \frac{t^2}{6 - t}$ ______

d) $g(x) = \frac{x^2 - x}{-2x^2 + 2}$ ______

3 Markieren Sie den Fehler im Ansatz der Ableitungsbildung, notieren Sie dann den richtigen Ansatz und den vereinfachten Term der Ableitungsfunktion f′.

	Funktion f	Fehlerhafter Ansatz für f′	Ableitung f′
a)	$f(x) = (x^2 - x)(5 - 2x^2)$	$f'(x) = (2x - 1)(5 - 2x^2) + (x^2 - x) \cdot 4x$	
b)	$f(x) = \frac{4x}{3x + 1}$	$f'(x) = \frac{4(3x + 1) + 4x \cdot 3}{(3x + 1)^2}$	
c)	$f(z) = \frac{z^2 + z}{1 - z}$	$f(z) = \frac{(2z + 1)(1 - z) - (z^2 + z)}{(1 - z)^2}$	

4 Berechnen Sie die Ableitung ohne Quotientenregel. [T1]

a) $f(x) = \frac{6x^2 - x}{3x}$

______

$f'(x) =$ ______

b) $f(x) = \frac{6x^2 + 3x}{2x + 1}$

______

$f'(x) =$ ______

c) $f(x) = \frac{9x^2 - 1}{3x + 1}$

______

$f'(x) =$ ______

d) $f(x) = \frac{2x^2 - x^3}{2x^4}$

______

$f'(x) =$ ______

5 Bestimmen Sie die Stellen des Graphen G_f mit der Steigung m.

a) $f(x) = \frac{2x^2 - 2}{x + 2}$; $m = 0{,}5$

______

b) $f(x) = (2x^2 + x)(x - 1)$; $m = -1$

______

c) $f(x) = \frac{(-x^2 - 1)}{x}$; $m = 3$

______

[T1] Zunächst muss der Funktionsterm vereinfacht werden. Dies geschieht bei a) und d) durch Ausführen der Division, bei b) durch Ausklammern im Zähler und Kürzen, bei c) durch Anwendung der dritten Binomischen Formel im Zähler und Kürzen.

1 Ordnen Sie den Funktionsgraphen A, B, C, D die Graphen der zugehörigen Ableitungsfunktion zu.

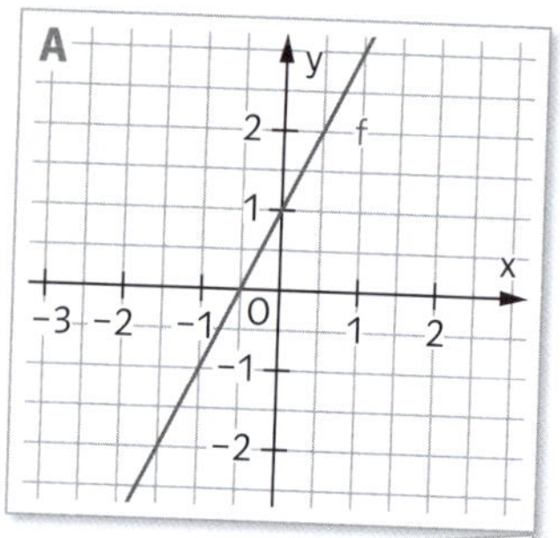

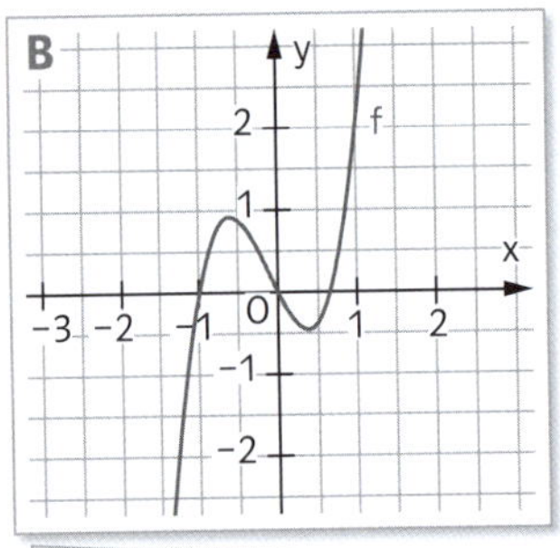

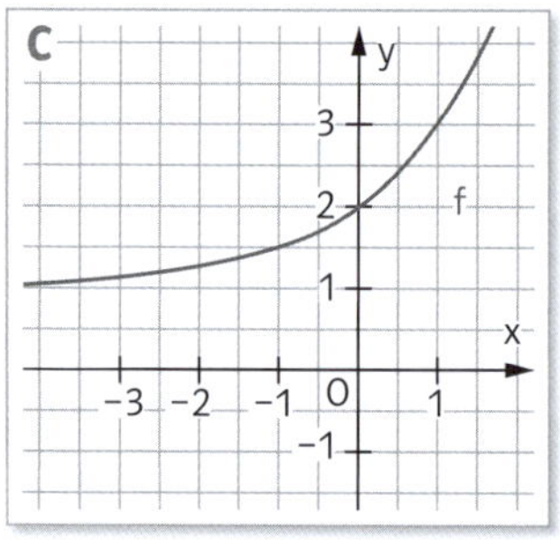

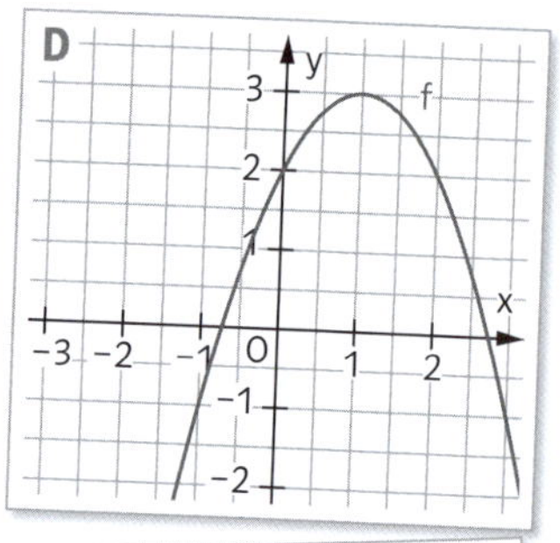

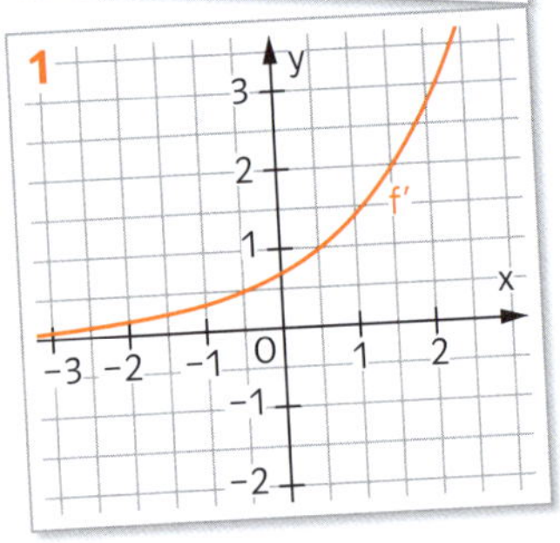

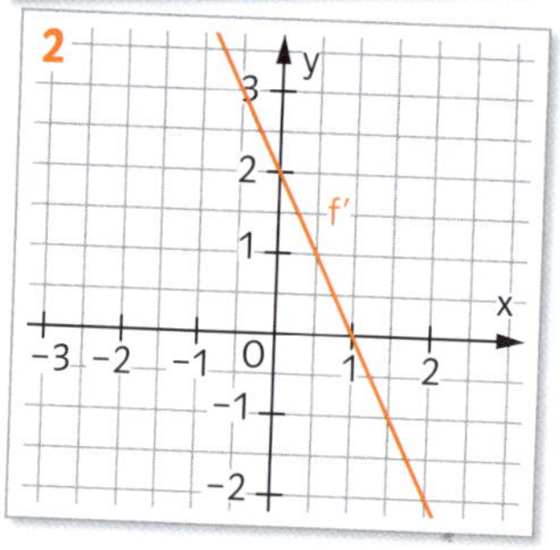

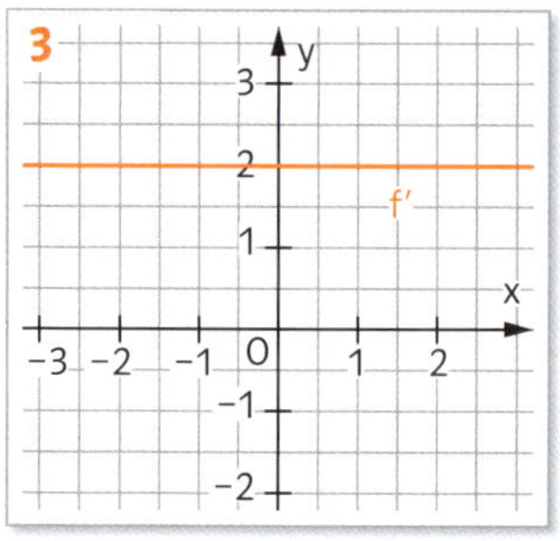

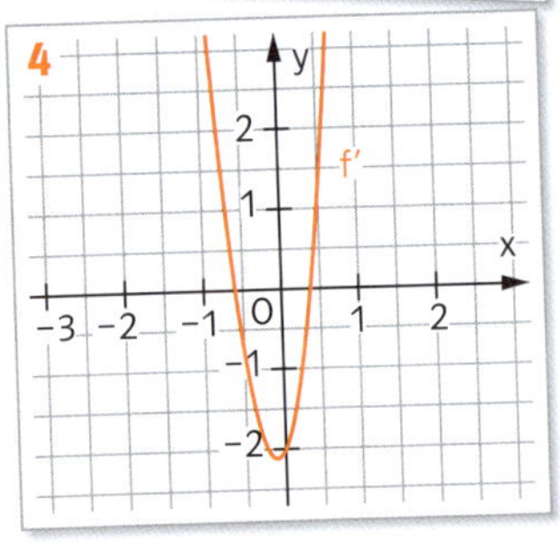

2 Skizzieren Sie den Graphen einer Funktion f, sodass gilt:

a) Der Graph von f hat überall eine negative Steigung.

b) Die Ableitung von f wird an genau zwei Stellen null, im Intervall zwischen diesen Stellen ist die Ableitung positiv. [T1]

c) Die Ableitungsfunktion hat keine Nullstelle, ihr Graph verläuft oberhalb der x-Achse. [T2]

3 Bestimmen Sie die Ableitungsfunktion f' von f und geben Sie eine Stammfunktion F von f an.

a) $f: x \mapsto x + 1$ b) $f: x \mapsto x^4 + 2x^2$ c) $f: x \mapsto 2x^{-5} - 4$ d) $f: x \mapsto \frac{2}{x^3}$

e) $f: x \mapsto -0{,}5x^2$ f) $f: x \mapsto \frac{1}{4}x^8 - x^{-2}$ g) $f: x \mapsto x(0{,}2x^4 - 3x)$ h) $f: x \mapsto \frac{1}{x^4} + \frac{3}{2x^3}$

4 Berechnen Sie die Ableitung.

a) $f(x) = (x^2 - x)(2x^2 + 3x)$ b) $f(x) = (-x + 5)(x - 3)$ c) $f(x) = \frac{1 - x}{x + 2}$ d) $f(x) = \frac{x^2}{5 - x}$

5 Interpretieren Sie den Differenzenquotienten $\frac{f(5) - f(2)}{3}$ und die Ableitung f'(5) im Sachzusammenhang. [T3]

a) Funktion f: Zeit (in min) ↦ Temperatur in einer Teetasse (in °C)

b) Funktion f: Zeit (in s) ↦ Volumen des Wassers im Speicherbecken eines Gezeitenkraftwerks (in m^3)

6 Bestimmen Sie die Gleichung der Tangente t an den Graphen der Funktion f im Punkt P.

a) $f(x) = 2x^2 - 3x$; $P(-1\,|\,f(-1))$ b) $f(x) = \frac{1}{3}x^3 - x^2$; $P(2\,|\,f(2))$

7 Bestimmen Sie die Punkte des Graphen G_f von $f: x \mapsto \frac{1}{x}$ mit der Steigung 4 bzw. −4. [T4]

8 In welchen Punkten ist die Tangente an den Graphen der Funktion f mit $f(x) = x^3 - 5x$ parallel zur Geraden $g: y = -2x - 5$? [T5]

[T1] Die Ableitung gibt die Steigung des Graphen an. [T2] Keine Nullstelle bedeutet, dass die Funktion f' nie den Wert null annimmt, d.h. der Graph von f hat nie die Steigung null. Wenn der Graph von f' unterhalb der x-Achse verläuft, sind die Werte von f' ausschließlich negativ, was Rückschlüsse auf die Steigung des Graphen von f zulässt. [T3] In Anwendungssituationen beschreiben Ableitung und Differenzenquotient verschiedene Änderungsraten. Beachten Sie die Einheiten. [T4] Die Steigung eines Graphen in einem Punkt lässt sich mithilfe der Ableitungsfunktion bestimmen. Da die Steigung gegeben ist, ergibt sich eine Gleichung mit der unbekannten Stelle x, die zu lösen ist. [T5] Wenn die Tangente und die Gerade g parallel verlaufen, haben sie dieselbe Steigung. Diese kann an der Gleichung von g direkt abgelesen werden.

1 Kennzeichnen Sie auf der x-Achse alle Intervalle, in denen die Funktion f streng monoton zunehmend ist.

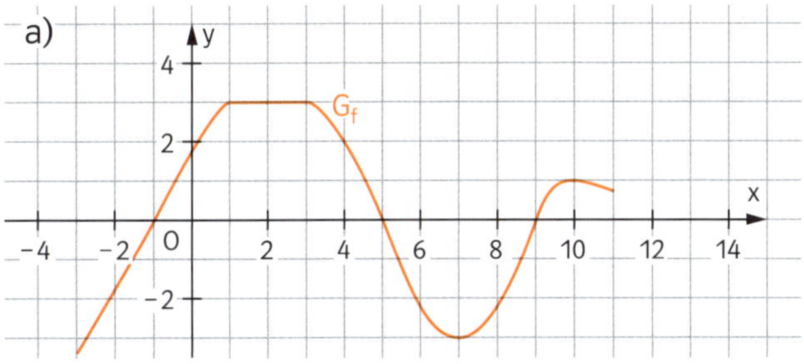

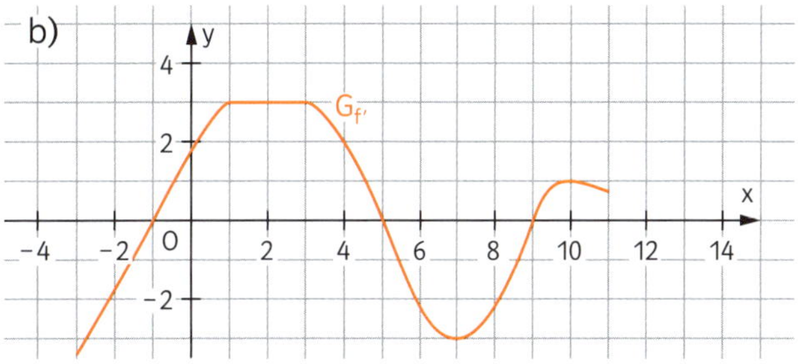

2 Untersuchen Sie die Funktion f auf Monotonie. Benutzen Sie das Monotoniekriterium.

a) $f: x \mapsto x^3 - 3x^2 + 1$ D_f = ______

Ableitung von f: $f'(x)$ = ______ ; $D_{f'}$ = ______

Bestimmung der Nullstellen von f': ______ = 0

Ausklammern: ______ = 0

Nullstellen: x_1 = ____ ; x_2 = ____

Monotonieintervalle: $I_1 =]-\infty;$ ____ $]$;

I_2 = ______ ; I_3 = ______

Wegen $f'(-1)$ = ____ > ____ nimmt f' in I nur positive Werte an. Nach dem Monotoniekriterium ist f in I_1 ______________ . Ebenso gilt:

$f'(1)$ = ____ < ____ . f ist in I_2 ______________ . $f'(3)$ = ____ > ____ .

f ist in I_3 ______________ .

b) $f: x \mapsto -2x^3 + 30x - 17$ D_f = ______

Ableitung von f: $f'(x)$ = ______ ; $D_{f'}$ = ______

Bestimmung der Nullstellen von f':

3 Bestimmen Sie die Monotoniebereiche von f und skizzieren Sie den Graphen von $f: x \mapsto \frac{-2x+7}{x-4}$.

Maximaler Definitionsbereich: ______________

Ableitung: ______________

____

Monotonieintervalle:

____

Verhalten von f in der Umgebung der Definitionslücke:

____

Verhalten von f für $x \to \pm\infty$:

____

Gleichungen der Asymptoten

____

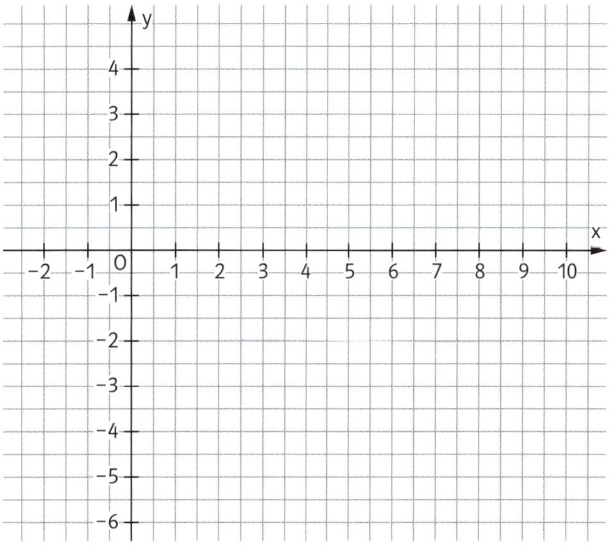

1 Geben Sie die gesuchten Punkte und Werte an.

a) Für den Graphen von f mit $D_f = [-1; 12]$:

Lokale Extrempunkte:

____

____

Globale Extrempunkte: ____________________

Globales Maximum: __________

Lokale Maxima: __________

Randextrema: ________ Randmaximum: __________

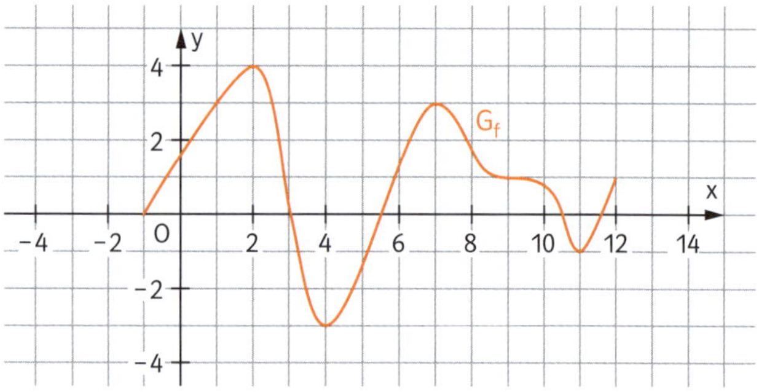

b) Für den Graphen von g mit $D_g = \mathbb{R}$ und $g(3) = -2$:

Lokale Extrempunkte: ____________________

Globales Maximum: ____________________

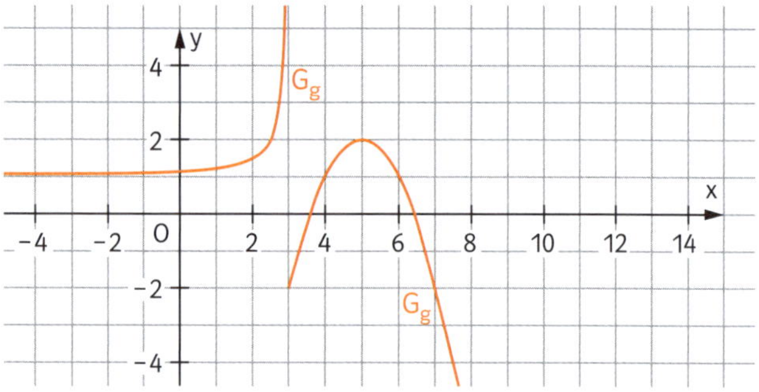

2 Gegeben sind die Graphen von f′, g′ und h′.

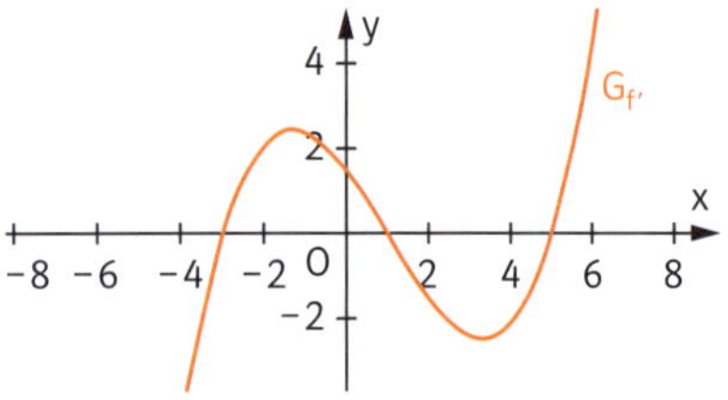

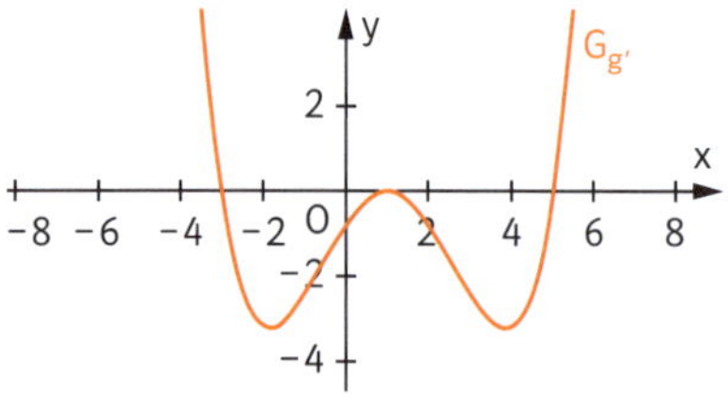

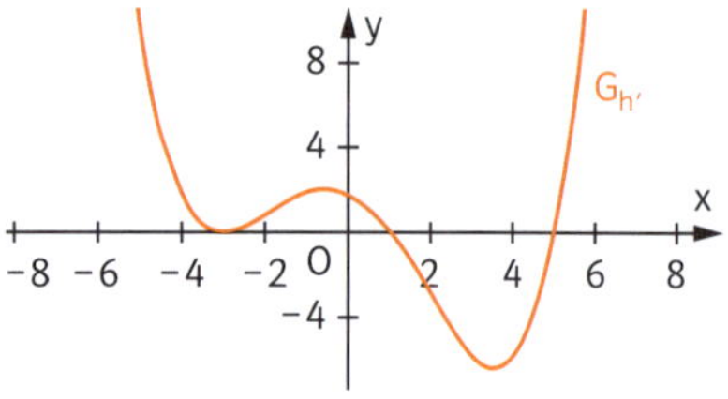

Unter den folgenden Graphen befinden sich die Graphen von f, g und h. Beschriften Sie die Graphen entsprechend.

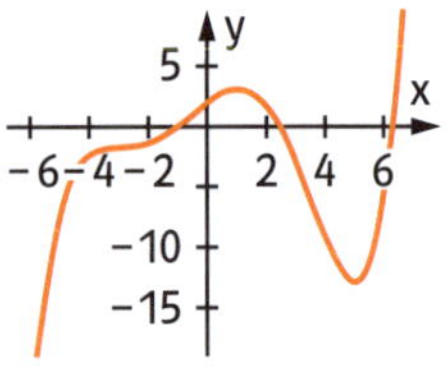

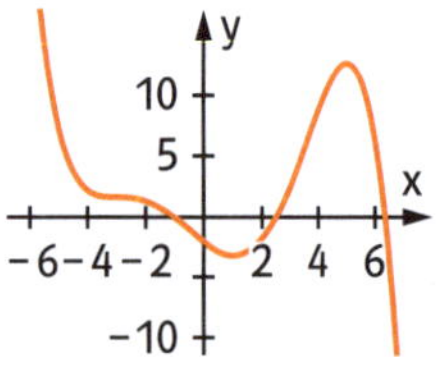

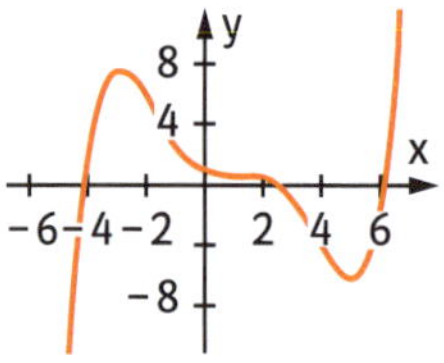

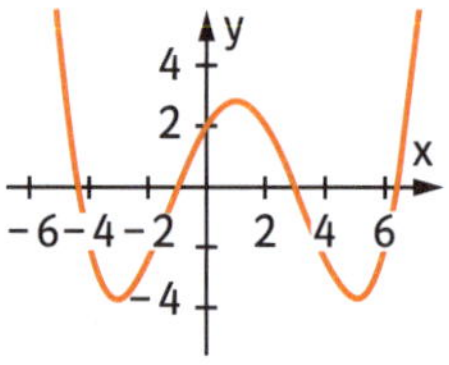

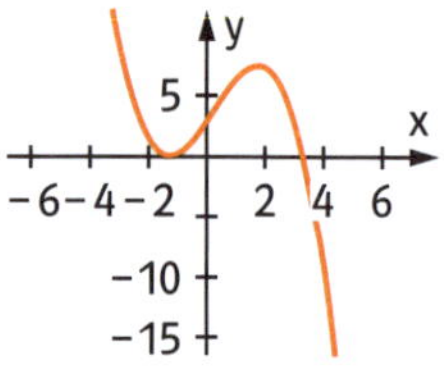

3 Das nebenstehende Schaubild beschreibt die Steiggeschwindigkeit v eines Heißluftballons, der sich zum Zeitpunkt $t = 0$ min in einer Höhe von 200 m befindet. Kreuzen Sie alle wahren Aussagen an. Die zugehörigen Buchstaben ergeben richtig angeordnet den Namen eines Vogels.

- ☐ Nach 2,5 min erreicht der Ballon seine niedrigste Höhe. (I)
- ☐ Der Ballon hat zwischen Minute 6 und Minute 7 seine höchste Steiggeschwindigkeit erreicht. (H)
- ☐ Zwischen Minute 6 und Minute 7 steigt der Ballon um 18 m. (C)
- ☐ Der Ballon befindet sich 4 min lang im Steigflug. (E)
- ☐ Der Ballon hat zu Beginn seine niedrigste Steiggeschwindigkeit. (A)
- ☐ Nach 5 min beträgt die Höhe 200 m. (N)
- ☐ Der Ballon hat nach 5 min seine niedrigste Höhe erreicht. (P)
- ☐ Die maximale Geschwindigkeit beträgt weniger als 2 km/h. (S)
- ☐ Der Graph der Funktion h(t), die die Höhe des Ballons beschreibt, hat bei $t = 9$ einen Hochpunkt. (T)

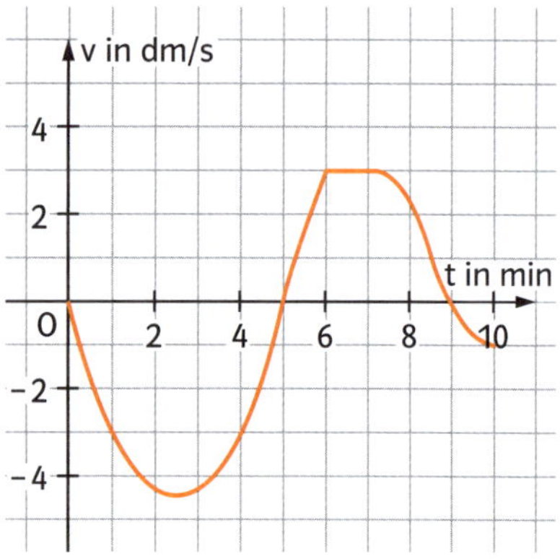

Lösungswort: ____________

1 Welche charakteristischen Stellen von f kann man an dem Monotonieverhalten erkennen? Ergänzen Sie die schematische Schreibweise.

a)

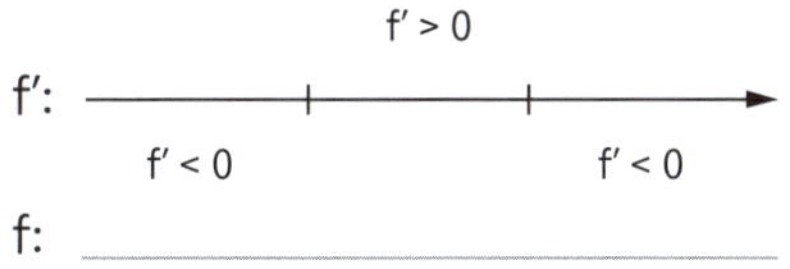

b)

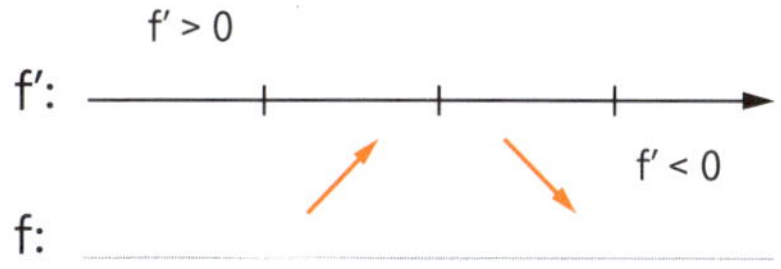

2 Bestimmen Sie die Extrempunkte des Graphen von f.

a) f: $x \mapsto x^4 - 6x^2 + 3$

Ableitung: $f'(x)$ = ______________

Nullstellen von f' bestimmen: ______________ = 0

Faktorisieren: ______________ = 0

Nullstellen von f': x_1 = _____ ; x_2 = _____ ; x_3 = _____

Monotonieverhalten von f:

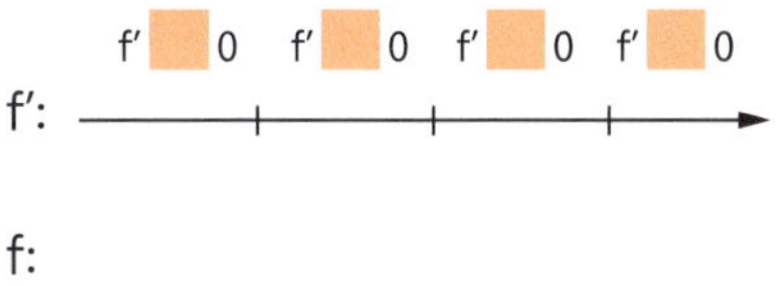

Extrempunkte von G_f:

f(0) = _____ ; H ________

f(_____) = ______________ ; T_1(______________)

f(_____) = ______________ ; T_2(______________)

b) f: $x \mapsto \frac{1}{2}x^4 + \frac{4}{3}x^3 - 3x^2 + 5$

Ableitung: $f'(x)$ = ______________

Faktorisieren: $f'(x)$ = ______________ [T1]

Monotonieverhalten von f:

Extrempunkte von G_f:

3 Der Graph von f hat den Hochpunkt H(6 | 11). Welchen Extrempunkt hat der Graph von g, falls gilt …

a) $g(x) = f(x) - 2$ H(6|)

b) $g(x) = -2 \cdot f(x)$ ________

c) $g(x) = f(-x)$ ________

d) $g(x) = f(x - 2)$ ________

e) $g(x) = (f(x))^{-2}$ ________

f) $g(x) = f(-2x)$ ________

4 a) Skizzieren Sie den Graphen von f'.

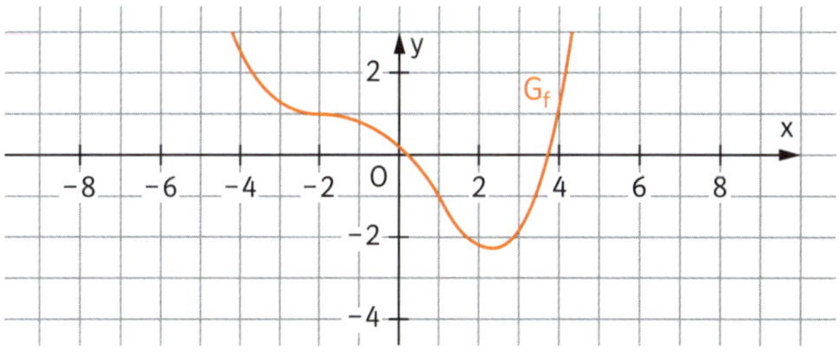

b) Skizzieren Sie den Graphen von f mit f(0) = 0.

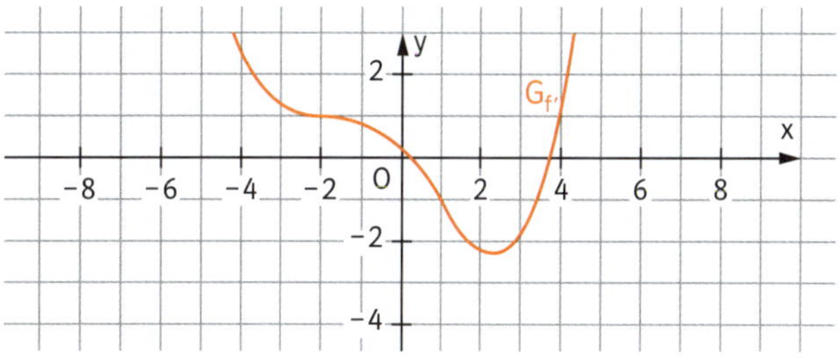

[T1] Hat f: $x \mapsto x^2 + bx + c$ die Nullstellen x_1 und x_2 so gilt für den Funktionsterm: $f(x) = (x - x_1) \cdot (x - x_2)$.

1 Führen Sie die Funktionsuntersuchung wie angegeben durch und skizzieren Sie den Graphen von f.

a) $f\colon x \mapsto 0{,}1x^4 - 2x^2 + 6{,}4$

Symmetrie

Der Graph von f ist symmetrisch ______________

da nur __________ Exponenten von x vorkommen.

Schnittpunkte mit den Achsen

Schnittpunkt mit der y-Achse: ______________

Schnittpunkte mit der x-Achse:

Bedingung ______________

Substitution: ______________

$N_1($___|___$)$; $N_2($___|___$)$; $N_3($___|___$)$; $N_4($___|___$)$

Monotonieverhalten

$f'(x) =$ ______________ $=$ ______________

f' ▢ 0 f' ▢ 0 f' ▢ 0 f' ▢ 0

f':

f:

Extrempunkte

H(_____|_____); T_1(_____|_____); T_2(_____|_____)

Verhalten im Unendlichen

Für $x \to -\infty$ gilt: $f(x) \to$ ________.

Für $x \to +\infty$ gilt: $f(x) \to$ ________.

Graph

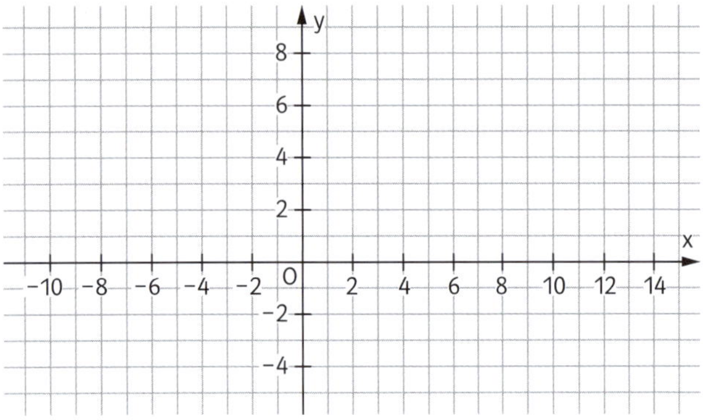

b) $f\colon x \mapsto \frac{1}{64}x^4 - \frac{1}{8}x^3$

Symmetrie

Der Graph von f ist ______________

______________, denn ______________

____

Schnittpunkte mit den Achsen

Schnittpunkt mit der y-Achse: ______________

Schnittpunkte mit der x-Achse:

Bedingung ______________

Faktorisieren: ______________

$N_1($___|___$)$; $N_2($___|___$)$

Monotonieverhalten

$f'(x) =$ ______________ $=$ ______________

f' ▢ 0 f' ▢ 0 f' ▢ 0

f':

f:

Extrem- und Terrassenpunkte

Verhalten im Unendlichen

Für $x \to -\infty$ gilt: $f(x) \to$ ________.

Für $x \to +\infty$ gilt: $f(x) \to$ ________.

Graph

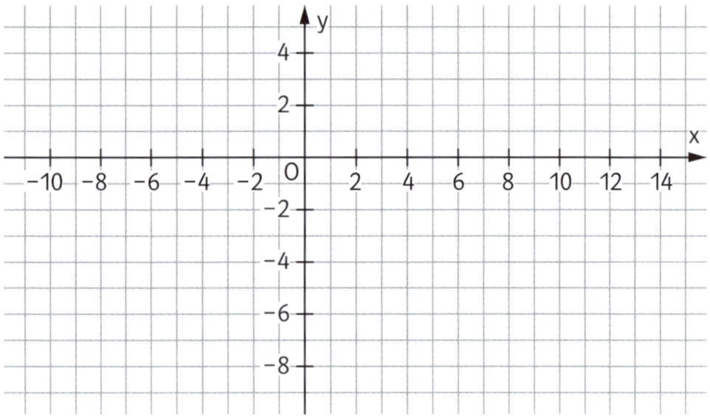

1 Alle Funktionen sollen die Polstelle 5 besitzen. Füllen Sie zuerst die Lücken in den Funktionstermen, tragen Sie dann die passende Skizzennummer (I–IV) für den Verlauf des Graphen hinter der Funktion ein. Die Skizzen sollen nur das Verhalten in der Umgebung der Polstelle angeben, daher wurden die Koordinatenachsen nicht eingezeichnet.

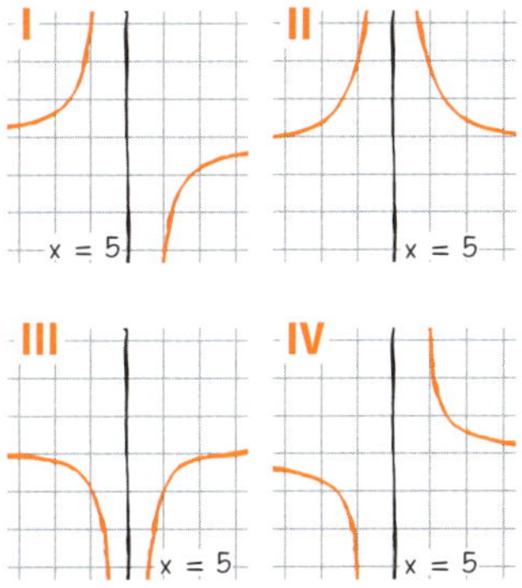

$f(x) = \frac{1}{x - \square} + 2$ ____ $g(x) = \frac{-2}{(x - \square)^2}$ ____ $h(x) = 2 - \frac{1}{x + \square}$ ____

$i(x) = \frac{1}{(3x - \square)^2} + 1$ ____ $k(x) = \frac{x^2 - 25}{(2x - \square)^2}$ ____ $l(x) = 1 - \frac{1}{(4x - \square)^2}$ ____

$m(x) = \frac{1}{(x + \square)^2} - 2$ ____ $n(x) = \frac{25 - x^2}{(0{,}5x - \square)^2} + 2$ ____

2 Gegeben sind jeweils ein Funktionsterm f(x) sowie der Graph der Ableitungsfunktion f'. Ordnen Sie einander passend zu.

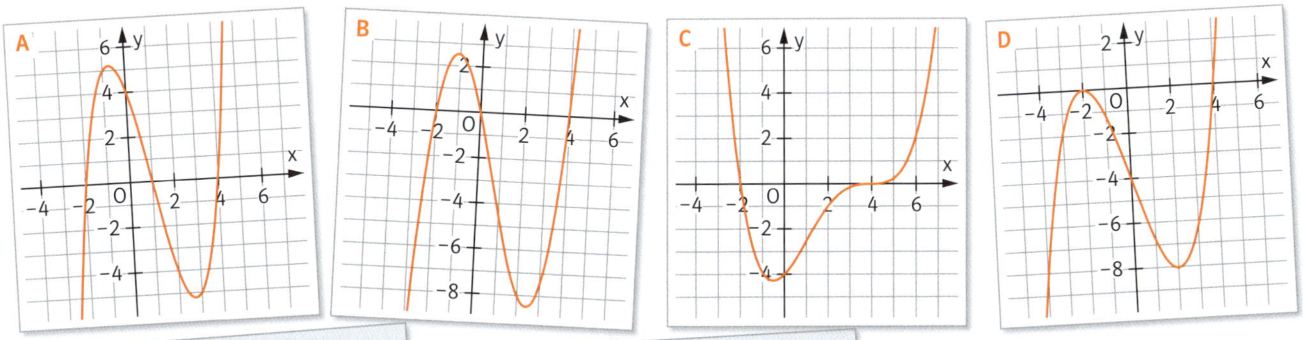

(1) $f(x) = \frac{1}{8}x^4 - \frac{1}{3}x^3 - 2x^2 + 4$

(2) $f(x) = \frac{1}{16}x^4 - 1{,}5x^2 - 4x + 1$

(3) $f(x) = \frac{1}{8}x^4 - \frac{1}{2}x^3 - \frac{3}{2}x^2 + 4x - 2$

(4) $f(x) = \frac{1}{160}x^5 - \frac{5}{64}x^4 + \frac{1}{4}x^3 + \frac{1}{2}x^2 - 4x + 1$

3 Untersuchen Sie $f: x \mapsto \frac{x^2 - 1}{4 - x^2}$ so weit, dass Sie den Graphen von f möglichst genau skizzieren können. [T1]

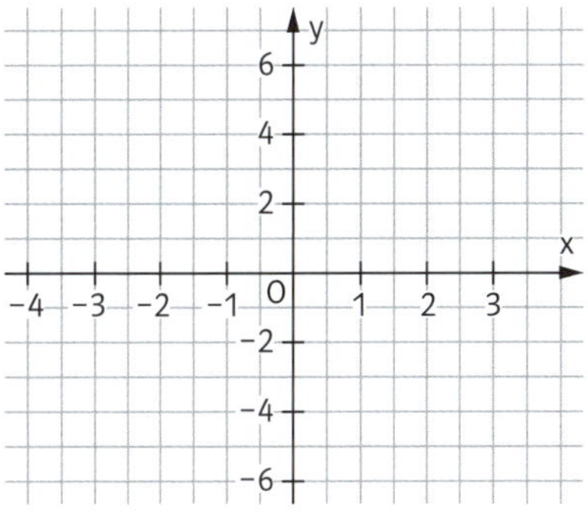

4 Für $a > 0$ ist durch $f_a(x) = ax^3 - 6x^2 + 4$ eine Funktionenschar gegeben.
Geben Sie die Koordinaten aller Extrempunkte des Graphen von f_a an (in Abhängigkeit von a).

Ableitungen: $f_a'(x)$ = ____________ $f_a''(x)$ = ____________

Nullstellen von f_a': ____________ = 0; ____________; x_1 = ____; x_2 = ____

Berechnung der Extremwerte: f_a(____) = ____________

f_a(____) = ____________

Extrempunkte: ____________ und ____________.

Monotonieverhalten von f:

f':

f:

[T1] Untersuchen Sie f auf Symmetrie, den Graph von f auf Schnittpunkte mit den Achsen sowie das Verhalten von f in der Nähe der Definitionslücken und für $x \to \infty$.

1 Beurteilen Sie die Aussagen über ganzrationale Funktionen.

	wahr	falsch
a) Ist der Grad der Funktion ungerade, dann hat sie mindestens eine Nullstelle.	☐	☐
b) Funktionen vom Grad 4 sind symmetrisch zur y-Achse.	☐	☐
c) Berührt der Graph von f die x-Achse bei $x = a$, dann ist a Nullstelle und der Graph von f hat den Extrempunkt $(a \mid f(a))$.	☐	☐
d) Jede Funktion 3. Grades ist punktsymmetrisch.	☐	☐
e) Der Graph einer Funktion 4. Grades hat mindestens einen Extrempunkt.	☐	☐

2 Geben Sie jeweils eine gebrochen rationale Funktion f mit der Definitionsmenge D_f an.

a) $D_f = \mathbb{R}$ b) $D_f = \mathbb{R}\setminus\{-2\}$ c) $D_f = \mathbb{R}\setminus\{-3; 0; 3\}$

3 Bestimmen Sie die Gleichung der Tangente sowie der Normalen an den Graphen von f im Punkt P.

a) $f\colon x \mapsto \sqrt{x^2 + 9}$; $P(-4 \mid f(-4))$ b) $f\colon x \mapsto 3 - \frac{9}{x^2}$; $P(3 \mid f(3))$

4 Geben Sie die Definitionsmenge an und untersuchen Sie den Graphen von f auf Symmetrie, Schnittpunkte mit den Achsen, evtl. Verhalten an den Definitionslücken, Verhalten von f für $x \to \pm\infty$ sowie Monotonie und Extrempunkte. Skizzieren Sie den Graphen von f. [T1]

a) $f(x) = -x^3 + 3x^2$ b) $f(x) = \frac{x^2 - 4}{1 + x^2}$

5 Gegeben sind Funktionen f mit den Funktionstermen $f(x) = 3x^2 - 2tx + 4t^2 - 11t$. Für welchen Wert von t wird die y-Koordinate des Tiefpunktes am kleinsten? [T2]

6 Für eine Wasserrutschbahn sollen zwei Punkte A und B so verbunden werden, dass die Rutschbahn waagrecht beginnt und waagrecht endet.

a) Legt man den Koordinatenursprung in den Punkt A, so lässt sich das Profil der Rutschbahn durch eine ganzrationale Funktion f der Form $f(x) = ax^3 + bx^2$ darstellen. Bestimmen Sie a und b. [T2]

b) Bestimmen Sie das größte Gefälle der Rutschbahn (in Prozent) sowie den größten Neigungswinkel. [T3]

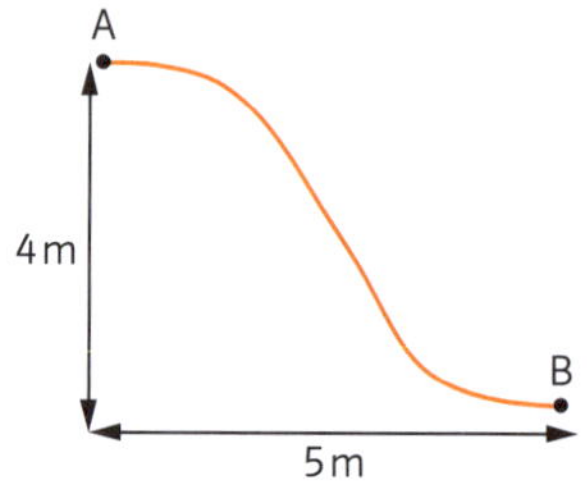

7 Die Abbildung zeigt den Graphen der Ableitung einer Funktion f.

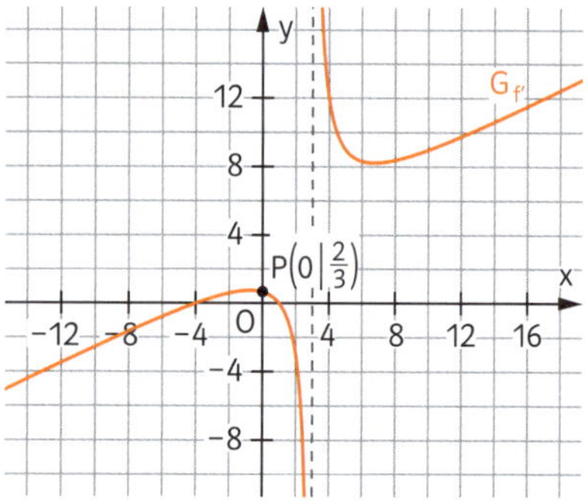

a) Geben Sie die Monotonieintervalle von f im dargestellten Bereich an.

b) Geben Sie die Extremstellen von f im dargestellten Bereich an.

c) Bestimmen Sie einen möglichen Funktionsterm von f' und geben Sie die Gleichung der zugehörigen schiefen Asymptote an.

d) Skizzieren Sie den Graphen von f in der nebenstehenden Abbildung, wenn gilt: $f(0) = 5$.

[T1] Nutzen Sie die gewonnenen Informationen zum schrittweisen Skizzieren des Graphen. [T2] Es gilt: $f(0) = 0$, $f'(0) = 0$, $f(5) = -4$ und $f'(5) = 0$. [T3] Zwischen der Steigung m und dem Steigungswinkel α besteht der Zusammenhang $m = \tan(\alpha)$.

1 a) Zeichnen Sie die Punkte A(2 | −1 | 0), B(2 | 2 | 0), C(0 | 2 | 0), D(0 | −1 | 0) und E(2 | −1 | 1,5) in das Koordinatensystem.
b) Die fünf Punkte sind die Eckpunkte eines Quaders. Geben Sie die Koordinaten der fehlenden Eckpunkte an und zeichnen Sie die Punkte ein.

F(__ | __ | __), G(__ | __ | __), H(__ | __ | __)

c) Betrachten Sie die Punkte A und E und geben Sie die Höhe h des Quaders an. h = $\overline{AE}$ = ___ cm

d) Bestimmen Sie den Mittelpunkt der Kante $\overline{AB}$.

M_{AB}(__ | __ | __)

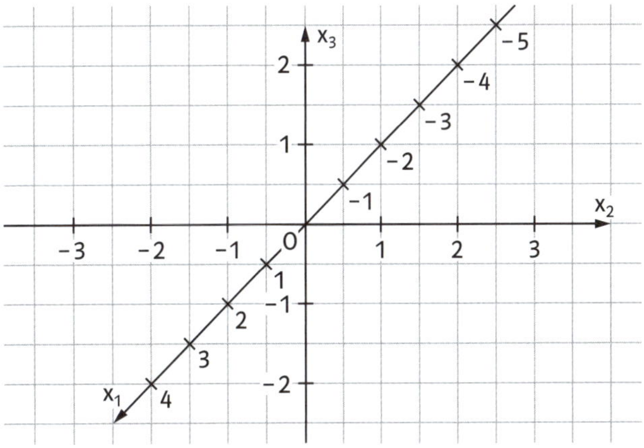

2 a) Die Punkte A und B liegen in der x_1x_2-Ebene, die Punkte C und D in der x_2x_3-Ebene und die Punkte E und F in der x_1x_3-Ebene.
Geben Sie die Koordinaten der Punkte an.

A(__ | __ | __), B(__ | __ | __), C(__ | __ | __)

D(__ | __ | __), E(__ | __ | __), F(__ | __ | __)

b) Notieren Sie je einen weiteren Punkt für jede der drei Ebenen und zeichnen Sie sie ein.

x_1x_2-Ebene: G(__ | __ | __)

x_2x_3-Ebene: H(__ | __ | __)

x_1x_3-Ebene: I(__ | __ | __)

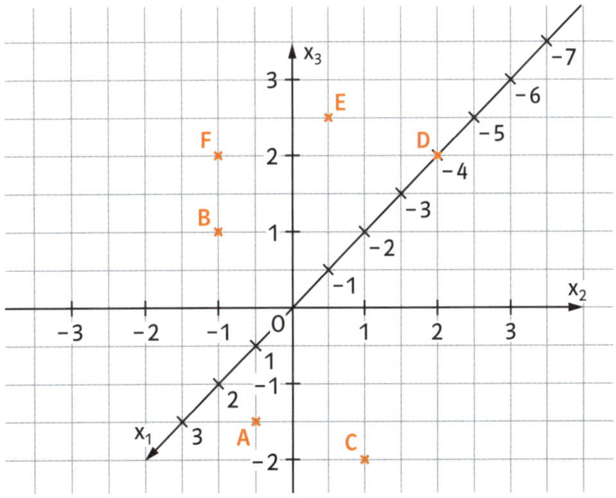

3 a) Streichen Sie die Punkte durch, die nicht auf der Geraden liegen, die parallel zur x_3-Achse durch den Punkt P(2 | 0 | 0) verläuft.

A(2 | 0 | −1) **B(2 | 2 | 0)** **C(0 | 2 | 0)** **D(2 | 0 | 3)**

E(2 | −1 | 3) **F(−1 | 0 | 2)** **G(2 | 0 | 15)**

b) Ergänzen Sie die fehlenden Koordinaten so, dass die Punkte auf der Parallelen zur x_2-Achse, die durch den Punkt S(0 | 1,5 | 2) verläuft, liegen.

Q(__ | 0 | 2) R(0 | 3 | __)

S(__ | __ | 2) T(0 | __ | 2)

U(__ | −5 | __) V(0 | __ | __)

4 a) Das gleichschenklige Dreieck ABC mit A(−2 | −0,5 | 0) und B(4 | −0,5 | 0) liegt in der x_1x_2-Ebene (Längeneinheit 1 cm). Die Höhe h_c über der Basis [AB] beträgt 4 cm. Geben Sie mögliche Koordinaten des Punktes C an. C(__ | __ | __)

b) Ein Prisma über dem Dreieck ABC hat eine Höhe von 5 cm. Geben Sie die Koordinaten der drei weiteren Eckpunkte D, E und F an:

D(__ | __ | __), E(__ | __ | __), F(__ | __ | __)

5 Eine senkrechte Pyramide mit quadratischer Grundfläche ABCD und der Spitze S hat die Höhe 3 cm. Die Strecke [AB] ist 2 cm lang. Bestimmen Sie die Koordinaten der Eckpunkte A, B, C und D.

A(__ | __ | __), B(__ | __ | __), C(__ | __ | __),

D(__ | __ | __)

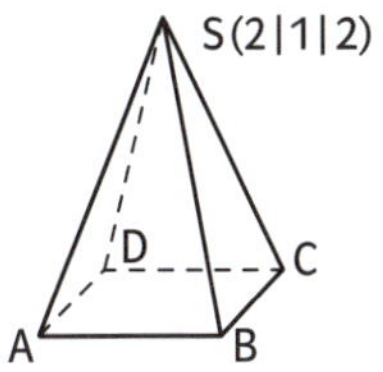

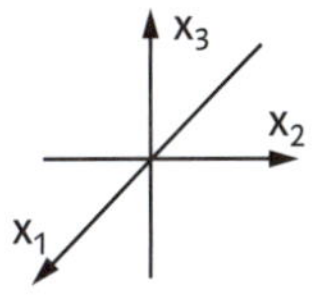

(Angaben in cm)

1 a) Der Vektor $\overrightarrow{AB} = \begin{pmatrix} 1 \\ 3 \\ -2 \end{pmatrix}$ beschreibt, wie man zum Punkt A(3 | −1 | 5) den Punkt B erhält.
Die Koordinaten von B sind:

B(3 + 1 | −1 + 3 | 5 ____), also

B(__ | __ | __).

b) Der Vektor $\overrightarrow{AB}$ ist der Ortsvektor $\overrightarrow{OP}$ zum Punkt

P(__ | __ | __).

c) Geben Sie die Ortsvektoren an. $\overrightarrow{OA} = \begin{pmatrix} \; \\ \; \\ \; \end{pmatrix}$, $\overrightarrow{OB} = \begin{pmatrix} \; \\ \; \\ \; \end{pmatrix}$

2 Bestimmen Sie die Koordinaten der Vektoren $\overrightarrow{PQ}$ und $\overrightarrow{QP}$.

a) P(0 | 3 | −1), Q(−4 | 3 | 5)

$\overrightarrow{PQ} = \begin{pmatrix} \; \\ \; \\ \; \end{pmatrix}$, $\overrightarrow{QP} = \begin{pmatrix} \; \\ \; \\ \; \end{pmatrix}$

b) P(−8 | 2 | 18), Q(−2 | 3 | −13)

$\overrightarrow{PQ} = \begin{pmatrix} \; \\ \; \\ \; \end{pmatrix}$, $\overrightarrow{QP} = \begin{pmatrix} \; \\ \; \\ \; \end{pmatrix}$

3 a) Zeichnen Sie den Punkt A(2 | 0 | −1) in das Koordinatensystem. Der Vektor $\vec{v} = \begin{pmatrix} -1 \\ 2 \\ 2 \end{pmatrix}$ beschreibt den Weg vom Punkt A zum Punkt A′.

Die Koordinaten des Punktes A′ sind:

A′(2 − 1 | 0 + 2 | −1 ____), also A′(__ | __ | __).

Zeichnen Sie A′ und den Vektor $\vec{v} = \overrightarrow{AA'}$ ein.

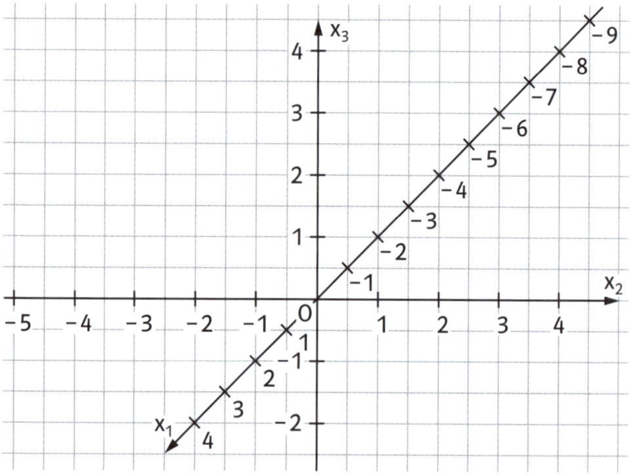

b) Der Vektor $\vec{v}$ beschreibt auch, wie man zum Punkt B(__ | __ | __) den Punkt B′(−2 | 1 | 2) erhält.

Zeichnen Sie B, B′ und einen Repräsentaten des Vektors $\vec{v} = \overrightarrow{BB'}$ ein.

c) Zeichnen Sie C(1 | 1 | −1) und D(−2 | 2 | 0) ein. Allein mit der Zeichnung lässt sich nicht klären, ob man den Punkt D vom Punkt C aus durch den Vektor $\vec{v}$ erhält.

Rechnerisch ergibt sich, dass ______________________________

____

____.

4 a) Die Punkte A, B, C, D, E und F sind die Eckpunkte eines Prismas. Wie viele unterschiedliche Vektoren sind in der Figur dargestellt?

____

b) Welche Pfeile in der Figur repräsentieren denselben Vektor? $\overrightarrow{AB}$ = ____, ______________

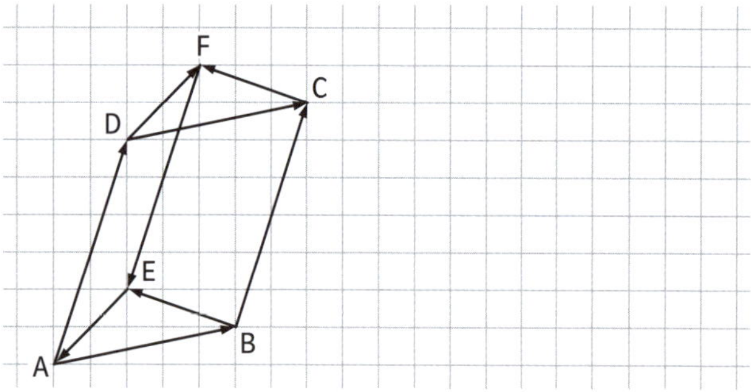

5 Markieren Sie zusammengehörende Karten.

B(1 | −1 | 2)

A(7 | −2 | −3)

$\overrightarrow{BA} = \begin{pmatrix} -2 \\ 3 \\ -5 \end{pmatrix}$

$\overrightarrow{AB} = \begin{pmatrix} 2 \\ -3 \\ 5 \end{pmatrix}$

A(−1 | 2 | −3)

$\overrightarrow{BA} = \begin{pmatrix} -2 \\ 3 \\ -4 \end{pmatrix}$

B(6 | 1 | −7)

$\overrightarrow{AB} = \begin{pmatrix} 2 \\ -3 \\ 4 \end{pmatrix}$

A(5 | 10 | 3)

$\overrightarrow{BA} = \begin{pmatrix} 1 \\ -3 \\ 4 \end{pmatrix}$

B(7 | 7 | 7)

$\overrightarrow{AB} = \begin{pmatrix} -1 \\ 3 \\ -4 \end{pmatrix}$

1 Gegeben sind die Repräsentanten der Vektoren $\vec{a}$ und $\vec{b}$. Zeichnen Sie einen geeigneten Repräsentaten von

a) $\vec{a} + \vec{b}$ b) $-\vec{a}$

c) $\vec{b} - \vec{a}$ d) $-(\vec{a} + \vec{b})$

e) $\vec{a} - (\vec{a} - \vec{b})$ f) $(\vec{a} + \vec{b}) + (\vec{a} - \vec{b})$

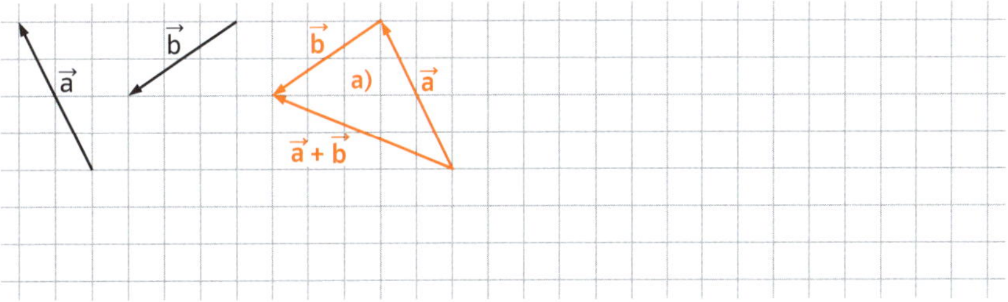

2 Berechnen Sie.

a) $\begin{pmatrix} 2 \\ -3 \end{pmatrix} - \begin{pmatrix} -7 \\ 2 \end{pmatrix} = \begin{pmatrix} 2-(-7) \\ \_\_\_ \end{pmatrix} = \begin{pmatrix} \_\_\_ \\ \_\_\_ \end{pmatrix}$

b) $\begin{pmatrix} 10 \\ 0{,}5 \\ -1{,}5 \end{pmatrix} - \begin{pmatrix} 5 \\ -3 \\ 3 \end{pmatrix} + \begin{pmatrix} -3{,}5 \\ 0{,}5 \\ 2{,}5 \end{pmatrix} =$ ______

3 Im Schrägbild des Quaders sind die Vektoren $\vec{a}$, $\vec{b}$ und $\vec{c}$ eingezeichnet. Ergänzen Sie.

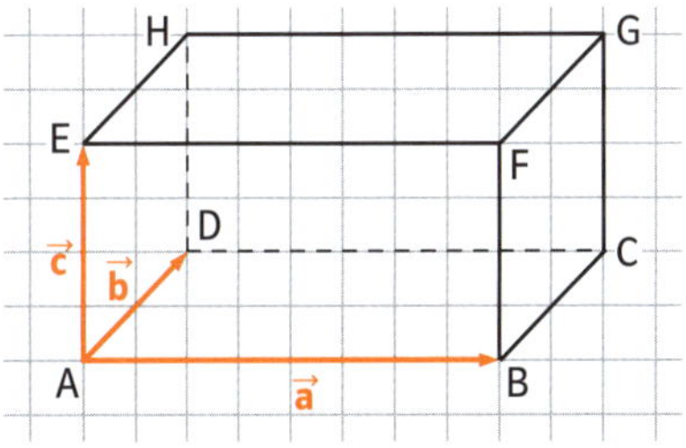

a) $\vec{a} + \vec{b} = \overrightarrow{AC} = \overrightarrow{E\_\_}$

b) $\vec{a} + \overrightarrow{\_\_\_} + \vec{c} = \overrightarrow{AG}$

c) $\vec{c} + \overrightarrow{\_\_\_} = \overrightarrow{AH} = \overrightarrow{B\_\_}$

d) $\vec{a} + \vec{c} = \overrightarrow{\_\_G} = \overrightarrow{A\_\_}$

e) $\vec{b} - \overrightarrow{\_\_\_} = \overrightarrow{BD} = \overrightarrow{\_\_H}$

f) $\overrightarrow{\_\_\_} - \vec{b} - \overrightarrow{\_\_\_} = \overrightarrow{HB}$

4 Berechnen Sie für A(1 | 3 | 2), B(3 | 0 | 7) und C(−2 | 3 | 5) die Koordinaten von

a) $\overrightarrow{AB} - \overrightarrow{AC}$ b) $\overrightarrow{CB} + \overrightarrow{OA}$ c) $\overrightarrow{AB} + \overrightarrow{BC} + \overrightarrow{CA}$

Begründen Sie das Ergebnis von c) ohne Rechnung.

______

5 Gegeben ist das Dreieck ABC mit A(1 | 2 | 3), B(0 | 3 | 1) und C(2 | 5 | 3).

a) Zeichnen Sie das Dreieck in ein Koordinatensystem und ergänzen Sie es zu einem Parallelogramm ABCD.

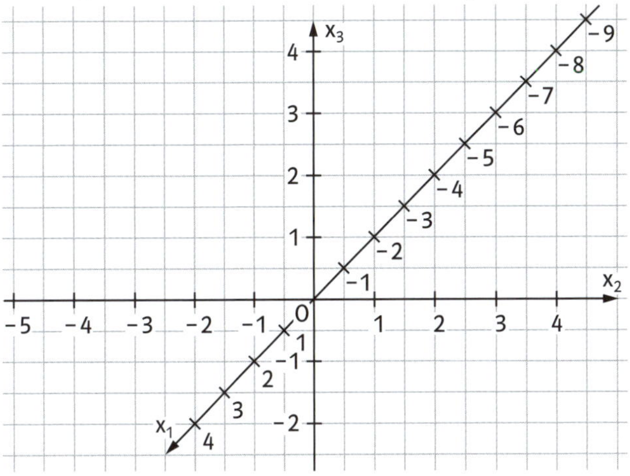

b) Berechnen Sie die Koordinaten von D.

Es ist $\overrightarrow{BA} = \begin{pmatrix} \_\_ \\ \_\_ \\ \_\_ \end{pmatrix}$. Für das Parallelogramm ABCD gilt:

$\overrightarrow{CD} =$ ______, also $\overrightarrow{OD} = \overrightarrow{OC} +$ ______.

Damit ist also $\overrightarrow{OD} = \begin{pmatrix} \_\_ \\ \_\_ \\ \_\_ \end{pmatrix} = \begin{pmatrix} \_\_ \\ \_\_ \\ \_\_ \end{pmatrix}$ und

D(___ | ___ | ___).

IV Multiplikation eines Vektors mit einer Zahl (S-Multiplikation)

1 Gegeben sind die Vektoren $\vec{a}$ und $\vec{b}$.

a) Bestimmen Sie die Koordinaten von $\vec{a}$ und $\vec{b}$.

$\vec{a} = \begin{pmatrix} \_ \\ \_ \\ \_ \end{pmatrix}$, $\vec{b} = \begin{pmatrix} \_ \\ \_ \\ \_ \end{pmatrix}$

b) Bestimmen Sie zeichnerisch und rechnerisch die Linearkombination

$\vec{x} = 2\vec{a} + 3\vec{b}$ und $\vec{y} = \vec{b} - 0{,}5\vec{a}$

$\vec{x} = 2 \cdot \begin{pmatrix} \_ \\ \_ \\ \_ \end{pmatrix} + 3 \cdot \begin{pmatrix} \_ \\ \_ \\ \_ \end{pmatrix} = \begin{pmatrix} \_ \\ \_ \\ \_ \end{pmatrix} = \begin{pmatrix} \_ \\ \_ \\ \_ \end{pmatrix}$; $\vec{y} = \begin{pmatrix} \_ \\ \_ \\ \_ \end{pmatrix} - 0{,}5 \cdot \begin{pmatrix} \_ \\ \_ \\ \_ \end{pmatrix} = \begin{pmatrix} \_ \\ \_ \\ \_ \end{pmatrix} = \begin{pmatrix} \_ \\ \_ \\ \_ \end{pmatrix}$

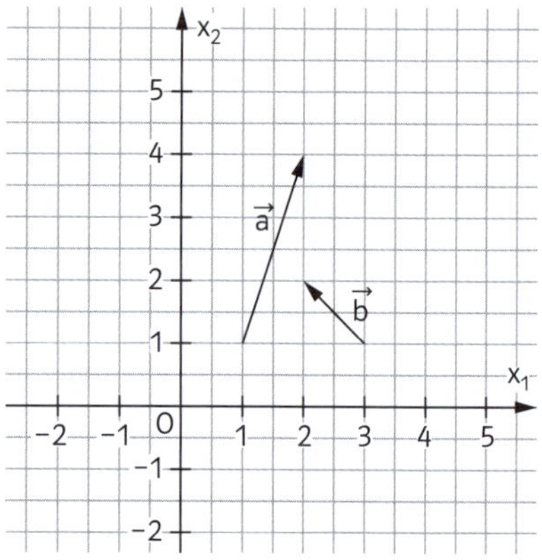

2 Berechnen Sie:

a) $\frac{2}{3}\begin{pmatrix} 9 \\ 6 \\ 3 \end{pmatrix} + \frac{3}{2} \cdot \begin{pmatrix} -2 \\ 4 \\ -8 \end{pmatrix} =$ __________

b) $-\begin{pmatrix} -3 \\ 4 \\ 1 \end{pmatrix} - 2 \cdot \begin{pmatrix} 1 \\ -1 \\ 1{,}5 \end{pmatrix} =$ __________

3 Markieren Sie zusammengehörende Kärtchen.

$-3\vec{b} + (3\vec{a} - 2\vec{b} - 2\vec{a})$

$2\vec{a} - 5\vec{b}$

$-4\vec{b} - (-2\vec{a} + 6\vec{b})$

$5\vec{a} - \vec{b} - 3\vec{a} - 2\vec{b}$

$\vec{a} - 5\vec{b}$

$4\vec{a} - (3\vec{a} + 5\vec{b})$

$2\vec{b} - 2\vec{a} - 3\vec{b}$

$2\vec{a} - 3\vec{b}$

$-(\vec{b} - \vec{a}) + \vec{a} - 2\vec{b}$

$6\vec{a} - (5\vec{a} - 3\vec{b})$

$\vec{a} + 3\vec{b}$

$4\vec{a} - (6\vec{a} + \vec{b})$

$5\vec{a} + (-3\vec{a} - \vec{b}) - 4\vec{b}$

$-2\vec{a} - \vec{b}$

$-4\vec{b} + \vec{a} + 7\vec{b}$

4 a) Die Punkte eines Dreiecks haben die Koordinaten A(3 | 0 | −2), B(−1 | 6 | −2), C(−1 | 6 | 2). Bestimmen Sie den Mittelpunkt M_1 der Strecke [AB] und den Mittelpunkt M_2 der Strecke [BC].

$\overrightarrow{OM_1} = \overrightarrow{OA} + \frac{1}{2}\overrightarrow{\_\_\_} =$ __________

M_1(__ | __ | __) M_2(__ | __ | __)

b) Vergleichen Sie die Vektoren $\overrightarrow{M_1M_2}$ und $\overrightarrow{AC}$.

____

____

____

5 Berechnen Sie die Koordinaten des Vektors, der durch die Linearkombination gegeben ist.

a) $\begin{pmatrix} 4 \\ 2 \\ -16 \end{pmatrix} - 2 \cdot \begin{pmatrix} 1 \\ 1 \\ -8 \end{pmatrix} + 4 \cdot \begin{pmatrix} -0{,}5 \\ 1 \\ 0 \end{pmatrix}$

b) $\frac{1}{5} \cdot \begin{pmatrix} 5 \\ 20 \\ -15 \end{pmatrix} + 3 \cdot \begin{pmatrix} 1 \\ 1 \\ -2 \end{pmatrix} + \left(-\frac{2}{3}\right)\begin{pmatrix} -\frac{9}{2} \\ \frac{3}{2} \\ 0 \end{pmatrix}$

6 M(5 | 2 | 3) ist der Mittelpunkt der Strecke [AB] mit A(1 | 9 | 2). Berechnen Sie die Koordinaten des Punktes B.

7 Gegeben ist die quadratische Pyramide mit $\vec{a} = \overrightarrow{AD}$, $\vec{b} = \overrightarrow{DC}$ und $\vec{c} = \overrightarrow{AS}$. M_1 ist der Mittelpunkt der Strecke [BC], M_2 der Mittelpunkt von [SC] und M_3 der Mittelpunkt von [SB].

Bestimmen Sie die Vektoren $\overrightarrow{M_1M_3}$, $\overrightarrow{M_3M_2}$ und $\overrightarrow{M_2M_1}$ als Linearkombination der Vektoren $\vec{a}$, $\vec{b}$ und $\vec{c}$. [T1]

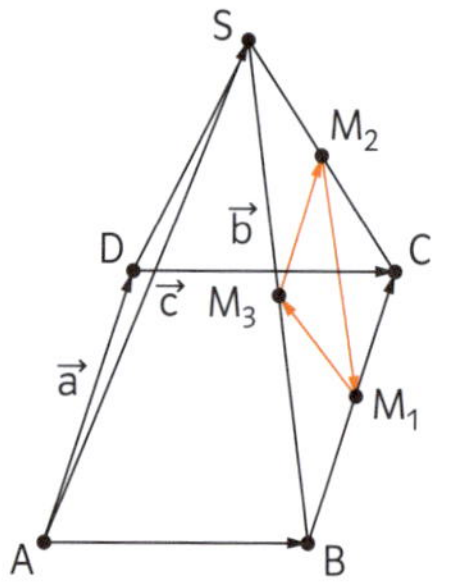

[T1] Stellen Sie zunächst z. B. $\overrightarrow{AM_1}$ und $\overrightarrow{AM_3}$ und daraus dann $\overrightarrow{M_1M_3}$ als Linearkombination dar.

1 Bestimmen Sie die Länge der Strecke [AB] für A(2 | 4 | 7) und B(7 | −8 | 7).

$\overrightarrow{AB} = \begin{pmatrix} \square \\ \square \\ \square \end{pmatrix}$, $|\overrightarrow{AB}| = \sqrt{(\quad)^2 + (\quad)^2 + (\quad)^2} =$ ______

2 Bestimmen Sie die fehlende Koordinate p so, dass der Punkt A vom Punkt B den Abstand 5 hat.

a) A(0 | 0), B(3 | p)

p = ______

b) A(7 | 0 | 2), B(5 | −3 | p)

p = ______

c) A(2 | p | 1), B(−1 | p − 4 | 1)

p = ______

3 Geben Sie einen Vektor $\vec{a_0}$ der Länge 1 an, der die Richtung von A(1 | 5 | 2) nach B(4 | 1 | 9) angibt.

$\overrightarrow{AB} =$ ______ ; $|\overrightarrow{AB}| =$ ______ = ______; also $\vec{a_0} =$ ______ $\cdot \overrightarrow{AB} =$ ______

4 Berechnen Sie den Betrag des Vektors und bestimmen Sie den zugehörigen Einheitsvektor.

a) $\vec{a} = \begin{pmatrix} 3 \\ -3 \end{pmatrix}$ b) $\vec{a} = \begin{pmatrix} -4 \\ 2 \\ 1 \end{pmatrix}$ c) $\vec{a} = \frac{2}{\sqrt{46}} \begin{pmatrix} -1 \\ -6 \\ 3 \end{pmatrix}$

5 a) Für eine Raute ABCD muss gelten: $\overrightarrow{AB} =$ ______ und $|\overrightarrow{AD}| =$ ______.
Untersuchen Sie, ob es sich beim Viereck ABCD mit A(3 | 1 | −3), B(0 | 2 | 0), C(3 | 3 | 3) und D(6 | 2 | 0) um eine Raute handelt.

b) Für ein Trapez ABCD muss gelten: $\overrightarrow{AB} = r \cdot$ ______ oder $\overrightarrow{BC} =$ ______, $r \in \mathbb{R}$.
Untersuchen Sie, ob es sich beim Viereck ABCD mit A(6 | 3 | 0), B(0 | 0 | 4), C(−3 | 6 | 1) und D(0 | 7,5 | −1) um ein Trapez handelt.

c) Für ein gleichschenkliges Dreieck ABC muss gelten: $|\overrightarrow{AB}| =$ ______ oder $|\overrightarrow{BC}| =$ ______ oder $|\overrightarrow{CA}| =$ ______.
Untersuchen Sie, ob das Dreieck mit den Eckpunkten A(4 | −2 | 2), B(2 | 0 | 3) und C(1 | −2 | 1) gleichschenklig ist.

d) Überprüfen Sie, ob eine Seitenhalbierende im Dreieck ABC mit A(6 | 0 | −1), B(4 | −2 | 0) und C(3 | 0 | 2) eine ganzzahlige Länge besitzt.

6 Gegeben ist die Gleichung $(p_1 - 4)^2 + (p_2 + 5)^2 + (p_3 - 1)^2 = 81$.

a) Welchen Abstand hat ein Punkt $P(p_1 | p_2 | p_3)$ vom Punkt Q(4 | −5 | 1)?

______

b) Geben Sie die Koordinaten der Punkte an, die vom Punkt Q den in a) bestimmten Abstand haben und auf den Koordinatenachsen liegen.

P_1(__ | __ | __); P_2(__ | __ | __); P_3(__ | __ | __); P_4(__ | __ | __); P_5(__ | __ | __); P_6(__ | __ | __);

c) Wie viele Punkte kann es geben, die zum Punkt Q einen vorgegebenen Abstand haben und deren Koordinaten in allen drei Komponenten übereinstimmen? Begründen Sie Ihre Aussage. Berechnen Sie die Koordinaten der Punkte P, die den Abstand 9 von Q haben und in allen Koordinaten übereinstimmen. [T1]

[T1] Lösen Sie die quadratische Gleichung $(p - 4)^2 + (p + 5)^2 + (p - 1)^2 = 81$ nach p auf.

1 Ein Dreieck hat die Eckpunkte A(4|5|3), B(6|2|−1) und C(−2|3|−2).
Es soll die Größe der Innenwinkel bestimmt werden. Geben Sie die Vektoren $\overrightarrow{AB}$, $\overrightarrow{BC}$ und $\overrightarrow{CA}$ an.

$\overrightarrow{AB}$ = ______________ , $\overrightarrow{BC}$ = ______________ , $\overrightarrow{CA}$ = ______________

Ergänzen Sie den Ansatz.

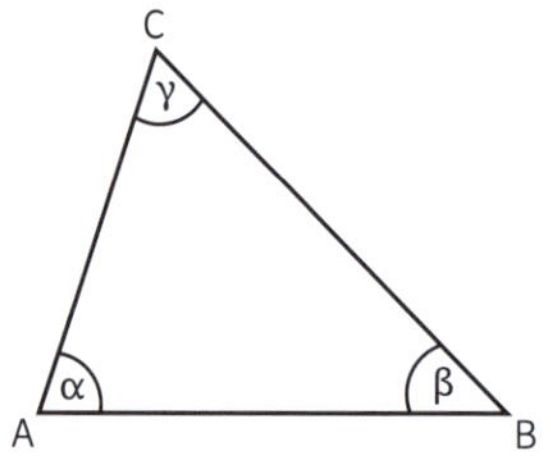

$\cos(\alpha) = \frac{\overrightarrow{AB} \cdot \quad}{\quad \cdot \quad}$ = ______________

α = ______________

Markieren Sie die Fehler im Ansatz und berechnen Sie die Winkel.

$\cos(\beta) = \frac{\overrightarrow{AB} \cdot \overrightarrow{BC}}{|\overrightarrow{AB}| \cdot |\overrightarrow{BC}|}$ cos(β) = ―――― = ______________ , β = ______________

$\cos(\gamma) = \frac{\overrightarrow{CA} \cdot \overrightarrow{BC}}{|\overrightarrow{CA} \cdot \overrightarrow{BC}|}$ cos(γ) = ―――― = ______________ , γ = ______________

2 Prüfen Sie, welcher Winkel von den Vektoren $\vec{a}$ und $\vec{b}$ eingeschlossen wird.

a) $\vec{a} = \begin{pmatrix} 3 \\ 4 \\ 2 \end{pmatrix}, \vec{b} = \begin{pmatrix} -1 \\ 5 \\ -2 \end{pmatrix}$

b) $\vec{a} = \begin{pmatrix} -3 \\ 6 \\ 1 \end{pmatrix}, \vec{b} = \begin{pmatrix} 4 \\ -2 \\ 3 \end{pmatrix}$

α = 125,1°

α = 54,9°

α = 116,2°

α = 63,8°

3 Ergänzen Sie.

Wenn das Skalarprodukt zweier Vektoren positiv ist, schließen die beiden Vektoren einen ______________ Winkel ein. Wenn das Skalarprodukt zweier Vektoren negativ ist, schließen sie einen ______________ Winkel ein.

4 Der Winkel zwischen den Vektoren $\vec{a}$ und $\vec{b}$ ist α. Bestimmen Sie die fehlende Koordinate des Vektors. [T1]

a) $\vec{a} = \begin{pmatrix} 5 \\ 1 \\ 9 \end{pmatrix}, \vec{b} = \begin{pmatrix} b_1 \\ 8 \\ -2 \end{pmatrix}, \alpha = 90°$ b) $\vec{a} = \begin{pmatrix} 1 \\ 0 \\ a_3 \end{pmatrix}, \vec{b} = \begin{pmatrix} 0 \\ 0 \\ -3 \end{pmatrix}, \alpha = 45°$ c) $\vec{a} = \begin{pmatrix} 1 \\ 0 \\ 1 \end{pmatrix}, \vec{b} = \begin{pmatrix} 0 \\ b_2 \\ 1 \end{pmatrix}, \alpha = 60°$

5 Gegeben sind die Punkte A(1|2|1), B(−2|1|3) und C(−3|−2|4).
a) Bestimmen Sie die Koordinaten eines Punktes D so, dass ABCD ein Parallelogramm ist. [T2]
b) Berechnen Sie die Größe der Innenwinkel des Parallelogramms. [T3]
c) Ermitteln Sie den Schnittpunkt und den Schnittwinkel der Diagonalen. [T4]

6 a) Untersuchen Sie, ob das Viereck ABCD mit A(2|0|−3), B(6|3,5|2), C(6|2|5) und D(4|−0,5|4) ein besonderes Viereck ist. [T5]
b) Bestimmen Sie die Größe der Innenwinkel des Vierecks.

[T1] Wählen Sie den Ansatz wie in Aufgabe 1. Da die Winkelgröße bekannt ist, ergibt sich eine Gleichung mit einer Unbekannten.
[T2] Fertigen Sie eine Skizze an. Nutzen Sie die Parallelität zur Bestimmung der Koordinaten von D mithilfe eines Vektors zwischen zwei benachbarten Punkten. [T3] Beachten Sie, dass im Parallelogramm bestimmte Winkel die gleiche Größe haben.
[T4] Beachten Sie, dass der Schnittwinkel der kleinere Winkel zwischen zwei Geraden ist. [T5] Überprüfen Sie, ob die vier Punkte in einer Ebene liegen, indem Sie aus drei Punkten eine Ebenengleichung aufstellen. Wenn dies der Fall ist, kann die Besonderheit des Vierecks durch Betrachtung der Längen der Viereckseiten und der Innenwinkel untersucht werden.

1 Bestimmen Sie einen Vektor $\vec{c}$, der orthogonal zu den beiden Vektoren $\vec{a}$ und $\vec{b}$ ist.

$$\vec{a} = \begin{pmatrix} 3 \\ 1 \\ -1 \end{pmatrix} \text{ und } \vec{b} = \begin{pmatrix} -2 \\ 5 \\ 1 \end{pmatrix}. \quad \vec{c} = \vec{a} \times \vec{b} = \begin{pmatrix} 1 \cdot \underline{\quad} - (-1) \cdot \underline{\quad} \\ \underline{\qquad\qquad} \\ \underline{\qquad\qquad} \end{pmatrix} = \begin{pmatrix} \underline{\quad} \\ \underline{\quad} \\ \underline{\quad} \end{pmatrix}.$$

2 Bestimmen Sie mithilfe des Vektorprodukts eine Gleichung der Ebene E in Normalenform.

$$E: \vec{x} = \begin{pmatrix} 1 \\ 0 \\ -1 \end{pmatrix} + r \begin{pmatrix} 2 \\ -1 \\ 2 \end{pmatrix} + s \begin{pmatrix} 0 \\ 1 \\ 1 \end{pmatrix}. \quad \text{Normalenvektor } \vec{n} = \underline{\qquad} = \begin{pmatrix} \underline{\qquad\qquad} \\ \underline{\qquad\qquad} \\ \underline{\qquad\qquad} \end{pmatrix} = \begin{pmatrix} \underline{\quad} \\ \underline{\quad} \\ \underline{\quad} \end{pmatrix}.$$

Normalenform der Ebene: $E: \left(\vec{x} - \begin{pmatrix} \underline{\quad} \\ \underline{\quad} \\ \underline{\quad} \end{pmatrix}\right) \cdot \begin{pmatrix} \underline{\quad} \\ \underline{\quad} \\ \underline{\quad} \end{pmatrix} = \underline{\quad}$.

3 Bestimmen Sie den Flächeninhalt des Fünfecks ABCDE mit
A(0 | 1 | −1), B(3 | 2 | −2), C(5 | 3 | −2,5), D(4 | 3 | −2), E(1 | 2 | −1).

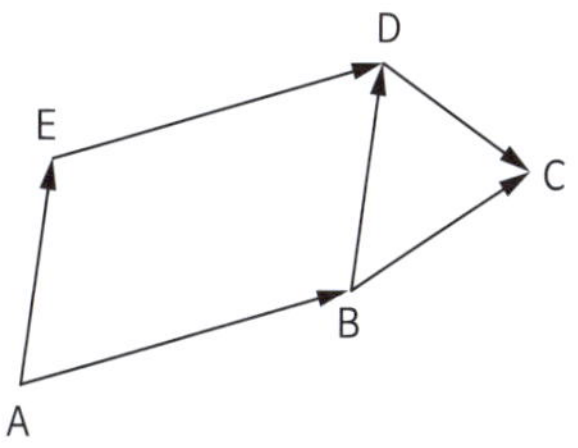

$$\overrightarrow{AB} = \begin{pmatrix} \underline{\quad} \\ \underline{\quad} \\ \underline{\quad} \end{pmatrix}, \overrightarrow{AE} = \begin{pmatrix} \underline{\quad} \\ \underline{\quad} \\ \underline{\quad} \end{pmatrix}, \overrightarrow{BC} = \begin{pmatrix} \underline{\quad} \\ \underline{\quad} \\ \underline{\quad} \end{pmatrix}, \overrightarrow{BD} = \begin{pmatrix} \underline{\quad} \\ \underline{\quad} \\ \underline{\quad} \end{pmatrix}, \overrightarrow{ED} = \begin{pmatrix} \underline{\quad} \\ \underline{\quad} \\ \underline{\quad} \end{pmatrix}, \overrightarrow{DC} = \begin{pmatrix} \underline{\quad} \\ \underline{\quad} \\ \underline{\quad} \end{pmatrix}.$$

Das Viereck ABDE ist ein ________________. Der Flächeninhalt des Vierecks

ist also $A_{ABDE} = |\underline{\qquad}| = \underline{\quad} \cdot \left|\begin{pmatrix} \underline{\qquad\qquad} \\ \underline{\qquad\qquad} \\ \underline{\qquad\qquad} \end{pmatrix}\right| = \left|\begin{pmatrix} \underline{\quad} \\ \underline{\quad} \\ \underline{\quad} \end{pmatrix}\right| = \underline{\qquad\qquad\qquad} = \underline{\qquad}$.

Der Flächeninhalt des Dreiecks BCD ist entsprechend **[T1]**:

$A_{BCD} = \underline{\quad} \cdot |\underline{\qquad}| = \left|\begin{pmatrix} \underline{\qquad\qquad} \\ \underline{\qquad\qquad} \\ \underline{\qquad\qquad} \end{pmatrix}\right| = \underline{\quad} \cdot \left|\begin{pmatrix} \underline{\quad} \\ \underline{\quad} \\ \underline{\quad} \end{pmatrix}\right| = \underline{\qquad\qquad\qquad} = \underline{\qquad}$.

Insgesamt ist also der Flächeninhalt des Fünfecks ABCDE: $A_{ABCDE} = \underline{\qquad\qquad\qquad} = \underline{\qquad}$.

4 Bestimmen Sie das Volumen des schiefen Prismas ABCDEF

mit $\overrightarrow{AB} = \begin{pmatrix} -1 \\ 2 \\ 1 \end{pmatrix}, \overrightarrow{AC} = \begin{pmatrix} 2 \\ -1 \\ 3 \end{pmatrix}$ und $\overrightarrow{AD} = \begin{pmatrix} 1 \\ 1 \\ 2 \end{pmatrix}$. **[T2]**

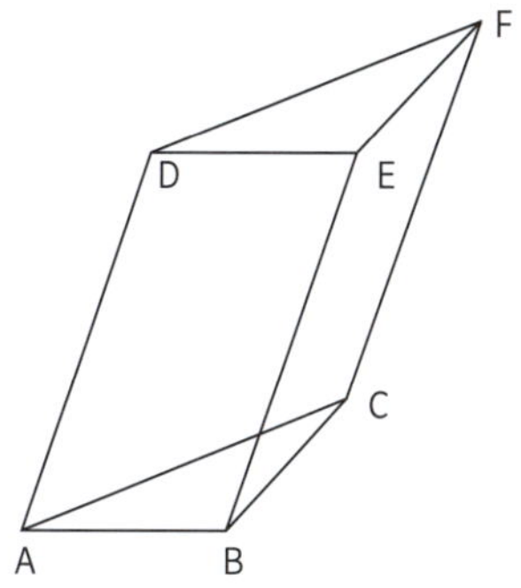

$$V = \underline{\qquad\qquad} = \underline{\quad} \cdot \left|\begin{pmatrix} \underline{\quad} \\ \underline{\quad} \\ \underline{\quad} \end{pmatrix} \cdot \left(\begin{pmatrix} \underline{\quad} \\ \underline{\quad} \\ \underline{\quad} \end{pmatrix} \times \begin{pmatrix} \underline{\quad} \\ \underline{\quad} \\ \underline{\quad} \end{pmatrix}\right)\right| = \underline{\quad} \cdot \left|\begin{pmatrix} \underline{\quad} \\ \underline{\quad} \\ \underline{\quad} \end{pmatrix} \cdot \begin{pmatrix} \underline{\quad} \\ \underline{\quad} \\ \underline{\quad} \end{pmatrix}\right|$$

$$= \underline{\quad} \cdot |(\underline{\qquad\qquad})| = \underline{\quad}$$

5 Zeigen Sie jeweils an einem Beispiel, dass das Vektorprodukt weder kommutativ noch assoziativ ist.

$$\vec{a} = \begin{pmatrix} \underline{\quad} \\ \underline{\quad} \\ \underline{\quad} \end{pmatrix}, \vec{b} = \begin{pmatrix} \underline{\quad} \\ \underline{\quad} \\ \underline{\quad} \end{pmatrix}, \vec{a} \times \vec{b} = \begin{pmatrix} \underline{\quad} \\ \underline{\quad} \\ \underline{\quad} \end{pmatrix}, \vec{b} \times \vec{a} = \begin{pmatrix} \underline{\quad} \\ \underline{\quad} \\ \underline{\quad} \end{pmatrix};$$

$$\vec{a} = \begin{pmatrix} \underline{\quad} \\ \underline{\quad} \\ \underline{\quad} \end{pmatrix}, \vec{b} = \begin{pmatrix} \underline{\quad} \\ \underline{\quad} \\ \underline{\quad} \end{pmatrix}, \vec{c} = \begin{pmatrix} \underline{\quad} \\ \underline{\quad} \\ \underline{\quad} \end{pmatrix}, (\vec{a} \times \vec{b}) \times \vec{c} = \begin{pmatrix} \underline{\quad} \\ \underline{\quad} \\ \underline{\quad} \end{pmatrix} \times \vec{c} = \begin{pmatrix} \underline{\quad} \\ \underline{\quad} \\ \underline{\quad} \end{pmatrix}, \vec{a} \times (\vec{b} \times \vec{c}) = \vec{a} \times \begin{pmatrix} \underline{\quad} \\ \underline{\quad} \\ \underline{\quad} \end{pmatrix} = \begin{pmatrix} \underline{\quad} \\ \underline{\quad} \\ \underline{\quad} \end{pmatrix}.$$

[T1] Das Dreieck lässt sich durch Punktspiegelung zu einem doppelt so großen Parallelogramm ergänzen. **[T2]** Ein schiefes Prisma ist ein halber Spat. Verwenden Sie die Formel aus dem Lehrbuch S. 112.

1 Bestimmen Sie Mittelpunkt und Radius des Kreises mit der Gleichung $x_1^2 + x_2^2 - 6x_1 + 4x_2 = 3$.

Quadratische Ergänzung: $(x_1 - \_\_\_)^2 + (x_2 + \_\_\_)^2 = 3 + \_\_\_\_\_ = \_\_\_$. Daraus ergibt sich der Mittelpunkt M(___ | ___) und der Radius $r = \_\_\_$.

2 Geben Sie die Gleichung einer Kugel mit Mittelpunkt M(2 | 0 | −2) und Radius $r = 2{,}5$ in Vektor- und in Koordinatendarstellung an.

Die Vektordarstellung lautet: $\left(\vec{x} - \begin{pmatrix} \square \\ \square \\ \square \end{pmatrix}\right)^2 = \_\_\_\_\_$

Die Koordinatendarstellung lautet: ______________________________

3 Ergänzen Sie folgende Sätze:

Ein Punkt P liegt außerhalb einer Kugel K, wenn ______________________________

Eine Kugel K schneidet eine Ebene E, wenn ______________________________

Zwei Kugeln schneiden sich, wenn ______________________________ größer als ______________ und ______________ kleiner als ______________ ist.
[T1]

4 Eine Kugel mit Mittelpunkt M(a | b | −3) (b > 0) und Radius $r = 5$ berührt die x_1-Achse im Punkt P(5 | 0 | 0). Wie lautet die Gleichung der Kugel?

Der Vektor ______ ist orthogonal zum Vektor $\begin{pmatrix} \square \\ \square \\ \square \end{pmatrix}$. [T2] Daraus ergibt sich die Gleichung ______________. [T3]

Außerdem ist die Länge des Vektors $|\overrightarrow{MP}| = \_\_\_\_\_$, also ______________; also b = ______.

Die Gleichung der Kugel lautet: ______________________________

5 Gegeben sind die beiden Kreise K_1 mit Mittelpunkt $M_1(2 | 3)$ und Radius $r_1 = 4$ sowie K_2 mit Mittelpunkt $M_2(4 | 2)$ und Radius $r_2 = \sqrt{7}$.

a) Zeigen Sie, dass sich die beiden Kreise schneiden.

Der Abstand der Mittelpunkte beträgt: ______________. Da der Abstand der Mittelpunkte kleiner als die ______ der Radien und größer als ______________ der Radien ist, schneiden sich die beiden Kreise.

b) Bestimmen Sie eine Gleichung der Schnittgeraden g.

Die Gleichungen der Kreise lauten K_1: ______________ und K_2: ______________

Ausmultipliziert ergibt sich K_1: ______________ und K_2: ______________.

Die Schnittpunkte erfüllen beide Gleichungen, also auch die Differenz der Gleichungen. Diese lautet ______________. Das ist die Gleichung einer Geraden, auf der beide Schnittpunkte liegen. [T4]

[T1] Kugeln schneiden sich auch dann nicht, wenn die eine innerhalb der anderen liegt. Zeichnen Sie diesen Fall auf und überlegen Sie, was für die Radien gelten muss. [T2] Bestimmen Sie den Vektor, der in Richtung der x_1-Achse zeigt. Er ist orthogonal zum Berührradius. [T3] Betrachten Sie das Skalarprodukt. [T4] Es gelten die Regeln, die Sie von linearen Gleichungssystemen kennen.

1 a) Berechnen Sie die Koordinaten des Vektors $\vec{x}$, der durch die Linearkombination
$\begin{pmatrix} 2 \\ 1 \\ -13 \end{pmatrix} - 3 \cdot \begin{pmatrix} 1 \\ 1 \\ -6 \end{pmatrix} + \frac{1}{3} \cdot \begin{pmatrix} 15 \\ -30 \\ -6 \end{pmatrix}$ gegeben ist.
b) Berechnen Sie die Länge des Vektors $\vec{x}$ und bestimmen Sie den zugehörigen Einheitsvektor $\vec{x_0}$.

2 Das Dreieck ABC wird durch die Vektoren $\vec{a} = \overrightarrow{AB}$ und $\vec{b} = \overrightarrow{AC}$ aufgespannt. M sei die Mitte der Strecke [BC]. Geben Sie die Vektoren $\overrightarrow{AM}$ und $\overrightarrow{BM}$ als Linearkombination von $\vec{a}$ und $\vec{b}$ an.

3 Gegeben ist eine senkrechte Pyramide mit quadratischer Grundfläche ABCD und Spitze S mit A(−1|−2|0), B(3|−2|0) und C(3|2|0).
a) Geben Sie die Koordinaten von D und des Mittelpunkts M der Grundfläche an.
b) Bestimmen Sie mögliche Koordinaten von S, wenn das Volumen der Pyramide 32 VE beträgt. [T1]
c) Zeichnen Sie die Pyramide in ein Koordinatensystem ein.
d) Berechnen Sie die Oberflächeninhalt der Pyramide. [T2]

4 Durch die Koordinaten der Eckpunkte A(4|1|−1), B(4|5|−1), D(−2|1|−1) und E(4|1|0,5) wird ein Quader festgelegt.
a) Geben Sie die Koordinaten der fehlenden Eckpunkte C, F, G und H an.
b) Berechnen Sie die Länge der Kante [AE].

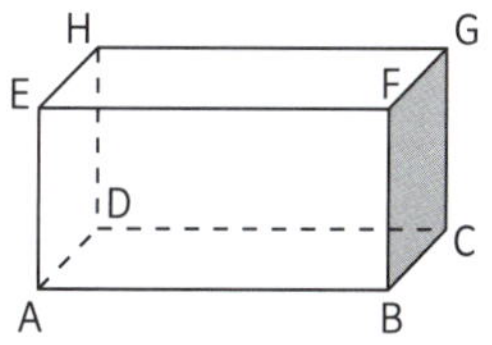

5 a) Berechnen Sie den Winkel α zwischen den Vektoren $\vec{a} = \begin{pmatrix} -1 \\ 2 \\ 4 \end{pmatrix}$ und $\vec{b} = \begin{pmatrix} 3 \\ 1 \\ 0 \end{pmatrix}$.
b) Begründen Sie, warum der Winkel zwischen $-\vec{a}$ und $\vec{b}$ genau $180° - \alpha$ beträgt.

6 a) Berechnen Sie das von den Vektoren $\vec{a} = \begin{pmatrix} -1 \\ 1 \\ 2 \end{pmatrix}$, $\vec{b} = \begin{pmatrix} 1 \\ 3 \\ -1 \end{pmatrix}$ und $\vec{c} = \begin{pmatrix} 0 \\ 1 \\ 1 \end{pmatrix}$ aufgespannte Spatvolumen.
b) Berechnen Sie den Flächeninhalt des Dreiecks mit den Eckpunkten A(2|1|4), B(0|−1|2) und C(5|−1|0).

7 Gegeben sind die Kugel K mit der Gleichung K: $x_1^2 + (x_2 - 1)^2 + (x_3 + 1)^2 = 9$ und die Punkte P(0|1|2) und Q(1|3|1).
a) Zeigen Sie, dass P und Q auf der Kugel K liegen.
b) Zeigen Sie dass $\overline{PQ}$ kein Durchmesser der Kugel ist. [T3]
c) Bestimmen Sie die Punkte P′ und Q′ so, dass $\overline{PP'}$ und $\overline{QQ'}$ Durchmesser von K sind. [T4]

8 Gegeben sind die Kreise K_1: $(x_1 - 2)^2 + x_2^2 = \frac{125}{4}$ und K_2: $x_1^2 + (x_2 + 1)^2 = \frac{5}{4}$.
a) Zeigen Sie, dass der Kreis K_2 ganz innerhalb des Kreises K_1 liegt. [T5]
b) Bestimmen Sie die beiden Punkte P auf K_1 und Q auf K_2, die den kleinsten Abstand voneinander haben. [T6]
c) Geben Sie eine Gleichung des Kreises K_3 an, der durch P und Q geht und die beiden Kreise K_1 und K_2 berührt.

[T1] Lösen Sie die Formel zur Berechnung des Volumens einer Pyramide nach h auf; die Höhe h entspricht der x_3-Koordinate von S; die beiden anderen Koordinaten stimmen mit denen von M überein. [T2] Die vier flächeninhaltsgleichen Manteldreiecksflächen sind gleichschenklig. Der Abstand des Mittelpunkts der Basiskante von der Spitze S liefert die Höhe im gleichschenkligen Dreieck. [T3] Wäre die Strecke $\overline{PQ}$ Durchmesser, dann hätte sie die Länge 2r. [T4] Stellen Sie den Vektor $\overrightarrow{PM}$ auf. [T5] Fertigen Sie eine Zeichnung an und betrachten Sie die Differenz der Radien. [T6] Verlängern Sie den Pfeil $\overrightarrow{M_1M_2}$.

1 Bestimmen Sie die Ableitungsfunktion.

a) $f(x) = 2\cos(x) - 2x$ b) $f(x) = x^2 + \cos(x)$ c) $f(x) = 2x + \pi \cdot \sin(x)$

d) $f(x) = \frac{1}{4} \cdot \sin(x) + \cos(x)$ e) $f(x) = \frac{\cos(x)}{3}$ f) $f(x) = \frac{1}{x} + \sin(x)$

2 Füllen Sie die Tabelle aus.

$f(x)$	$f'(x)$	$f'\left(\frac{\pi}{2}\right)$	$f'(x_0) = 0,\ x_0 \in [0; 2\pi]$ für
$\sin(x) + 4x$			
$-\cos(x) + 5$			
$-2 \cdot \cos(x) - x$			

3 Bestimmen Sie die Gleichung der Tangente t an den Graphen der Funktion f an der Stelle x_0. **[T1]**

a) $f(x) = x + \sin(x)$ $x_0 = \frac{\pi}{2}$ Tangentengleichung

$f'(x) =$ ______

$m_t = f'($____$) =$ ______

$f($____$) =$ ______ $P\left(\frac{\pi}{2} \middle| \_\_\_\right)$

b) $f(x) = 2\sin(x)$ $x_0 = 5\pi$ c) $f(x) = 2x + 3\cos(x)$ $x_0 = 1{,}5\pi$

4 Bestimmen Sie die Gleichung der Normale n an den Graphen der Funktion f an der Stelle x_0. **[T2]**

a) $f(x) = \cos(x)$ $x_0 = -\frac{\pi}{2}$ Normalengleichung

$f'(x) =$ ______

$m_t = f'($____$) =$ ______

$m_n = -\frac{1}{m_t} =$ ______

$f($____$) =$ ______ $P\left(-\frac{\pi}{2} \middle| \_\_\_\right)$

b) $f(x) = 0{,}5\sin(x)$ $x_0 = 3\pi$ c) $f(x) = 2 + \sin(x)$ $x_0 = -\pi$

5 Bestimmen Sie die Extrempunkte des Graphen der Funktion f für $x \in [0; 2\pi]$.

a) $f(x) = \cos(x)$ b) $f(x) = \sin(x) - \cos(x)$ c) $f(x) = \sin(x) + 0{,}5x$

6 In welchen Punkten $P(x_0 \mid f(x_0))$ und $Q(x_0 \mid g(x_0))$ mit $0 \le x_0 \le 2\pi$ haben die Graphen der Funktionen f und g parallele Tangenten? **[T3]**

a) $f(x) = \sin(x)$ $g(x) = -\frac{1}{\sqrt{2}}x$ b) $f(x) = \sin(x)$ $g(x) = \cos(x)$

[T1] (1) Bestimmen Sie den Term der Ableitungsfunktion. (2) Berechnen Sie mithilfe von f' die Steigung des Graphen von f an der Stelle x_0. (3) Bestimmen Sie die Koordinaten des Punktes $P(x_0 \mid f(x_0))$. (4) Die Tangentengleichung erhalten Sie mithilfe der Punkt-Steigungs-Form einer Geraden bzw. der allgemeinen Tangentengleichung t: $y = f'(x_0) \cdot (x - x_0) + f(x_0)$. **[T2]** Die Steigung der Normale m_n erhält man aus der Steigung der Tangente m_t aus: $m_t \cdot m_n = -1$. **[T3]** Die Steigungen der Tangenten an der Stelle x_0 müssen übereinstimmen, d.h. es muss $f'(x_0) = g'(x_0)$ gelten.

1 Gehört der Graph zu einer umkehrbaren Funktion? Begründen Sie Ihre Aussage.

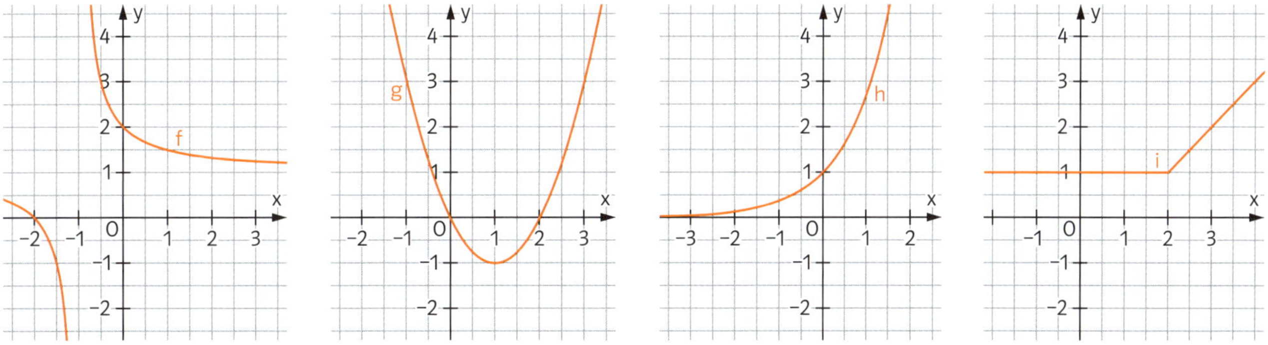

Die Funktionen ______ und ______ sind umkehrbar, weil ______________________________.

Die Funktionen ______ und ______ sind nicht umkehrbar, weil ______________________________.

2 Gegeben sind zwei Ursprungsgeraden mit den Gleichungen $g: y = m_1 \cdot x$ und $h: y = m_2 \cdot x$. Ordnen Sie die Kärtchen einander paarweise passend zu. [T1]

- Spiegelt man die Gerade g an der 1. Winkelhalbierenden, so erhält man die Gerade h.
- Spiegelt man die Gerade g an der y-Achse, so erhält man die Gerade h.
- Spiegelt man die Gerade g an der x-Achse, so erhält man die Gerade h.
- Die Geraden sind zueinander orthogonal.

- $m_1 + m_2 = 0$
- $m_1 + m_2 = 0$
- $m_1 \cdot m_2 = -1$
- $m_1 \cdot m_2 = 1$

3 Zeigen Sie mithilfe der Ableitung, dass die Funktion f umkehrbar ist. [T2]

a) $f(x) = \frac{2}{x} - \frac{x}{2};\ x > 0$

$f'(x) =$ ______________________________

Es ist $x^2 > 0$ für $x > 0$, also ist $f'(x)$ ☐ 0 für $x > 0$.

f ist ______________________________ und

somit ist f umkehrbar.

b) $f(x) = x^5 + x;\ x \in \mathbb{R}$

c) $f(x) = \frac{4}{x} + 1;\ x > 0$

d) $f(x) = \frac{5x}{x-2};\ x > 2$

e) $f(x) = \frac{3}{x+4};\ x < -4$

4 Zeigen Sie, dass die Funktion f umkehrbar ist, und bestimmen Sie die Umkehrfunktion f^{-1}. Geben Sie die Definitionsmenge $D_{f^{-1}}$ und die Wertemenge $W_{f^{-1}}$ der Umkehrfunktion f^{-1} an. [T3]

a) Gegeben ist die Funktion $f: x \mapsto (x-2)^2;\ x \geqq 2$.

$f'(x) =$ ______________ > 0 für ______________, also ist f für $x > 2$ ______________ und f umkehrbar.

Auflösen von $y =$ ______________ nach x ergibt $\sqrt{y} =$ ______________ und $x =$ ______________.

Variablentausch: $y =$ ______________. Die Umkehrfunktion f^{-1} von f lautet $f^{-1}(x) =$ ______________;

$x \geqq$ ____ mit der Definitionsmenge $D_{f^{-1}} =$ ______________________________

und der Wertemenge $W_{f^{-1}} =$ ______________________________.

b) $f(x) = \frac{4}{x^2};\ x > 0$

c) $f(x) = \frac{3}{x-4};\ x > 4$

[T1] Erstellen Sie eine Skizze. [T2] Zeigen Sie, dass die Funktion f im gegebenen Bereich streng monoton wachsend oder streng monoton fallend ist. [T3] Die Definitionsmenge der Umkehrfunktion f^{-1} ist W_f, ihre Wertemenge ist D_f.

V Verkettung von Funktionen

1 Die Funktion f mit $f(x) = \frac{1}{(2x-3)^2}$ kann als Verkettung der Funktionen v und u mit $v(x) = 2x - 3$ und $u(x) = \frac{1}{x^2}$ aufgefasst werden. Dabei bezeichnet man die Funktion v als die ____________ Funktion und u als die ____________ Funktion. Man schreibt auch
$f(x) = (u \circ v)(x) = u(v(x))$.
Bei der Verkettung wendet man auf die Variable _____ zuerst die Zuordnungsvorschrift _____ (multipliziere mit 2 und subtrahiere 3) und danach auf dieses Zwischenergebnis ______ die zweite Zuordnungsvorschrift _____ (quadriere und bilde den Kehrwert) an.

u | v | x | v (x) | äußere | innere

2 Gegeben sind die beiden Funktionen f und g mit $f(x) = x + 2$ und $g(x) = x^2$. Aus diesen beiden Funktionen können weitere Funktionen gebildet werden. Ordnen Sie die Kärtchen passend zu.

$f(x) + g(x)$	$x^2 + x + 2$	$g(f(x))$
$f(x) \cdot g(x)$	Graph B	Graph D
Graph A	$f(g(x))$	$f(x) - g(x)$
Graph F	$\frac{f(x)}{g(x)}$	Graph E
$x^3 + 2x^2$	$\frac{1}{x} + \frac{2}{x^2}$	$(x + 2)^2$
$-x^2 + x + 2$	$x^2 + 2$	Graph C

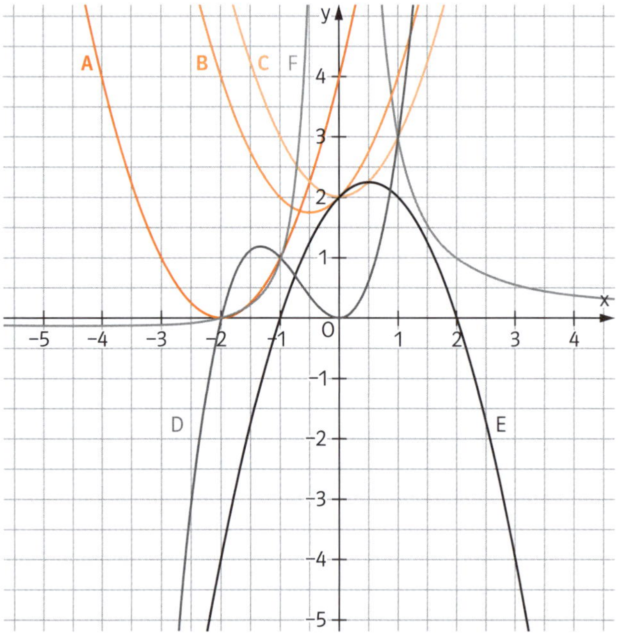

3 Gegeben sind die beiden Funktionen f und g mit $f(x) = 2x - 1$ und $g(x) = x^2$. Berechnen Sie die Funktionswerte.

a) $f(g(2)) =$ ____________ b) $f(g(-3)) =$ ____________ c) $g(f(2)) =$ ____________

d) $g(f(-1)) =$ ____________ e) $f\left(g\left(-\frac{1}{2}\right)\right) =$ ____________ f) $g\left(f\left(\frac{1}{3}\right)\right) =$ ____________

4 Es ist $f(x) = u(v(x))$. Vervollständigen Sie die Tabelle.

	u(x)	v(x)	f(x)
a)	$x^3 + 1$	$4x - 3$	
b)	x^2		$(x^2 - 9)^2$

	u(x)	v(x)	f(x)
c)		$0{,}5x + 2$	$\sin(1{,}5x + 6)$
d)	$\frac{5}{x^2}$		$\frac{5}{(3x-2)^4}$

5 Die Funktion f kann als Produkt und als Verkettung aufgefasst werden. Geben Sie mögliche Funktionen u und v an. [T1]

a) $f(x) = (5x - 6)^3$ b) $f(x) = \frac{3}{x^2 + 4}$ c) $f(x) = (\sin(x))^2$

[T1] Es sind mehrere Lösungen möglich.

V Ableitung von verketteten Funktionen

1 Die Funktion f mit $f(x) = \frac{1}{(2x-3)^2}$ kann als Verkettung der äußeren Funktion u mit $u(x) = \frac{1}{x^2}$ und der inneren Funktion v mit $v(x) = 2x - 3$ aufgefasst werden. Die Ableitung der Funktion f an der Stelle x_0 ist gleich der Ableitung der ______________ an der Stelle ________ multipliziert mit der Ableitung der ______________ an der Stelle ______, d.h. $f'(x) = u'($________$) \cdot$ ________.

$f(x) = \frac{1}{(2x-3)^2}$ $u(x) =$ ______________ $v(x) =$ ______________

$u'(x) =$ ______________ $v'(x) =$ ______________

$f'(x) = u'($______$) \cdot$ ______ = ______________ $\cdot$ ______________

2 Leiten Sie ab. Der Term der Ableitungsfunktion muss nicht vereinfacht werden.

	f(x)	u(x)	u'(x)	v(x)	v'(x)	f'(x) = u'(v(x)) · v'(x)
a)	$(7-4x)^6$	x^6			-4	______ · ______
b)	$\frac{1}{6}(3x^2+5)^2$			$3x^2 + 5$		______ · ______
c)	$\frac{4}{3x^3+2}$	$\frac{4}{}$				______ · ______
d)	$-3\cos(2x^2)$			$2x^2$		______ · ______

3 Ergänzen Sie.

a) $f(x) = (x-3)^4$

$f'(x) = 4 \cdot (x-3)^{\square}$

b) $f(x) = (5-4x)^{-2}$

$f'(x) = -2 \cdot (5-4x)^{-3} \cdot \square$

c) $f(x) = -3 \cdot \sin(4x+1)$

$f'(x) = -3 \cdot \cos(\square) \cdot \square$

d) $f(x) = (3x^2-6)^{\square}$

$f'(x) = 4 \cdot (3x^2-6)^{\square} \cdot 6x$

4 Welche Funktion f und welcher Graph der Ableitungsfunktion f' gehören zusammen? Ordnen Sie zu und begründen Sie Ihre Antwort. [T1]

(1) $f(x) = \frac{1}{6} \cdot (x-2)^3$

(2) $f(x) = \left(\frac{1}{2}x - \frac{3}{2}\right)^4$

(3) $f(x) = \frac{1}{2} \cdot (x-3)^2$

(4) $f(x) = \left(\frac{1}{4} \cdot x - 1\right)^3$

(A)

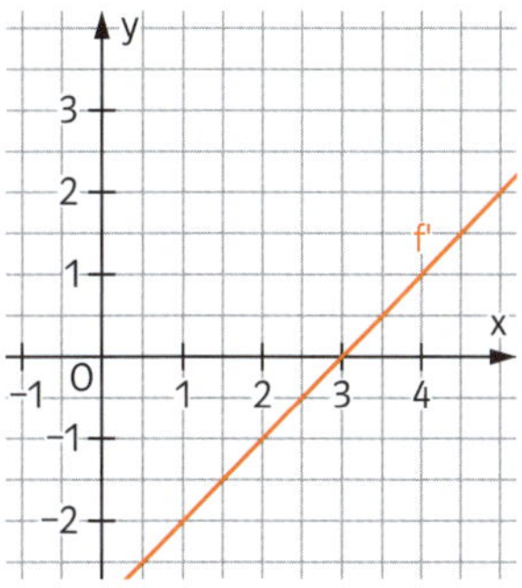

(B)

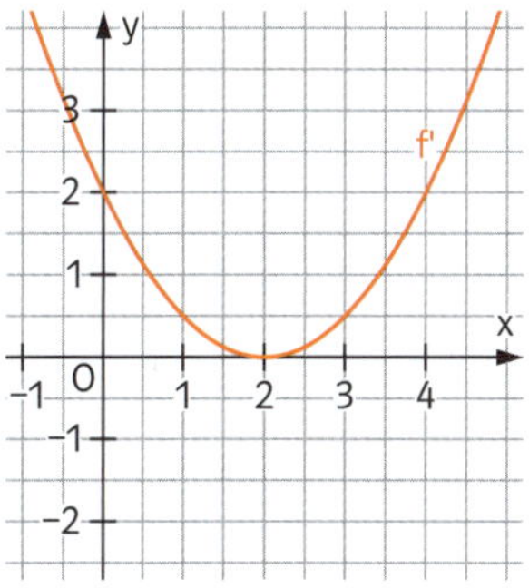

(C)

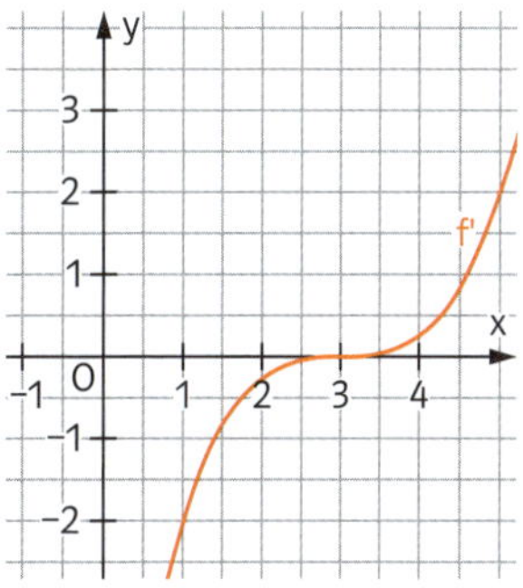

(D)

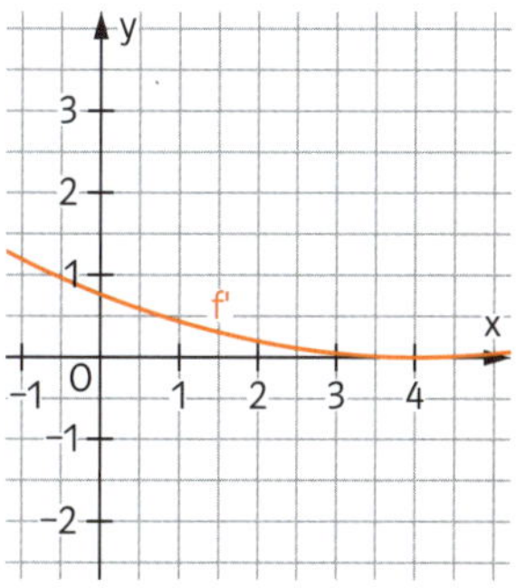

[T1] Bestimmen Sie den Grad der Ableitungsfunktion f' der ganzrationalen Funktion f und leiten Sie daraus Eigenschaften für den Graphen der Ableitungsfunktion her. In welchen Bereichen steigt bzw. fällt der Graph der Funktion f und was bedeutet dies für den Graphen der Ableitungsfunktion f'?

V Potenzfunktionen mit rationalen Exponenten und ihre Ableitung

1 Ordnen Sie den Funktionsgraphen die zugehörige Funktion zu.

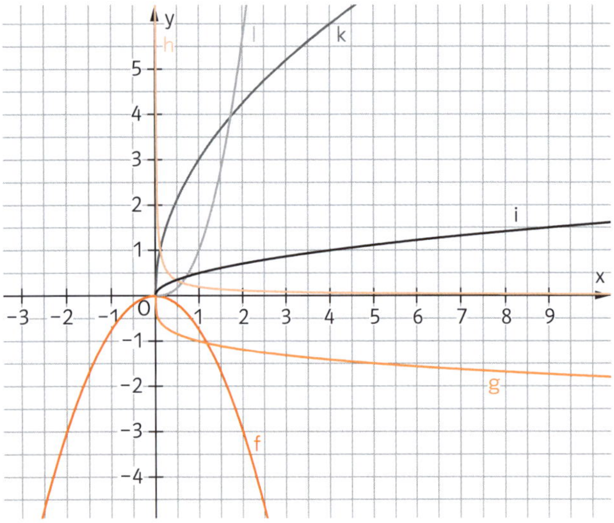

I $x \mapsto 3x^{\frac{1}{2}}$

II $x \mapsto -\frac{3}{4}x^2$

III $x \mapsto \frac{1}{5}x^{-\frac{3}{4}}$

IV $x \mapsto \frac{1}{2}x^{\frac{1}{2}}$

V $x \mapsto x^{\frac{5}{2}}$

VI $x \mapsto -x^{\frac{1}{4}}$

2 Ergänzen Sie die Lücken. **[T1]**

a) $f(x) = (2 + \sqrt{x})^3$

$f'(x) = \_\_\_ \cdot (2 + \sqrt{x})^2 \cdot \_\_\_$

b) $f(x) = \sqrt[3]{\cos(x)} = (\cos(x))^{\_\_\_}$

$f'(x) = \frac{1}{3} \cdot \_\_\_^{-\frac{2}{3}} \cdot \_\_\_$

c) $f(x) = (3 + \sqrt{4x+5})^6$

$f'(x) = 6 \cdot \left(3 + \sqrt{\_\_\_}\right)^5 \cdot \frac{\_\_\_}{2\sqrt{4x+5}}$

d) $f(x) = (a^2x + 2x)^{0,6}$

$f'(x) = 0{,}6 \cdot (a^2x + 2x)^{\_\_\_} \cdot \_\_\_$

3 Kontrollieren Sie die Rechnung und verbessern Sie gegebenenfalls.

a) $f(x) = x^{-\frac{3}{2}}$

$f'(x) = -\frac{3}{2}x^{-\frac{1}{2}}$

b) $g(x) = \cos(\sqrt{x})$

$g'(x) = -\sin\left(\frac{1}{2\sqrt{x}}\right)$

c) $h(x) = 2\sqrt[3]{x^4}$

$h'(x) = 2 \cdot \frac{3}{4} \cdot x^{-\frac{1}{4}} = \frac{3}{2} \cdot \frac{1}{x^4}$

4 Bestimmen Sie die Ableitungsfunktion f' und geben Sie eine Stammfunktion F an. **[T2] [T3]**

	f(x)	f'(x)	F(x)
a)	$x^{0,4}$		
b)	$\sqrt[3]{x^5}$		
c)	$2x^{0,5}$		
d)	$\frac{4}{x^{\frac{2}{5}}}$		
e)	$(\sqrt[4]{x})^{-3}$		
f)	$x^2 \cdot \sqrt{x^3}$		

[T1] Beachten Sie auch die Kettenregel. **[T2]** Vereinfachen Sie zuerst den Funktionsterm. **[T3]** Für jede Stammfunktion F von f muss gelten: F'(x) = f(x) für alle x aus dem Definitionsbereich. Es sind verschiedene Stammfunktionen möglich.

1 Bestimmen Sie die Ableitungsfunktion und berechnen Sie $f'\left(\frac{\pi}{2}\right)$.

a) $f(x) = \sin(x) \cdot \cos(x)$ b) $f(x) = \sin(3x + \pi)$ c) $f(x) = x^2 \cdot (\sin(x))^2$

2 Gegeben sind die beiden Funktionen f und g mit $f: x \to 2x^2$ und $g: x \to 1 - 3x$. Berechnen Sie.

a) $f(g(2)) =$ ______ b) $g(f(1)) =$ ______ c) $f \circ g(0{,}5) =$ ______

3 Die fünf Graphen stellen Funktionen und deren Ableitungen dar.
a) Finden Sie passende Paare und skizzieren Sie den Graphen der fehlenden Ableitungsfunktion.
b) Welche Graphen gehören zu umkehrbaren Funktionen? **[T1]**

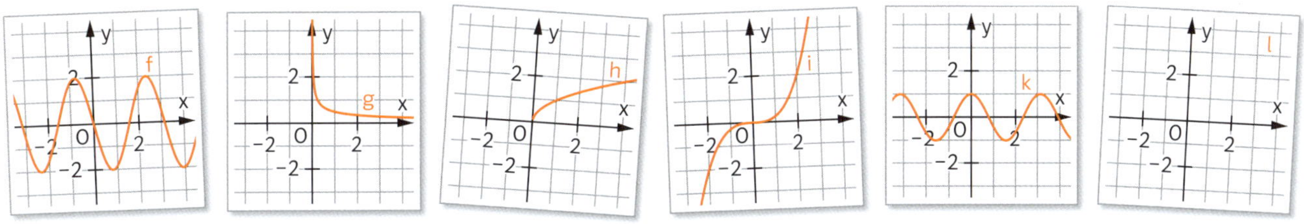

4 Bestimmen Sie die Gleichung der Tangente sowie der Normalen an den Graphen von f im Punkt P.

a) $f(x) = \sqrt{x^2 + 9}$; $P(-4 \mid f(-4))$ b) $f(x) = 3 - \frac{9}{x^2}$; $P(3 \mid f(3))$ c) $f(x) = 0{,}5 \cdot (x - 2) \cdot \sqrt{x}$; $P(4 \mid f(4))$

5 Zeigen Sie, dass die Funktion $f: x \mapsto \sqrt{2x}$; $x > 0$ im gegebenen Intervall umkehrbar ist.
Bestimmen Sie die Umkehrfunktion f^{-1}. Geben Sie die Definitionsmenge $D_{f^{-1}}$ und die Wertemenge $W_{f^{-1}}$ der Umkehrfunktion f^{-1} an. **[T2]**

6 Ein Federpendel führt näherungsweise eine harmonische Schwingung aus, sodass die Zeit-Weg-Funktion s mit $s(t) = 4 \cdot \sin\left(\frac{\pi}{2} \cdot t\right)$ (s in cm, t in s) angegeben werden kann.

a) Beschriften Sie die Koordinatenachsen mit der richtigen Skalierung. **[T3]**
b) Zu welchem Zeitpunkt ist die Auslenkung des Pendelkörpers erstmals maximal?
Wie groß ist seine Geschwindigkeit zu diesem Zeitpunkt?
c) Welchen Geschwindigkeitsbetrag hat der Pendelkörper beim Durchgang durch die Ruhelage (s = 0 cm)?
d) Zeichnen Sie den Graphen der Ableitungsfunktion ein. **[T4]**

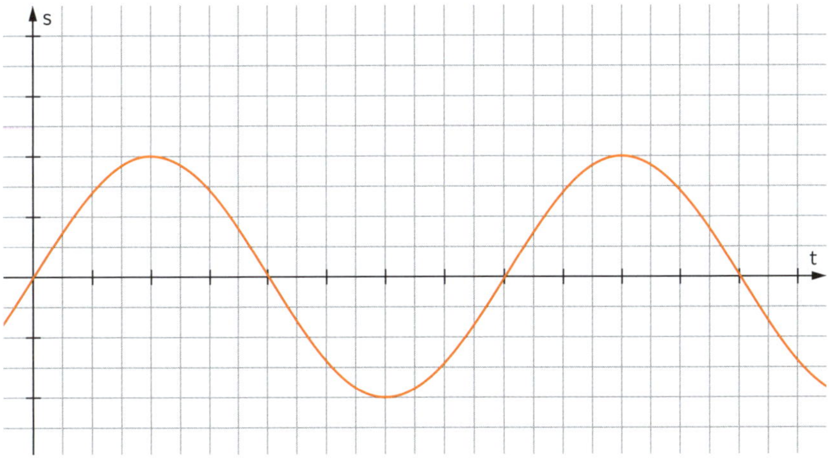

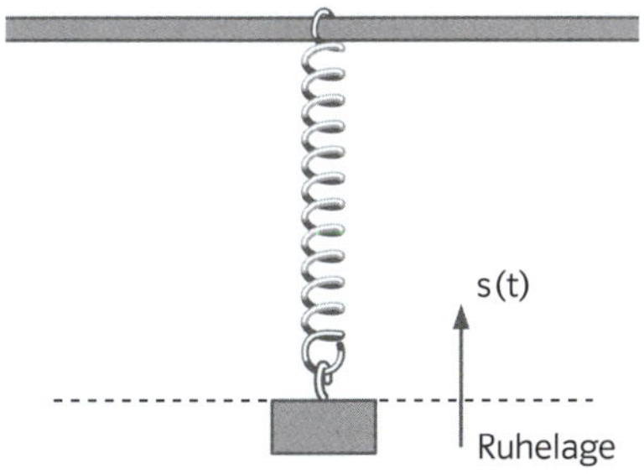

[T1] Untersuchen Sie, ob die Funktion monoton ist. **[T2]** Die Definitionsmenge der Umkehrfunktion f^{-1} ist W_f, ihre Wertemenge ist D_f. **[T3]** Nutzen Sie zur Skalierung der Koordinatenachsen die Nullstellen sowie die Amplitude der Funktion s. **[T4]** Nutzen Sie die Informationen zur Geschwindigkeit beim Durchgang durch die Ruhelage und in den Umkehrpunkten (Punkte mit maximaler Auslenkung).

1 Die Abbildung zeigt den Graphen der natürlichen Exponentialfunktion $f: x \mapsto e^x$.

a) Zeichnen Sie an den Stellen $x_1 = -1$, $x_2 = 0$, $x_3 = 1$ und $x_4 = 2$ die Tangenten an den Graphen ein und bestimmen Sie mithilfe der Abbildung die Steigungen.

$f'(-1) =$ ______ $f'(0) =$ ______

$f'(1) =$ ______ $f'(2) =$ ______

b) Bei der natürlichen Exponentialfunktion e^x ist der Graph der Ableitungsfunktion ______ mit dem Graphen der Funktion.

c) Bestimmen Sie die allgemeine Gleichung einer Tangente an den Graphen der natürlichen Exponentialfunktion e^x im Punkt $P(a\,|\,e^a)$.

y = ______

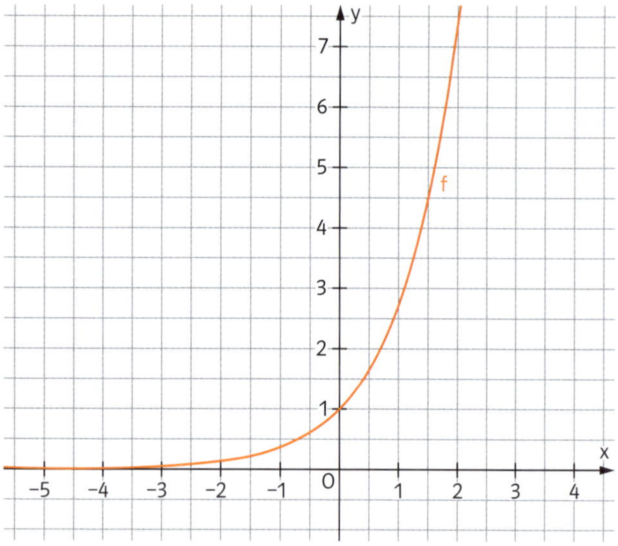

2 Bestimmen Sie die Ableitungsfunktion f′ und die Steigung des Graphen von f an den Stellen −1; 0; 1. Geben Sie eine mögliche Stammfunktion F von f an.

	f(x)	f′(x)	f′(−1)	f′(0)	f′(1)	F(x)
a)	$-2e^x + 1$					
b)	$7e^x - 2x$					
c)	$3e^x - x^2$					

3 Die Abbildung zeigt drei Graphen zu den Funktionen $f_1: x \mapsto e^x + a$, $f_2: x \mapsto b \cdot e^x$ sowie $f_3: x \mapsto c \cdot e^x + d$ und jeweils eine Tangente an den Funktionsgraphen in einem Punkt.

a) Ordnen Sie den abgebildeten Graphen jeweils die passende Funktion zu und bestimmen Sie die Parameter a, b, c und d.

$f_1: x \mapsto e^x +$ ______

$f_2: x \mapsto$ ______ $\cdot\, e^x$

$f_3: x \mapsto$ ______ $\cdot\, e^x +$ ______

b) Berechnen Sie jeweils die Koordinaten des Berührpunktes der Tangente und bestimmen Sie die Gleichung der Tangente.

P(___ | ___), t: y = ______

Q(___ | ___), t: y = ______

R(___ | ___), t: y = ______

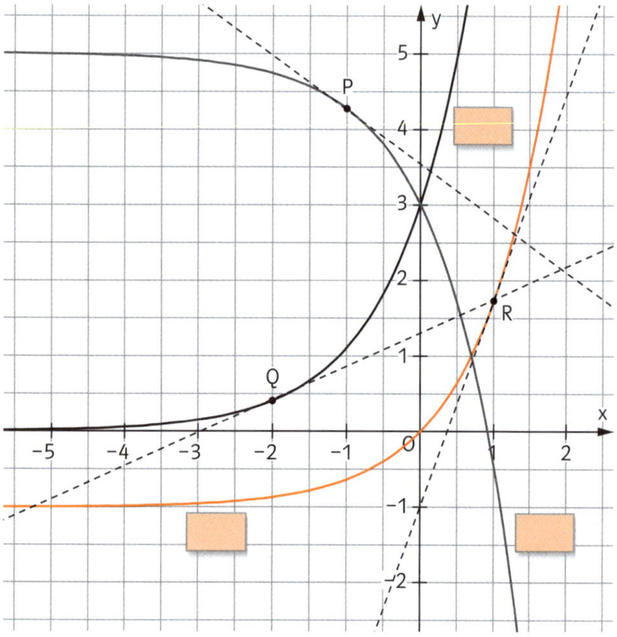

4 Gegeben ist die Funktion $f: x \mapsto \frac{1}{2}e^x$.

a) Skizzieren Sie den Graphen von f.

b) Bestimmen Sie die Gleichung der Tangente t_1 an den Graphen von f im Punkt $P(-1\,|\,f(-1))$.

c) Der Punkt $Q(1\,|\,0)$ liegt nicht auf dem Graphen von f. Bestimmen Sie die Gleichung einer Tangente an den Graphen von f so, dass der Punkt Q auf der Tangente t_2 liegt.

1 Gegeben ist die Funktion f: ↦ ln(x) für x ____. Für die Ableitungsfunktion f' gilt dann f'(x) = ____. Ergänzen Sie die Tabellen. Tragen Sie „–" ein, falls es keinen Wert gibt.

a)

x	−1	0	1			$\frac{1}{e}$	e^3	
f(x)				1	2			−4

b)

x	−1	0			e	0,1		
f'(x)			1	0,5			e	−2

c) Skizzieren Sie die Graphen von f und f'. [T1]

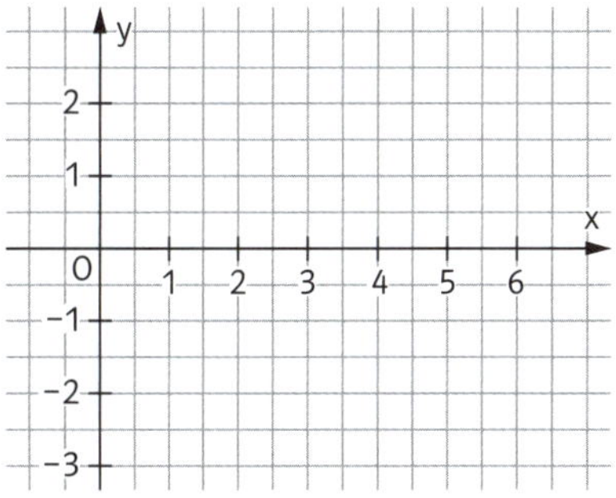

2 Bestimmen Sie die Gleichung der Tangente an den Graphen der Funktion f mit f(x) = ln(x) im Punkt P. [T2]

a) P(e | f(e))

f'(x) = ____

m_t = f'(__) = ____

f(__) = ____ P(__ | __)

Tangentengleichung

b) P(4 | f(4)) c) P(1 | f(1))

3 a) Welcher der abgebildeten Graphen zeigt den Verlauf der Funktion e^x und welcher den von ln(x)?

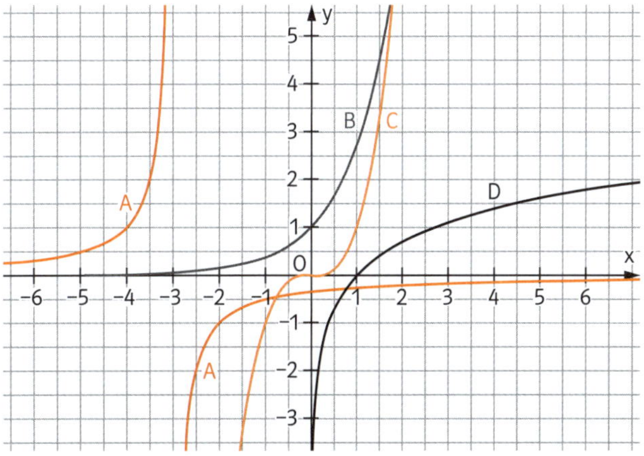

e^x : ____ ln(x) : ____

b) Wichtige Werte:

$e^{\square}$ = 1 ln(1) = ____

$e^{\ln(x)}$ = ____ ln(e^x) = ____

c) Ergänzen Sie die Tabelle:

$e^{\ln(4)}$ = 4 ln(e^4) = ____

e^{2x} = ( )² ln(x^2) = ____

4 Auf den Kärtchen sind Terme von Funktionen sowie der Ableitungsfunktionen angegeben. Ordnen Sie die Kärtchen passend zu und ergänzen Sie. Es gilt x > 0.

- $f(x) = \ln(\sqrt{x})$
- $f(x) = x + \ln(2x)$
- $f(x) = \ln(x^2)$
- $f(x) = \ln\left(\frac{2}{x^2}\right)$
- f(x) = ____
- $f(x) = x^2 + \ln(x)$
- $f(x) = \ln\left(\frac{4}{x}\right)$
- f'(x) = ____
- $f'(x) = 2x + \frac{1}{x}$
- $f'(x) = \frac{5}{x}$
- $f'(x) = 1 + \frac{1}{x}$
- $f'(x) = -\frac{2}{x}$
- $f'(x) = \frac{1}{2x}$
- f'(x) = ____

5 Geben Sie für x > 0 mehrere Stammfunktionen von f an.

a) $f(x) = \frac{3}{x}$ b) $f(x) = 2 + \frac{5}{x}$ c) $f(x) = \frac{7}{4x}$ d) $f(x) = 3 - \frac{4}{5x}$

[T1] Nutzen Sie die Werte der Tabellen. [T2] (1) Bestimmen Sie den Term der Ableitungsfunktion. (2) Berechnen Sie mithilfe von f' die Steigung des Graphen von f an der Stelle x_0. (3) Bestimmen Sie die Koordinaten des Punktes $P(x_0 | f(x_0))$. (4) Für die Tangentengleichung gilt dann: $y = f'(x_0) \cdot (x - x_0) + f(x_0)$.

1 a) Ordnen Sie die Funktionsterme den Graphen zu und skizzieren Sie den fehlenden Funktionsgraphen.

☐ $f_1(x) = e^x$ ☐ $f_4(x) = e^x + 2$

☐ $f_2(x) = e^{-x}$ ☐ $f_5(x) = e^{0{,}5x}$

☐ $f_3(x) = e^{x-2}$ ☐ $f_6(x) = -e^x$

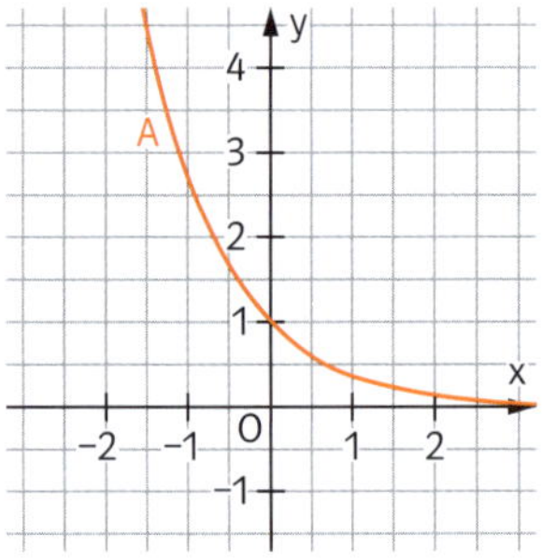

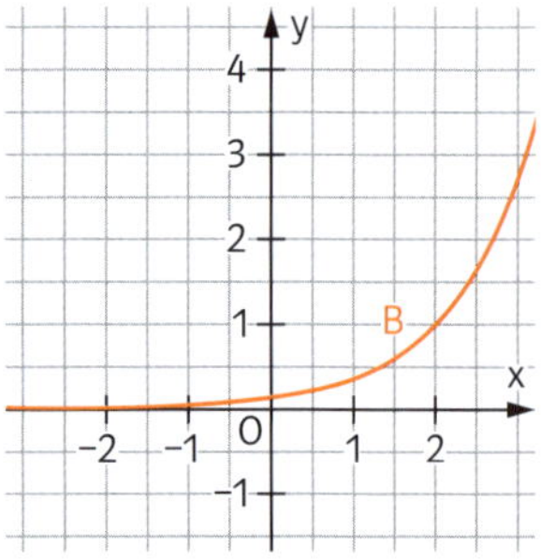

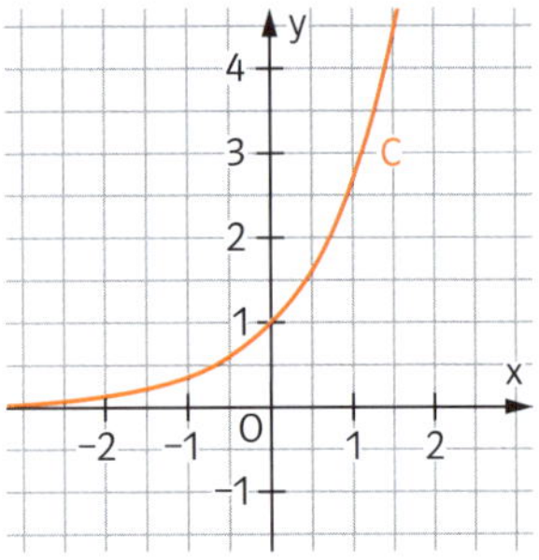

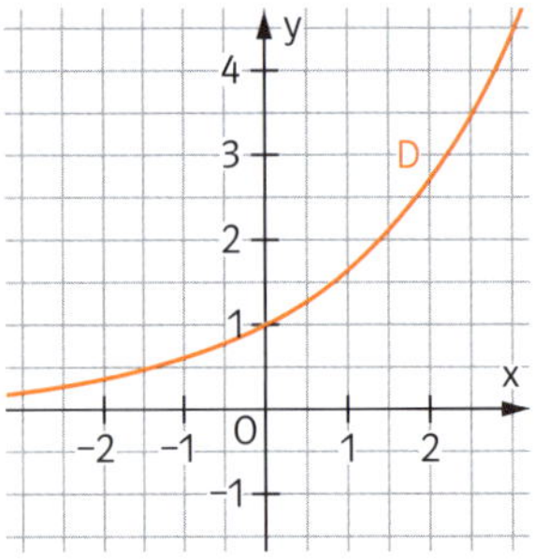

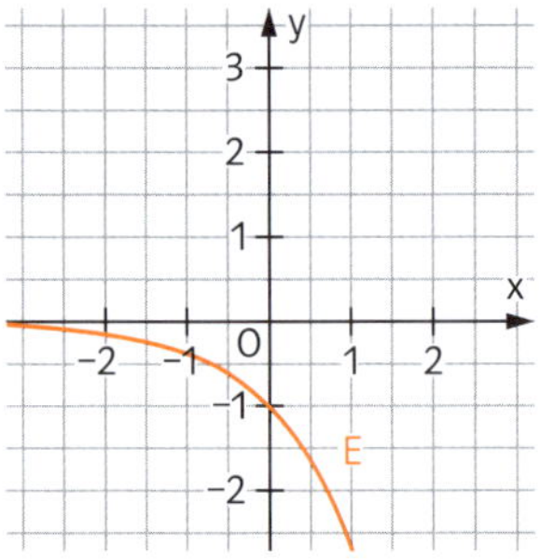

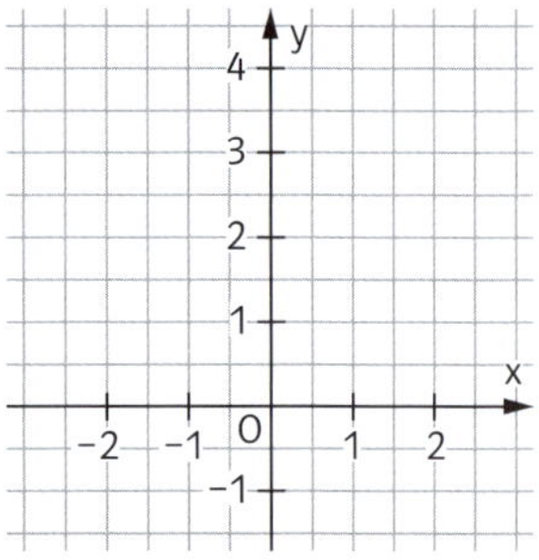

b) Ergänzen Sie: Man erhält den Graphen der Funktion f_3, indem man den Graphen der natürlichen Exponentialfunktion f_1 um _____ Einheiten in ______________-Richtung verschiebt. Der Graph von f_4 entsteht durch Verschiebung um _____ Einheiten in ______________-Richtung und um den Graphen von f_2 zu erhalten, muss man den Graphen der natürlichen Exponentialfunktion f_1 an der _____-Achse spiegeln.

2 a) Beschreiben Sie, wie man den Graphen von $g: x \mapsto 2 \cdot e^{x-3} + 4$ aus dem Graphen der natürlichen Exponentialfunktion $f(x) = e^x$ erhalten kann.
b) Der Graph der natürlichen Exponentialfunktion $f: x \mapsto e^x$ wurde um 5 Einheiten in negative x-Richtung verschoben, um den Faktor 3 in y-Richtung gestreckt und um 4 Einheiten in negative y-Richtung verschoben. Wie heißt der neue Funktionsterm?

3 Bestimmen Sie die erste und die zweite Ableitungsfunktion.
a) $f(x) = 5 \cdot e^x$ b) $f(x) = \frac{2}{3} \cdot e^{3x}$ c) $f(x) = x \cdot e^{-x}$ d) $f(x) = e^{x^2}$

4 Geben Sie die Gleichungen der Tangente und der Normalen an den Graphen der Funktion f im Punkt P an. [T1]
a) $f(x) = e^{-0{,}5x}$; $P(-2\,|\,f(-2))$ b) $f(x) = 0{,}5 \cdot e^{x-2}$; $P(4\,|\,f(4))$

5 Ein Schüler bestimmt die Ableitung der natürlichen Logarithmusfunktion. Erläutern Sie sein Vorgehen.

$e^{\ln(x)} = x$
$(\ln(x))' \cdot e^{\ln(x)} = 1$
$(\ln(x))' = \frac{1}{x}$

6 Bestimmen Sie die erste und zweite Ableitung. [T2]
a) $f(x) = \ln(x + 2)$ b) $f(x) = \ln(x) + x$ c) $f(x) = \ln(1 + 4x)$ d) $f(x) = e^{2\ln(x)} + \ln(e^{2x})$

7 Der Graph der Funktion $f: x \mapsto a \cdot e^{bx}$ mit $a, b \in \mathbb{R}$ soll im Punkt $P(0\,|\,3)$ die Steigung -2 haben. Bestimmen Sie die Parameter a und b und skizzieren Sie den Graphen von f.

8 Gegeben ist die Funktion $f: x \mapsto e^{-0{,}5x^2 + 0{,}5}$.
a) Skizzieren Sie den Graphen von f.
b) Bestimmen Sie die Gleichung der Tangente an den Graphen von f im Punkt $P(1\,|\,f(1))$.
c) Berechnen Sie den Inhalt der Fläche, die die Tangente mit den beiden Koordinatenachsen einschließt.

[T1] Die Steigung der Normalen m_n erhält man aus der Steigung der Tangente m_t aus: $m_t \cdot m_n = -1$. [T2] Beachten Sie beim Ableiten die Kettenregel.

1 Welche Exponential- und Logarithmenterme kann man vereinfachen? Ergänzen Sie.

$e^{a+b} = e^a \cdot e^b$ $e^{a-b} =$ ____ $(e^a)^k =$ ____ $e^a + e^b =$ ____

$\ln(a \cdot b) =$ ____ $\ln\left(\frac{a}{b}\right) =$ ____ $\ln(a^k) =$ ____ $\ln(a + b) =$ ____

2 Vereinfachen Sie.

a) $\ln(e^{-1}) =$ ____ b) $\ln(3 \cdot e^2) =$ ____ c) $e^{\frac{1}{2}\ln(4)} =$ ____

3 Kontrollieren Sie die Rechnung und korrigieren Sie gegebenenfalls.

a) $(e^{\ln 9})^{\frac{1}{2}} = e^{\frac{1}{2}\cdot\ln 9}$
$= e^{\ln\frac{9}{2}}$
$= \frac{9}{2}$

b) $\ln(2) - \ln(x) + \ln\left(\frac{2}{x}\right)$
$= \ln(2) - \ln\left(x \cdot \frac{2}{x}\right)$
$= \ln(2) - \ln(2)$
$= 0$

c) $e^x + \frac{6}{e^x} = 7$
$e^x + 6 = 7e^x$
$6 = 6e^x$
$1 = e^x$
$x = 0$

4 Ordnen Sie die Kärtchen passend zu.

$2^x = 5$ $2^{x+1} = 5$ $2^{1-x} = 5$ $2^{x-2} = 0{,}5$

$x = \frac{\ln(2{,}5)}{\ln(2)}$ $x = 1$ $x = \frac{\ln(5)}{\ln(2)}$ $x = \frac{\ln(0{,}4)}{\ln(2)}$

5 Schreiben Sie die Potenz mit Basis e. Bilden Sie die Ableitung der Funktion f und geben Sie eine Stammfunktion von f an. [T1]

a) $f: x \mapsto 3^x$ b) $f: x \mapsto \left(\frac{2}{3}\right)^x$ c) $f: x \mapsto 2^{x+2}$ d) $f: x \mapsto \left(\frac{1}{2}\right)^{2x}$

6 Lösen Sie die Gleichung. [T2]

a) $2e^{2x} - 14e^x + 20 = 0$ b) $(2x^2 - 18) \cdot (e^{2x} - 4) = 0$ c) $e^x - 3 = \frac{18}{e^x}$ d) $e^{3x} - 9e^x = 0$

Strategien zum Lösen von Gleichungen

Strategie 1: Lösungsformel für quadratische Gleichungen

Strategie 2: Äquivalenzumformung

Strategie 3: Nullproduktsatz Ein Produkt ist null, wenn einer der Faktoren null ist.

Strategie 4: Substitution z. B. $e^x = u$

7 Lösen Sie die Gleichung näherungsweise mithilfe eines Rechners für $-4 \le x \le 4$. [T3]

a) $x \cdot e^x = 6$ b) $e^{2x} + x = 10$ c) $e^{-x} = 0{,}5x$ d) $x^2 - e^x = 3$

8 Lösen Sie die Gleichung und geben Sie die Lösung der Gleichung mithilfe des ln sowie einen Näherungswert an. [T4]

a) $2^x = 6$ b) $0{,}5 \cdot 3^{x+1} = 9$ c) $4^{x-2} = 0{,}5$ d) $0{,}5^{x-1} = 3 + 0{,}5^{x+1}$

9 Gegeben ist die Funktion $f: x \mapsto e^{2x}$.

a) Skizzieren Sie den Graphen von f.

b) Berechnen Sie den Schnittpunkt des Graphen von f mit der Geraden $y = 4$.

c) Bestimmen Sie den Punkt des Graphen von f, an dem die Tangente an den Graphen von f parallel zur Geraden mit der Gleichung $y = 0{,}5x$ ist.

[T1] Es ist $a^x = e^{\ln(a) \cdot x}$ für $a > 0$. [T2] Die Strategien zum Lösen von Gleichungen können als Hilfestellung dienen. Manchmal müssen auch mehrere Strategien nacheinander genutzt werden, um die Gleichung zu lösen. [T3] Bestimmen Sie die Lösung mithilfe des Gleichungslösers oder durch Bestimmung des Schnittpunktes zweier Graphen. Beispiel für mögliche Graphen in Teilaufgabe a) $y = x \cdot e^x$ und $y = 6$. [T4] Vereinfachen Sie die Gleichung zuerst mithilfe von Äquivalenzumformungen und logarithmieren Sie dann beide Seiten der Gleichung.

VI Exponential- und Logarithmusfunktionen und ihre Graphen

1 Ordnen Sie jedem Funktionsgraphen die passende Funktionsgleichung zu und begründen Sie Ihr Vorgehen. [T1]

$f(x) = x^2 \cdot e^{-x}$ $g(x) = x \cdot e^{-x}$ $h(x) = (x + 1) \cdot e^x$ $i(x) = -\frac{1}{4} \cdot e^x$ $k(x) = e^x + 2$ $l(x) = -2e^x + 2$

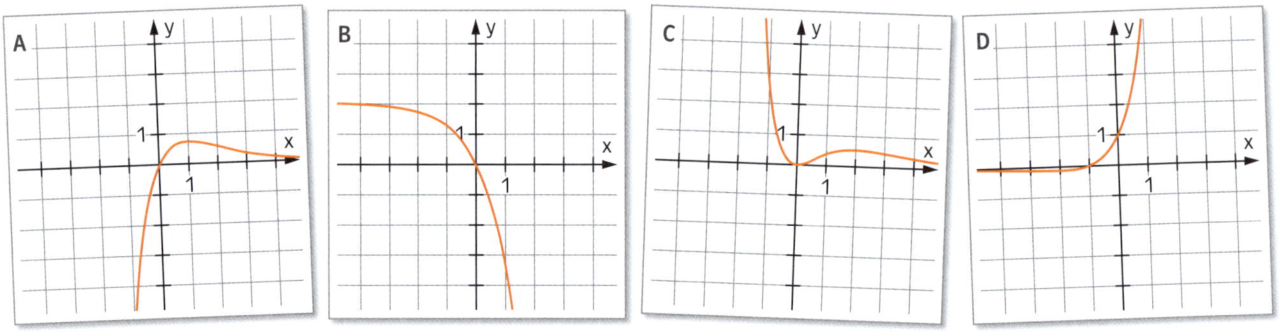

2 Die Abbildung zeigt die Graphen von drei Funktionen, wobei die Graphen durch Verschiebung parallel zur y-Achse auseinander hervorgehen.
a) Welcher der Graphen zeigt den Graphen der Funktion f mit $f(x) = x + e^{-x}$? [T2]
b) Geben Sie die Terme der beiden anderen Graphen an.
c) Skizzieren Sie den Graphen von f'.

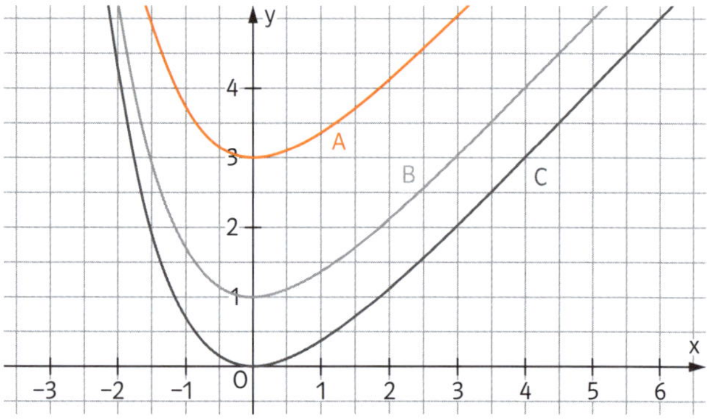

3 Leiten Sie die Funktion f ab und geben Sie eine Stammfunktion von f an. [T3]

a) $f: x \mapsto e^{x-2}$ b) $f: x \mapsto e^{\frac{1}{2}x+3}$ c) $f: x \mapsto 2^x$ d) $f: x \mapsto \left(\frac{1}{4}\right)^x + 1$

4 Gegeben ist die Funktion $f: x \mapsto \frac{1}{10} \cdot e^{2x} - \frac{5}{2}$.
a) Geben Sie den Definitions- und den Wertebereich der Funktion an.
b) Berechnen Sie die Schnittpunkte des Funktionsgraphen mit den Koordinatenachsen.
c) In welchem Punkt P ist die Steigung des Graphen von f gleich 1?

5 Die erwartete Zahl der verkauften Bücher für den neuesten Roman einer bekannten Jugendbuchreihe wird vom Verlag modellhaft mit dem Funktionsterm $b(t) = 1000 \cdot (100 - 100e^{-kt})$ (t in Wochen) beschrieben.
a) In den ersten drei Wochen werden 25 000 Bücher verkauft. Berechnen Sie den Parameter k.
b) Mit welcher Gesamtzahl an verkauften Büchern rechnet der Verlag?
c) Nach wie vielen Wochen wird die Startauflage von 50 000 Büchern verkauft sein?
d) Wann werden erstmals weniger als 2 000 Bücher pro Woche verkauft?

6 Einer der Graphen gehört zur Funktion $f: x \mapsto (x-2)^2 \cdot e^x$.
a) Ordnen Sie der Funktion den zugehörigen Graphen zu und begründen Sie die Wahl.
b) Geben Sie die Funktionsterme zu den beiden anderen Graphen an.

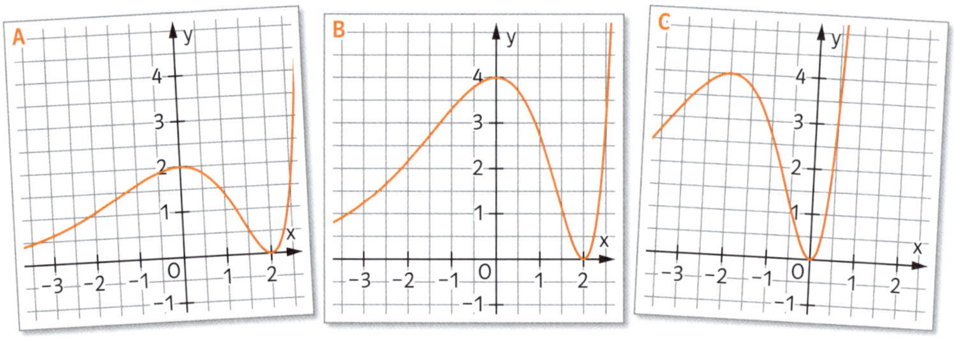

[T1] Betrachten Sie das Verhalten der Funktionswerte für $x \to +\infty$ bzw. $x \to -\infty$. [T2] Untersuchen Sie die Funktion f auf charakteristische Punkte. [T3] Wenn F eine Stammfunktion von f ist, dann gilt: $F'(x) = f(x)$.

1 Bilden Sie die erste Ableitung der Funktion f und vereinfachen Sie so weit wie möglich.

a) $f(x) = \ln(4x^2 + 1)$ b) $f(x) = x^4 \cdot e^{2x}$ c) $f(x) = \frac{e^{-2x+2}}{x}$

2 Lösen Sie die Gleichung.

a) $e^x \cdot (x^3 - 3x^2 - 4x) = 0$ [T1] b) $e^{2x} - 9e^x + 14 = 0$ [T2] c) $(2x^2 - 18) \cdot (e^{2x} - 9) = 0$

3 Gegeben ist die Funktion f mit $f(x) = -ex + e^x$.

a) Bestimmen Sie den Tiefpunkt des Graphen.
b) Bestimmen Sie die Gleichung der Tangente an den Graphen von f im Punkt $P(0\,|\,f(0))$.
c) Der Graph der Funktion f wird an der y-Achse gespiegelt. Wie lautet der zugehörige Funktionsterm?

4 Bestimmen Sie die Gleichung der Tangente an den Graphen von der Funktion f mit $f(x) = 2 \cdot e^{\frac{1}{4}x}$, die durch den Punkt $Q(2\,|\,0)$ verläuft. [T3]

5 Bestimmen Sie die Gleichung der Tangente an den Graphen der Funktion f mit $f(x) = \ln(x)$ im Punkt $P(e^2\,|\,2)$.

6 Gegeben ist die Funktion f mit $f(x) = (x^2 - 2x) \cdot e^{0{,}5x}$.

a) Bestimmen Sie die Schnittpunkte des Graphen von f mit den Koordinatenachsen.
b) Bestimmen Sie die Extrem- und Wendepunkte des Graphen von f.
c) Bestimmen Sie die Gleichung der Tangente im Koordinatenursprung.
d) Skizzieren Sie den Graphen von f für $-8 < x < 3$.

7 In einer Schulmensa wird das Essen nach der Zubereitung in Warmhaltebehältern gelagert, bis es an die Schüler ausgegeben wird. Die Temperatur des Essens zum Zeitpunkt t nach dem Umfüllen kann näherungsweise beschrieben durch die Funktion f mit $f(t) = 30 + 60 \cdot e^{-\frac{k}{100} \cdot t}$; $t \geq 0$ (t in Minuten, f(t) in °C).

a) Mit welcher Temperatur wird das Essen in die Warmhaltebehälter gefüllt?
b) Erfahrungsgemäß beträgt die Temperatur des Essens 15 Minuten nach dem Umfüllen zwischen 75 °C und 80 °C. Für welche Werte von k ist dies der Fall?

Nun gilt $f(t) = 30 + 60 \cdot e^{-0{,}015 \cdot t}$.

c) Aus Gründen der Lebensmittelsicherheit muss die Temperatur des ausgegebenen Essens mindestens 65 °C betragen. Wie lange wird diese Vorschrift eingehalten?
d) In welchem 5-Minuten-Abschnitt sinkt die Temperatur um 2 °C? [T4]
e) Zeigen Sie, dass die Temperatur des Essens im Warmhaltebehälter stets abnimmt. [T5]

8 Eine Spielzeugfirma hat ein neues Produkt entwickelt. Die Marktanalysen haben ergeben, dass die monatlichen Verkaufszahlen durch die Funktion f mit $f(t) = 4000\,t\,e^{-0{,}4t}$ modelliert werden können ($t \geq 0$; t in Monaten nach Verkaufsbeginn; f(t) in Stück pro Monat).

a) Wann sollte der Verkaufsstart des neuen Produkts erfolgen, wenn das Maximum der Verkaufszahlen im Dezember erreicht werden soll?
b) Welche Verkaufszahlen sind langfristig zu erwarten? Interpretieren Sie den Verlauf der Verkaufszahlen.
c) Zeigen Sie, dass die Funktion F mit $F(t) = 25\,000 - 10\,000(2{,}5 + t)e^{-0{,}4t}$ in diesem Modell die Gesamtanzahl des verkauften Produkts nach t Monaten beschreibt.
d) Wie viele Stück des Spielzeugs kann die Firma nach diesem Modell im ersten Jahr nach der Markteinführung verkaufen?
e) Die Firma kann maximal 2000 Stück des Spielzeugs monatlich herstellen. Wann sollte die Firma mit der Produktion beginnen, damit die Nachfrage jederzeit gedeckt werden kann?

[T1] Klammern Sie einen geeigneten Faktor aus. Das Produkt ist dann null, wenn einer der Faktoren null ist. [T2] Substituieren Sie $u = e^x$. Führen Sie anschließend die Resubstitution durch. [T3] Stellen Sie zuerst eine allgemein Tangente an den Graphen von f im Punkt $P(a\,|\,f(a))$ auf. Der Punkt P liegt auf der Tangente, also erfüllt er die allgemeine Tangentengleichung. Berechnen Sie dann die Berührstelle a. [T4] Der 5-Minuten-Abschnitt beginnt bei $t = t_0$ und endet bei $t = t_0 + 5$. Stellen Sie eine Gleichung auf und lösen diese numerisch. [T5] Untersuchen Sie die Temperaturänderung (→ Ableitung).

1 Formulieren Sie jeweils ein Gegenereignis zum Ereignis A. [T1]

a) A …Es wird eine Zahl größer als 2 gewürfelt. $\overline{A}$: ____________

b) A … Die gezogene Kugel ist weiß. $\overline{A}$: ____________

c) A … Es werden höchstens fünf Sechsen gewürfelt. $\overline{A}$: ____________

d) A … Mindestens ein Teil ist defekt. $\overline{A}$: ____________

e) A … Kein Satz ist fehlerhaft. $\overline{A}$: ____________

2 In der Klassenstufe 11 des Herder-Gymnasiums lernen 74 Schülerinnen und Schüler. 17 Schülerinnen und Schüler besuchen den Leistungskurs (LK) Deutsch und 16 den Leistungskurs (LK) Mathematik. Nur vier dieser Leistungskursschüler besuchen beide Leistungskurse.

a) Tragen Sie die Anzahl der Schülerinnen und Schüler in das nebenstehende Diagramm ein. [T2]

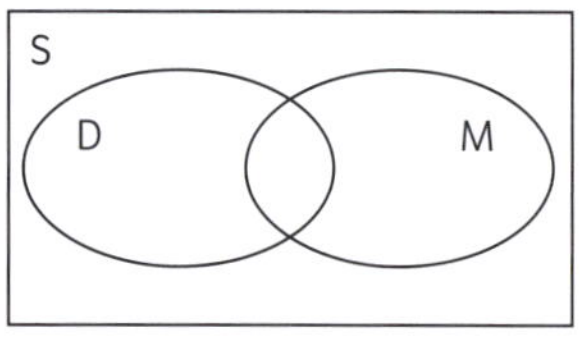

b) Färben Sie die entsprechenden Felder ein, geben Sie einen mathematischen Ausdruck dafür an und berechnen Sie die Wahrscheinlichkeit, dass auf einen zufällig ausgewählten Schüler bzw. Schülerin der Klassenstufe 11 dieses Gymnasiums das genannte Merkmal zutrifft.

(1) … besucht nicht den LK Mathematik.	(2) … besucht beide LK.	(3) … besucht den LK Mathematik, aber nicht den LK Deutsch.	(4) … besucht den LK Deutsch oder den LK Mathematik.
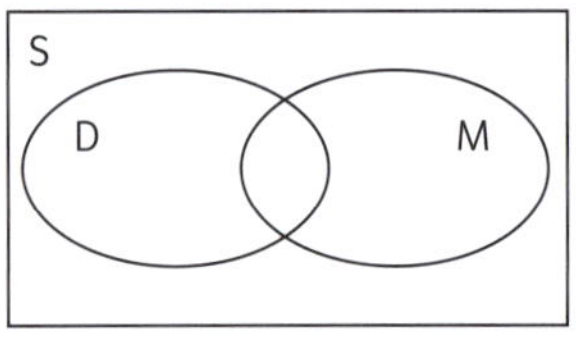	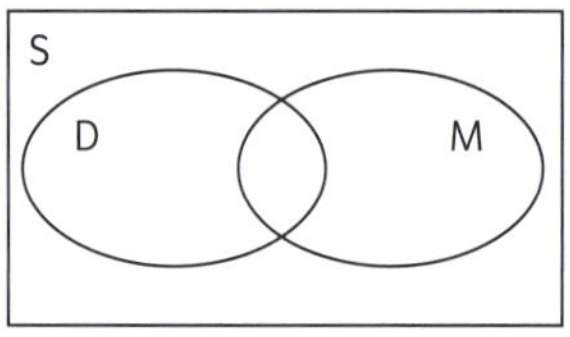	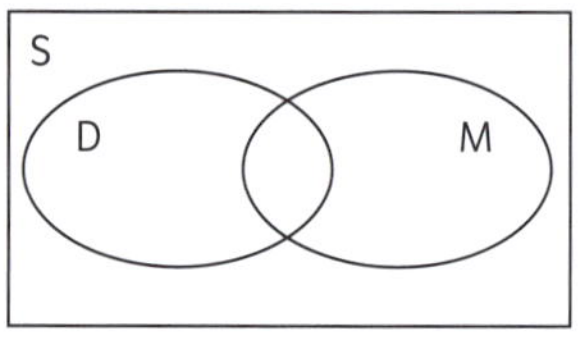	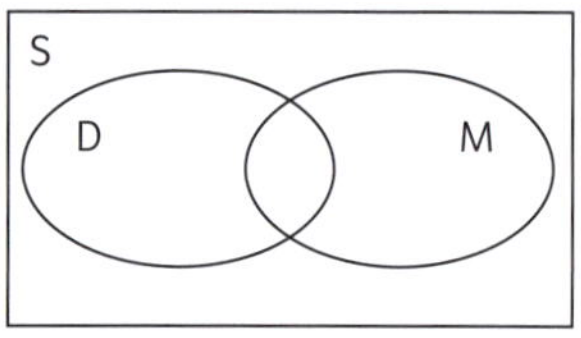
$\overline{M}$			
$P(\overline{M}) = \frac{\square}{74}$			

3 Beim Würfeln sei $S = \{1; 2; 3; 4; 5; 6\}$, $A = \{1; 3; 5\}$, $B = \{4; 5; 6\}$ und $C = \{1; 2; 3\}$.

Geben Sie die folgenden Ereignisse in aufzählender Schreibweise an und berechnen Sie ihre Wahrscheinlichkeiten. [T3]

a) $A \cup B =$ ____________ $P(A \cup B) =$

b) $A \cup C =$ ____________ $P(A \cup C) =$

c) $\overline{A \cap C} =$ ____________ $P(\overline{A \cap C}) =$

d) $\overline{A \cup B} =$ ____________ $P(\overline{A \cup B}) =$

e) $\overline{A} \cap \overline{B} =$ ____________ $P(\overline{A} \cap \overline{B}) =$

f) $A \cap \overline{B} =$ ____________ $P(A \cap \overline{B}) =$

[T1] Das Gegenereignis umfasst alle anderen Fälle. [T2] Die Summe der Zahlen innerhalb einer Abgrenzung muss der Gesamtzahl der Gruppe entsprechen. [T3] Veranschaulichen Sie sich die Situation mithilfe eines Diagramms.

1 Ein Papageienzüchter besitzt 130 bunte Vögel. Der Anteil seiner einfarbigen Vögel beträgt 35 %. 55 % aller Vögel können sprechen; von den bunten Vögeln genau 70. Ein Papagei wird zufällig ausgewählt. B ist das Ereignis „Der Papagei ist bunt“ und S ist das Ereignis „Der Papagei kann sprechen“.

a) Ergänzen Sie die Daten in der Vierfeldertafel. [T1]

	bunt B	einfarbig ($\overline{B}$)	gesamt
spricht (S)			
spricht nicht ($\overline{S}$)			
gesamt			

b) Es gibt insgesamt _____ sprechende und _____ bunte Papageien. Lukas möchte einen bunten oder sprechenden Papagei. Um die Anzahl dieser Papageien zur ermitteln, darf man nicht die Anzahl der bunten und die der sprechenden Papageien addieren, denn dann hätte man ______________________ doppelt gezählt.

Die richtige Anzahl beträgt also _____ + _____ − _____ = _____ .

c) Für die Wahrscheinlichkeit, zufällig einen bunten oder sprechenden Papagei auszuwählen gilt:

P(B ∪ S) = P(____) + P(____) − P(____) = ____ % + ____ % − ____ % = ____ %.

2 Ein idealer Würfel wird zweimal nacheinander geworfen. Die Wahrscheinlichkeit des Ereignisses E „Es wird mindestens eine Sechs gewürfelt“ soll berechnet werden. Vervollständigen Sie die Schülerantworten.

Sabrina: Da jede Wurfkombination gleich wahrscheinlich ist, handelt es sich um ein

______________-Experiment. Ich teile also die Anzahl der günstigen Möglichkeiten durch die Anzahl aller Möglichkeiten.

Günstige Möglichkeiten: 1-6; 2-6; ______________

____

____

Anzahl günstiger Möglichkeiten: _____

Anzahl aller Möglichkeiten: _____

P(E) = _____

David: Ich lege fest: A ist das Ereignis „Im ersten Wurf fällt eine Sechs“ und B sei das Ereignis „Im zweiten Wurf fällt eine Sechs“. Dann rechne ich mit dem Additionssatz:

P(E) = P(___ ∪ ___) = P(_____) + P(_____) − P(_______)

= ______________________

Laura: Ich rechne mit dem Gegenereignis.
Dies lautet:

____

P(E) = 1 − _____ = 1 − _____ = ______________

3 Das nebenstehende Glücksrad wird zweimal gedreht.

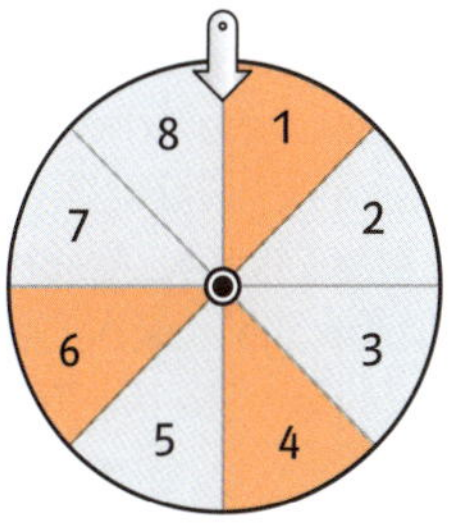

a) Schreiben Sie in die Kästen der jeweiligen Ereignisse die Buchstaben A, B, C, D und E, wenn gilt:

$P(A) = \frac{25}{64}$, $P(B) = \frac{5}{64}$, $P(C) = \frac{28}{64}$, $P(D) = \frac{34}{64}$ und $P(E) = \frac{49}{64}$.

- ☐ Es kommt zweimal die gleiche Farbe.
- ☐ Beim ersten Drehen kommt ein oranges Feld oder beim zweiten Drehen kommt ein graues Feld.
- ☐ Die zweite Zahl ist größer als die erste Zahl.
- ☐ Jedes Mal kommt eine gerade Zahl oder ein oranges Feld.
- ☐ Die Summe der zwei Zahlen ist 12.

b) Zum Ereignis B ∩ D gehören folgende Ergebnisse: 5-7; ______________ .

Demnach gilt: P(B ∩ D) = _____ .

Mit dem Additionssatz ergibt sich: P(B ∪ D) = ______________________ .

[T1] Berechnen Sie zunächst aus den Prozentsätzen die jeweilige Anzahl.

VII Unabhängigkeit von Ereignissen

1 In einer Vierfeldertafel werden Wahrscheinlichkeiten eingetragen. Füllen Sie die noch freien Felder entsprechend aus.

	B	$\overline{B}$	
A			
$\overline{A}$			

P(B) | P(A) | $P(\overline{A} \cap B)$ | $P(A \cap B)$ | $P(\overline{A} \cap \overline{B})$ | $P(A \cap \overline{B})$ | $P(\overline{B})$ | $P(\overline{A})$

2 Ein Baumarkt verkaufte im Vorjahr 117 Bohrmaschinen zweier Hersteller, von denen 9 Bohrmaschinen von den Kunden reklamiert wurden. Der Hersteller 1 lieferte doppelt so viele Bohrmaschinen wie der Hersteller 2. Bei Hersteller 1 wurde jede 13. Bohrmaschine reklamiert. Füllen Sie die nachstehende Vierfeldertafel vollständig aus und prüfen Sie, ob die Anzahl der Reklamationen vom Hersteller abhängt.

	Hersteller 1 H_1	Hersteller 2 H_2	
Reklamiert R			
Nicht reklamiert $\overline{R}$			

$P(R \cap H_1)$ = ______

$P(H_1)$ = ______

$P(R)$ = ______

$P(H_1) \cdot P(R)$ = ______

3 Wahr oder falsch?

	W	F
a) Jede Vierfeldertafel lässt sich auch als Baumdiagramm veranschaulichen.	☐	☐
b) Die Ereignisse A und B sind voneinander unabhängig, wenn $P_B(A) = P(B)$ ist.	☐	☐
c) Im zweistufigen Baumdiagramm findet man stets bedingte Wahrscheinlichkeiten.	☐	☐
d) Mit $P_A(B)$ wird das gleiche ausgesagt wie mit $P_B(A)$.	☐	☐
e) Man kann $P_B(A)$ aus $P_A(B)$, P(A) und P(B) berechnen.	☐	☐

4 Die Hälfte der Teilnehmer einer Exkursion ist höchstens 1,70 m groß. Davon sind 60 % Frauen. 40 % der Exkursionsteilnehmer sind Männer.
Ermitteln Sie den Anteil der Exkursionsteilnehmer, die Männer und größer als 1,70 m sind. [T1]

5 Von zwei Ereignissen A und B sind die Wahrscheinlichkeiten $P(A) = 0{,}5$, $P(B) = 0{,}4$ und $P(A \cap B) = 0{,}1$ bekannt.
a) Begründen Sie, dass beide Ereignisse stochastisch abhängig sind.
b) Berechnen Sie die Wahrscheinlichkeiten $P_A(B)$ und $P_B(A)$.

6 Ein Betrieb stellt auf zwei Montagebändern Farbdisplays des gleichen Typs für MP3-Player her. Durch statistische Erhebungen hat man festgestellt, dass 1 % der am Montageband F_1 montierten Displays Ausschuss sind, während die Ausschussquote am Montageband F_2 2,5 % beträgt. Bei der Gütekontrolle wurden alle Displays geprüft, wobei eine Gesamtausschussquote von 1,53 % festgestellt wurde.
a) Ergänzen Sie das nebenstehende Baumdiagramm und berechnen Sie die Produktionsanteile beider Montagebänder. [T2]
P(A) = ___ · ___ + ___ · ___ = 0,0153 mit der Lösung x = ___ .
Die Produktionsanteile sind ___ % und ___ %.
b) Berechnen Sie die Anteile der beiden Montagestrecken am Gesamtanteil der Ausschussproduktion. [T3]

$P_A(F_1) = \frac{\_\_\_}{\_\_\_} = \_\_\_$ und $P_B(F_1) = \frac{\_\_\_}{\_\_\_} = \_\_\_$

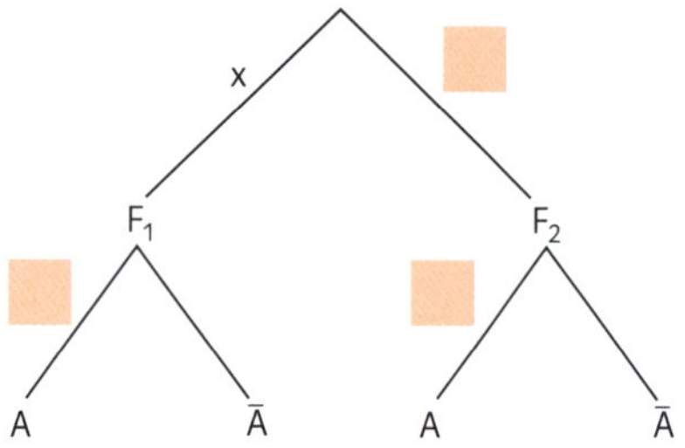

[T1] Verwenden Sie eine Vierfeldertafel. [T2] Drücken Sie die Gesamtausschussquote P(A) unter Verwendung der beiden Pfadregeln aus. [T3] Berechnen Sie z. B. aus den gegebenen Wahrscheinlichkeiten $P_{F_1}(A)$ die gesuchte Wahrscheinlichkeit $P_A(F_1)$.

1 Eine Umfrage unter 30 Schülern hat ergeben, dass genau 18 Schüler ein Smartphone besitzen. Sechs Schülern steht zu Hause kein Computer zu Verfügung, von denen zwei aber ein Smartphone besitzen. Ermitteln Sie die Wahrscheinlichkeit dafür, dass ein zufällig ausgewählter Schüler kein Smartphone besitzt, aber zuhause am Computer arbeiten kann. [T1]

2 Für stochastisch abhängige Ereignisse A und B gelten die Formeln $P_A(B) = \frac{P(A \cap B)}{P(A)}$ und $P_B(A) = \frac{P(A \cap B)}{P(B)}$.
Das Ereignis B gibt z. B. an, dass ein Erzeugnis von der Maschine 1 gefertigt wurde. Das Ereignis A gibt an, dass das gefertigte Erzeugnis Ausschuss ist. Es ist $P(A) = 0{,}02$, $P(B) = 0{,}3$ und $P_B(A) = 0{,}04$. Geben Sie mit eigenen Worten an, was diese Wahrscheinlichkeiten bedeuten. Es wird nun unter allen Ausschussteilen ein Erzeugnis herausgenommen. Mit welcher Wahrscheinlichkeit wurde es von der Maschine 1 gefertigt? [T2]

3 70 % der zu einem Zeitpunkt auf einem Parkplatz abgestellten Fahrzeuge besitzen ein bayrisches Kennzeichen. 60 % der zu diesem Zeitpunkt auf dem Parkplatz abgestellten Fahrzeuge mit bayrischem Kennzeichen besitzen eine grüne Umweltplakette, 80 % der abgestellten Fahrzeuge ohne bayrisches Kennzeichen haben ebenfalls eine grüne Umweltplakette. Ermitteln Sie den prozentualen Anteil der auf dem Parkplatz zu diesem Zeitpunkt abgestellten Fahrzeuge, die keine grüne Umweltplakette besitzen. [T1]

4 In einer Urne befinden sich ausschließlich weiße und schwarze Kugeln. Es wird genau zweimal eine Kugel mit Zurücklegen aus dieser Urne gezogen. Dabei beträgt die Wahrscheinlichkeit für das Ziehen mindestens einer schwarzen Kugel $\frac{189}{225}$. Ermitteln Sie die Wahrscheinlichkeit dafür, dass beim einmaligen Ziehen aus dieser Urne eine schwarze Kugel gezogen wird. Geben Sie den prozentualen Anteil schwarzer Kugeln in dieser Urne an. [T3]

5 Von den Ereignissen A und B ist bekannt, dass sie stochastisch unabhängig sind. Ergänzen Sie die nebenstehende Vierfeldertafel entsprechend. [T4]

	B	$\overline{B}$	
A			
$\overline{A}$	0,15		
		0,8	

6 Beim Skatspiel erhält jeder der drei Mitspieler 10 Karten. Zwei Karten werden als Skat verdeckt in die Mitte gelegt.
a) Berechnen Sie die Wahrscheinlichkeit folgender Ereignisse:
Ereignis A: Die erste verteilte Karte gehört zur Spielfarbe Rot.
Ereignis B: Die erste verteilte Karte gehört zur Spielfarbe Rot oder ist ein Bube.
b) Untersuchen Sie, ob das Ereignis, dass die erste verteilte Karte ein Bube ist, unabhängig vom Ereignis ist, dass sie zur Farbe Rot gehört.

7 Eine Firma stellt elektronische Bauelemente her, wobei bekannt ist, dass 10 % dieser Bauelemente defekt sind. Ursachen können ausschließlich die Fehler F_1 und F_2 sein. Die Wahrscheinlichkeit für das Auftreten des Fehlers F_1 beträgt 0,04. Beide Fehler haben 0,25 % der produzierten elektronischen Bauelemente. Untersuchen Sie, ob die beiden Fehler F_1 und F_2 unabhängig voneinander auftreten. [T5]

8 Eine Pumpenanlage ist aus zwei einzelnen Pumpen zusammengesetzt. Jede Pumpe arbeitet mit 95-prozentiger Wahrscheinlichkeit einwandfrei. Der Hersteller gibt an, dass die Anlage mit mehr als 90 % Wahrscheinlichkeit funktioniert. Wie hat der Hersteller diesen Wert wohl berechnet?

Pumpenkette
Die Anlage funktioniert, wenn beide Pumpen einwandfrei arbeiten.

[T1] Tragen Sie die gegebenen Werte in eine Vierfeldertafel ein und ergänzen Sie diese Tafel. [T2] Zeichnen Sie ein Baumdiagramm und tragen Sie die Werte ein. Der Übergang von $P_B(A)$ zu $P_A(B)$ gelingt, wenn Sie die gegebenen Formeln nach $P(A \cap B)$ auflösen und gleichsetzen. [T3] Bezeichnen Sie die Wahrscheinlichkeit für das Ziehen einer schwarzen Kugel mit s und die für das Ziehen einer weißen Kugel mit 1 – s. [T4] Bezeichnen Sie zunächst die Felder, die man für die Berechnung der Unabhängigkeit benötigt, mit Variablennamen und ergänzen Sie die Tabelle danach. [T5] Tragen Sie alle Wahrscheinlichkeiten in die Formel des Additionssatzes ein, um $P(F_2)$ zu erhalten.

1 Ein Basketball beschreibt bei einem Freiwurf näherungsweis eine Wurfparabel.

a) Bestimmen Sie eine ganzrationale Funktion f zweiten Grades, deren Graph G_f den Verlauf der Wurfparabel näherungsweise beschreibt.

Das Koordinatensystem wird so gewählt, dass sich der Ball bei Abwurf im Punkt P(0 | ____) und der Korb im Punkt Q(____ | 3) befindet.

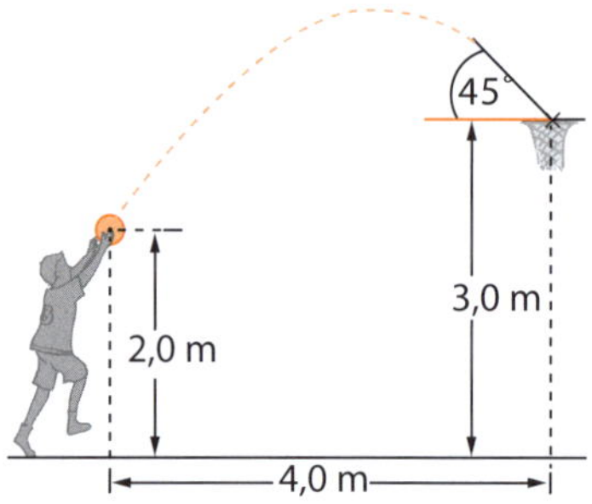

Lösungsansatz: f(x) = ____________________

f′(x) = ____________________

Bedingungen: P(0 | ____) ∈ G_f; d.h. f(0) = ____ ; c = ________

Q(____ | ____) ∈ G_f; d.h. f(____) = ____ ; ________

m = −1 in Q; d.h. f′(____) = ____ ; ________

Das Gleichungssystem hat die Lösungen a = ________ ; b = ________ und c = ________ ; also gilt:

f(x) = ____

b) Berechnen Sie den höchsten Punkt der Wurfparabel über dem Boden.

f′(x) = ________ ; ______________________________ für x_0 = ________

f′ hat bei x_0 einen Vorzeichenwechsel von ____ nach ____ , also hat f hier ein ____________________ .

f(____) = ________ . Hochpunkt der Wurfparabel: H(____ | ____).

2 Die Flugbahn eines Handballs bei einem weiten Abwurf durch den Torwart wird durch die Parabel mit der Funktionsgleichung $h(s) = -0{,}03 \cdot (s - 13{,}5) + 7{,}5$ beschrieben.

Dabei gibt s die horizontale Entfernung vom Abwurfpunkt und h die Flughöhe des Balls über dem Boden in Meter an.

a) Bestimmen Sie die Flugweite des Balls bei diesem Wurf. ____________________

b) Geben Sie eine geeignete Definitionsmenge für die Funktion h an. ____________________

c) Bestimmen Sie die Abwurfhöhe des Balls. ____________________

d) Ermitteln Sie die maximale Flughöhe des Balls. ____________________

3 Eine neue Verbindungsstraße soll zwei geradlinig verlaufende Straßenstücke miteinander verbinden. Die Verbindungsstraße soll dabei bei A und B knickfrei in die Straßen münden.

Die Trasse der Verbindungsstraße lässt sich durch den Graphen einer ganzrationalen Funktion beschreiben. Wählen Sie jeweils das Koordinatensystem geeignet und bestimmen Sie den Funktionsterm. [T1] [T2]

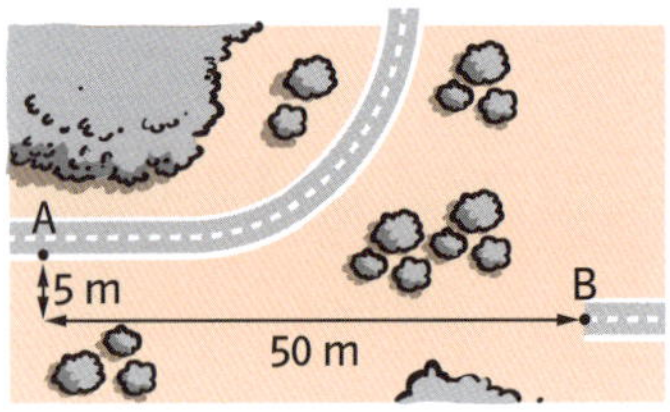

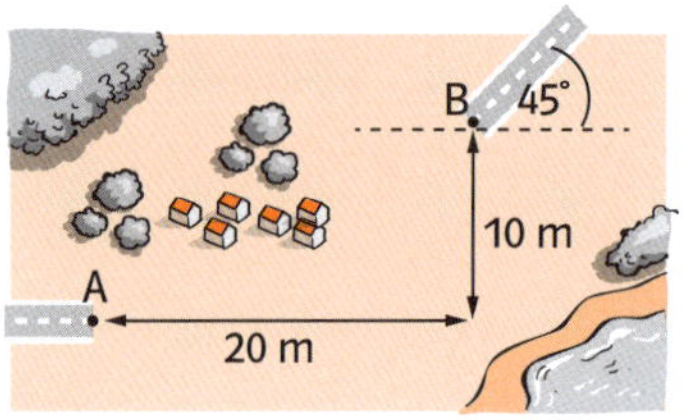

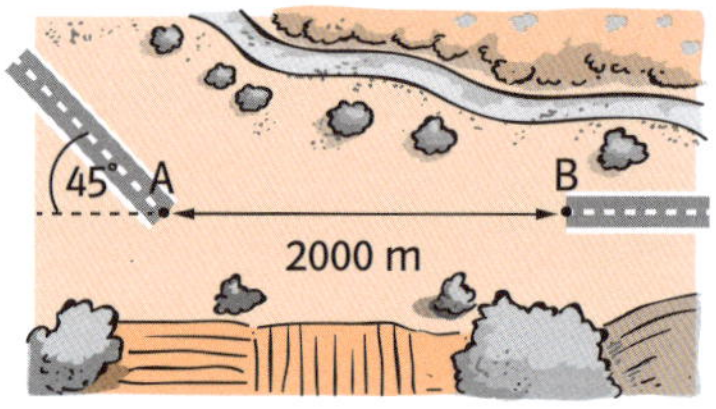

[T1] Eine ganzrationale Funktion vom Grad n kann maximal n + 1 Bedingungen erfüllen. [T2] Wählen Sie für das Koordinatensystem z.B. 1 m = 1 LE und den Punkt A im Koordinatenursprung. Ordnen Sie den Punkten A und B die entsprechenden Koordinaten zu. Die Richtung der Straße in den Punkten A und B kann als Steigung des Funktionsgraphen interpretiert werden.

1 Ein Quader mit quadratischer Grundfläche soll ein Volumen von $1000\,cm^3$ haben. Bestimmen Sie die Seitenlängen a des Quaders so, dass sein Oberflächeninhalt minimal wird. Wie groß ist dieser minimale Oberflächeninhalt?

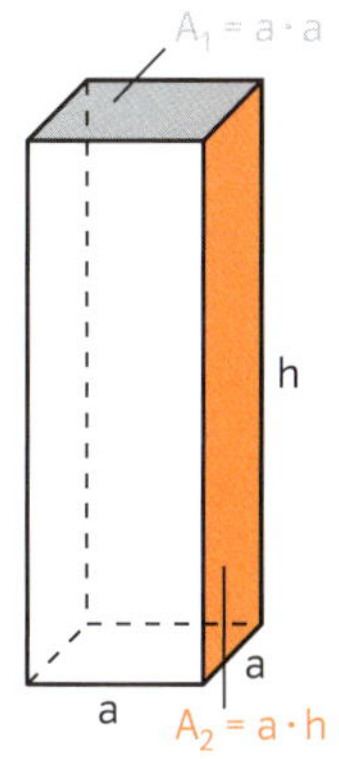

(1) Aufstellen einer Formel für den Oberflächeninhalt (Seitenlänge a, Höhe h):

O = ______

(2) Vorgegebenen Rauminhalt als Nebenbedingung berücksichtigen:

______ bzw. h = ______

(3) Zielfunktion für die Quaderoberfläche als Funktion von a aufstellen:

O(a) = ______ ; a ∈ ______

(4) Untersuchung der Zielfunktion auf Extremwerte: O'(a) = ______ ; O''(a) = ______

O'(a) = 0 ______ für ______ ; O'' ______

lokale Minimumstelle: ______ ; lokales Minimum: ______

Ergebnis: ______

______

2 Gegeben sind die Funktionen f_1 und f_2 mit $f_1(x) = x^2 - 2$ und $f_2(x) = -(x - 4)^2$. Der Punkt P liegt auf dem Graphen der Funktion f_1 und der Punkt Q liegt auf dem Graphen der Funktion f_2.
Bestimmen Sie die beiden Punkte P und Q so, dass die beiden Punkte die gleiche x-Koordinate haben und die Strecke $\overline{PQ}$ minimal ist. [T1]

3 Gegeben ist die Funktion f mit $f(x) = 6x \cdot e^{-\frac{1}{3}x}$.
Der Punkt $P(a\,|\,f(a))$ mit $a > 0$ liegt auf dem Graphen von f.
Bestimmen Sie den Wert von a, für den der Flächeninhalt des rechtwinkligen Dreiecks OQR maximal wird und geben Sie diesen maximalen Flächeninhalt an.
Ordnen Sie die Rechenschritte in die richtige Reihenfolge und dann die Begriffe jeweils passend zu.

- $h_a = f(a)$
- $A(a) = 3a^2 \cdot e^{-\frac{1}{3}a}$
- Zielfunktion
- Nebenbedingung
- $A'(a) = \dots$
- $A_\Delta = \frac{1}{2} a h_a$
- Formel
- Funktionsuntersuchung

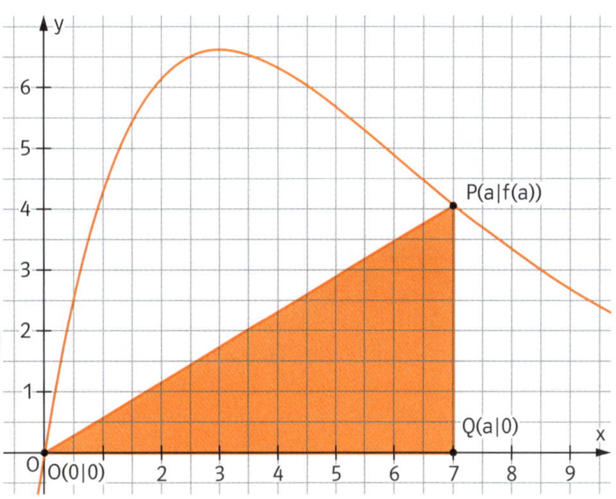

4 Aus einem runden Stamm mit 30 cm Durchmesser soll ein Balken mit rechteckiger Querschnittsfläche gefertigt werden.
Die Tragfähigkeit eines Holzbalkens mit rechteckiger Querschnittsfläche ist proportional zur Breite b und zum Quadrat der Höhe h des Balkens. [T2]

a) Für welche Maße wird die Tragfähigkeit des Balkens möglichst groß?
b) Wie viel Prozent des Stammes werden so für den Balken genutzt?

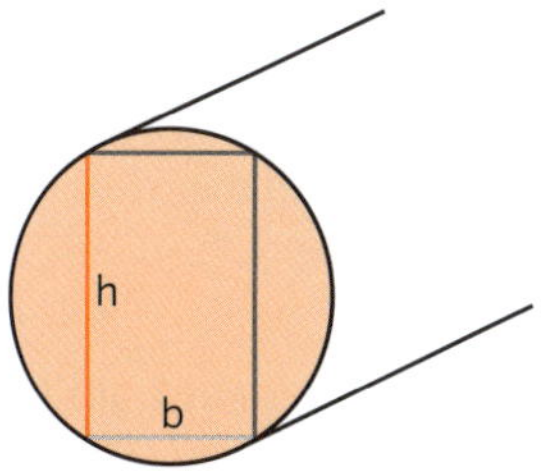

[T1] Skizzieren Sie die beiden Funktionsgraphen und zeichnen Sie die Strecke $\overline{PQ}$ ein. Stellen Sie dann eine Zielfunktion für die Differenz der y-Koordinaten auf. [T2] Die Diagonale des Balkens entspricht dem Kreisdurchmesser. Mit dem Satz des Pythagoras ergibt sich die Nebenbedingung: $d^2 = b^2 + h^2$. Bestimmen Sie dann eine Zielfunktion für die Tragfähigkeit des Balkens.

1 Ordnen Sie die vorgeschlagenen Zielfunktionen Z(a) den dargestellten Situationen zu.

(1) $Z(a) = -a \cdot f(a)$

(2) $Z(a) = \sqrt{a^2 + [f(a)]^2}$

(3) $Z(a) = |f(a) - g(a)|$

(4) $Z(a) = 2 \cdot a \cdot f(a)$

(5) $Z(a) = \frac{1}{2} \cdot a \cdot [f(a) - g(a)]$

(6) $Z(a) = \frac{1}{2} \cdot a \cdot f(a)$

A: eingefärbte Fläche maximal oder minimal

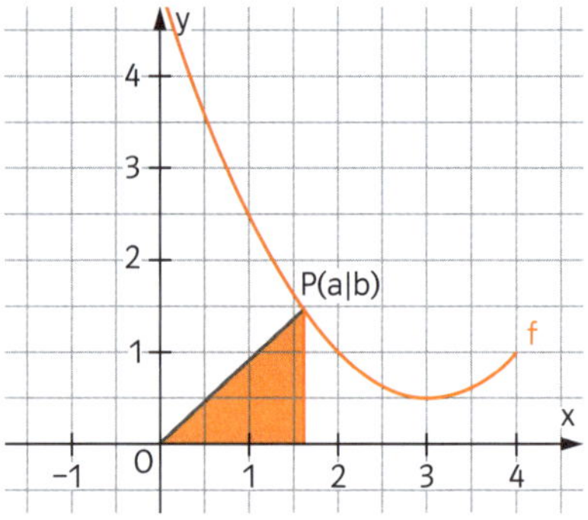

B: kürzester Abstand vom Ursprung

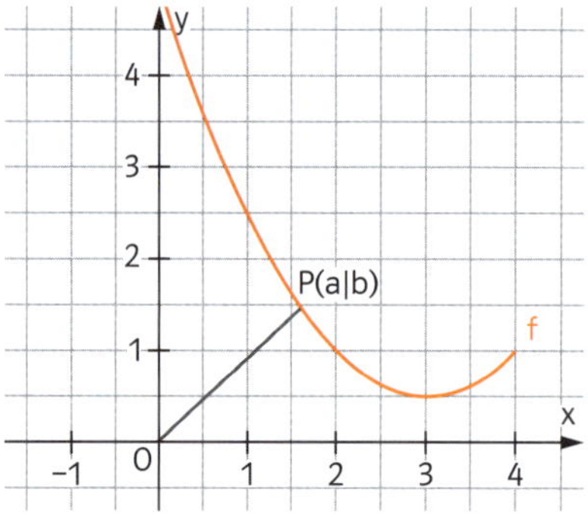

C: eingefärbte Fläche maximal oder minimal

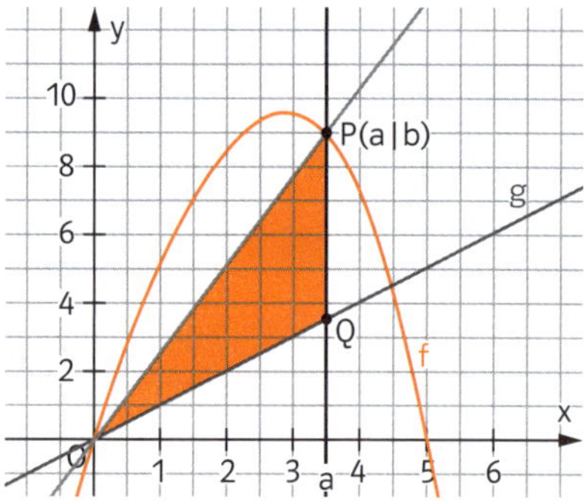

D: größter senkrechter Abstand der Graphen von f und g zwischen den Schnittpunkten

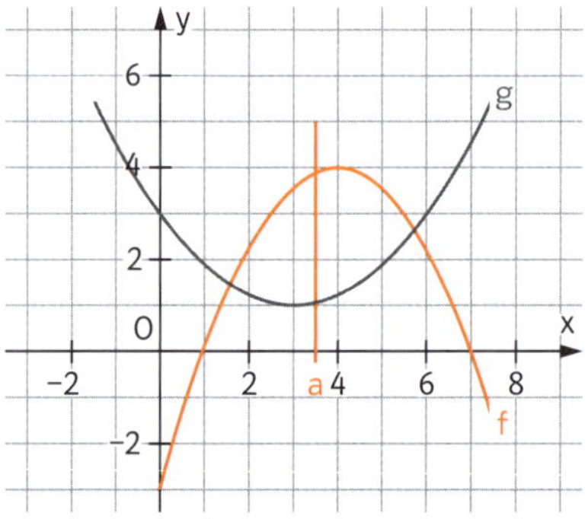

E: eingefärbte Fläche maximal

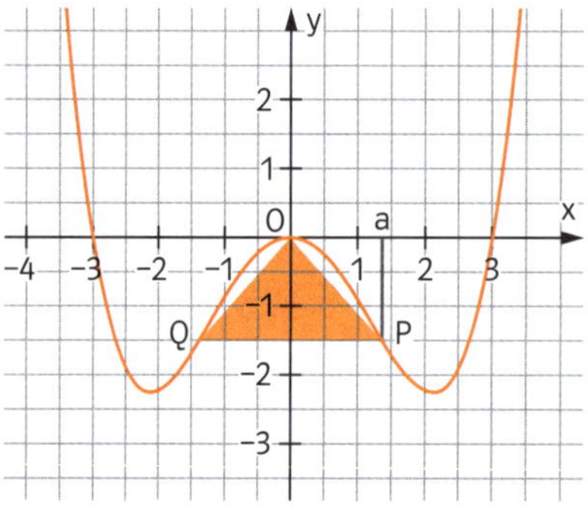

F: eingefärbte Fläche maximal

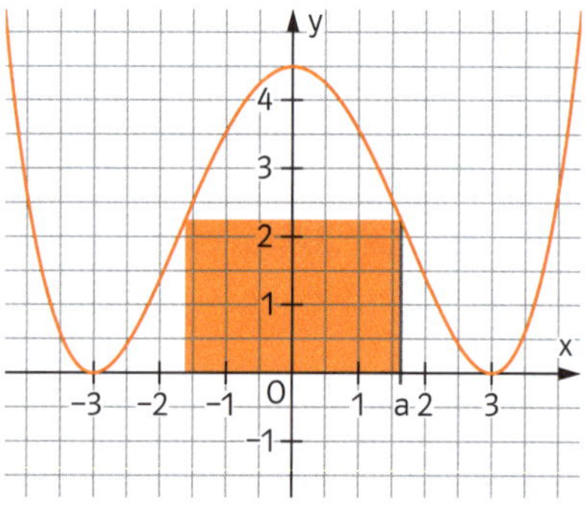

2 Gegeben ist ein beliebiger Punkt P im Intervall [0; 3] auf dem Graphen von f mit $f(x) = x^2 - 6x + 10$.
a) Die Strecke OP, die Senkrechte zur x-Achse durch P und die x-Achse begrenzen ein Dreieck. Für welchen Punkt P des Graphen der Funktion ist die Fläche dieses Dreiecks am größten oder am kleinsten? [T1]
b) Für welchen Punkt P des Graphen der Funktion f ist der Abstand von P zum Koordinatenursprung am kleinsten? [T1]

3 Gegeben sind die Funktionen f mit $f(x) = -\frac{4}{9}x^2 + \frac{32}{9}x - \frac{28}{9}$ und g mit $g(x) = \frac{2}{9}x^2 - \frac{4}{3}x + 3$. An welcher Stelle zwischen den Schnittstellen beider Graphen ist der senkrechte Abstand der Graphen am größten? [T1]

4 Gegeben sind die Funktion f mit $f(x) = \frac{1}{9}x^2 \cdot (x^2 - 9)$ und zwei Punkte P und Q des Graphen von f mit gleichem Funktionswert zwischen den beiden Tiefpunkten. Für welchen Punkt P des Graphen der Funktion ist die Fläche des Dreiecks OPQ am größten? [T1]

5 Gegeben sind die Funktionen f und g mit $f(x) = -\frac{1}{5}x^3 + 5x$ und $g(x) = x$ im Intervall $0 \le x \le 5$.
Die Punkte P(a | f(a)), der Koordinatenursprung und der Punkt Q(a | g(a)) bilden ein Dreieck.
Für welchen Wert von a ist die Fläche dieses Dreiecks am größten?

[T1] Skizzieren Sie diese Funktion und das gesuchte Objekt. Vergleichen Sie mit den Grafiken in Aufgabe 1.

1 Gegeben ist die Funktionenschar f_t mit $f_t(x) = \frac{1}{4}x^4 - \frac{1}{2}tx^2 + 2,\ t > 0$.
Die Abbildung zeigt die Graphen von f_1, f_2 und f_3.

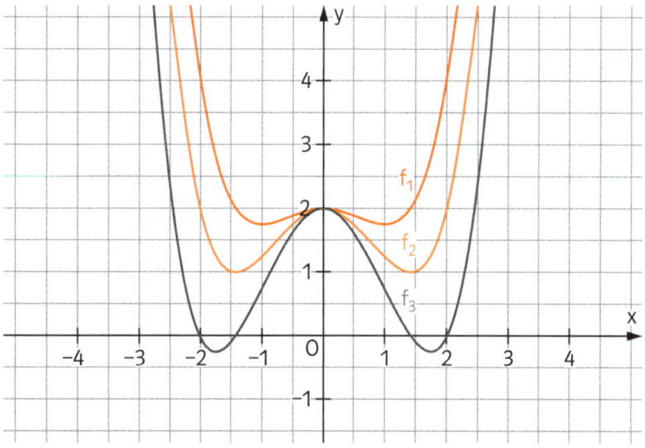

a) Berechnung der Extrempunkte der Kurvenschar f_t:

$f'_t(x) =$ ____________

$f''_t(x) =$ ____________

$f'_t(x) = 0$ ________ $= 0$

$x \cdot ($________$) = 0$

für $x_1 =$ ______; $x_2 =$ ______ und $x_3 =$ ______

$f''_t(x_1)$ < 0 und $f_t(x_1) =$ 2 ; H (0 | ______)

$f''_t(x_2)$ ____ 0 und $f_t(x_2) =$ ____; ____ (____ | ____)

$f''_t(x_3)$ ____ 0 und $f_t(x_3) =$ ____; ____ (____ | ____)

b) Skizzieren Sie in der Abbildung den Graphen von f_4 mithilfe der Extrempunkte.

2 Gegeben ist die Funktionenschar f_t ($t \in \mathbb{R}$). Für welchen Wert von t liegt der angegebene Punkt auf dem zugehörigen Graphen der Funktionenschar?

a) $f_t(x) = (x + t) \cdot (x - t)^2$; $P(0|8)$ b) $f_t(x) = t \cdot 2^x$; $P(-2|1)$ c) $f_t(x) = e^{x-t}$; $P(-1|e^2)$

3 Gegeben ist die Funktionenschar f_t ($t \in \mathbb{R}$). Bestimmen Sie die Steigung in Abhängigkeit des Parameters t an der Stelle x_0.

a) $f_t(x) = t - \frac{t}{3}x$; $x_0 = -3$ b) $f_t(x) = \frac{t}{4}x^3 - tx^2 + tx + 1$; $x_0 = 1$ c) $f_t(x) = t \cdot e^{tx}$; $x_0 = 0$

4 Gegeben ist die Funktionenschar f_t mit $f_t(x) = x^3 + t \cdot (x^2 - x)$ und $t \in \mathbb{R}$.

a) Zeigen Sie, dass sich alle Funktionsgraphen in genau zwei Punkten schneiden. [T1]
b) Bestimmen Sie die Extrempunkte von f_3.
c) Für welche Werte von t hat der Graph von f_t keine Extrempunkte? [T2]
d) Gibt es einen Wert von t, bei dem der Graph von f_t keinen Wendepunkt hat? [T3]

5 Gegeben sind die Funktionenschar f_t ($t \in \mathbb{R}$) mit $f_t(x) = -\frac{1}{4}x^4 + \frac{1}{2}t^2x^2 + 1$ und die Gerade $g: y = -\frac{5}{4}x + \frac{5}{2}$.

a) Bestimmen Sie die Extremstellen von f_t in Abhängigkeit von t.
b) Für welche Werte von t liegt der Hochpunkt des Graphen von f_t auf der Geraden g?
c) Für welchen Wert von t hat der Graph von f_t zwei zueinander orthogonale Wendetangenten? [T4]

6 Bei einem großen Feuerlöschfahrzeug ist auf dem Fahrzeugdach ein Wasserstrahlrohr montiert.
Für den Verlauf des Wasserstrahls in Abhängigkeit von der Wassergeschwindigkeit v gilt näherungsweise

$w_v(x) = \frac{1}{2}x + \frac{7}{2} - \frac{5}{v^2} \cdot x^2$ (1 Längeneinheit entspricht einem Meter, v in $\frac{m}{s}$, $0 < v \leq 20$, $y = 0$ gibt das Bodenniveau an).

a) Unter welchem Winkel zur Horizontalen und in welcher Höhe über dem Boden wird das Wasser vom Strahlrohr ausgeworfen? [T5]
b) Bestimmen Sie die Wurfweite des Wasserstrahls in Abhängigkeit vom Parameter v. [T6]
c) Bestimmen Sie die mit dem Wasserstrahl maximal erreichbare Höhe in Abhängigkeit von v.
d) Für welche Wassergeschwindigkeit beträgt die Wurfweite des Wasserstrahls 30 m?
e) Skizzieren Sie in einem geeigneten Koordinatensystem den Verlauf des Wasserstrahls für $v_1 = 5$, $v_2 = 10$ und $v_3 = 20$.

[T1] Ersetzen Sie t durch die Parameter r und s und bestimmen Sie die gemeinsamen Punkte der Graphen von f_r und f_s.
[T2] Überprüfen Sie, ob die notwendige Bedingung für Extrempunkte ($f'(x_0) = 0$) und die hinreichende Bedingung ($f''(x_0) \neq 0$) für jeden Wert von t erfüllt sind. [T3] Überprüfen Sie, ob die notwendige Bedingung für Wendepunkte ($f''(x_0) = 0$) und die hinreichende Bedingung ($f'''(x_0) \neq 0$) für jeden Wert von t erfüllt sind. [T4] Berechnen Sie die Wendestellen in Abhängigkeit von t und bestimmen Sie an diesen Stellen die Steigungen der Wendetangenten. [T5] Für den Steigungswinkel α gilt: $\tan(\alpha) = w_v'(x)$.
[T6] Berechnen Sie den Schnittpunkt des Graphen von w_v mit der x-Achse.

1 Die Abbildung zeigt die Graphen zweier linearer Funktionen. Die beiden Graphen sollen durch den Graphen einer ganzrationalen Funktion f knickfrei verbunden werden.

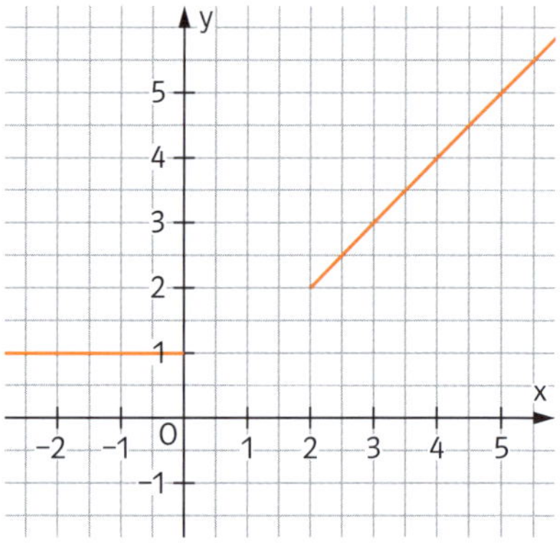

Folgende Lösungsschritte werden vorgeschlagen:

$f(0) = 1$ und $f'(0) = 0$

$f(2) = 2$ und $f'(2) = 1$

Es müssen vier Bedingungen erfüllt werden, also muss die Funktion f eine ganzrationale Funktion vom Grad 3 sein.

$f(x) = ax^3 + bx^2 + cx + d$

$f'(x) = 3ax^2 + 2bx + c$

$f(0) = 1 \qquad d = 1$

$f(2) = 2 \qquad 8a + 4b + 2c + d = 2$

$f'(0) = 0 \qquad c = 0$

$f'(2) = 1 \qquad 12a + 4b + c = 1$

a) Begründen Sie die Richtigkeit des Lösungsansatzes. [T1]

b) Bestimmen Sie die Funktionsgleichung von f. [T2]

2 a) Die Abbildung zeigt den Querschnitt eines Werkstückes. Der Funktionsgraph von g hat im Ursprung einen Tiefpunkt und in B die Steigung 2. Die Punkte A und B sollen mit einem möglichst einfachen Funktionsgraphen f so verbunden werden, dass die Oberfläche des Werkstücks keine Ecke zusätzlich erhält. [T3]

b) Wie viel Prozent höher wird das Bauteil im Vergleich mit einer linearen Verbindung von A und B (LE im Koordinatensystem in mm)? [T4]

c) Bestimmen Sie das Volumen des abgerundeten Bauteils, wenn es 3 cm breit ist und der Querschnitt durchgehend wie abgebildet ist. [T5]

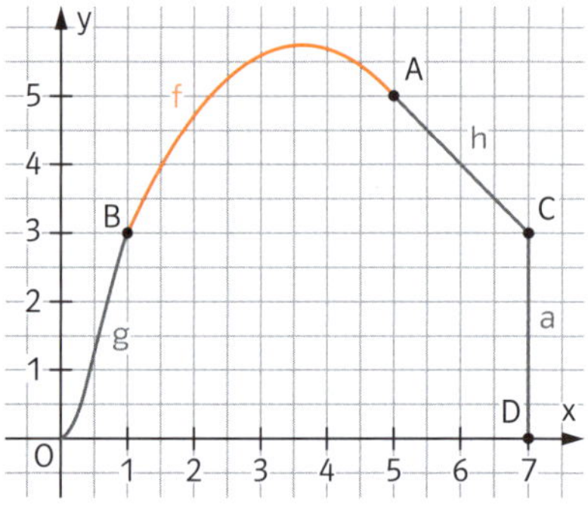

3 Bestimmen Sie mithilfe der aus der Abbildung zu entnehmenden Informationen die Funktion f.

a) ganzrationale Funktion [T6]

$f: x \mapsto$ ____________

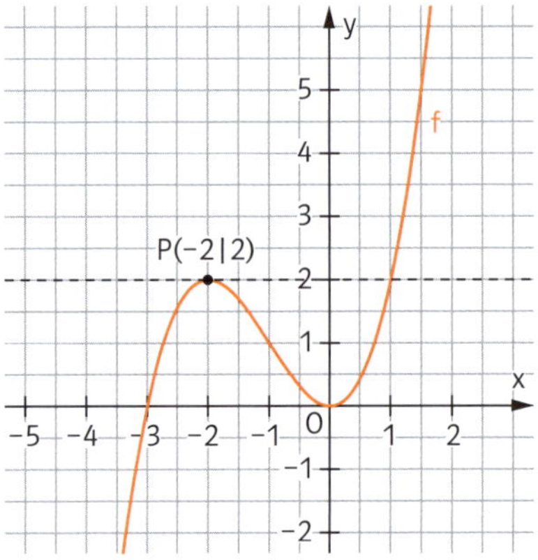

b) Exponentialfunktion [T7]

$f: x \mapsto e^{ax+b} + c =$ ____________

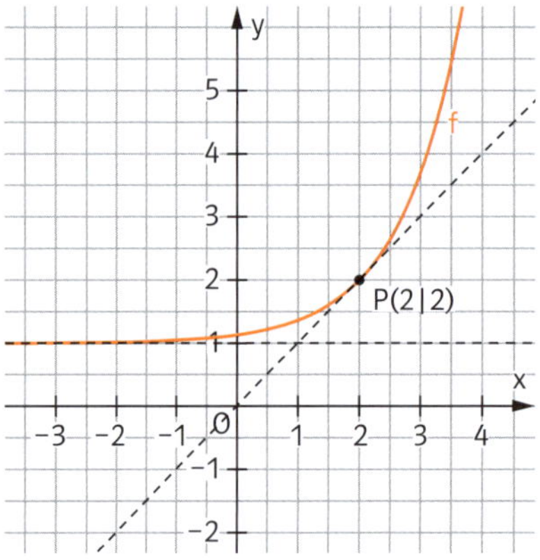

c) gebrochenrationale Funktion [T8]

$f: x \mapsto \frac{a + bx}{(x - c)^2} =$ ____________

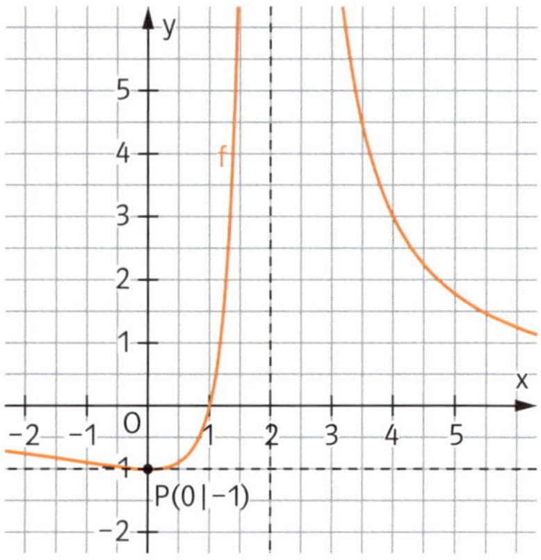

[T1] Die Zahl der zu bestimmenden Parameter in der Funktionsgleichung muss größer oder gleich der Zahl der zu erfüllenden Bedingungen sein. [T2] Setzen Sie für c und d die ermittelten Werte in die Gleichungen ein und lösen dann das Gleichungssystem. [T3] Da eine lineare Verbindung Ecken ergibt, ist ein Versuch mit $f(x) = ax^2 + bx + c$ sinnvoll. Aus den Punkten und Steigungen erhält man ein LGS zur Berechnung von a, b und c. [T4] Zwischenergebnis: $f(x) = -0{,}375x^2 + 2{,}75x + 0{,}625$. [T5] Hier müssen Sie zuerst g(x) (Funktion 3. Grades) analog zu f(x) bestimmen, dann können die Teilflächen berechnet und addiert werden (= Grundfläche). V = Grundfläche · Höhe. [T6] Bestimmen Sie zuerst den Grad der ganzrationalen Funktion f anhand der Anzahl der Extrempunkte. [T7] Bestimmen Sie c mithilfe der waagrechten Asymptote sowie a und b mithilfe der Tangente an den Graphen von f im Punkt P. [T8] Bestimmen Sie c mithilfe der senkrechten Asymptote sowie a und b mithilfe der Schnittpunkte mit den Koordinatenachsen.

1 Zu welchem Funktionstyp gehören die abgebildeten Funktionsgraphen? Ordnen Sie entsprechend zu.

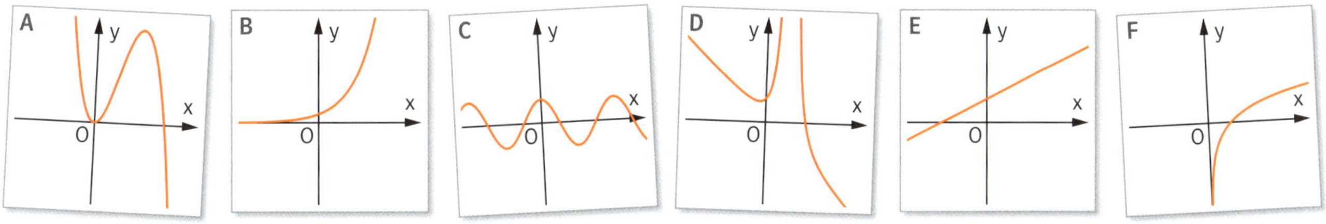

linear | ganzrational | gebrochenrational | exponentiell | logarithmisch | trigonometrisch

2 Ein Kaffee wird in eine Tasse gegossen und bei Raumtemperatur stehen gelassen. Alle 5 Minuten wird die Temperatur T des Kaffees gemessen.

t (in min)	5	10	15	20	25	30	35	40	45
T (in °C)	56	42	33	28	25	23	22	21	21

a) Veranschaulichen Sie die Messdaten in einem Koordinatensystem.

b) Wählen Sie einen geeigneten Funktionstyp aus und begründen Sie Ihre Entscheidung.

$T(t) = a \cdot t + b$ | $T(t) = \frac{a}{t+b} + c$ | $T(t) = a \cdot e^{bt} + c$

c) Bestimmen Sie aus den Daten die Parameter in der Funktionsgleichung. [T1]

T(t) =

d) Überprüfen Sie die Brauchbarkeit der Modellfunktion anhand weiterer Messdaten.
Geben Sie die Temperatur der Kaffees beim Eingießen (t = 0) sowie die Raumtemperatur an.

T_{Kaffee} = °C T_{Raum} = °C

3 Beim Abkühlen vermindern die meisten Flüssigkeiten ihr Volumen. Wasser hat im Gegensatz zu den anderen Flüssigkeiten bei 4 °C das geringste Volumen und bei weiterer Temperaturabnahme nimmt das Volumen wieder zu (Anomalie des Wassers).
Die Volumenzunahme von 1 Liter Wasser (bei 4 °C) in Abhängigkeit von der Temperatur ist in der Tabelle dargestellt.

Temperatur (in °C)	0	2	4	6	8	10	12	14	16	18
Volumenzunahme (in ml)	0,18	0,04	0	0,03	0,13	0,26	0,47	0,71	0,98	1,32

Information: Oberhalb einer Temperatur von ca. 18 °C ist die Volumenzunahme von Wasser näherungsweise proportional zur Temperaturerhöhung und beträgt näherungsweise 0,2 ml/°C.
a) Geben Sie eine ganzrationale Funktion zweiten sowie dritten Grades an, die jeweils die Volumenzunahme im Bereich zwischen 0 °C und 18 °C modellhaft beschreibt.
b) Vergleichen Sie die beiden Modellfunktionen auf ihre Brauchbarkeit.

[T1] Bestimmen Sie c mithilfe der waagerechten Asymptote der Modellfunktion.

1 Überprüfen Sie die folgenden Aussagen auf ihre Richtigkeit, begründen Sie Ihr Ergebnis. [T1]

a) Jede Funktion der Form $y = ax^2 + bx,\ a > 0,\ b > 0$ besitzt einen Hochpunkt.

b) Es gibt Funktionen, die eine Wendestelle, aber keine Extremstelle besitzen.

c) Eine ganzrationale Funktion mit zwei Extremstellen besitzt mindestens eine Wendestelle.

2 Es soll eine Gleichung einer ganzrationalen Funktion f dritten Grades ermittelt werden, welche die Extremstellen $x_1 = -3$ und $x_2 = 3$ besitzt. Folgende Lösungsschritte werden vorgeschlagen:

(1) Ableitungsfunktion von f: $f'(x) = (x + 3) \cdot (x - 3)$, $f'(x) = x^2 - 9$
(2) Gleichung einer Stammfunktion von f': $f(x) = \frac{1}{3}x^3 - 9x$

a) Begründen Sie die Richtigkeit dieses Lösungsansatzes. [T2]

b) Geben Sie die Funktionsgleichung einer weiteren ganzrationalen Funktion h dritten Grades an, welche die Extremstellen $x_1 = -3$ und $x_2 = 3$ besitzt.

3 Prüfen Sie, ob es eine ganzrationale Funktion 3. Grades mit folgenden Eigenschaften gibt:
Der Graph hat einen Hochpunkt $H\left(2 \middle| \frac{10}{3}\right)$ und einen Wendepunkt $W\left(1 \middle| \frac{8}{3}\right)$ mit Wendetangente $t: y = x + \frac{5}{3}$. [T3]

4 In einem Experiment wird die Dehnung eines Gummibandes in Abhängigkeit von der Zugkraft F gemessen. Modellieren Sie ein Dehnungsgesetz durch eine ganzrationale Funktion von möglichst kleinem Grad und machen Sie eine Vorhersage für die Dehnung bei einer Zugkraft von 5 N. [T4]
Warum ist es nicht sinnvoll, eine Vorhersage für 1 N anhand der aufgestellten Funktion zu machen?

F in N	2	3	4	7	10
s in cm	0	1	3	6	7

5 Bei einem Bungeesprung beträgt die Höhe h (in Metern) über dem Boden zum Zeitpunkt t (in Sekunden nach dem Absprung) $h(t) = a \cdot e^{-0,1t} \cdot \cos(1,5t) + 20$.

a) Bestimmen Sie den Parameter a für die Absprunghöhe 40 m zum Zeitpunkt $t = 0$.

b) Skizzieren Sie den Graphen von h für $a = 20$ und $0 \le t \le 25$.

6 Ein Nahrungsmittelhersteller möchte ein Produkt in zylinderförmigen Konservendosen mit 850 ml Inhalt verpacken.

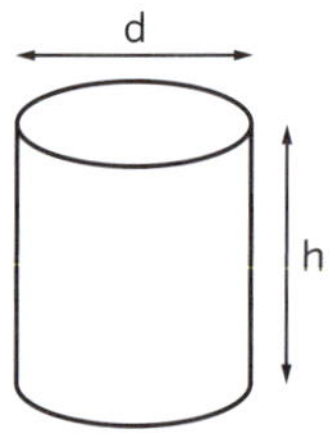

a) Wie müssen der Durchmesser und die Höhe der Dose gewählt werden, damit der Materialbedarf für die Verpackung möglichst gering ist? [T6]

b) Aus Stabilitätsgründen muss das Material des Dosenbodens bzw. Dosendeckels doppelt so dick sein wie an der Zylinderwand.
Beschreiben Sie, wie diese Forderung die Form der Dose beeinflusst.

7 Eine Spielzeugfirma hat ein neues Produkt entwickelt. Die Marktanalysen haben ergeben, dass die monatlichen Verkaufszahlen durch die Funktion f mit $f(t) = 4000\,t\,e^{-0,4t}$ modelliert werden können ($t \ge 0$; t in Monaten nach Verkaufsbeginn; f(t) in Stück pro Monat).

a) Wann sollte der Verkaufsstart des neuen Produkts erfolgen, wenn das Maximum der Verkaufszahlen im Dezember erreicht werden soll?

b) Welche Verkaufszahlen sind langfristig zu erwarten? Interpretieren Sie den Verlauf der Verkaufszahlen.

c) Zeigen Sie, dass die Funktion F mit $F(t) = 25\,000 - 10\,000(2,5 + t)e^{-0,4t}$ in diesem Modell die Gesamtanzahl des verkauften Produkts nach t Monaten beschreibt.

d) Wie viele Stücke des Spielzeugs kann die Firma nach diesem Modell im ersten Jahr nach der Markteinführung verkaufen?

e) Die Firma kann maximal 2000 Stück des Spielzeugs monatlich herstellen. Wann sollte die Firma mit der Produktion beginnen, damit die Nachfrage jederzeit gedeckt werden kann?

[T1] Überlegen Sie, wann und ob ein Beispiel bzw. ein Gegenbeispiel ausreichend ist. Auch eine Skizze kann oft helfen.
[T2] Prüfen Sie, ob die Gleichung der Ableitungsfunktion die notwendige und die hinreichende Bedingung für die angegebenen Extremstellen erfüllt. [T3] Wenn Sie alle Bedingungen aufstellen, dann erhalten Sie 5 Gleichungen mit 4 Unbekannten. Damit das Gleichungssystem eine Lösung besitzt, muss eine Gleichung der Lösung 0 = 0 lauten. [T4] Bestimmen Sie eine ganzrationale Funktion 4. Grades, deren Graph durch die 5 gegebenen Punkte verläuft. [T5] Kreisfläche $A = \pi r^2$; Kreisumfang $u = 2\pi r$, $1\,ml = 1\,cm^3$.

1 An einer Stelle auf der A8, an der sich die Autobahn von drei auf zwei Spuren verengt, rechnet man mit der in der Abbildung dargestellten Ankunftsrate von einfahrenden Autos. Aus Erfahrung weiß man, dass maximal 30 Autos pro Minute diese Stelle durchfahren können, sonst kommt es zu einem Stau.

a) Um wie viel Uhr beginnt der Stau? ______________

b) Zu welcher Uhrzeit ist der Stau am längsten? ______________

c) Wie viele Autos stehen maximal im Stau? ______________

d) Um wie viel Uhr löst sich der Stau wieder auf? ______________

e) Hätte sich der Stau bis 10 Uhr aufgelöst, wenn man annimmt, dass lediglich 25 Autos diese Stelle durchfahren können? ______________

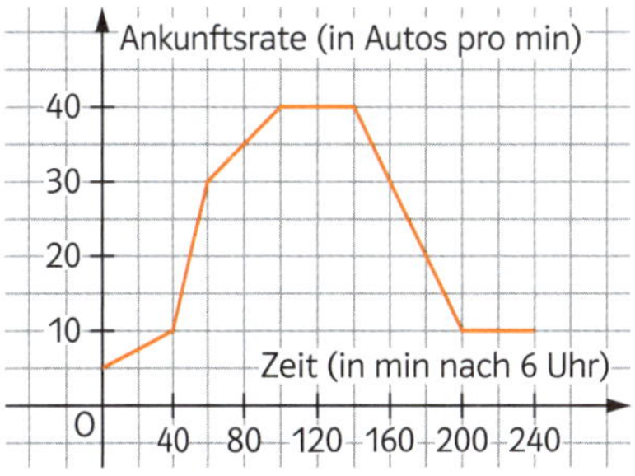

2 Zwei Weinbergschnecken veranstalten ein Wettrennen. Ihre Geschwindigkeiten zeigt die nebenstehende Abbildung.

a) Wie groß ist der maximale Vorsprung von Schnik? [T1]

b) Nach wie vielen Sekunden wird Schnik eingeholt? Wie viele mm sind beide dann gekrochen?

c) Nach wie vielen Sekunden hat Schnuk 3 mm Vorsprung?

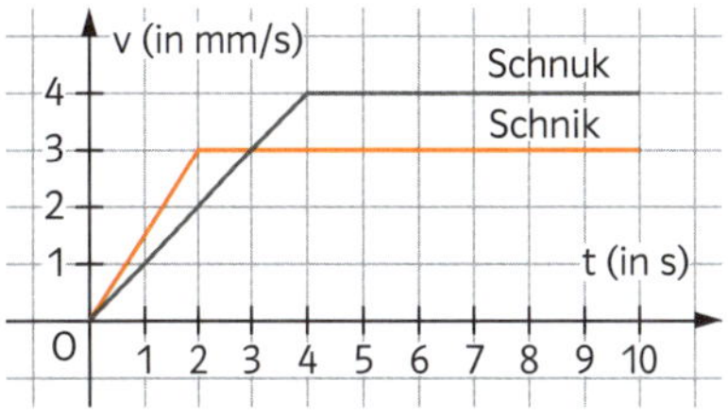

3 Durch eine Impfung wird das menschliche Immunsystem zur Bildung spezifischer Antikörper angeregt. Die Anzahl der pro Sekunde gebildeten Antikörper nach einer Tetanus-Impfung wird modellhaft durch die Funktion f mit $f(x) = \frac{1200x}{x^2 + 10}$ beschrieben, wobei x die Anzahl in Sekunden nach der Impfung beschreibt. Bestimmen Sie durch ein zur relevanten Fläche flächengleiches Rechteck näherungsweise die Anzahl der innerhalb der ersten 20 s nach der Impfung gebildeten Antikörper.

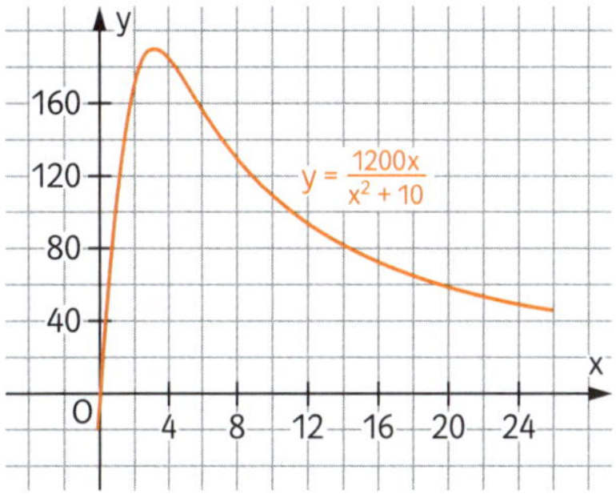

____

4 a) Bestimmen Sie mithilfe des Graphen.

$\int_0^6 (0{,}25x + 2)\,dx =$ ______________

$\int_4^{-4} (0{,}25x + 2)\,dx =$ ______________

b) Bestimmen Sie b.

$\int_0^b (0{,}25x + 2)\,dx = 4{,}5$ $\int_5^b (0{,}25x + 2)\,dx = -15$

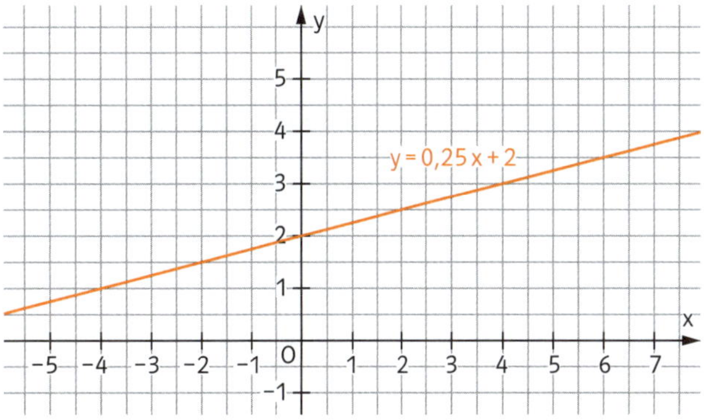

5 Zeichnen Sie die zum Integral $\int_0^3 ((x-2)^2 \cdot x)\,dx$ gehörende Fläche ein und bestimmen Sie dessen Wert näherungsweise durch ein flächengleiches Rechteck. Berechnen Sie den Wert anschließend exakt mithilfe eines Rechners und geben Sie Ihren prozentualen Fehler an.

Näherungsweise: ______________

Exakt: ______________ Prozentualer Fehler: ______________

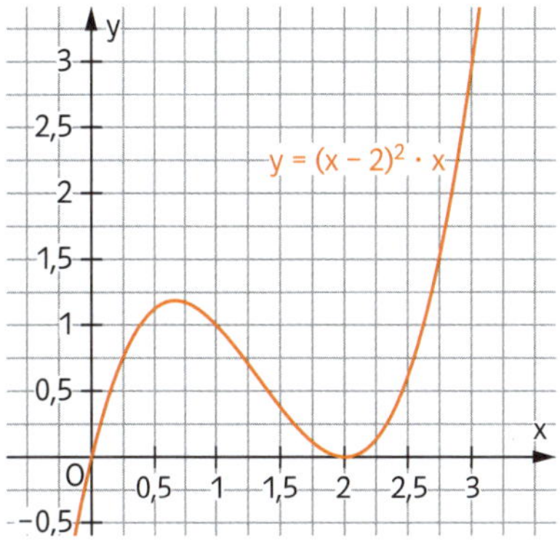

[T1] Der Wegunterschied entspricht dem Inhalt der Fläche zwischen beiden Graphen.

I Das Integral als Flächenbilanz; die Integralfunktion

1 a) Bestimmen Sie mithilfe geeigneter Teilflächen: [T1]

$\int_{-2}^{7}(-0{,}5x+2)\,dx =$ ______

$\int_{-4}^{0}(-0{,}5x+2)\,dx =$ ______

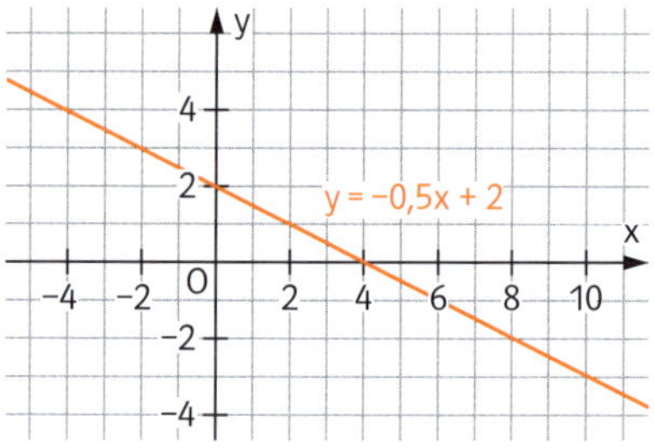

b) Ergänzen Sie die Lücken:

$\int_{-2}^{\square}(-0{,}5x+2)\,dx = 8$ $\quad\int_{-4}^{10}(-0{,}5x+2)\,dx = \square$ $\quad\int_{\square}^{9}(-0{,}5x+2)\,dx = 0$

c) Geben Sie jeweils einen möglichst einfachen integralfreien Funktionsterm der Integralfunktion an.

$I_4(x) = \int_{4}^{x}(-0{,}5t+2)\,dt =$ ______ $\quad I_0(x) =$ ______

2 Die Buchstaben aller Integrale mit positivem Wert und die der Integrale mit negativem Wert ergeben jeweils – richtig zusammengesetzt – ein Lösungswort.

S | $\int_{0}^{2}(-x)^2\,dx$ T | $\int_{\pi}^{2\pi}\sin(x)\,dx$ E | $\int_{5}^{3}(x+2)\,dx$ K | $\int_{0}^{2}(\cos(x))^2\,dx$ O | $\int_{-1}^{1}2^x\,dx$ U | $\int_{-4}^{4}x^4\,dx$

A | $\int_{3}^{4}\left(\frac{1}{2}x-2\right)dx$ L | $\int_{-3}^{3}x^3\,dx$ N | $\int_{2}^{0}x^2\,dx$ M | $\int_{0}^{3}(x-1)\,dx$ A | $\int_{8}^{2}(-4)\,dx$ H | $\int_{0}^{1}(x-1)\,dx$

Integrale mit positivem Wert: ______ Integrale mit negativem Wert: ______

3 In der nebenstehenden Abbildung sehen Sie den Graphen einer ganzrationalen Funktion 3. Grades. Füllen Sie die Lücken aus.

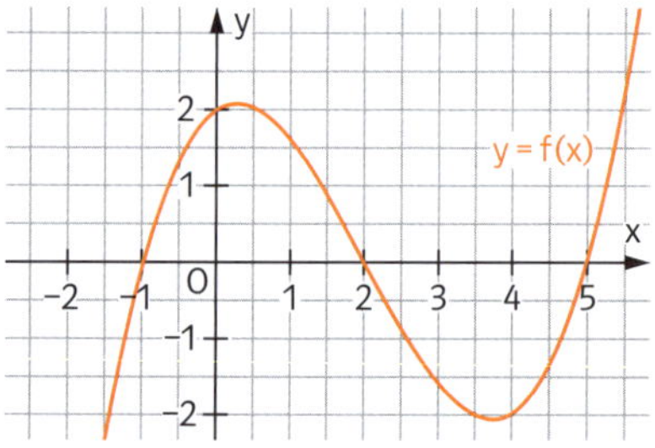

a) $J_2(5) = \int_{\square}^{\square} f(t)\,dt \approx \square$ $\qquad$ b) $J_2(1) = -J_2(\square)$

c) $J_{-1}(\square) = J_{-1}(\square) = 0$ $\qquad$ d) $J_{-1}(3) \approx \square$

e) $J_0(5) = -J_{\square}\,\square \approx \square$ $\qquad$ f) $J_{-2}(0)\ \square\ 0$

4 Gegeben sind der Graph einer Funktion f und das Intervall $I = [-0{,}5;\,7]$. Begründen Sie folgende Aussagen:

a) $J_0(x)$ wechselt in I sein Vorzeichen genau einmal.
b) $J_0(x)$ hat in I eine Terrassenstelle.
c) $J_3(x)$ hat in I keine Extremstelle.
d) $J_0(1) < J_1(0)$.

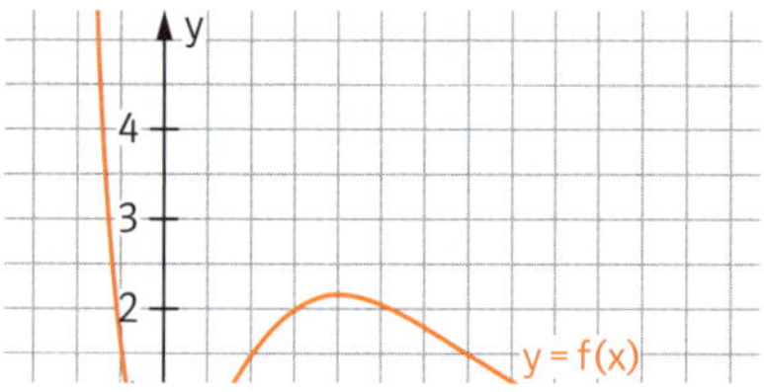

5 Skizzieren Sie jeweils grob den Verlauf der Intergralfunktion $I_0(x) = \int_{0}^{x} f(t)\,dt$.

a)

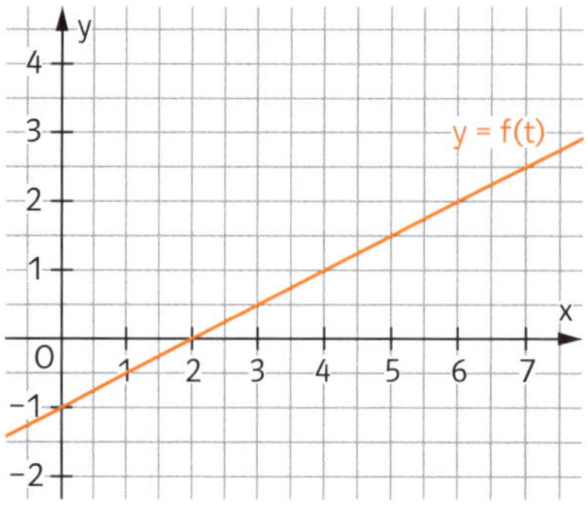

b)

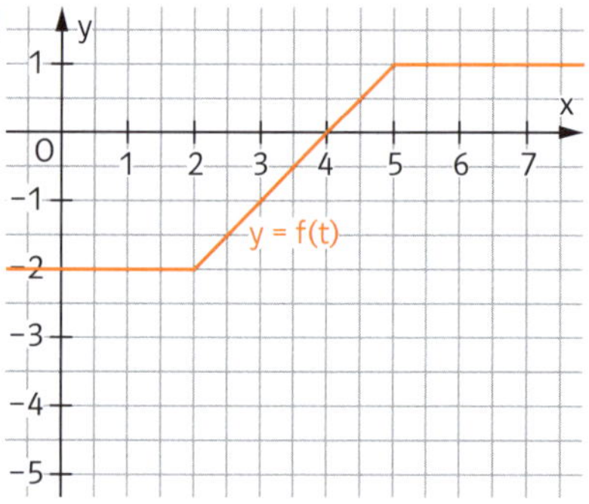

[T1] Beim orientierten Flächeninhalt bekommen die Teilflächen unterhalb der x-Achse ein negatives Vorzeichen.

1 Füllen Sie die Lücken.

a) $\int_1^2 (\_\_\_\_)\,dx = [x^4 - 6x]_1^2 = \_\_\_\_ = 9$

b) $\int_1^3 (6x^2 - 5)\,dx = [\_\_\_\_ - 5x]_1^3 = \_\_\_\_ - 15 - (\_\_\_\_ - 5) = \_\_\_\_ = 42$

c) $\int_{-2}^{\_\_} (-\_\_\_\_ - x)\,dx = \left[-\frac{1}{3}x^3 - \_\_\_\_\right]_{-2}^{-1} = \_\_\_\_\ \frac{1}{3}\ \_\_\_\_\ \frac{1}{2}\ \_\_\_\_\ (\_\_\_\_\ \frac{8}{3}\ \_\_\_\_\ 2) = \_\_\_\_ = -\frac{5}{6}$

d) $\int_0^{\ln 6} (\_\_\_\_)\,dx = \left[\frac{1}{4} \cdot e^{2x + 4 \cdot \ln 2}\right]_0^{\ln 12} = \_\_\_\_ - \_\_\_\_ = \_\_\_\_$ **[T1]**

$= \_\_\_\_$

2 Ordnen Sie die Funktionsgraphen A, B, C und D den Graphen einer zugehörigen Stammfunktion zu.

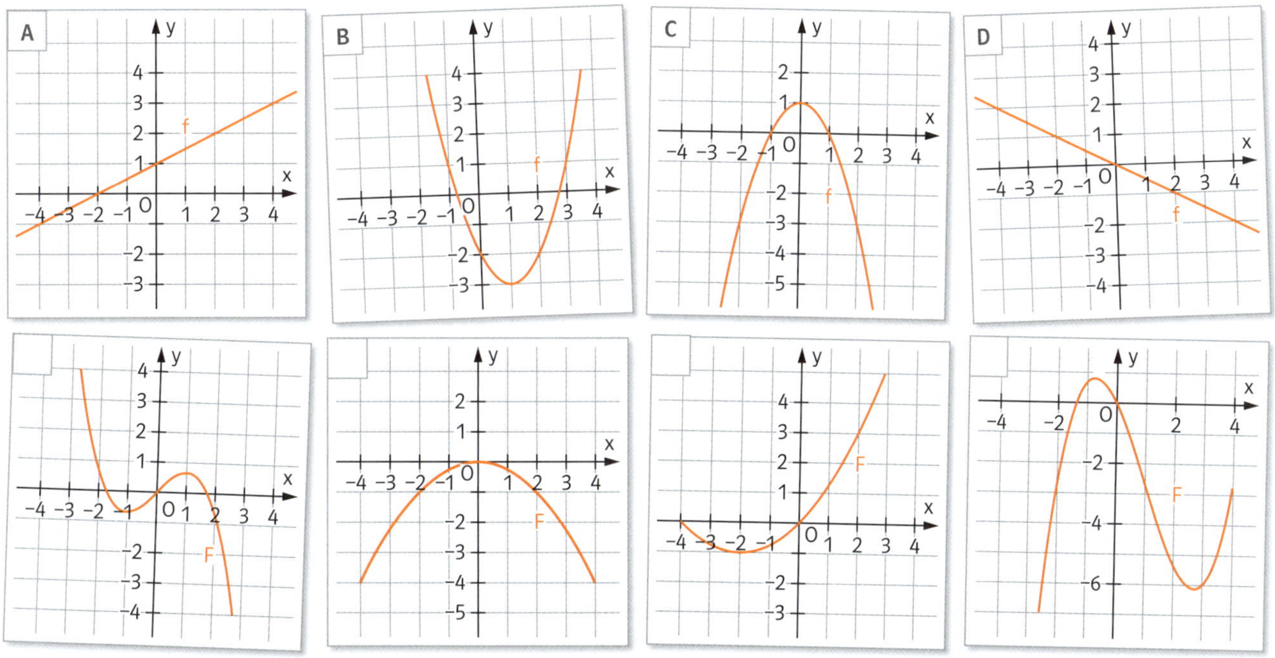

3 Bei einem Gewitter beschreibt die Funktion f mit $f(t) = 60t \cdot e^{-0{,}5t}$, $0 \le t \le 15$, modellhaft die Menge des auftreffenden Regens (in ml pro m^2 und Minute, t: Zeit nach Beginn des Gewitters in min.).

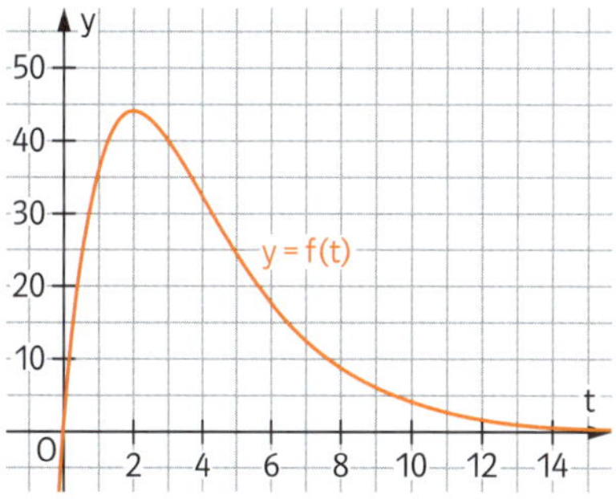

a) $J_0(5) \approx 171$ bedeutet, dass ____

____.

b) Bestimmen Sie: $J_0(2) \approx$ ______________________

c) Bestimmen Sie, wie viele ml Regen zwischen der 5. und der 10. Minute pro m^2 fallen. ______________________

d) Wann ist die maximale Wasserhöhe erreicht und wie hoch steht das Wasser maximal, wenn jeder m^2 Boden pro Minute 25 ml aufnehmen kann? **[T2]**

Max. Wasserhöhe: nach ________ min. Max. Wassermenge: ________ ml. Max. Wasserhöhe: ________ mm.

e) Wann sind erstmals 100 ml pro m^2 Regen gefallen? **[T3]** ______________________

[T1] Für alle positiven Zahlen x gilt: $e^{\ln x} = x$ und $\ln e^x = x$. $x^a \cdot x^b = x^{a+b}$ und $\ln(x^a) = a \cdot \ln(x)$. **[T2]** Die maximale Wasserhöhe ist erreicht, wenn der Boden mehr Wasser aufnimmt, als neu hinzu kommt. Teilt man die Wassermenge durch die Grundfläche, so erhält man die Wasserhöhe. **[T3]** Lassen Sie den GTR die Integralfunktion $J_0(x)$ zeichnen.

1 Geben Sie den Term einer Stammfunktion F an.

a) $f(x) = x^3$ $F(x) =$ ______ b) $f(x) = \sqrt[3]{x} = x^{\square}$ $F(x) =$ ______

c) $f(x) = \sin(x)$ $F(x) =$ ______ d) $f(x) = \frac{1}{x^7} = x^{\square}$ $F(x) =$ ______

2 Zu jeder Funktionsgleichung von f gehört die Funktionsgleichung einer Stammfunktion F. Verbinden Sie zusammengehörige Kartenpaare.

$f(x) = 2a$ | $f(a) = 2x + 1$ | $f(x) = 4a^2x$ | $f(x) = 4ax$ | $f(x) = 2a^2$ | $f(a) = 4ax + 1$

$F(a) = 2ax + a$ | $F(x) = 2a^2x + a$ | $F(a) = 2a^2x + a$ | $F(x) = 2ax + a$ | $F(x) = 2a^2x^2 + a$ | $F(x) = 2ax^2 + a$

3 Vereinfachen Sie den Integranden und berechnen Sie das Integral.

a) $\int_1^3 \left(4x^3 \cdot \frac{0{,}25}{x^2}\right) dx = \int_1^3 (\;\_\_\_\;)\, dx = [\;\_\_\_\;]_1^3 =$ ______

b) $\int_8^{64} \left(\frac{1}{x^{\frac{2}{3}}}\right) dx = \int_{81}^{64} (\;\_\_\_\;)\, dx = [\;\_\_\_\;]_8^{64} =$ ______

c) $\int_1^2 \left(\frac{5}{4x^4} - 0{,}25x^{-4}\right) dx = \int_1^2 (\;\_\_\_\;)\, dx =$ ______

4 a) F sei die Stammfunktion von f mit $F(-4) = 0$. Entscheiden Sie, ob die Aussage wahr ist. Die Buchstaben aller richtigen Aussagen ergeben in der richtigen Reihenfolge ein Lösungswort.

E: F hat bei $x = 0$ ein Maximum. wahr □ falsch □

S: F hat bei $x = 2{,}5$ ein Minimum. wahr □ falsch □

U: $F(4)$ ist positiv. wahr □ falsch □

G: F hat im Intervall $[-2; 2]$ nur positive Funktionswerte. wahr □ falsch □

L: F hat zwischen 2 und 3 eine Nullstelle. wahr □ falsch □

A: F′ hat bei $x = 2{,}5$ eine Extremstelle. wahr □ falsch □

N: $F(-1) > 5$. wahr □ falsch □

H: F′ hat bei $x = -2$ eine Extremstelle. wahr □ falsch □

I: F ist im Intervall $[-4; 0]$ monoton steigend. wahr □ falsch □

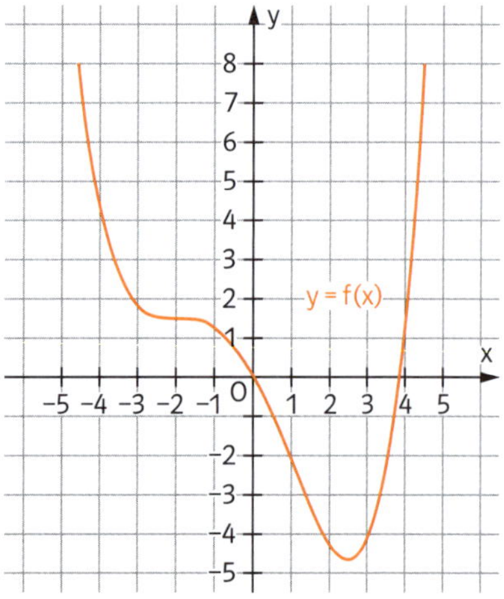

Lösungswort: ______

b) Skizzieren Sie in die obenstehende Abbildung den Graphen von F.

5 Gegeben ist der Graph einer Stammfunktion F von f.

a) Bestimmen Sie einen Näherungswert für $f(4)$.

b) Bestimmen Sie näherungsweise $\int_0^2 f(x)\,dx$ und $\int_0^2 F(x)\,dx$.

c) Begründen Sie, warum f′ im Intervall $[0; 2]$ eine Nullstelle hat.

d) Begründen Sie, warum f′ im Intervall $[1; 3]$ negativ ist.

e) Skizzieren Sie den Graph von f in die nebenstehende Abbildung.

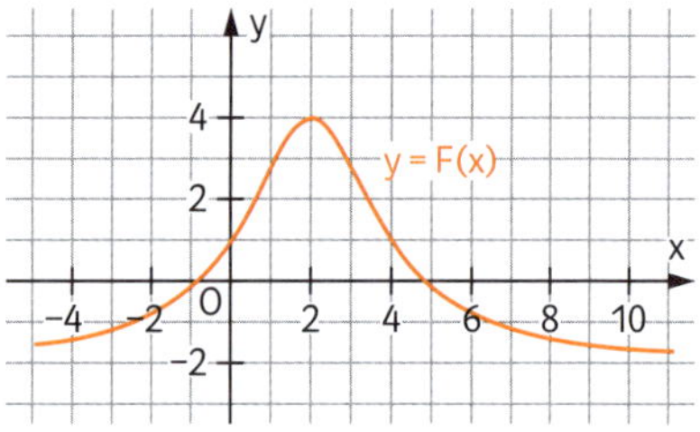

6 a) Geben Sie die Stammfunktion F von f mit $f(x) = 3x^2 + x$ an, deren Graph den Punkt $P(2\,|\,4)$ enthält. [T1]

b) Geben Sie die Stammfunktion F von f mit $f(x) = \frac{2}{x^2} + 1$ an, für die gilt: $F(1) = 0$.

[T1] Weitere Stammfunktionen erhält man, wenn man zu einer Stammfunktion beliebige Konstanten addiert.

1 Ergänzen Sie die Lücken so, dass F eine Stammfunktion von f ist.

a) $f(x) = 2x + 3$ $F(x) =$ ______ b) $f(x) = 4\sin(2x)$ $F(x) =$ ______

c) $f(x) = \frac{3}{x^5}$ [T1] $F(x) =$ ______ d) $f(x) =$ ______ $F(x) = \frac{1}{2} \cdot e^{2x}$

e) $f(x) = \frac{3x+5}{x^3}$ [T2] $F(x) =$ ______ f) $f(x) =$ ______ $F(x) = 3\sin\left(17x - 4\frac{1}{2}\right)$

d) $f(x) = \frac{3}{7x-1}$ $F(x) =$ ______ h) $f(x) = 3^x$ [T3] $F(x) =$ ______

2 F sei eine Stammfunktion der ganzrationalen Funktion f. Entscheiden Sie, ob die Aussage wahr ist. Begründen Sie wahre Aussagen und geben Sie ein Gegenbeispiel an, falls die Aussage falsch ist.

a) Jede Funktion f hat mindestens 2 verschiedene Stammfunktionen.
b) Hat f den Grad n $(n > 0)$, so ist jede ihrer Stammfunktionen ganzrational vom Grad $n - 1$.
c) Haben zwei Funktionen eine gleiche Stammfunktion, so sind die beiden Funktionen identisch.
d) Es gibt eine Funktion f, die mit einer ihrer Stammfunktionen F übereinstimmt.
e) Eine Nullstelle von f ist stets eine Extremstelle von F.
f) Eine Extremstelle von F ist stets eine Nullstelle von f.
g) Eine Nullstelle von f kann auch eine Nullstelle von F sein.

3 Anouk und Kilian sollen eine Stammfunktion von f mit $f(x) = \frac{1}{2x}$ bestimmen. Beurteilen Sie ihre Lösungen.

Anouk:
Aus $f(x) = c \cdot g(x)$ folgt $F(x) = c \cdot G(x)$
Also: $f(x) = \frac{1}{2x} = \frac{1}{2} \cdot \frac{1}{x}$ $F(x) = \frac{1}{2} \cdot \ln|x|$

Kilian:
Aus $f(x) = g(ax + b)$ folgt $F(x) = \frac{1}{a} \cdot G(ax + b)$
Also: $f(x) = \frac{1}{2x}$ $F(x) = \frac{1}{2} \cdot \ln|2x|$

4 Es ist $\int_a^b f(x)\,dx = 5$, $\int_a^c f(x)\,dx = 11$, $\int_a^b g(x)\,dx = -2$ und $\int_b^c g(x)\,dx = 1$. Berechnen Sie – falls möglich – mithilfe dieser Werte:

a) $\int_b^c f(x)\,dx =$ ______ b) $\int_b^a g(x)\,dx =$ ______ c) $\int_a^c g(x)\,dx =$ ______

d) $\int_b^c (f(x))^2\,dx =$ ______ e) $\int_b^c (2 \cdot f(x))\,dx =$ ______ f) $\int_b^c f(2x)\,dx =$ ______

g) $\int_a^b (f(x) - g(x))\,dx =$ ______ h) $-\int_c^a f(x)\,dx =$ ______ i) $\int_b^c (f(x) \cdot g(x))\,dx =$ ______

5 Berechnen Sie:

a) $\int_1^2 \frac{2x^3 - 5}{x^2}\,dx$ [T2] b) $\int_0^{\pi} \sin(3x)\,dx$ c) $\int_0^1 \frac{3}{4x+1}\,dx$ d) $\int_1^9 \frac{2}{\sqrt{4x}}\,dx$ e) $\int_{-0,25}^0 e^{4x-1}\,dx$

6 Bestimmen Sie diejenige Stammfunktion F von f mit $f(x) = 4x^2 - x$, die ihren Tiefpunkt auf der x-Achse hat.

7 Bestimmen Sie b so, dass gilt: $\int_1^b (2x - 1)\,dx = 20$.

[T1] Formen Sie zunächst den Funktionsterm von f mit Hilfe der Beziehung $\frac{1}{x^r} = x^{-r}$ um. [T2] Formen Sie zunächst den Funktionsterm von f mit Hilfe der Beziehung $\frac{a+b}{c} = \frac{a}{c} + \frac{b}{c}$ um und kürzen Sie. [T3] Formen Sie zunächst den Funktionsterm von f mit Hilfe der Beziehung $3 = e^{\ln 3}$ um.

1 Berechnen Sie den Inhalt der Fläche, die von den Graphen von f und g eingeschlossenen wird.

1. Funktionsterme bestimmen: $f(x) =$ ______, $g(x) =$ ______
2. Schnittstellen bestimmen: ______
3. Differenzfunktion integrieren: ______

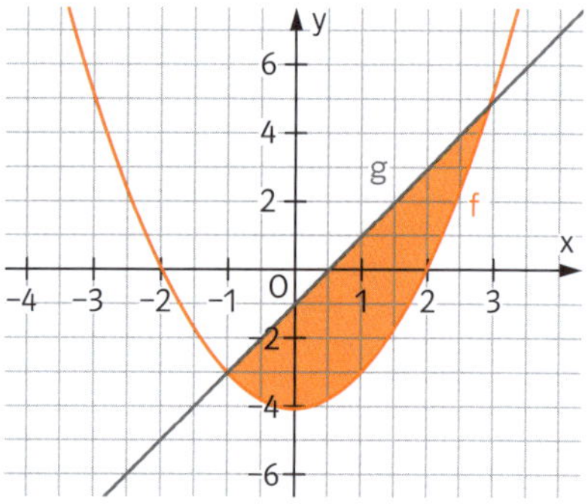

2 Berechnen Sie den Inhalt der gefärbten Fläche.

a)

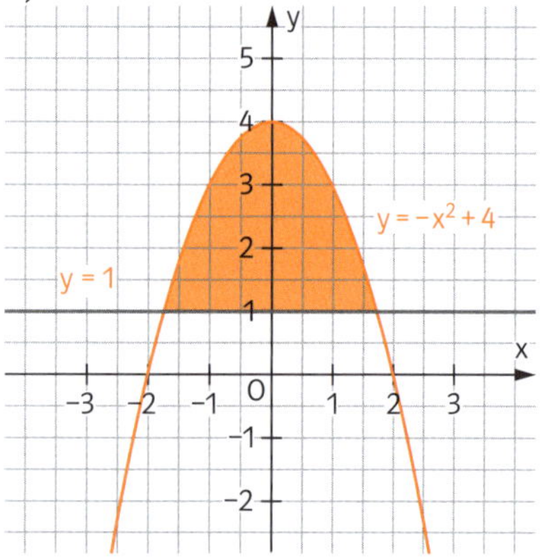

b)

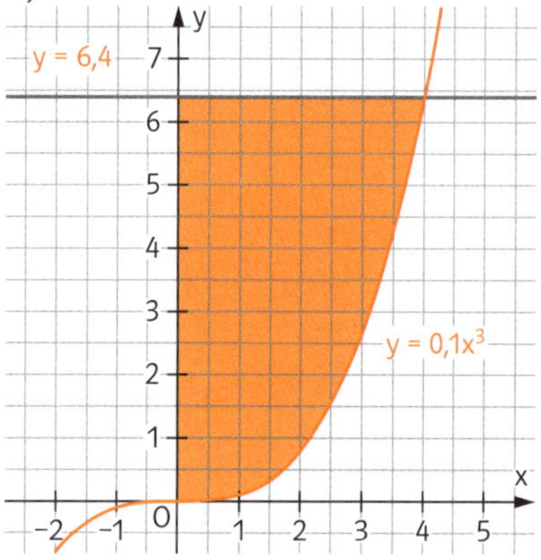

c)

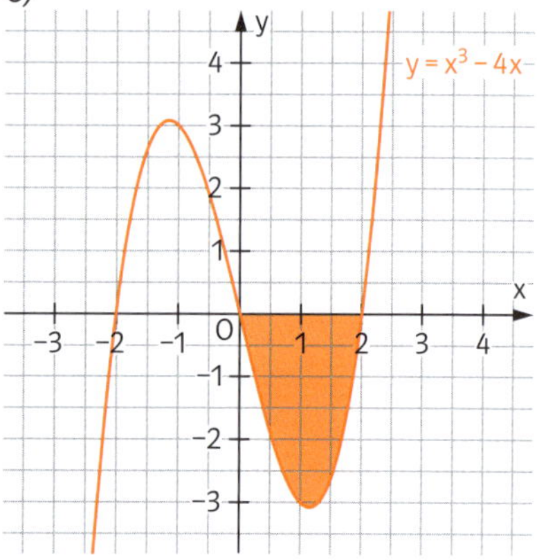

3 Zeigen Sie: Für den Inhalt der Fläche, die vom Graphen von f mit $f(x) = x^3$, der Tangente an den Graph in $P(t\,|\,t^3)$ und der x-Achse eingeschlossen wird, gilt: $A(t) = \frac{1}{12}t^4$, $(t > 0)$.

Tangentengleichung: ______

Schnittstelle der Tangente mit der x-Achse: ______

Flächeninhalt: ______

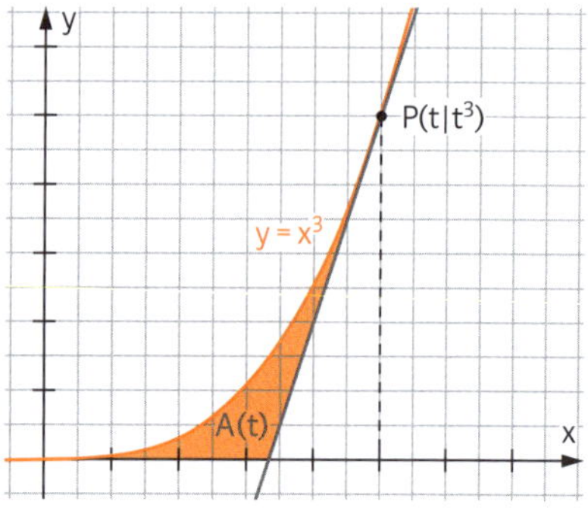

4 Für $t > 0$ ist die Funktionenschar f_t mit $f_t(x) = x^2 - tx$ gegeben. Für welchen Wert von t hat die vom Graph f_t und der x-Achse eingeschlossene Fläche den Inhalt 4,5 FE?

1. Schnittstellen bestimmen: ______
2. Differenzfunktion integrieren: $A(t) =$ ______
3. Lösen der Gleichung $A(t) = 4{,}5$: ______

5 Prüfen Sie, ob die in der Abbildung dargestellten nach rechts bzw. nach oben ins Unendliche reichenden Flächen einen endlichen Flächeninhalt haben.

$A_1(z) = \int_2^z \frac{3}{x^2}\,dx =$ ______ Für $z \to \infty$ gilt: $A_1(z) \to$ ______

$A_2(z) =$ ______ Für $z \to 0$ gilt: $A_2(z) \to$ ______

Ergebnis: A_1 ______

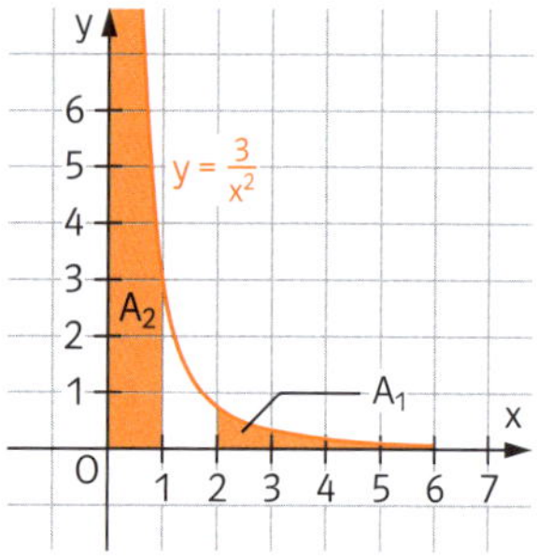

1 Geben Sie eine Stammfunktion an.

a) $f(x) = 6x^7 - \frac{7}{x^8}$ b) $f(x) = \sqrt{3x+4}$ [T1] c) $f(x) = e^{-3x+7} + \pi \cdot \sin(\sqrt{2} \cdot x)$ [T1]

2 Berechnen Sie z.

a) $\int_1^z \left(4 - \frac{2}{x^2}\right)dx = 3$ b) $\int_0^{\frac{\pi}{2}} \left(z \cdot \cos\left(2x + \frac{\pi}{2}\right)\right)dx = 17$ [T2] c) $\int_z^e \left(\frac{2}{x+e}\right)dx = 2 \cdot \ln 2$ [T2/T3]

3 Berechnen Sie $\int_1^3 (x^2 - 2x)\,dx$ und deuten Sie das Ergebnis anhand geeigneter Flächeninhalte.

4 a) Der Graph von f mit $f(x) = 3x^2$, die Normale an den Graph von f in P(2|12) und die x-Achse schließen eine Fläche ein. Berechnen Sie den Inhalt dieser Fläche.
b) Der Graph von f mit $f(x) = 3x^2$, die Normale an den Graph von f in P(2|12) und die y-Achse schließen eine Fläche ein. Berechnen Sie den Inhalt dieser Fläche. [T4]

5 Für jedes $k > 0$ ist die Funktion f_k mit $f_k(x) = -x^3 + kx^2$ gegeben. Für welchen Wert von k hat die vom Graph von f_k und der x-Achse eingeschlossene Fläche den Inhalt $21\frac{1}{3}$ FE?

6 Der Graph von f mit $f(x) = 8 + \frac{72}{x^2 - 25}$, die x-Achse und die Geraden mit den Gleichungen $x = -5$; $x = 5$ und $y = 7$ begrenzen eine Fläche, die den Querschnitt eines 3 m tiefen Tores darstellt (1 LE ≙ 1 m).
a) Zeichnen Sie den Querschnitt des Tores.
b) Wie viele m^3 Stein wurden für den Bau des Tores benötigt?
c) Mittig durch das Tor führt eine 6 m breite zweispurige Straße. Ein 2 m breiter und 3 m hoher Lastwagen mit rechteckiger Querschnittsfläche durchfährt den Torbogen auf der Mitte der rechten Fahrspur. Wie nah kommt er dem Torbogen?

7 An einem Januarabend um 18 Uhr beginnt es, auf eine schneelose Landschaft zu schneien. Die Funktion f mit $f(t) = \frac{75}{t^2 - 7t + 21}$ $(t \geq 0)$ beschreibt, wie viel Schnee (in cm) pro Stunde fällt (t in Stunden ab 18 Uhr). Auf einer Wiese bleibt der Schnee liegen ohne zu schmelzen. Auf dem Flachdach eines Hauses schmelzen pro Stunde 5 cm des gefallenen Schnees.

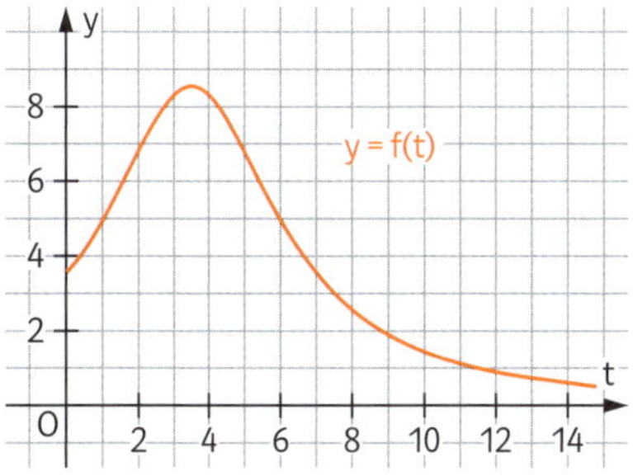

a) Begründen Sie, warum die Schneehöhe auf der Wiese ständig zunimmt.
b) Was bedeutet $\int_0^3 f(t)\,dt \approx 17{,}8$ konkret?
c) Um wie viel Uhr liegt der Schnee auf der Wiese 20 cm hoch? [T5]
d) Um wie viel Uhr bleibt erstmals Schnee auf dem Dach liegen?
e) Wann ist die Schneehöhe auf dem Dach maximal? Wie hoch ist sie dann? [T6]
f) Innerhalb welcher Stunde sinkt die Schneehöhe auf dem Dach um genau 2 cm?
g) Wann ist der Schnee auf dem Dach erstmals komplett geschmolzen?

8 Berechnen Sie, falls möglich, einen Wert von a, sodass gilt:

a) $\int_a^\infty \frac{100}{x^2}dx = 20$ b) $\int_a^\infty \left(\frac{1}{x^2} + \frac{1}{100}\right)dx = 100$ c) $\int_0^a \left(\frac{1}{\sqrt{x}}\right)dx = 4{,}5$

[T1] Beachten Sie, dass es sich um eine Verkettung von Funktionen handelt. [T2] Ziehen Sie die Konstante vor das Integral.
[T3] Für $f(x) = \frac{1}{x}$ gilt: $F(x) = \ln|x|$. [T4] Fertigen Sie eine Skizze an und verwenden Sie das Ergebnis von Teilaufgabe a) geschickt.
[T5] Lassen Sie den GTR die Integralfunktion $J_0(x)$ zeichnen. [T6] Die Funktion g mit $g(t) = f(t) - 5$ beschreibt für $t > 1$ die Entwicklung der Schneehöhe auf dem Dach.

1 Bestimmen Sie den Funktionsterm der ersten und zweiten Ableitung. Vereinfachen Sie den Funktionsterm von f′, soweit dies zur Bestimmung von f″ hilfreich ist.

a) $f(x) = 5x^2 - \frac{5}{x^2}$ $f'(x) =$ ____________ $f''(x) =$ ____________

b) $f(x) = \sqrt{2e \cdot x} + e^{2x}$ $f'(x) =$ ____________ $f''(x) =$ ____________

c) $f(x) = \sin(x^2) \cdot x$ $f'(x) =$ ____________

$f''(x) =$ ____________

d) $f(x) = \frac{x}{(1-x)^2}$ $f'(x) =$ ____________

$f''(x) =$ ____________

2 Ordnen Sie den Funktionsgraphen A, B, C und D den Graphen ihrer zweiten Ableitung zu.

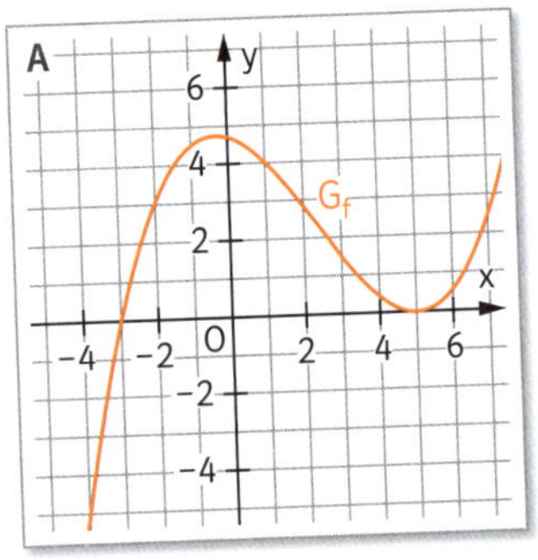

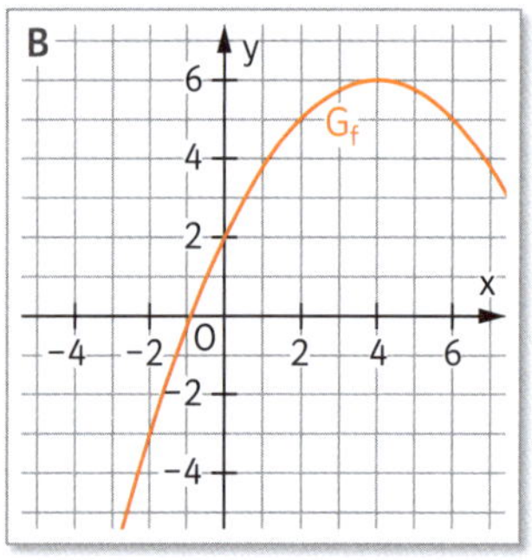

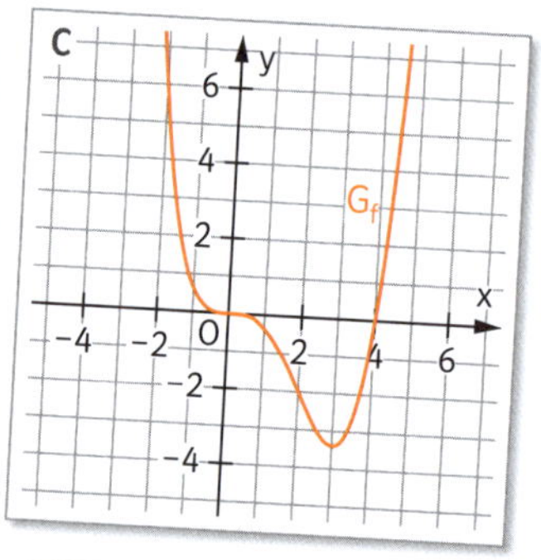

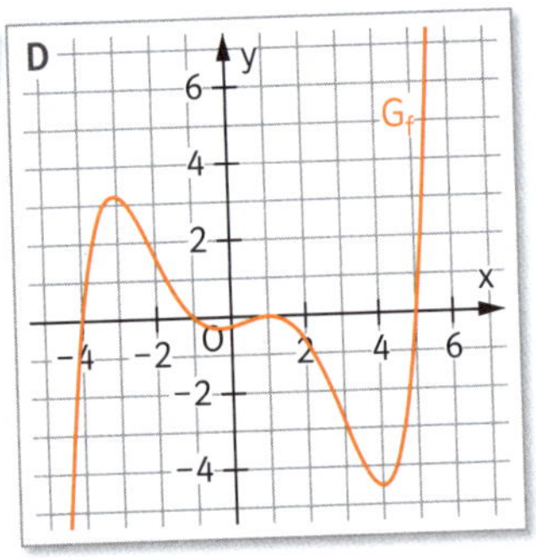

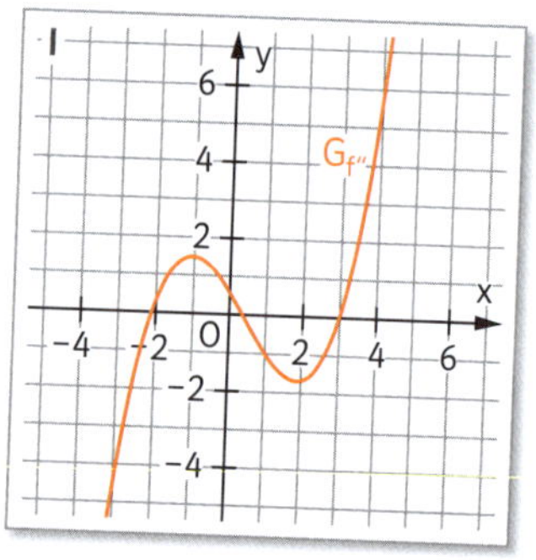

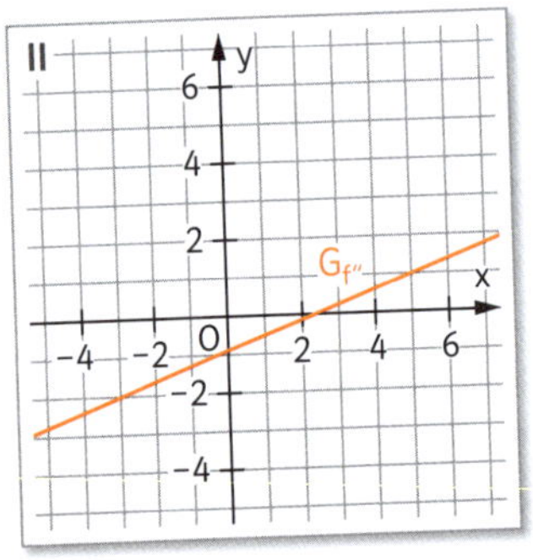

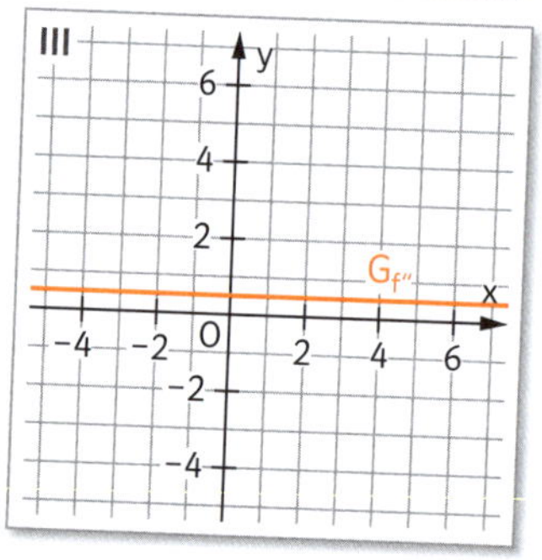

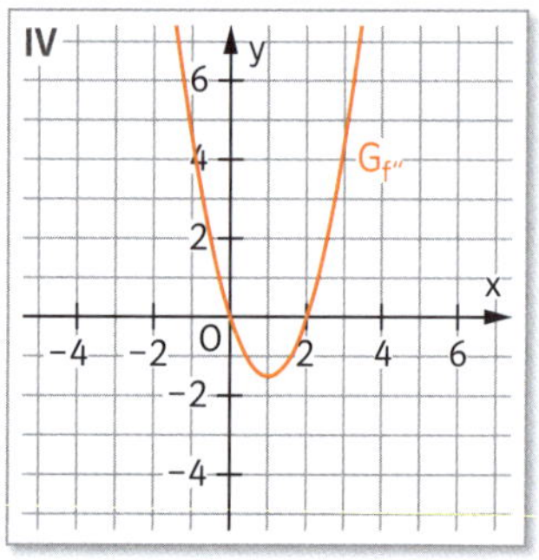

3 In der Abbildung sehen Sie den Graphen einer Funktion f. Skizzieren Sie die Graphen von f′ und f″.

a)

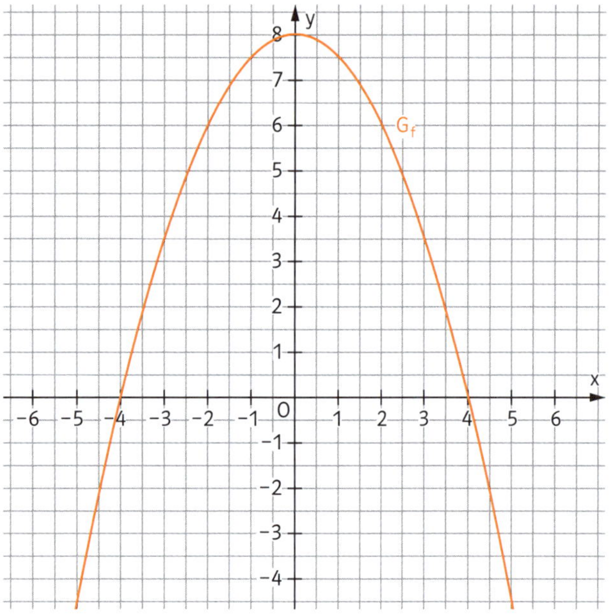

b)

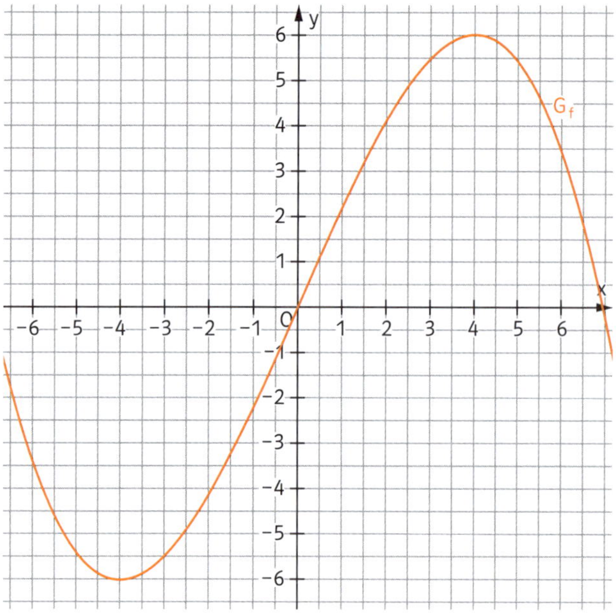

1 Verbinden Sie passende Kärtchen miteinander.

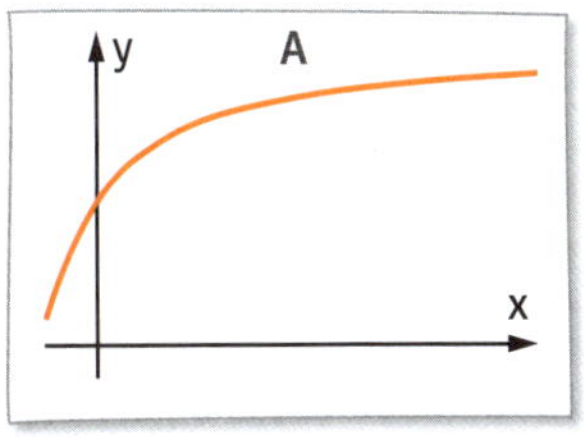

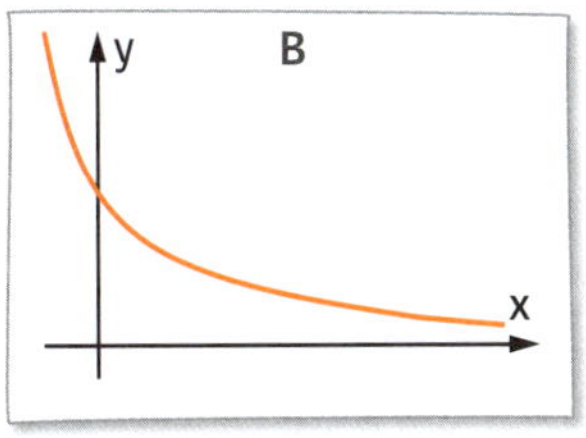

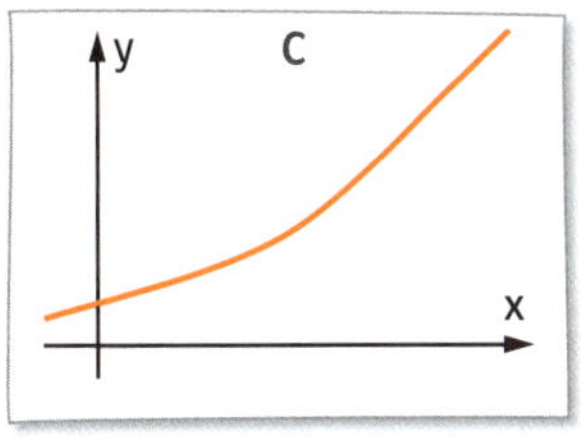

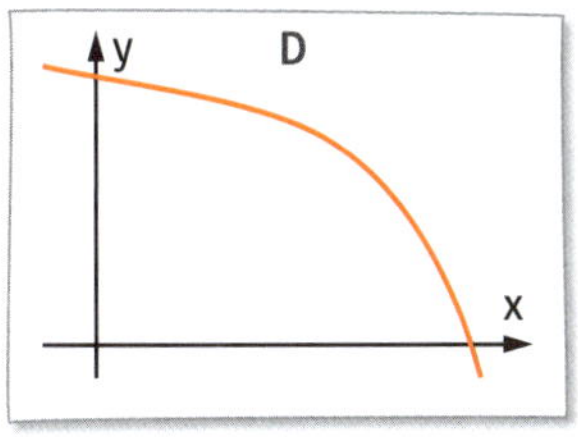

(1) streng monoton steigend, linksgekrümmt

(2) streng monoton fallend, rechtsgekrümmt

(3) streng monoton fallend, linksgekrümmt

(4) streng monoton steigend, rechtsgekrümmt

2 Gegeben sind der Graph einer Funktion f und der Graph der Ableitung g′ einer Funktion g.

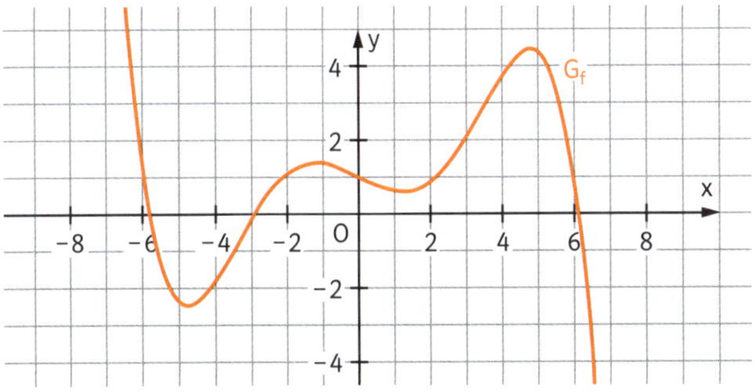

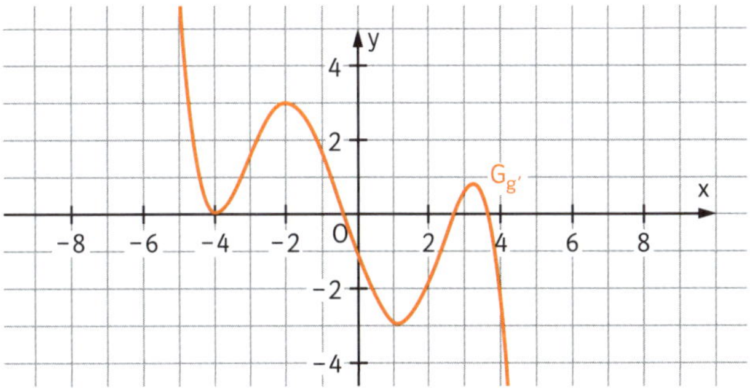

a) Geben Sie näherungsweise die Intervalle an, in denen der Graph von f links- bzw. rechtsgekrümmt ist.

linksgekrümmt: ______________________ rechtsgekrümmt: ______________________

b) Geben Sie näherungsweise die Intervalle an, in denen der Graph von g links- bzw. rechts gekrümmt ist.

linksgekrümmt: ______________________ rechtsgekrümmt: ______________________

3 Bestimmen Sie das Krümmungsverhalten des Graphen von f rechnerisch.

a) $f(x) = \frac{1}{6}x^4 - 9x^2 + 2x - 3$

Ableitungen: $f'(x) =$ ______________________

$f''(x) =$ ______________________

Bestimmung der Nullstellen von f″:

______________________ ; $x_1 =$ ________ ; $x_2 =$ ________

Für $x < -3$ gilt $f''(x)$ ___ 0, d.h. der Graph von f

ist ______________________ .

Für $-3 < x < 3$ gilt $f''(x)$ ___ 0, d.h. der Graph von f

ist ______________________ .

Für ____________ gilt ____________ , d.h. der Graph

von f ist ______________________ .

b) $f(x) = \frac{1}{4}x^4 + \frac{1}{2}x^3 - 3x^2 - 17$

4 Der Graph von f ist rechtsgekrümmt. Welches Krümmungsverhalten hat der Graph von g?

a) $g(x) = f(x) - 2$ rechtsgekrümmt

b) $g(x) = 2 \cdot f(x)$ ______________________

c) $g(x) = f(x - 2)$ ______________________

d) $g(x) = -2 \cdot f(x)$ ______________________

1 Bestimmen Sie die Extrempunkte des Graphen von f mithilfe der zweiten Ableitung.

a) $f(x) = x^4 - 4x^3 + 8$

Ableitungen:

$f'(x) =$ ______ ; $f''(x) =$ ______

Nullstellen von f′ bestimmen: ______ = 0

Faktorisieren: ______ = 0

Nullstellen von f′: $x_1 =$ ______ ; $x_2 =$ ______

Überprüfung mit der zweiten Ableitung:

f″(______) = ______ ; f″(______) = ______

An der Stelle ______ hat der Graph von f einen ______, die Stelle ______ muss mithilfe des Vorzeichenwechselkriteriums von ______ weiter untersucht werden: Es ist f′(−1) ______ 0 und f′(1) ______ 0, d.h. an der Stelle ______ hat der Graph von f einen ______.

Extrempunkt des Graphen von f:

f(______) = ______ ; (|)

b) $f(x) = -1{,}5x^4 + 4x^3 - 3x^2 + 5$

Ableitungen:

$f'(x) =$ ______ ; $f''(x) =$ ______

Extrempunkt des Graphen von f:

f(______) = ______ ; (|)

2 Der Graph der Funktion f mit $f(x) = x^4$ hat nur einen einzigen Extrempunkt, nämlich den ______punkt (|). Setzt man die Extremstelle ______ in die erste und zweite Ableitung von f ein, erhält man jeweils den Wert ______. Man kann die Extremstelle ______ also nur mithilfe des ______ nachweisen.

3 Geben Sie das Krümmungsverhalten des Graphen von f an und berechnen Sie die Koordinaten der Wendepunkte des Graphen von f.

a) $f(x) = \frac{1}{3}x^4 - 2x^2 + 3x$

Ableitungen:

$f'(x) =$ ______ ; $f''(x) =$ ______

Nullstellen von f″ bestimmen: ______ = 0

Faktorisieren: ______ = 0

Nullstellen von f″: $x_1 =$ ______ ; $x_2 =$ ______

Krümmungsverhalten bestimmen:

In ______ ist f″(x) ______ 0,

d.h. der Graph von f ______.

In ______ ist f″(x) ______ 0,

d.h. der Graph von f ______.

In ______ ist f″(x) ______ 0,

d.h. der Graph von f ______.

Wendepunkte: f(______) = ______ = ______ ; W_1 ______ f(______) = ______ = ______ ; W_2 ______

b) $f(x) = \frac{1}{20}x^5 + \frac{1}{4}x^4 + \frac{1}{3}x^3$

1 In der folgenden Tabelle sind die freien Felder mit den nebenstehend abgebildeten Kärtchen zu füllen. Diese beziehen sich zeilenweise auf die in der Kopfzeile benannte Funktion. Benutzen Sie jeweils den Begriff, der die Situation am deutlichsten beschreibt.

Funktion f(x)	1. Ableitungsfunktion f'(x)	2. Ableitungsfunktion f''(x)
quadratische Funktion		
	Extrempunkt	
streng monoton wachsend		
Hochpunkt		
	Nullstelle ohne Vorzeichenwechsel	
	Nullstelle mit Vorzeichenwechsel	Nullstelle ohne Vorzeichenwechsel
Extrempunkt auf der x-Achse		

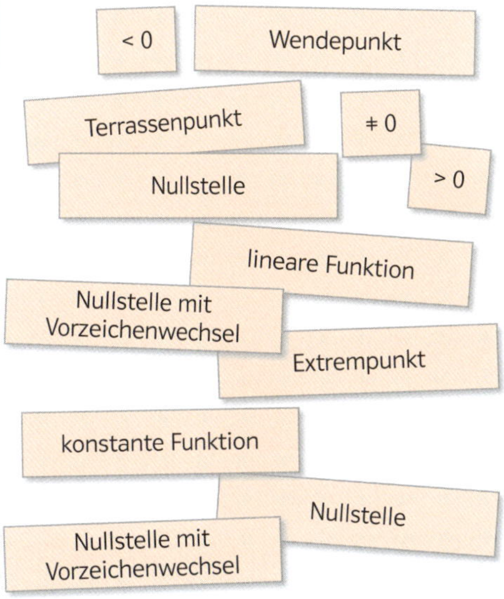

2 Gegeben ist eine Funktion f mit der Gleichung $f(x) = \frac{2}{3}x^3 - x^2 + \frac{3}{8}x$ $(x \in \mathbb{R})$.

a) Berechnen Sie die Nullstellen von f sowie die Extrempunkte des Graphen von f. Ermitteln Sie auch die Art der Extrema. Zeigen Sie, dass der Graph der Funktion f genau einen Wendepunkt hat, und geben Sie die Koordinaten dieses Wendepunktes an. [T1]

b) Ermitteln Sie eine Gleichung der Tangente t an den Graphen der Funktion f im Punkt P(0,5 | f(0,5)). Die Tangente t und die Koordinatenachsen begrenzen ein Dreieck. Bestimmen Sie den Flächeninhalt dieses Dreiecks. [T2]

c) Eine Gerade g ist durch die Punkte A(0 | 1) und B(4 | 2,5) bestimmt. [T3]
Es existieren Tangenten an den Graphen der Funktion f, die parallel zur Geraden g verlaufen.
Ermitteln Sie die Abszissen der Berührpunkte dieser Tangenten mit dem Graphen der Funktion f. [T4]

3 Das auf einer Breite von 40 Metern konstante Profil eines Aufsprunghanges einer Skisprungschanze soll näherungsweise in einem Koordinatensystem durch den Graphen der Funktion f mit

$$f(x) = \frac{3}{100\,000} \cdot x^3 - \frac{9}{1000} \cdot x^2 + \frac{1}{5} \cdot x + 80$$

$(x \in \mathbb{R};\ 0 \leq x \leq 250)$ beschrieben werden.
(x – horizontale Entfernung vom Absprungpunkt in m; y – Höhe in m). Die Kante des Schanzentisches liegt im Punkt A(0 | 86).

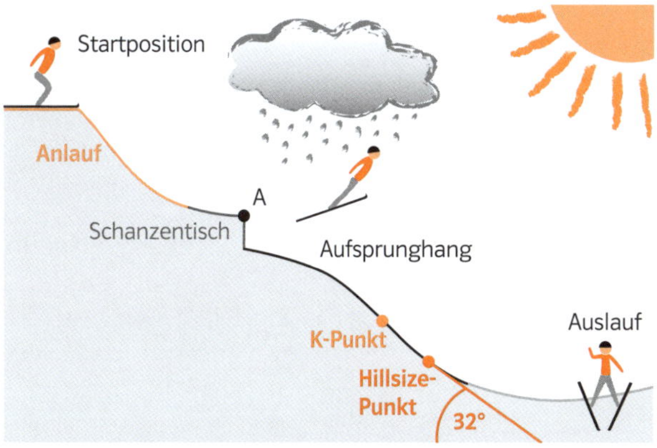

a) Eine wichtige Angabe bei Schanzendaten ist der K-Punkt (auch kritischer Punkt), in dem der Aufsprunghang das größte Gefälle aufweist.
Ermitteln Sie die Koordinaten des K-Punktes einschließlich des zugehörigen Gefälles in Prozent.

b) „Hillsize" ist ein Maß für die Größe einer Sprungschanze. Sie ist festgelegt als Länge der Strecke zwischen Schanzentischkante und dem Punkt hinter dem K-Punkt des Aufsprunghanges, in dem nur noch ein Gefälle von 32° vorhanden ist. Berechnen Sie die „Hillsize" dieser Schanze. Runden Sie auf volle Meter. [T5]

[T1] Hinreichend für die Existenz eines Wendepunktes ist $f''(x_0) = 0$ und $f'''(x_0) \neq 0$. [T2] Skizzieren Sie den Graphen von f mithilfe der Angaben aus der Teilaufgabe a) und tragen Sie die Tangente ein. [T3] Zeichnen Sie g in ein Koordinatensystem ein und entnehmen Sie m aus einem Steigungsdreieck. [T4] Die Abszisse eines Punktes ist immer sein x-Wert. [T5] Der Abstand der Punkte $P_1(x_1 | y_1)$ und $P_2(x_2 | y_2)$ ist $d = \sqrt{(x_1 - x_2)^2 + (y_1 - y_2)^2}$.

1 Der nebenstehende Tetraeder wird geworfen. Die Zufallsvariable X wird durch die Zahl bestimmt, auf der der Tetraeder liegen bleibt.

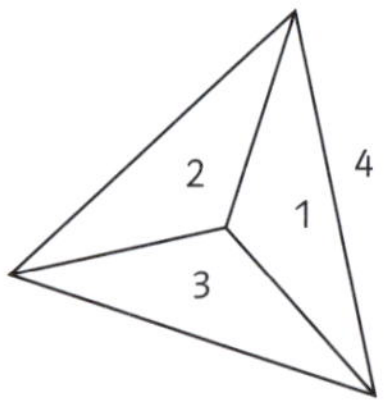

a) Ermitteln Sie, welche Werte die Zufallsvariable X annehmen kann.

X = { ______________________ }

b) Erstellen Sie eine Wahrscheinlichkeitsverteilung der Zufallsgröße X.

x_i				
$P(X = x_i)$				

2 Es wird mit zwei idealen Würfeln gewürfelt. Die Zufallsgröße X beschreibt das Produkt beider Ergebnisse.

a) Ermitteln Sie, welche Werte die Zufallsvariable X annehmen kann. Es ist

X = {1; 2; 3; 4; 5; 6; 8; 9; ______________________ }

b) Erstellen Sie eine Wahrscheinlichkeitsverteilung der Zufallsgröße X.

Stellen Sie dazu zunächst alle Möglichkeiten in einer Tabelle dar.

Würfel 1 \ Würfel 2	1	2	3	4	5	6
1						
2						
3				12		
4						
5						
6						

Die Größe der Zufallsvariablen X wird durch die folgenden Würfelergebnisse gebildet:

X = 1: {(1 1)}

X = 2: {(1 2); (2 1)}

X = 3: { ______________________ }

X = 4: { ______________________ }

X = 5: { ______________________ }

X = 6: { ______________________ }

X = 8: { ______________________ }

X = ___ : { ______________________ }

X = ___ : { ______________________ }

X = ___ : { ______________________ }

X = ___ : { ______________________ }

X = ___ : { ______________________ }

X = ___ : { ______________________ }

X = ___ : { ______________________ }

X = ___ : { ______________________ }

X = ___ : { ______________________ }

X = ___ : { ______________________ }

X = ___ : { ______________________ }

Daraus ergibt sich die Wahrscheinlichkeitsverteilung der Zufallsgröße X:

x	1	2	3	4	5	6	8	9		12								
$P(X = x_i)$										$\frac{4}{36}$								

3 Bei einem Schulfest darf jeder Schüler das Glücksrad einmal drehen. Dafür erhält er Punkte, die später gegen Preise eingelöst werden. Erscheint die 0, erhält er 12 Punkte, bei einer Zahl im dunklen Bereich wird der Wert mit doppelt so vielen Punkten belohnt. Die Zufallsvariable beschreibt die erreichte Punktzahl des Schülers. Erstellen Sie eine Wahrscheinlichkeitsverteilung von X.

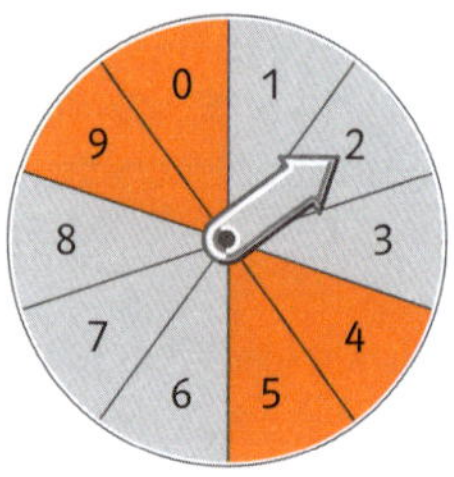

1 Berechnen Sie für die Zufallsgröße X mit der Wahrscheinlichkeitsverteilung, die in der Tabelle angegeben ist, den Erwartungswert.
Wie viele Werte der Zufallsgröße weichen um weniger als 0,5 vom Erwartungswert ab?

x_i	3,5	4	4,5	5
$P(X = x_i)$	0,3	0,25	0,4	0,05

E(X) = ______ + ______ + ______ + ______ = ______

Werte, die weniger als 0,5 von Erwartungswert abweichen: ______

2 Mit der folgenden Tabelle sollen Erwartungswert und Varianz der Zufallsgröße X errechnet werden.

x_i	$P(X = x_i)$	$x_i \cdot P(X = x_i)$	$x_i - \mu$	$(x_i - \mu)^2$	$(x_i - \mu)^2 \cdot P(X = x_i)$
1	0,02				
2	0,12				
3	0,15				
4	0,22				
5	0,24				
6	0,13				
7	0,11				
8	0,01				
	1	$E(X) = \mu =$			Var(X) =

Verwenden Sie, falls möglich, zur Kontrolle ein Tabellenkalkulationsprogramm.

3 Es wird mit zwei idealen Würfeln geworfen. Bei 4€ Einsatz gilt folgender Auszahlungsplan: [T1]

Augensumme	Gerade Primzahl	Ungerade Primzahl	Gerade Nicht-Primzahl	Ungerade Nicht-Primzahl
Anzahl				
Auszahlung in €	9	5	3	0
Gewinn g in €				
P(G = g)				

Ergänzen Sie die Tabelle für die Zufallsgröße G (Gewinn) und berechnen Sie den Erwartungswert von G.

E(G) = ______ ≈ ______

4 Aus einer Kassette mit fünf 1€-Münzen, sieben 2€-Münzen und zehn 50-Cent-Münzen entnimmt man zwei Münzen. Welchen Betrag wird man durchschnittlich entnehmen? [T2]

[T1] Gewinn = Auszahlung – Einsatz. [T2] Stellen Sie zunächst eine Tabelle der Wahrscheinlichkeitsverteilung aller möglichen Ergebnisse auf. Formulieren Sie die Möglichkeiten verbal unter Verwendung der Wörter „und" und „oder".

1 In einer Urne befinden sich 3 graue und 2 orange Kugeln. Mia darf dreimal ziehen. Die gezogenen Kugeln werden nicht zurückgelegt.
Für jede graue Kugel erhält sie einen Euro. Bei welchem Einsatz ist das Spiel fair?

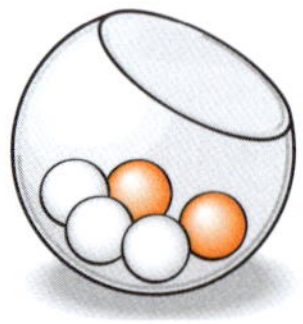

a) Ergänzen Sie das Baumdiagramm.

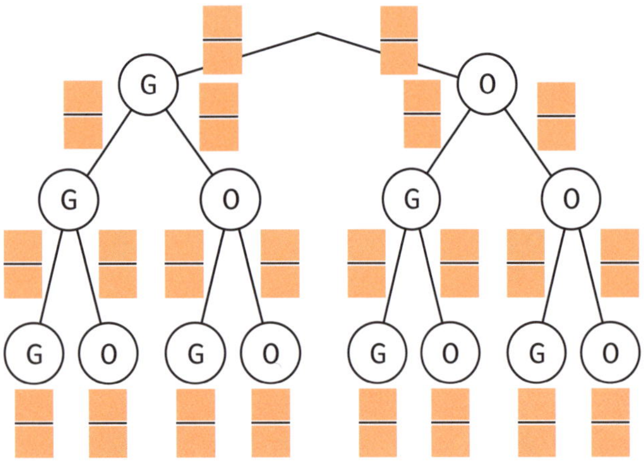

b) Erstellen Sie eine Wahrscheinlichkeitsverteilung für die Zufallsvariable X, die die Anzahl a der gezogenen grauen Kugeln beschreibt:

Anzahl a	0			
P(X = a)				

Berechnung des Erwartungswerts für X:

E(X) = ______________________

c) Mia kann langfristig mit einer Auszahlung von ______ € pro Spiel rechnen. Ein fairer Einsatz würde also ______ € betragen.

2 Ein Glücksrad mit den Zahlen von 1 bis 16 in gleichgroßen Sektoren wird gedreht. Mike und Anna verabreden folgendes Spiel: Mike zahlt an Anna 3 €, wenn die Sektornummer eine Primzahl ist. Anna zahlt an Mike 2 €, wenn die Sektornummer gerade ist. Erstellen Sie einen Gewinnplan für Anna und entscheiden Sie, ob das Spiel fair ist. [T1]
Füllen Sie die Lücken und tragen Sie die Werte ein.

Von 1 bis 16 gibt es ______ Primzahlen und ______ gerade Zahlen. Die Zahl ______ ist sowohl Primzahl, als auch gerade.

Gewinn g von Anna in EURO			
P(G = g)			

E(X) = ______________________ = ______

Das Spiel ist nicht fair, weil ______________________

____

3 a) Ein Dreh am Glücksrad kostet 5 Euro. Welchen Betrag muss der Betreiber des Glücksrads bei „Weiß" auszahlen, damit das Spiel fair ist?
Bestimmen Sie die Wahrscheinlichkeitsverteilung für die Zufallsvariable X, die den Gewinn eines Spielers in Euro beschreibt.

Farbe	Orange	Grau	Weiß
Gewinn g (in Euro)	−2	−3	z
P(X = g)			

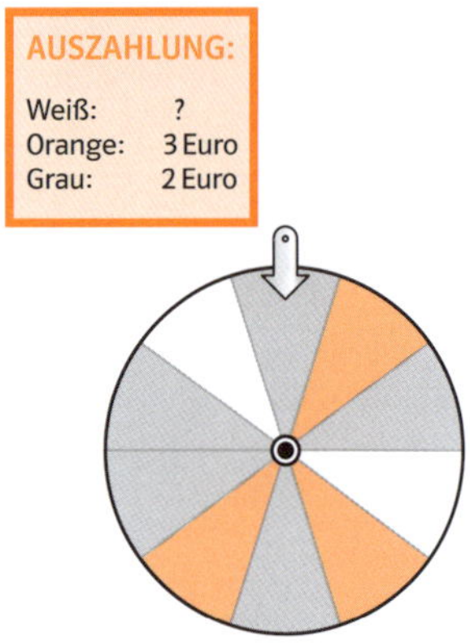

Damit das Spiel fair ist, muss gelten: E(X) = ______ .

Dies führt auf die Gleichung ______________________ .

Lösung der Gleichung: ______________________

Bei einem fairen Spiel muss der Gewinn bei „Weiß" ______ € betragen, also muss der Betreiber dann ______ € auszahlen.

b) Welchen Betrag muss der Betreiber des Glücksrads bei „Weiß" auszahlen, damit er pro Spiel einen Gewinn von 50 ct erwarten kann? Es muss gelten: E(X) = ______ . Dies führt auf die Gleichung ______________________ .

Lösung der Gleichung: ______________________

[T1] Ein Spiel ist fair, wenn der Erwartungswert des Gewinns null ist.

4 Ein Spieler zahlt 1 € Einsatz und wirft 3 ideale Würfel. Erscheint dabei die 6 ein-, zwei bzw. dreimal, so erhält er seinen Einsatz zurück und außerdem einen Gewinn von 1 €, 2 € bzw. 3 €. Erscheint keine 6, ist der Einsatz verloren. Geben Sie die Wahrscheinlichkeitsverteilung für die Zufallsgröße „Gewinn" an. [T1]

Gewinn g				
P(G = g)				

Weisen Sie rechnerisch nach, dass dieses Spiel nicht fair ist. [T2]

E(G) = ______________________ = ______

Welchen Gewinn wird der Spieler im Durchschnitt erzielen?

____

Welchen Einsatz müsste der Spieler bezahlen, damit ein faires Spiel entsteht?

5 Peter bietet Anna folgendes Spiel an: Anna soll 20 € auf den Tisch legen und zweimal ein Glücksrad drehen. Das Glücksrad trägt mit $\alpha = 180°$ die Bezeichnung 2 und im übrigen Bereich den Wert $\frac{1}{2}$.
Zeigt der Zeiger auf 2, so verdoppelt Peter den gerade auf dem Tisch liegenden Betrag. Weist er auf $\frac{1}{2}$, so halbiert er ihn. Anna erhält schließlich den Betrag, der auf dem Tisch liegt, nachdem das Rad zweimal gedreht wurde. Berechnen Sie den Erwartungswert des Gewinns von Anna.
Wie groß muss der Winkel α gewählt werden, damit das Spiel fair ist? [T2] [T3]

6 Beim Würfelspiel „Pentagramm" wird mit drei Würfeln gespielt. Fällt eine Fünf, so erhält der Spieler 5 €, bei zwei Fünfen erhält er 10 € und bei drei Fünfen 30 €.
a) Berechnen Sie den Erwartungswert der Zufallsgröße „Auszahlung" bei diesem Spiel.
b) Wie hoch müsste der Einsatz für dieses Spiel sein, damit der Spielleiter bei jedem Spiel im Durchschnitt mehr als 2 € erzielen würde?

7 Es werden zwei ideale Würfel geworfen.
Bei 4 € Einsatz gilt folgender Auszahlungsplan:
a) Stellen Sie die Tabelle der Wahrscheinlichkeitsverteilung für die Zufallsgröße „Gewinn" auf und berechnen Sie deren Erwartungswert.
b) Wie müsste man den Auszahlungsbetrag für „gerade Primzahl" verändern, damit das Spiel fair ist. [T1] [T2] [T4]

Augensumme	Auszahlung in €
Gerade Primzahl	9
Ungerade Primzahl	5
Gerade Nichtprimzahl	3
Ungerade Nichtprimzahl	0

8 Ein Glücksrad ist in zwei Kreissektoren eingeteilt. Ein Kreissektor ist rot, der andere blau. Bei einem Glücksspiel wird das Rad zweimal gedreht. Der Einsatz beträgt 1 €. Wird zweimal der rote Sektor getroffen, so erhält der Spieler 2 €. Wird zweimal der blaue Sektor getroffen, so erhält der Spieler 1 €. In allen anderen Fällen wird nichts ausgezahlt.
a) Geben Sie eine Wahrscheinlichkeitsverteilung der Zufallsgröße „Gewinn" für den Fall an, dass die Wahrscheinlichkeit für den roten Sektor den Wert p besitzt.
b) Wie würden Sie das Glücksrad in Kreissektoren einteilen, damit das Spiel fair ist? Begründen Sie Ihre Entscheidung.

[T1] Gewinn = Auszahlung − Einsatz. [T2] Ein Spiel ist fair, wenn der Erwartungswert des Gewinns null ist. [T3] Fertigen Sie ein Baumdiagramm für den Gewinn von Anna an und tragen Sie die unbekannten Wahrscheinlichkeiten p und 1 − p ein.

1 Ein Eisstand führt acht verschiedene Sorten Eis. Wie viele Möglichkeiten gibt es, zwei Kugeln auszuwählen, um die folgenden Wünsche zu erfüllen?

a) Beide Kugeln sollen von der gleichen Sorte Eis sein. Dann gibt es ____ Möglichkeiten.

b) Es kommt nur auf die Reihenfolge der Kugeln in der Eistüte an. Dann hat man für die 1. Kugel ____ Möglichkeiten ____ für die 2. Kugel ____ Möglichkeiten, also insgesamt ____ = ____ Möglichkeiten.

c) Die Reihenfolge der Kugeln in der Tüte ist uninteressant, aber keine Sorte soll zweimal vorkommen. Dann hat man für die 1. Kugel ____ Möglichkeiten ____ für die 2. Kugel ____ Möglichkeiten, also insgesamt ____ = ____ Möglichkeiten. Dabei muss diese Anzahl halbiert werden, weil ____ . Also gibt es ____ Möglichkeiten. [T1]

2 Beschreiben Sie die Situation in den einzelnen Teilaufgaben der Aufgabe 1 mithilfe des Urnenmodells. In der Urne sind ____ Kugeln, sie repräsentieren die ____ .

a) Ziehen von einer Kugel aus einer Urne mit ____ Kugeln.

b) Nacheinander Ziehen von ____ Kugeln aus einer Urne mit ____ Kugeln ____ Zurücklegen.

c) Ziehen mit einem Griff von ____ Kugeln aus einer Urne mit ____ Kugeln.

3 Ordnen Sie den Teilaufgaben jeweils eines der Kärtchen mit der richtigen Formel für die Anzahl der Möglichkeiten zu.

a) Ziehen von 3 Kugeln aus einer Urne mit 5 unterschiedlichen Kugeln unter Beachtung der Reihenfolge ohne Zurücklegen. ____

b) Ziehen von 3 Kugeln aus einer Urne mit 5 unterschiedlichen Kugeln mit einem Griff. ____

c) Ziehen aller Kugeln aus einer Urne mit 5 unterschiedlichen Kugeln unter Beachtung der Reihenfolge ohne Zurücklegen. ____

d) Ziehen von 5 Kugeln aus einer Urne mit drei unterschiedlichen Kugeln mit Zurücklegen unter Beachtung der Reihenfolge. ____

A $\binom{5}{3} = \frac{5!}{3! \cdot (5-3)!}$

B 5^3

C 3^5

D $5 \cdot 4 \cdot 3 = \frac{5!}{(5-3)!}$

E $5 \cdot 4 \cdot 3 \cdot 2 \cdot 1 = 5!$

4 Ordnen Sie jeder Teilaufgabe den richtigen Lösungsansatz zur Berechnung der Anzahl der Möglichkeiten zu. [T2]

a) 12-maliges Werfen einer idealen Münze. ____

b) 12 Personen stellen sich vor einen Fahrkartenschalter an. ____

c) In einer Gruppe von 12 Personen soll ein Dreierausschuss gebildet werden. ____

d) Von 12 Freunden sollen 3 zum Geburtstag eingeladen werden. ____

e) Beim Pferderennen sollen von 12 laufenden Pferden die ersten drei in der richtigen Reihenfolge getippt werden. ____

f) Bei einem Tippschein für 12 Fußballspiele soll jeweils der Gewinner bzw. unentschieden als Ergebnis angekreuzt werden. ____

g) Aus einer Urne mit 12 unterschiedlichen Kugeln sollen drei Kugeln mit Zurücklegen gezogen werden. ____

12^3 | 2^{12} | $12!$ | $12 \cdot 11 \cdot 10$ | 3^{12} | $\binom{12}{3}$ | 12^2

5 Ein Ausschuss aus vier Frauen und drei Männern wählt einen Vorsitzenden bzw. eine Vorsitzende und einen Stellvertreter bzw. eine Stellvertreterin.

a) Wie viele Möglichkeiten gibt es insgesamt?

b) Wie viele Möglichkeiten gibt es, wenn beide gleichen Geschlechts sind?

c) Wie viele Möglichkeiten gibt es, wenn mindestens eine Frau dabei ist?

[T1] Werden Aussagen mit dem (logischen) „und" verbunden, so multipliziert man die einzelnen Möglichkeiten bzw. Wahrscheinlichkeiten (bei Unabhängigkeit). Die Verbindung der Aussagen mit dem (logischen) „oder" führt auf die Addition (wenn die Schnittmenge leer ist). [T2] Überlegen Sie, wie man das Problem mithilfe des Urnenmodells beschreiben kann.

1 In einer Urne befinden sich 5 rote und 3 blaue Kugeln.
Nacheinander werden zwei Kugeln ohne Zurücklegen gezogen. Wie groß ist die Wahrscheinlichkeit, zwei gleichfarbige Kugeln zu ziehen? Man muss also beim 1. Zug eine rote und beim 2. Zug eine rote oder beim 1. Zug eine blaue und beim 2. Zug eine blaue Kugel ziehen. Für die Wahrscheinlichkeiten bedeutet das
___ · ___ + ___ · ___ = ___ [T1], [T2]

2 In einer Urne befinden sich zehn Kugeln mit den Nummern 1 bis 10. Mit welcher Wahrscheinlichkeit erhält man
a) stets die gleiche Nummer, wenn man dreimal mit Zurücklegen zieht?
b) nur unterschiedliche Nummern, wenn man dreimal mit Zurücklegen zieht?
c) die drei höchsten Nummern, wenn man dreimal ohne Zurücklegen zieht? [T3]
d) drei Nummern über 5, wenn man drei Kugeln mit einem Griff zieht?

3 Max kann von seinen 8 Freunden nur 5 zu einer Bootsparty einladen. Mit welcher Wahrscheinlichkeit ist sein Freund Moritz dabei, wenn Max das Los entscheiden lässt?
Günstig zur Ermittlung der Anzahl der Möglichkeiten ist die Verwendung des Urnenmodells.

Anzahl aller Möglichkeiten: Im Urnenmodell vertreten die ___ Kugeln die ___.

Es werden ___ Kugeln für die ___ Freunde gezogen. Die Reihenfolge ist nicht von Bedeutung, sie sollen nur zur Bootsparty eingeladen werden.
Die Anzahl aller Möglichkeiten ist also $\binom{\_\_}{\_\_}$ = ___ .

Anzahl der günstigen Möglichkeiten: Wenn Moritz dabei sein soll, können nur noch ___ Freunde ausgelost werden, also $\binom{\_\_}{\_\_}$ = ___ Moritz ist mit der Wahrscheinlichkeit $\frac{\_\_}{\_\_}$ = ___ dabei.

4 Berechnen Sie die Wahrscheinlichkeit, bei der Wettspielart „6 aus 49“ im Zahlenlotto bei einem Tipp
a) keine Zahl richtig zu haben
b) genau 4 richtige Zahlen getippt zu haben [T4]
c) einen Sechser mit der richtigen Superzahl, eine Zahl von 0 bis 9, zu haben.

5 In einem Kurs sind 7 Mädchen und 13 Jungen. Zur Vorbereitung der Studienfahrt wird ein Dreierausschuss ausgelost. Mit welcher Wahrscheinlichkeit
a) wird die Kurssprecherin in den Ausschuss gelost?
b) besteht der Ausschuss nur aus Jungen?
c) enthält der Ausschuss höchstens einen Jungen?

6 Vier Sportler gelten als gleichstarke Läufer. Vor einem Lauf notiert sich ein Zuschauer die Reihenfolge eines möglichen Einlaufs für den 1. und den 2. Platz. Mit welcher Wahrscheinlichkeit tritt dieser ein?

7 a) Wie groß ist die Wahrscheinlichkeit, dass zwei zufällig ausgewählte Personen am gleichen Tag Geburtstag haben?
Günstig zur Ermittlung der Anzahl der Möglichkeiten ist die Verwendung des Urnenmodells:
Anzahl aller Möglichkeiten: Ziehen von ___ Kugeln aus einer Urne mit ___ unterschiedlichen Kugeln ___ Zurücklegen, also ___.
Anzahl der günstigen Möglichkeiten: ___

Es ist P(A) = $\frac{\_\_}{\_\_}$.

b) Berechnen Sie die Wahrscheinlichkeit, dass in einem Kurs mit 13 Schülern zwei am gleichen Tag Geburtstag haben.
Anzahl aller Möglichkeiten: Ziehen von ___ Kugeln aus einer Urne mit ___ unterschiedlichen Kugeln ___ Zurücklegen.
Anzahl der ungünstigen Möglichkeiten: Ziehen von ___ Kugeln aus einer Urne mit ___ unterschiedlichen Kugeln ___ Zurücklegen.

$P(B) = 1 - P(\overline{B}) = 1 - \frac{\_\_}{\_\_}$

$\approx 1 -$ ___ = ___

[T1] Wahrscheinlichkeit = Anzahl der günstigen Möglichkeiten geteilt durch Anzahl aller Möglichkeiten. [T2] „und“ bedeutet Multiplikation der Wahrscheinlichkeiten, „oder“ bedeutet Addition der Wahrscheinlichkeiten. [T3] Da kann man auch mit einem Griff ziehen. [T4] Von sechs gezogenen Zahlen hat man vier und von den 43 nicht gezogenen Zahlen zwei auf dem Lottoschein.

1 a) Der Binomialkoeffizient $\binom{4}{2}$ gibt an, wie viele Pfade bei einer vierfachen Versuchswiederholung genau zwei Treffer beinhalten.
Schreibe sämtliche Pfade in der angegebenen Form auf (T = Treffer; N = Niete).

TTNN, TNTN, ____________________ Also: $\binom{4}{2}$ = ______

b) Verfahre genauso bei dem Binomialkoeffizienten $\binom{5}{2}$. ____________________

____________________ Also: $\binom{5}{2}$ = ______

2 Bei Fifty-fifty-Experimenten (zum Beispiel beim Münzwurf) haben Treffer und Niete dieselbe Wahrscheinlichkeit, nämlich ______ . Jeder Pfad hat dann bei fünfmaliger Versuchswiederholung die Wahrscheinlichkeit ______ .
Die Wahrscheinlichkeit für genau k Treffer in fünf Versuchen berechnet sich dann so: $\binom{5}{k}\cdot \square^{5}$

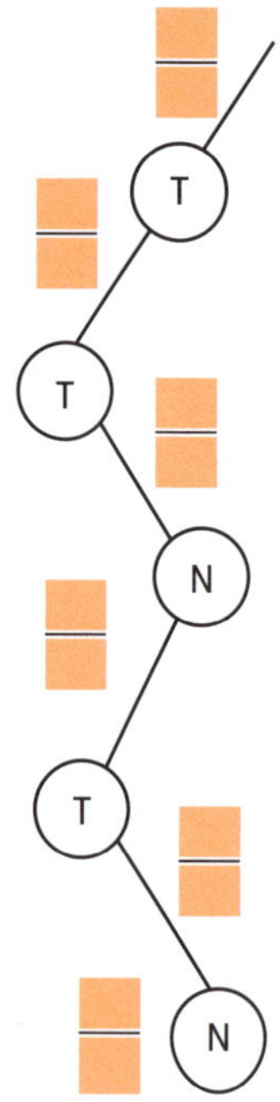

Berechne mit dieser Formel die zugehörige Wahrscheinlichkeit.

k: Anzahl der Treffer	0	1	2	3	4	5
Wahrscheinlichkeit	0,03125					

3 Bei einer Bernoulli-Kette benutzt man die Bernoulli-Formel
$P(X = r) = \binom{n}{r}\cdot p^{r}\cdot(1-p)^{n-r}$. Dabei steht n für die Anzahl der ____________________ ,
p für die ____________________ und r für die Anzahl der ____________________ .
Berechne wie im Beispiel.

a) Bei fünffachem Münzwurf genau zweimal Wappen: $P(X = 2) = \binom{5}{2}\cdot 0{,}5^{2}\cdot 0{,}5^{3} = 0{,}3125$

b)  Bei viermaligem Würfeln genau dreimal eine Sechs: ____________________

c)  Bei zehnmaligem Drehen genau dreimal Orange: ____________________

d) Bei fünfmaligem Drehen genau viermal Grau: ____________________

e) 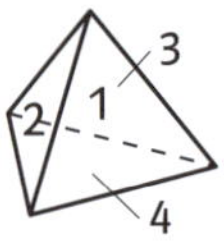

Bei neunmaligem Würfeln genau einmal die Eins: ____________________

f) Bei sechsmaligem Würfeln genau dreimal die Vier: ____________________

4 a) Der Binomialkoeffizient $\binom{n}{r}$ steht im pascalschen Dreieck in der ______ Zeile an der ______ Stelle.

b) Bestimme mithilfe des pascalschen Dreiecks.

$\binom{5}{1}$ = ______ $\binom{6}{2}$ = ______ $\binom{7}{3}$ = ______

$\binom{7}{4}$ = ______ $\binom{8}{8}$ = ______ $\binom{7}{6}$ = ______

$\binom{10}{5}$ = ______ $\binom{9}{7}$ = ______ $\binom{12}{0}$ = ______

1
1 1
1 2 1
1 3 3 1
1 4 6 4 1
1 5 10 10 5 1
1 6 15 20 15 6 1
1 7 21 35 35 21 7 1
1 8 28 56 70 56 28 8 1
1 9 36 84 126 126 84 36 9 1
1 10 45 120 210 252 210 120 45 10 1

1 Zwanzig zufällig ausgesuchte Personen werden befragt, ob sie an einem Sonntag geboren wurden. X ist die Anzahl der Personen, die an einem Sonntag geboren wurden.

a) Mit welcher Wahrscheinlichkeit trifft dies auf genau 2 Personen zu? $P(X = 2) \approx$ ____________

b) Mit welcher Wahrscheinlichkeit trifft dies auf höchstens zwei Personen zu? $P(X \leqq 2) \approx$ ____________

c) Mit welcher Wahrscheinlichkeit trifft dies auf mindestens 3 Personen zu? ____________

d) Mit welcher Wahrscheinlichkeit trifft dies auf mindestens 5 Personen zu? ____________

2 Handelt es sich um eine Bernoulli-Kette?

Aussage	ja	nein
a) Ein Würfel wird zehnmal geworfen und jeweils wird geprüft, ob eine Sechs fällt.	○	○
b) Ein Würfel wird zehnmal geworfen und anschließend wird notiert, wie viele Sechsen gefallen sind.	○	○
c) Die Lottozahlen der letzten Ziehung werden nacheinander darauf untersucht, ob sie gerade sind.	○	○
d) Die Lottozahlen der letzten 10 Wochen werden jeweils darauf untersucht, ob es mit der Tippreihe 3; 15; 17; 29; 35; 45 mindestens 3 Übereinstimmungen gab.	○	○
e) Bei den letzten 10 Heimspielen des VfB Stuttgart wird jeweils geprüft, ob es einen Heimsieg gab.	○	○

3 Die Zufallsvariable X ist binomialverteilt mit den Parametern $n = 6$ und $p = 0{,}4$. Jeweils drei Karten beschreiben das gleiche Ereignis. Finde zusammengehörige Karten und berechne deren Ergebnisse.

$P(X \leqq 3)$ | $P(1 \leqq X \leqq 5)$ | $P(2 \leqq X \leqq 4)$ | $1 - P(X \leqq 4)$ | $1 - P(X \geqq 4)$

$P(X \leqq 4) - P(X \leqq 1)$ | $1 - 0{,}4^6 - 0{,}6^6$ | $P(X < 4)$ | $P(X \geqq 5)$

$1 - P(X = 0) - P(X = 6)$ | $P(X = 5) + P(X = 6)$ | $1 - P(X \geqq 5) - P(X < 2)$

$P(X \leqq 3) = P(\quad)$ = ____________ Ergebnis: ____________

P(________) = ____________ = ____________ Ergebnis: ____________

P(________) = ____________ = ____________ Ergebnis: ____________

P(________) = ____________ = ____________ Ergebnis: ____________

4 Ein Markthändler wird von einem Biobauern mit Eiern beliefert. Aus Erfahrung weiß er, dass ein geliefertes Ei mit einer Wahrscheinlichkeit von 60 % braun und sonst weiß ist.

Mit welcher Wahrscheinlichkeit sind in einem Karton mit 10 Eiern

a) genau 4 braune Eier? ____________

b) mindestens 4 braune Eier? ____________

c) mindestens 4 weiße Eier? ____________

d) mehr braune als weiße Eier? ____________

e) mindestens 4, aber höchstens 7 weiße Eier? ____________

f) von jeder Farbe mindestens drei Eier? ____________

5 Eine Zufallsgröße X legt fest, wie viele unbrauchbare Teile in einer Stichprobe von 10 Teilen gefunden werden. Dann ist $P(X = 3)$ die Wahrscheinlichkeit, dass genau drei Teile in der Stichprobe unbrauchbar sind.

Die Zufallsgröße X hat die Realisierungen {________________}.

Interpretieren Sie die folgenden Aussagen:

a) $P(X = 0)$: ________________

b) $P(X < 2)$: ________________

c) $P(X > 0)$: ________________

d) $P(X = k) < 0{,}9$: ________________

____

e) $P(X \leq k) < 0{,}5$: ________________

6 Ein Automat packt Streichhölzer ab. Dabei weicht durchschnittlich bei 2 von 100 Schachteln die Anzahl der Streichhölzer in der Schachtel von der vorgeschriebenen Anzahl ab. Mit welcher Wahrscheinlichkeit sind unter 100 Schachteln höchstens 3 Schachteln, die nicht die vorgesehene Anzahl Streichhölzer enthalten? [T1]

Die Anzahl X der ________________ ist binomialverteilt

mit n = ________ und p = ________: P(X ≤ ________) ≈ ________

7 Ein Parasitenbefall bei Hausschweinen kann durch besonderes Futter mit der Erfolgsaussicht von 80 % bekämpft werden. Mit welcher Wahrscheinlichkeit werden in einem Schweinezuchtbetrieb, deren 100 Schweine von Parasiten befallen sind, durch dieses Futter
a) mindestens 70 Schweine b) weniger als 80 Schweine geheilt? [T1]

8 In einer Werkskantine werden freitags ein Fischgericht und zwei weitere Menüs angeboten. Von 100 Kantinenbenutzern wählt erfahrungsgemäß jeder dritte das Fischgericht.
a) Die Küche bereitet 33 Fischgerichte vor. Wie groß ist die Wahrscheinlichkeit, dass weitere Fischgerichte zubereitet werden müssen?
b) Wie viele Fischgerichte müssen vorbereitet werden, damit sie mit einer Wahrscheinlichkeit von mindestens 90 % ausreichen?

9 Ein idealer Würfel wird achtmal geworfen und jeweils das Ergebnis notiert. X sei dabei die Anzahl der Fünfen.
a) Begründen Sie, dass X eine binomialverteilte Zufallsgröße ist.
b) Berechnen Sie die folgenden Wahrscheinlichkeiten und formulieren Sie diese in einem Satz.

$P(X > 0)$ = ________________

$P(X = 8)$ = ________________

$P(X < 2)$ = ________________ [T2]

10 Ein Fachgeschäft erhält eine Lieferung von 166 gleichartigen Handys. Leider hat die Lieferfirma bei 5 Verpackungen versäumt, das Netzteil beizulegen. Aus der Lieferung wird eine Stichprobe von 10 Handys genommen und auf Vollständigkeit überprüft.
Bestimmen Sie die Wahrscheinlichkeit folgender Ereignisse: [T1]
Ereignis A: In der Stichprobe sind höchstens 2 unvollständige Packungen. [T2]
Ereignis B: In der Stichprobe sind mindestens 4 unvollständige Packungen.
Ereignis C: Alle Packungen in der Stichprobe sind vollständig.

[T1] Legen Sie die Zufallsgröße fest. Schreiben Sie: Die Anzahl X der … ist binomialverteilt mit n = … und p = …
[T2] Manchmal ist der Weg über das Gegenereignis der kürzere.

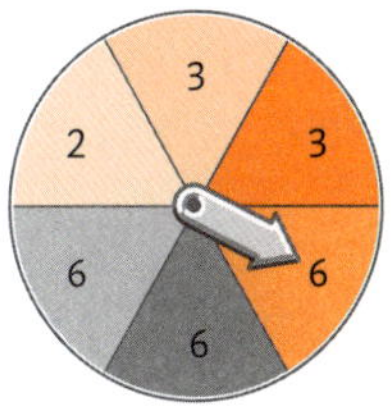

1 Ein Glücksrad wird in sechs gleich große Sektoren eingeteilt.
Die Sektoren sind mit den Zahlen 2, 3, 3, 6, 6, 6 versehen. Bei jeder Drehung wird genau ein Sektor markiert.
a) Das Glücksrad wird zweimal gedreht. Bestimmen Sie die Wahrscheinlichkeiten folgender Ereignisse: [T1]
A: Zwei gleiche Zahlen werden markiert.
B: Die Summe der beiden Zahlen ist kleiner als 6 oder die Zahlen sind gleich.
C: Die Zahlen sind verschieden und die Summe ist größer als 6.
b) Wie viele Sechsen kann man im Mittel erwarten, wenn man viele Serien von 20 Drehungen mit diesem Glücksrad ausführt? [T2]

2 Bei einem Sportvergleichskampf zwischen mehreren Schulen wird das Schillergymnasium durch sechs Schülerinnen der Klassenstufe 8, acht Schülerinnen der Klassenstufe 9 und vier Schülerinnen der Klassenstufe 10 vertreten.
a) Vor dem Wettkampf werden zwei Schülerinnen ausgewählt, die bei der Einrichtung der Wettkampfstationen helfen sollen.
Bestimmen Sie die Wahrscheinlichkeiten folgender Ereignisse: [T3]
A: Beide Schülerinnen gehören nicht der Klassenstufe 8 an.
B: Beide Schülerinnen sind aus der Klassenstufe 10.
C: Beide Schülerinnen sind aus verschiedenen Klassenstufen.
b) Zur Eröffnung stellen sich alle Teilnehmer dieser Schule in einer Linie auf.
Wie viele Anordnungsmöglichkeiten gibt es, wenn nur die Zugehörigkeit zu den Klassenstufen interessiert?
Wie groß ist bei zufälliger Anordnung die Wahrscheinlichkeit, dass die vier Schülerinnen der Klassenstufe 10 nebeneinander stehen?
c) Vor dem Fußballspiel wird das Elfmeterschießen geübt. Der Torwart hält in 20 % der Fälle den Ball.
Es wird fünfmal auf das Tor geschossen.
(1) Mit welcher Wahrscheinlichkeit hält er die ersten beiden Bälle?
(2) Mit welcher Wahrscheinlichkeit hält er keinen der fünf Bälle?
(3) Mit welcher Wahrscheinlichkeit hält er genau vier der fünf Bälle? [T4]

3 Eine Urne enthält fünf blaue und eine gelbe Kugel. Beim Ziehen einer Kugel aus dieser Urne gilt folgende Regel: Ist die gezogenen Kugel gelb, so wird sie in die Urne zurückgelegt. Ist sie dagegen blau, wird sie beiseite gelegt und in der Urne durch eine gelbe Kugel ersetzt.
Auf einem Rummelplatz wird folgendes Spiel angeboten:
Nach einem Einsatz von 3 € darf der Spieler dreimal je eine Kugel ziehen. Er erhält bei drei gezogenen gelben Kugeln 50 €, bei zwei gezogenen gelben Kugeln 5 € und bei einer gezogenen gelben Kugel den Einsatz ausgezahlt.
Weisen Sie rechnerisch nach, dass dieses Spiel nicht fair ist. Welchen Einsatz müsste der Spieler bezahlen, damit ein faires Spiel entsteht? [T5]

4 Bei einem Wettbewerb wird von den Teilnehmern auf Basketballkörbe geworfen.
Pauls Trefferwahrscheinlichkeit liegt bei 0,4.
a) Bestimmen Sie die Wahrscheinlichkeit dafür, dass Paul bei 10 Würfen mindestens 5 Körbe wirft.
Wie oft muss Paul mindestens werfen, damit er mit einer Wahrscheinlichkeit von mindestens 0,9 wenigstens einmal trifft?
b) Maria und Lina aus der Klassenstufe 11 sehen sich die zehn Würfe von Paul an. Sie verabreden folgendes Spiel: Maria gibt Lina 3 €, wenn Paul mehr als 2 und weniger als 5 Treffer erzielt. Andernfalls erhält Maria von Lina 2 €. Ist dieses Spiel fair? Begründen Sie Ihre Entscheidung durch eine Berechnung.

[T1] Beachten Sie die Bedeutung der Schlüsselwörter „und" und „oder" für die Wahrscheinlichkeiten. [T2] Den Erwartungswert binomialverteilter Zufallsgrößen berechnet man mit $E(X) = n \cdot p$. [T3] Die Reihenfolge der ausgewählten Schülerinnen ist nicht von Bedeutung, d.h. mit dem Urnenmodell Ziehen mit einem Griff. [T4] Die Anzahl der gehaltenen Bälle ist binomialverteilt mit $n = 5$ und $p = 0{,}2$. [T5] Stellen Sie zunächst den Gewinnplan als Tabelle auf und verändern Sie ihn dann mit einem variablen Einsatz.

1 Eine Nullhypothese H_0 mit der Wahrscheinlichkeit p_0 soll getestet werden. Ordnen Sie nebenstehende Begriffe zu und füllen Sie die Lücken.

halbe | 2. Art | linksseitiger | links | ≥ | p_1 | > | abgelehnt | 1. Art | p_0 | angenommen | zweiseitiger | < | ≤ | rechts | ganze | rechtsseitiger | wahr | falsch

a) Die Gegenhypothese H_1 geht von einer Wahrscheinlichkeit $p_1 < p_0$ aus. Vor dem Test wird ein ________ Ablehnungsbereich festgelegt. [T1]

Wird die Nullhypothese dann angenommen, obwohl sie falsch ist, spricht man von einem Fehler ____________, den man auch ___-Fehler nennt.

b) Wird der Annahmebereich mit einer Umgebung des Erwartungswertes festgelegt, dann handelt es sich um einen ____________ Test.

Für jeden der beiden Ablehnungsbereiche gilt dann die ____________ Irrtumswahrscheinlichkeit.

c) Behauptet die Gegenhypothese einen konkreten Wert für p_1, dann kann man die Wahrscheinlichkeit beider Fehler berechnen. Für die binomialverteilte Zufallgröße X mit dem Stichprobenumfang n gilt dann:

Fehler ________: Die Nullhypothese wird ________, obwohl ________.

Fehler ________: ____________________________________.

d) Der Bereich {0, 1, 2, …, g} ist linksseitiger Ablehnungsbereich, wenn p_0 ____ p_1 ist. Der α-Fehler wird mit α = P(X ____) unter Verwendung von n und der Wahrscheinlichkeit ____ berechnet.

2 Ein Kandidat, der bei der letzten Wahl 50 % der Stimmen erhielt, möchte vor der nächsten Wahl wissen, ob er ein besseres Stimmergebnis erhält. Dazu wird eine repräsentative Umfrage bei 100 Personen durchgeführt.

a) Wie viele von den 100 befragten Personen müssten ihm ihre Stimme geben, damit er bei der nächsten Wahl mit einem besseren Ergebnis rechnen kann, wenn er eine Irrtumswahrscheinlichkeit von 5 % akzeptiert? Sieht man als Nullhypothese $p_0 = 0{,}5$ an, dann ist das bessere Ergebnis mit der Wahrscheinlichkeit von $p_1 > p_0$ zu erwarten. Für die Ablehnung von H_0 ist der Ablehnungsbereich also ____________ und wird mit {g, …, 100} festgelegt. Füllen Sie die Lücken in den einzelnen Schritten:

Es ist α = 0,05 und g erhält man aus dem Ansatz P(X ____ g) ____ 0,05.

Umformungsschritte: 1 − P(X ____) ____ ____ P(X ____ g) ____ 0,95 P(X ≤ ____) ____ 0,95 [T2]

Aus der F-Tabelle der Binomialverteilung entnimmt man für n = ____ den Wert g = ____.

b) Der Test hat ergeben, dass sich 65 Befragte für den Kandidaten entschieden haben. Was schlussfolgert der Kandidat daraus? Bei seiner weiteren Wahltaktik geht er von einem verbesserten Wahlergebnis, als bei der vorigen Wahl aus. Mit welcher Wahrscheinlichkeit irrt er sich?

3 Ein Zuckerrübenbauer weiß aus Erfahrung, dass der Anteil „süßer" Rüben in normalen Jahren 40 % beträgt. Er entnimmt seiner Ernte eine Stichprobe von 50 Rüben und stellt fest, dass 10 Rüben davon „süß" sind. Welche Möglichkeiten für das Zustandekommen dieses Ergebnisses sind denkbar? Für welche Möglichkeit wird er sich entscheiden?

[T1] Liegt p_1 auf dem Zahlenstrahl rechts von p_0 (also $p_0 < p_1$), so liegt ein rechtsseitiger Ablehnungsbereich vor. [T2] Bei einem rechtsseitigen Ablehnungsbereich ist der Weg über das Gegenereignis günstiger. Beachten Sie dabei die Veränderungen bei der Wahl des Ungleichheitszeichens.

1 Die Hypothese $H_0: p_0 = 0{,}4$ soll gegen $H_1: p_1 < 0{,}4$ bei einem Stichprobenumfang $n = 100$ und der Irrtumswahrscheinlichkeit 5 % getestet werden. Ermitteln Sie den Ablehnungsbereich.

Da p_1 links von p_0 liegt, lehnen wir H_0 ab, wenn die Stichprobe im Ablehnungsbereich $\{0, 1, 2, \dots, g\}$ liegt,

wobei die größte ganze Zahl g mit $P(T \le g) \le$ ____ gesucht ist.

Die Trefferanzahl ist binomialverteilt mit $n =$ ____ und $p =$ ____.

Aus $P(T \le$ ____ $) \approx 0{,}0398$ und $P(T \le$ ____ $) \approx 0{,}0615$ folgt $g =$ ____.

Der Ablehnungsbereich ist $\{0, 1, \dots,$ ____ $\}$.

2 Ein Nullhypothese $H_0: p = p_0$ soll mit einem Stichprobenumfang von 200 und einer Irrtumswahrscheinlichkeit α getestet werden. Füllen Sie die folgenden Fälle zeilenweise aus:

H1:	Ablehnungsbereich	α	Ansatz
$p < p_0$	{ ____ }	0,05	P(X ____) ____
	{ ____ }		$P(X \ge g) \le 0{,}01$

3 Ein Pharmaunternehmen bringt ein neues Medikament auf den Markt und behauptet, dass 40 % der Patienten damit geheilt werden. Bei der Zulassung des Medikaments treten Zweifel auf. Es wird deshalb ein Test an 25 Patienten vorgenommen. Man glaubt der Behauptung, wenn mindestens 8 dieser Patienten geheilt werden. Berechnen Sie den Fehler 1. Art.

4 Von einer Tierart wird behauptet, dass männliche und weibliche Nachkommen gleich häufig sind. In einem Institut wird bei 50 Nachkommen dieser Tierart das Geschlecht bestimmt. Man findet 30 männliche Tiere. Kann man daraus mit einer Irrtumswahrscheinlichkeit von 5 % schließen, dass die Geschlechter unter den Nachkommen nicht gleich häufig sind? [T1]

5 Eine Fabrik liefert Schachteln mit Schrauben hoher Qualität (10 % der Schrauben sind fehlerhaft) und mit Schrauben minderer Qualität (40 % der Schrauben sind fehlerhaft) an eine Baumarktkette. Während des Ausladens geht bei einigen Verpackungen das Etikett verloren, sodass man nicht mehr erkennen kann, ob es sich um eine Packung mit Schrauben hoher oder minderer Qualität handelt. Es soll ein Verfahren gefunden werden, um die Schrauben in kürzester Zeit und ohne großen Aufwand der richtigen Qualität zuzuordnen. Zu diesem Zweck wird ein Test durchgeführt und zwischen zwei Hypothesen unterschieden, der so genannten Nullhypothese (H_0) und der Alternativhypothese (H_1).

H_0: „Die Schachtel ist von hoher Qualität“. H_1: „Die Schachtel ist von minderer Qualität“.

Jeder Schachtel werden zufällig 10 Schrauben entnommen und auf Fehler untersucht. Die Zufallsvariable X sei die Anzahl der fehlerhaften Schrauben. Aufgrund dieser Stichprobe wird die Schachtel neu etikettiert. Die Entscheidungsregel lautet: „Wenn von den 10 Schrauben in der Stichprobe mehr als 3 Schrauben fehlerhaft sind, wird die gesamte Schachtel als von minderer Qualität etikettiert“. Wie groß sind die Wahrscheinlichkeiten der Fehler 1. und 2. Art? [T2]

[T1] Da die Gegenhypothese die Wahrscheinlichkeit $p_1 \neq p_0$ besitzt, liegt ein zweiseitiger Test vor. Formulieren Sie zwei Ablehnungsbereiche bzw. einen Annahmebereich. [T2] Den Fehler 1. Art begeht man, wenn die Nullhypothese verworfen wird, obwohl sie richtig ist. Den Fehler 2. Art begeht man, wenn die Nullhypothese angenommen wird, obwohl sie falsch ist.

1 Ein Angeklagter steht vor dem Richter und wird vom Staatsanwalt wegen einer Tat angeklagt. Dieser trägt Indizien vor, die seine Anklage unterstützen. Der Angeklagte bestreitet die Tat, und sein Anwalt begründet, warum sein Mandant die Tat nicht begangen haben kann.
Formulieren Sie eine Nullhypothese und die Gegenhypothese.
Der Richter steht nun vor der schweren Aufgabe, eine Entscheidung zu fällen. Formulieren Sie den Fehler 1. Art und den Fehler 2. Art, den der Richter begehen kann.

2 Ein Händler kauft einen Posten elektrischer Geräte aus einer Fehlproduktion auf. Die Funktionsweise von 20 % dieser Geräte ist eingeschränkt. Der Händler vertraut einem Kleinbetrieb, der diese Geräte so zu reparieren vorschlägt, dass nur noch höchstens 5 % fehlerhaft sind. Bei der Rücklieferung hat er allerdings den Verdacht, dass die Geräte ohne eine Reparatur zurückkamen.
Es wird ein Test mit einer Stichprobe von 15 Stück so vereinbart, dass beide Partner ein möglichst kleines Risiko tragen.
Schlagen Sie eine Entscheidungsregel vor und berechnen Sie die Fehler 1. und 2. Art und interpretieren Sie diese. [T1]

3 Nachdem die Eröffnungsveranstaltung der Olympischen Spiele in London live von Fernsehanstalten übertragen wurde, soll die Hypothese getestet werden, dass mindestens 60 % aller Personen über 18 Jahre die Sendung gesehen haben.
a) Die Hypothese soll verworfen werden, wenn von 100 zufällig ausgewählten Personen über 18 Jahre höchstens 50 die Sendung gesehen haben. Mit welcher Irrtumswahrscheinlichkeit arbeitet dieser Test? [T2]
b) Was bedeutet in diesem Sachzusammenhang der Fehler 2. Art und wie groß ist seine Wahrscheinlichkeit, wenn tatsächlich nur 50 % aller Personen über 18 Jahre die Sendung gesehen haben?
c) Ermitteln Sie den Ablehnungsbereich zur Irrtumswahrscheinlichkeit 1 %. Wie wird in diesem Fall entschieden, wenn nur 45 Personen über 18 Jahre angeben, die Sendung gesehen zu haben, und welchen Fehler kann man bei dieser Entscheidung begehen?

4 Ein Großunternehmen bietet einem Elektrohändler aus Restbeständen eine größere Anzahl von 40-Watt- und 60-Watt-Glühbirnen zu einem Pauschalpreis an. Der Händler ist an dem Angebot interessiert, falls beide Sorten gleich vertreten sind. Um den Handel nicht unbesehen einzugehen, entschließt sich der Händler zu folgendem Vorgehen: Er entnimmt dem Angebot zehn Glühbirnen. Falls von einer Sorte nicht weniger als drei Stück darunter sind, nimmt er das Angebot an, andernfalls lehnt er ab.
a) Wie groß ist die Wahrscheinlichkeit, dass der Elektrohändler ein ordnungsgemäßes Angebot fälschlicherweise ablehnt?
b) Mit welcher Wahrscheinlichkeit wird ein Angebot, das doppelt so viele 40-Watt-Birnen wie 60-Watt-Birnen enthält, fälschlicherweise angenommen? [T3]

5 Eine neue Illustrierte soll auf den Markt durch eine Werbeaktion eingeführt werden.
Der Verlag verspricht der zuständigen Werbeagentur eine Prämie, wenn es ihr gelingt, die Illustrierte bei mehr als 30 % der Bevölkerung bekannt zu machen. Die Entscheidung soll zunächst aufgrund einer Befragung von 100 Personen getroffen werden.
a) Wie lautet die Entscheidungsregel, wenn der Verlag bei diesem Test zur Nullhypothese H_0: $p = 0{,}3$ auf einer Irrtumswahrscheinlichkeit von 1 % besteht?
b) Wie hoch ist das Risiko der Werbeagentur, die Prämie nicht zu erhalten, obwohl 50 % der Bevölkerung von der Illustrierten erfahren?

[T1] Die Fehler 1. und 2. Art stellen das Risiko des jeweiligen Partners dar, sie sollten also beide gemeinsam klein sein.
[T2] Stellen Sie den Ablehnungsbereich auf und berechnen Sie den Fehler 1. Art. [T3] Gehen Sie von einem zweiseitigen Test aus, d.h. es gibt zwei Ablehnungsbereiche.

1 a) Geben Sie mithilfe von Vektoren eine Gleichung für die Gerade g an.

g: $\vec{X} = \begin{pmatrix} \square \\ \square \\ \square \end{pmatrix} + \_\_\_ \cdot \begin{pmatrix} \square \\ \square \\ \square \end{pmatrix}$

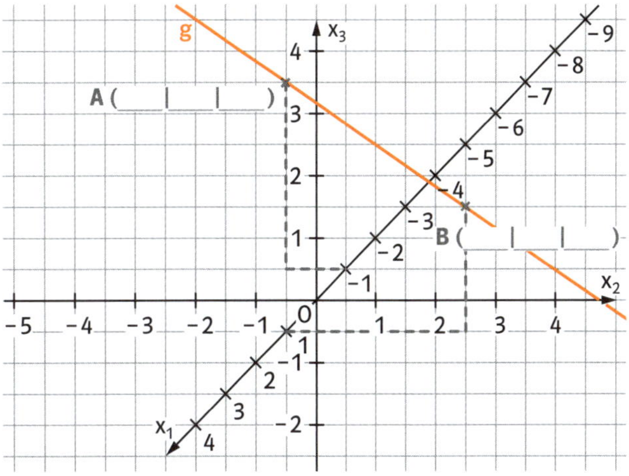

b) Zeichnen Sie einen Pfeil des Stütz- und des Richtungsvektors aus Teilaufgabe a) ein.

c) Geben Sie eine andere Gleichung der Geraden g an.

g: $\vec{X} = \begin{pmatrix} \square \\ \square \\ \square \end{pmatrix} + \_\_\_ \cdot \begin{pmatrix} \square \\ \square \\ \square \end{pmatrix}$

d) Die drei Punkte liegen auf der Geraden g. Ergänzen Sie die fehlende Koordinate.

C(−1|___|3), D(−5|−9|___), E(___|1|2,5)

2 a) Svenja weiß, dass die x_2-Achse durch die Gleichung $\vec{X} = \lambda \cdot \begin{pmatrix} 0 \\ 1 \\ 0 \end{pmatrix}$ beschrieben wird.
Thomas behauptet, dass auch die Gleichung $\vec{X} = \begin{pmatrix} 0 \\ 1 \\ 0 \end{pmatrix} + \lambda \cdot \begin{pmatrix} 0 \\ 1 \\ 0 \end{pmatrix}$ die x_2-Achse beschreibt.

Thomas hat Recht, weil

- ☐ nur der Richtungsvektor für die Lage der Geraden entscheidend ist.
- ☐ der Stützvektor der Ortsvektor zu einem Punkt der x_2-Achse ist und der Richtungsvektor derselbe ist.
- ☐ der Stützvektor dieselben Koordinaten hat wie der Richtungsvektor.
- ☐ die x_2-Koordinate von $\vec{X}$ jeden beliebigen Wert annehmen kann.
- ☐ die x_1- und die x_3-Koordinaten von $\vec{X}$ immer null sind.
- ☐ in der Darstellung genau vier Nullen sind.

b) Svenja meint, dass dann auch $\vec{X} = \begin{pmatrix} 0 \\ -1 \\ 0 \end{pmatrix} + \lambda \cdot \begin{pmatrix} 0 \\ -1 \\ 0 \end{pmatrix}$ eine mögliche Gleichung für die x_2-Achse sein müsste.

Was sagen Sie dazu? ____

____

3 Für den abgebildeten Quader gilt $\overline{AD} = 4\,\text{cm}$, $\overline{AB} = 5\,\text{cm}$ und $\overline{CG} = 3\,\text{cm}$.

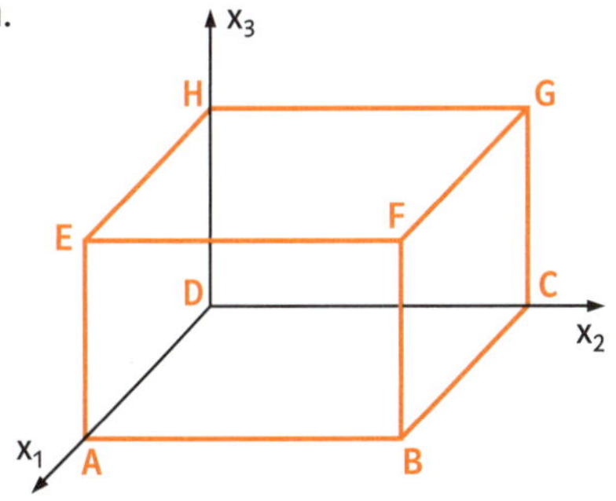

a) Geben Sie je eine Gleichung für die Gerade g durch die Punkte A und G und für die Gerade h durch die Punkte B und H an. Notieren Sie zuerst die Koordinaten der benötigten Eckpunkte (Einheit cm).

A(___|___|___), G(___|___|___), B(___|___|___), H(___|___|___)

g: $\vec{X} = \begin{pmatrix} \square \\ \square \\ \square \end{pmatrix} + \_\_\_ \cdot \begin{pmatrix} \square \\ \square \\ \square \end{pmatrix}$ h: $\vec{X} = \begin{pmatrix} \square \\ \square \\ \square \end{pmatrix} + \_\_\_ \cdot \begin{pmatrix} \square \\ \square \\ \square \end{pmatrix}$

b) Zeichnen Sie die Geraden g und h ein. Sie schneiden sich im Punkt M.

Bestimmen Sie die Koordinaten des Punktes M(___|___|___).

4 Michael hat eine Gleichung der Geraden g durch die Punkte A und B mit dem Richtungsvektor $\overrightarrow{AB}$ aufgestellt. Finden Sie die Koordinaten des fehlenden Punktes heraus.

a) g: $\vec{X} = \begin{pmatrix} 3 \\ 0 \\ 2 \end{pmatrix} + \lambda \cdot \begin{pmatrix} 1 \\ 2 \\ -3 \end{pmatrix}$, A(3|0|2)

b) g: $\vec{X} = \begin{pmatrix} 6 \\ -3 \\ -1 \end{pmatrix} + \lambda \cdot \begin{pmatrix} -10 \\ 8 \\ -1 \end{pmatrix}$, B(6|−3|−1)

1 Laura, Fynn und Malin betrachten die Gleichungen von drei Geraden g, h und i. Jeder schließt von den Gleichungen auf die Lagebeziehung zweier Geraden. Vervollständigen Sie ihre Gedanken und ordnen Sie L (Laura), F (Fynn) und M (Malin) den weiteren Überlegungen richtig zu.

$g: \vec{X} = \begin{pmatrix} 4 \\ 2 \\ -1 \end{pmatrix} + \lambda \begin{pmatrix} -2 \\ 3 \\ 2 \end{pmatrix}$ $h: \vec{X} = \begin{pmatrix} 4 \\ 2 \\ 3 \end{pmatrix} + \mu \begin{pmatrix} -2 \\ 3 \\ 2 \end{pmatrix}$ $i: \vec{X} = \begin{pmatrix} 4 \\ 2 \\ -1 \end{pmatrix} + \tau \begin{pmatrix} 3 \\ -2 \\ 2 \end{pmatrix}$

L | Laura: „Die Geraden g und h sind entweder zueinander parallel oder die Gleichungen beschreiben dieselbe Gerade, da sie denselben ________________ ________________."

F | Fynn: „Die Geraden g und i haben entweder einen Schnittpunkt oder sie sind zueinander windschief, da $\begin{pmatrix} \_ \\ \_ \\ \_ \end{pmatrix}$ kein Vielfaches von $\begin{pmatrix} \_ \\ \_ \\ \_ \end{pmatrix}$ ist."

M | Malin: „Die Geraden h und i haben entweder einen Schnittpunkt oder sie sind zueinander windschief, da ________________________ ________________."

☐ „Die beiden Geraden haben einen gemeinsamen Punkt, da sie den gleichen Ortsvektor haben."

☐ „Es muss überprüft werden, ob die Gleichung $\begin{pmatrix} 4 \\ 2 \\ 3 \end{pmatrix} + \mu \begin{pmatrix} -2 \\ 3 \\ 2 \end{pmatrix} = \begin{pmatrix} 4 \\ 2 \\ -1 \end{pmatrix} + \tau \begin{pmatrix} 3 \\ -2 \\ 2 \end{pmatrix}$ eine einzige Lösung hat."

☐ „Wenn P(4 | 2 | −1) auf der Geraden h liegt, dann beschreiben die beiden Gleichungen dieselbe Gerade."

☐ „Der Vektorgleichung entspricht das lineare Gleichungssystem:
$-2\mu - 3\tau = 0$
$3\mu + 2\tau = 0$
$2\mu - 2\tau = -4$
Das Gleichungssystem hat keine Lösung."

☐ „Die Betrachtung der Gleichung $\begin{pmatrix} 4 \\ 2 \\ -1 \end{pmatrix} = \begin{pmatrix} 4 \\ 2 \\ 3 \end{pmatrix} + \mu \begin{pmatrix} -2 \\ 3 \\ 2 \end{pmatrix}$ zeigt, dass diese nicht lösbar ist. Also liegt P nicht auf der Geraden h."

☐ „Der gemeinsame Punkt ist S(4 | 2 | −1)."

☐ „Die beiden Geraden sind zueinander parallel."

☐ „Die beiden Geraden sind zueinander windschief."

☐ „Die beiden Geraden schneiden sich im Punkt S."

2 Bestimmen Sie die Koordinaten des Schnittpunktes S der Geraden g und h.

a) $g: \vec{X} = \begin{pmatrix} 5 \\ 0 \\ 3 \end{pmatrix} + \lambda \begin{pmatrix} 2 \\ 4 \\ -2 \end{pmatrix}$, $h: \vec{X} = \begin{pmatrix} -1 \\ -2 \\ 6 \end{pmatrix} + \mu \begin{pmatrix} 4 \\ -2 \\ -1 \end{pmatrix}$

b) $g: \vec{X} = \begin{pmatrix} 0 \\ 1 \\ 1 \end{pmatrix} + \lambda \begin{pmatrix} 1 \\ 0 \\ 1 \end{pmatrix}$, $h: \vec{X} = \begin{pmatrix} 6 \\ 3 \\ 5 \end{pmatrix} + \mu \begin{pmatrix} 2 \\ 1 \\ 1 \end{pmatrix}$

3 a) Bestimmen Sie den Scharparameter a so, dass die Geraden

$g_a: \vec{X} = \begin{pmatrix} 4 \\ 2 \\ -1 \end{pmatrix} + \tau \cdot \begin{pmatrix} 1 \\ a \\ -2 \end{pmatrix}$ und $h_a: \vec{X} = \begin{pmatrix} 1 \\ 1 \\ 1 \end{pmatrix} + \mu \cdot \begin{pmatrix} 4a \\ 1 \\ 4 \end{pmatrix}$ zueinander parallel sind. [T1]

b) Bestimmen Sie den Scharparameter a so, dass die Geraden

$g_a: \vec{X} = \begin{pmatrix} 1 \\ a \\ 0 \end{pmatrix} + \tau \cdot \begin{pmatrix} 1 \\ 0 \\ -2 \end{pmatrix}$ und $h_a: \vec{X} = \begin{pmatrix} 3 \\ 2 \\ 3a \end{pmatrix} + \mu \cdot \begin{pmatrix} 0 \\ 3 \\ 1 \end{pmatrix}$ sich schneiden. [T2]

Geben Sie für diesen Fall die Koordinaten des Schnittpunkts S an.

[T1] Die Richtungsvektoren der beiden Geraden müssen Vielfache voneinander sein. [T2] Stellen Sie ein geeignetes LGS auf und fassen Sie dabei den Scharparameter a als dritte Variable auf. Lösen Sie das LGS und setzen Sie den Wert von a und t bzw. a und s in die Parametergleichung von g_a bzw. h_a ein.

V Vektorielle Darstellung von Ebenen

1 Kreuzen Sie an.

	W	F
E: $\vec{X} = \begin{pmatrix}1\\0\\0\end{pmatrix} + \lambda \cdot \begin{pmatrix}0\\1\\0\end{pmatrix} + \mu \cdot \begin{pmatrix}0\\0\\1\end{pmatrix}$ ist parallel zur x_1x_2-Ebene		
E ist parallel zur x_1x_3-Ebene		
E ist parallel zur x_2x_3-Ebene		
Drei Punkte im Raum legen immer eine Ebene fest		
Zwei parallele Geraden im Raum legen immer eine Ebene fest		
Die Ebene F: $\vec{X} = \lambda \cdot \begin{pmatrix}1\\1\\0\end{pmatrix} + \mu \cdot \begin{pmatrix}0\\0\\1\end{pmatrix}$ enthält den Ursprung		
F enthält die x_3-Achse		
F schneidet die x_1-Achse unter einem Winkel von 45°		

2 Stellen Sie eine Ebenengleichung in Parameterform durch die Punkte A(1 | 0 | 2), B(3 | 2 | 5) und C(−2 | 1 | 3) auf.

Wählt man als Ortsvektor des Aufpunktes $\overrightarrow{OA} = \begin{pmatrix}\_\_\\\_\_\\\_\_\end{pmatrix}$ und als Richtungsvektoren $\overrightarrow{AB} = \begin{pmatrix}\_\_\\\_\_\\\_\_\end{pmatrix}$ und $\overrightarrow{AC} = \begin{pmatrix}\_\_\\\_\_\\\_\_\end{pmatrix}$,

so ergibt sich E: $\vec{X}$ = ____.

Da die Richtungsvektoren $\overrightarrow{AB}$ und $\overrightarrow{AC}$ ______________________ sind, erhält man eine Ebenengleichung.

Ein weiterer Punkt der Ebene ist D(0 | 3 | ___).

3 a) Überprüfen Sie, ob die Punkte A(3 | 2 | 9) und B(1 | 2 | 5) in der Ebene E: $\vec{X} = \begin{pmatrix}1\\2\\3\end{pmatrix} + \lambda \cdot \begin{pmatrix}0\\0\\1\end{pmatrix} + \mu \cdot \begin{pmatrix}2\\0\\3\end{pmatrix}$ liegen.

b) Überprüfen Sie, ob die Punkte A(3 | 2 | 9), B(2 | 1 | 3), C(3 | 1 | 1) und D(2 | 2 | 1) in einer Ebene liegen.

c) Prüfen Sie, ob die Geraden g: $\vec{X} = \begin{pmatrix}1\\0\\3\end{pmatrix} + \lambda \cdot \begin{pmatrix}2\\7\\5\end{pmatrix}$ und h: $\vec{X} = \begin{pmatrix}3\\7\\8\end{pmatrix} + \mu \cdot \begin{pmatrix}1\\3\\4\end{pmatrix}$ sich schneiden.

Geben Sie, falls möglich, eine Ebenengleichung in Parameterform an, die durch die Geraden g und h festgelegt wird.

4 Gegeben ist die Ebene E: $\vec{X} = \begin{pmatrix}2\\0\\5\end{pmatrix} + \lambda \cdot \begin{pmatrix}1\\5\\2\end{pmatrix} + \mu \cdot \begin{pmatrix}0\\-2\\7\end{pmatrix}$. Begründen Sie, warum die Gerade g: $\vec{X} = \begin{pmatrix}3\\5\\7\end{pmatrix} + \lambda \cdot \begin{pmatrix}1\\3\\9\end{pmatrix}$ in E liegt.

5 Ein Würfel hat die diagonal liegenden Eckpunkte A(0 | 0 | 0) und G(1 | 1 | 1). Geben Sie die übrigen Koordinaten der Eckpunkte an. Geben Sie eine Ebenengleichung in Parameterform an, die durch A und G geht und den Würfel halbiert.

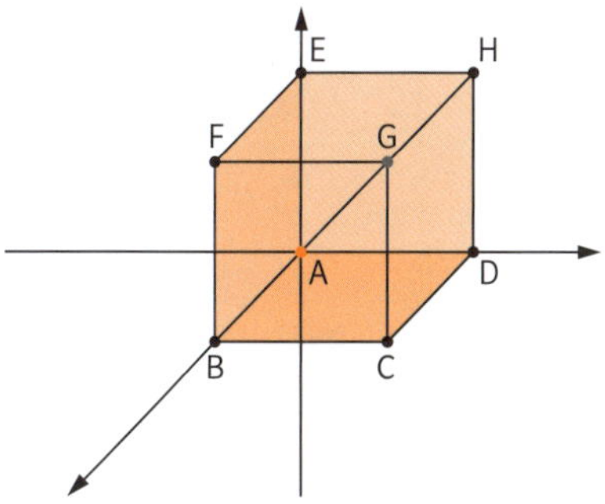

1 Ordnen Sie passende Kärtchen zu.

- $E_1: \begin{pmatrix}1\\-1\\0\end{pmatrix} \cdot \left[\vec{x} - \begin{pmatrix}5\\0\\3\end{pmatrix}\right] = 0$
- $E_2: \begin{pmatrix}0\\0\\1\end{pmatrix} \cdot \left[\vec{x} - \begin{pmatrix}5\\3\\0\end{pmatrix}\right] = 0$
- $E_3: x_1 - x_2 = 5$
- E_4 ist parallel zur x_1x_2-Ebene.
- $E_5: x_3 = 5$
- $E_6: \vec{x} = \lambda \cdot \begin{pmatrix}0\\0\\1\end{pmatrix} + \mu \cdot \begin{pmatrix}1\\1\\0\end{pmatrix} = 0$
- E_7 ist parallel zur x_3-Achse.

2 Wahr oder falsch?

	W	F
Unterscheiden sich die Normalenformen in Koordinatendarstellung der Form $n_1x_1 + n_2x_2 + n_3x_3 = d$ zweier Ebenen nur in der Konstanten d, dann sind die Ebenen parallel.		
Sind zwei Ebenen parallel, so sind bei den zugehörigen Normalenformen in Koordinatendarstellung die Koeffizienten n_1, n_2 und n_3 gleich.		
Die Gerade $g: \vec{x} = \begin{pmatrix}3\\0\\1\end{pmatrix} + \tau \cdot \begin{pmatrix}2\\-1\\3\end{pmatrix}$ und die Ebene $E: -6x_1 + 3x_2 - 9x_3 = 0$ sind parallel.		
Die Ebenen der Schar $E_a: -2x_2 = a$ sind orthogonal zur x_2-Achse.		
Die Ebenen der Schar $E_a: -2x_2 = a$ sind parallel zur x_1x_3-Ebene.		

3 Bestimmen Sie für die Ebene E in nebenstehender Figur eine Normalenform in Vektordarstellung und eine Hesse'sche Normalenform in der Koordinatendarstellung. Bestimmen Sie anschließend die gemeinsamen Punkte von E mit den Koordinatenachsen.

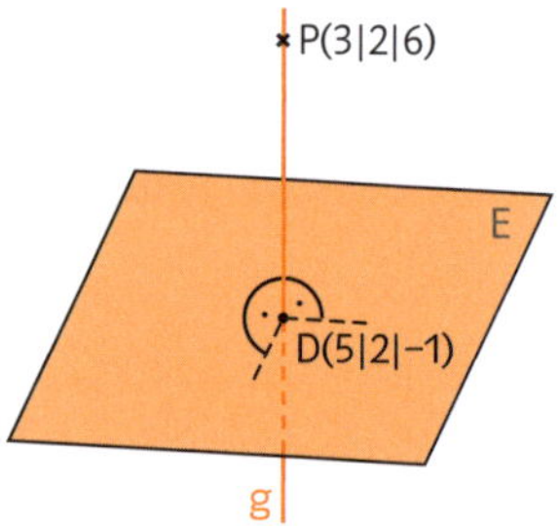

4 Bestimmen Sie eine mögliche Normalenform in Koordinatendarstellung von E.

a) Die Ebene E ist parallel zur x_2x_3-Ebene und enthält den Punkt P(97|83|101).

b) Die Ebene E ist parallel zur x_1x_2-Ebene und hat von dieser den Abstand 3.

c) E ist festgelegt durch die zwei parallelen Geraden $g: \vec{x} = \begin{pmatrix}-2\\1\\5\end{pmatrix} + \tau \cdot \begin{pmatrix}1\\1\\-1\end{pmatrix}$ und $h: \vec{x} = \begin{pmatrix}5\\0\\1\end{pmatrix} + \mu \cdot \begin{pmatrix}-1\\-1\\1\end{pmatrix}$. [T1]

d) Die Gerade g durch P(1|5|−2) und Q(3|1|6) schneidet E orthogonal, wobei P und Q denselben Abstand von E haben. [T2]

5 Gegeben sind die Punkte A(2|3|0), B(1|5|2) und C(0|7|−1), die in einer Ebene E liegen. Bestimmen Sie eine

a) Parametergleichung [T3]

b) Normalenform in Vektordarstellung [T4]

c) Hesse'sche Normalenform in Koordinatendarstellung [T5] von E.

6 Gegeben ist der Punkt P(2|5|3) und der Vektor $\vec{n} = \begin{pmatrix}1\\2\\9\end{pmatrix}$. Bestimmen Sie eine Normalenform (sowohl in Vektordarstellung als auch in Koordinatendarstellung) der Ebene E, die senkrecht zu $\vec{n}$ liegt und den Punkt P enthält.

7 Prüfen Sie nach, ob der Punkt A(2|9|3) auf

a) $E: 3x_1 + 2x_2 - x_3 = 20$

b) $E: \vec{x} = \begin{pmatrix}0\\1\\7\end{pmatrix} + \lambda \cdot \begin{pmatrix}1\\1\\3\end{pmatrix} + \mu \cdot \begin{pmatrix}3\\9\\-1\end{pmatrix}$

c) $E: \begin{pmatrix}3\\2\\5\end{pmatrix} \cdot \left[\vec{x} - \begin{pmatrix}3\\0\\6\end{pmatrix}\right] = 0$ liegt.

[T1] Der sich aus den beiden Ortsvektoren der Aufpunkte ergebende Verbindungsvektor ist ein möglicher zweiter Richtungsvektor von E. [T2] Der Mittelpunkt der Strecke [PQ] ist ein Punkt von E. Ein Normalenvektor von E ist z. B. $\overrightarrow{PQ}$. [T3] Verwenden Sie als Ortsvektor des Aufpunktes z. B. den Vektor $\overrightarrow{OA}$ und als Richtungsvektoren $\overrightarrow{AB}$ und $\overrightarrow{AC}$. [T4] Bestimmen Sie einen Normalenvektor $\vec{n}$, indem Sie das LGS bestehend aus $\overrightarrow{AB} \cdot \vec{n} = 0$ und $\overrightarrow{AC} \cdot \vec{n} = 0$ lösen. Eine Normalenform in Vektordarstellung ist z. B. $(\vec{x} - \overrightarrow{OA}) \cdot \vec{n} = 0$. [T5] Ausmultiplizieren dieser Normalenform liefert eine Normalenform in Koordinatendarstellung.

1 Füllen Sie die Kärtchen in Bezug auf die Lagebeziehung der beiden geometrischen Objekte geeignet aus.

Gegeben sind die Geraden $g: \vec{x} = \begin{pmatrix} p_1 \\ p_2 \\ p_3 \end{pmatrix} + \lambda \cdot \begin{pmatrix} u_1 \\ u_2 \\ u_3 \end{pmatrix}$ und die Ebene $E: ax_1 + bx_2 + cx_3 = d$.

Die Gleichung $a \cdot (p_1 + \lambda \cdot u_1) + b \cdot (p_2 + \lambda \cdot u_2) + c \cdot (p_3 + \lambda \cdot u_3) = d$ hat für λ

genau eine Lösung: ______

keine Lösung: ______

unendlich viele Lösungen: ______

Die Koordinaten des Schnittpunktes bestimmt man, indem man

______

2 Ordnen Sie geeignete Kärtchen einander zu.

A „Der Richtungsvektor von g ist orthogonal zu jedem der beiden Richtungsvektoren von E".

B „Der Normalenvektor von E ist linear unabhängig vom Richtungsvektor von g".

C „g schneidet E senkrecht".

D „Das Skalarprodukt des Normalenvektors von E mit dem Richtungsvektor von g ist 0".

E „Der Richtungsvektor von g ist ein möglicher Richtungsvektor von E".

F „Der Normalenvektor von E ist linear abhängig vom Richtungsvektor von g".

G „g ist parallel zu E oder g liegt in E".

H „g ist parallel zu E oder g schneidet E nicht orthogonal".

3 Untersuchen Sie die Lagebeziehung der Geraden durch P(2 | 1 | 3) und Q(7 | 1 | 5) mit der Ebene E. Bestimmen Sie gegebenenfalls die Koordinaten des Schnittpunktes.

a) $E: x_1 + x_2 - x_3 = 5$

b) $E: x_3 = 0$

c) $E: 2x_1 - 5x_3 = 4$

d) $E: 2x_1 - 5x_3 = -11$

e) $E: \vec{x} = \begin{pmatrix} 0 \\ -8 \\ -17 \end{pmatrix} + \lambda \cdot \begin{pmatrix} 2 \\ 0 \\ 5 \end{pmatrix} + \mu \cdot \begin{pmatrix} 1 \\ 3 \\ 4 \end{pmatrix}$

4 Gegeben sind zwei Ebenen in Koordinatendarstellung.
Füllen Sie die Kärtchen in Bezug auf die Lagebeziehung der beiden Ebenen geeignet aus.

Das zugehörige lineare Gleichungssystem hat

keine Lösung ______

unendlich viele Lösungen

Die Normalenvektoren sind linear unabhängig ______

Die Normalenvektoren sind linear abhängig ______

Die Gleichung der Schnittgerade bestimmt man, indem

______

5 Bestimmen Sie die Schnittgerade der beiden Ebenen $E_1: \vec{x} = \begin{pmatrix} 2 \\ 3 \\ 5 \end{pmatrix} + \lambda \cdot \begin{pmatrix} 1 \\ 0 \\ 3 \end{pmatrix} + \mu \cdot \begin{pmatrix} -1 \\ 2 \\ 1 \end{pmatrix}$ und $E_2: 2x_1 - 3x_2 = 5$. [T1]

[T1] Stellen Sie die Parametergleichung von E_1 zeilenweise für x_1, x_2 und x_3 dar und setzen Sie diese x_i in die Normalenform in Koordinatendarstellung von E_2 ein. Lösen Sie die Gleichung nach z. B. r auf und setzen Sie in der Gleichung von E_1 den Wert für r (in Abhängigkeit von s) ein.

V Abstandsbestimmungen (1)

1 Der Abstand des Punktes R zur Ebene E soll mithilfe der Hesse'schen Normalenform berechnet werden.
a) Notieren Sie den Buchstaben der Aufgabenkarte (Angabe von Ebene und Punkt) beim zugehörigen Ansatz.
b) Markieren Sie auf den anderen Karten die Stellen, welche eine Zuordnung zu einer Aufgabenkarte unmöglich machen.

A $R(3\mid 7\mid 2)$ $E: \begin{pmatrix}1\\1\\1\end{pmatrix}\cdot\left[\vec{x}-\begin{pmatrix}5\\2\\3\end{pmatrix}\right]=0$	B $R(3\mid 7\mid 2)$ $E: 2x_1+4x_2-5x_3=8$	C $R(5\mid -2\mid 4)$ $E: \begin{pmatrix}1\\2\\2\end{pmatrix}\cdot\left(\vec{x}-\begin{pmatrix}3\\1\\2\end{pmatrix}\right)=0$	D $R(5\mid -2\mid 4)$ $E: 2x_1+4x_2-5x_3=0$
(1) $d=\left\lvert\begin{pmatrix}2\\-3\\2\end{pmatrix}\cdot\frac{1}{3}\begin{pmatrix}1\\2\\2\end{pmatrix}\right\rvert$	(2) $d=\left\lvert\frac{2\cdot5+4\cdot2-5\cdot4}{\sqrt{4+16+25}}\right\rvert$	(3) $d=\left\lvert\frac{2\cdot3+4\cdot7-5\cdot2}{\sqrt{4+16+25}}\right\rvert$	(4) $d=\left\lvert\left[\begin{pmatrix}3\\7\\2\end{pmatrix}-\begin{pmatrix}5\\2\\3\end{pmatrix}\right]\cdot\frac{1}{\sqrt{3}}\begin{pmatrix}1\\1\\1\end{pmatrix}\right\rvert$
(5) $d=\left\lvert\frac{2\cdot3+4\cdot7-5\cdot2-8}{\sqrt{4+16+25}}\right\rvert$	(6) $d=\left\lvert\frac{2\cdot5+4\cdot(-2)-5\cdot4}{\sqrt{45}}\right\rvert$	(7) $d=\left\lvert\left[\begin{pmatrix}3\\7\\2\end{pmatrix}-\begin{pmatrix}5\\2\\3\end{pmatrix}\right]\cdot\begin{pmatrix}1\\1\\1\end{pmatrix}\right\rvert$	(8) $d=\left\lvert\left[\begin{pmatrix}3\\1\\2\end{pmatrix}-\begin{pmatrix}5\\-2\\4\end{pmatrix}\right]\cdot\frac{1}{3}\begin{pmatrix}1\\2\\2\end{pmatrix}\right\rvert$

2 Gegeben sind die Ebenen E und F mit $E: \begin{pmatrix}4\\4\\-2\end{pmatrix}\cdot\left[\vec{x}-\begin{pmatrix}3\\1\\0\end{pmatrix}\right]=0$ und $F: \vec{x}=\begin{pmatrix}3\\0\\2\end{pmatrix}+\lambda\begin{pmatrix}2\\0\\4\end{pmatrix}+\mu\begin{pmatrix}1\\-1\\0\end{pmatrix}$.

a) Zeigen Sie, dass die Ebenen E und F parallel sind.

E hat den Normalenvektor $\vec{n}=\begin{pmatrix}\_\_\\\_\_\\\_\_\end{pmatrix}$. Wenn die Ebenen E und F parallel sind, dann ist $\vec{n}$ auch ein Normalenvektor von ____. Dann müsste $\vec{n}$ ____________ zu den Richtungsvektoren $\vec{u}=\begin{pmatrix}\_\_\\\_\_\\\_\_\end{pmatrix}$ und $\vec{v}=\begin{pmatrix}\_\_\\\_\_\\\_\_\end{pmatrix}$ der Ebene F sein. $\vec{n}\cdot\vec{u}=\begin{pmatrix}\_\_\\\_\_\\\_\_\end{pmatrix}\cdot\begin{pmatrix}\_\_\\\_\_\\\_\_\end{pmatrix}=$ ____________ $=$ ____; $\vec{n}\cdot\vec{v}=\begin{pmatrix}\_\_\\\_\_\\\_\_\end{pmatrix}\cdot\begin{pmatrix}\_\_\\\_\_\\\_\_\end{pmatrix}=$ ____________ $=$ ____

Da beide Skalarprodukte ____ ergeben, sind die Ebenen E und F parallel.

b) Bestimmen Sie den Abstand der Ebenen.

Da die beiden Ebenen parallel sind, ist ihr Abstand z. B. gleich dem Abstand eines Punktes P(___ | ___ | ___) der Ebene ____ zur Ebene E.

$\vec{n_0}=\frac{1}{\sqrt{\_\_\_\_\_\_}}\begin{pmatrix}\_\_\\\_\_\\\_\_\end{pmatrix}$; $d=\left\lvert\left[\begin{pmatrix}\_\_\\\_\_\\\_\_\end{pmatrix}-\begin{pmatrix}\_\_\\\_\_\\\_\_\end{pmatrix}\right]\cdot\frac{1}{\_\_\_}\begin{pmatrix}\_\_\\\_\_\\\_\_\end{pmatrix}\right\rvert=$ ____________________

c) Bestimmen Sie für jede Ebene, die zur Ebene E den Abstand 2 hat, eine Gleichung. [T1]

3 Von der quadratischen Grundfläche einer Pyramide sind die Eckpunkte $A(3\mid 0\mid -1)$, $B(7\mid 0\mid -1)$ und $C(7\mid 0\mid 3)$ gegeben. Die Spitze der Pyramide mit dem Volumen $V = 64$ liegt auf der Geraden $g: \vec{x}=\lambda\begin{pmatrix}1\\3\\1\end{pmatrix}$.
Bestimmen Sie die Koordinaten der beiden möglichen Spitzen. [T2]

[T1] Stellen Sie eine Normalenform in Koordinatendarstellung der Ebene E auf. Die gesuchte Ebene hat denselben Normalenvektor wie E. Betrachten Sie dann $d(Q;E) = 2$ mit $Q(q_1\mid q_2\mid q_3)$ und lösen Sie die entstehende Gleichung. [T2] An den Koordinaten der Eckpunkte lässt sich die Seitenlänge des Quadrates ablesen und so der Inhalt der Grundfläche berechnen. Über die Formel für das Volumen der Pyramide erhält man die Höhe der Pyramide. Die Grundfläche liegt in der x_1x_3-Ebene, die gesuchten Spitzen liegen somit in einer Ebene mit dem Abstand h zur x_1x_3-Ebene, also $E_1: x_2 = h$ oder $E_2: x_2 = -h$. Die Spitze S erhält man als Schnittpunkt von g mit E_1 bzw. E_2.

V Abstandsbestimmungen (2)

1 Ein Verfahren zur Abstandsbestimmung von zwei parallelen Geraden $g: \vec{x} = \vec{p} + \lambda\vec{u}$ und $h: \vec{x} = \vec{q} + \mu\vec{v}$ im Raum soll beschrieben werden. Bringen Sie die notwendigen Schritte in die richtige Reihenfolge. [T1]

☐ Der Abstand von g zu h ist gleich den Betrag des Vektors $\overrightarrow{PS}$.	☐ Man berechnet den Schnittpunkt S der Ebene E mit der Geraden g.	☐ Der Abstand von g zu h ist gleich dem Betrag des Vektors $\overrightarrow{QS}$.
☐ Man berechnet den Schnittpunkt S der Ebene E mit der Geraden h.	☐ Man bestimmt eine Hilfsebene E, die orthogonal zu g und durch den Punkt Q verläuft.	☐ Der Richtungsvektor von g ist Normalenvektor von E.

2 Berechnen Sie den Abstand der parallelen Geraden $g: \vec{x} = \begin{pmatrix}1\\3\\3\end{pmatrix} + \lambda\begin{pmatrix}2\\-1\\3\end{pmatrix}$ und $h: \vec{x} = \begin{pmatrix}6\\2\\4\end{pmatrix} + \mu\begin{pmatrix}-4\\2\\-6\end{pmatrix}$. [T2]

3 Berechnen Sie den Flächeninhalt des Dreiecks ABC mit A(4 | 3 | 2), B(0 | −1 | 8) und C(5 | 2 | 2) auf zwei verschiedene Arten. [T3]

4 Berechnen Sie den Abstand der Geraden $g: \vec{x} = \begin{pmatrix}0\\2\\3\end{pmatrix} + \mu\begin{pmatrix}0\\1\\1\end{pmatrix}$ und $h: \vec{x} = \begin{pmatrix}11\\2\\2\end{pmatrix} + \tau\begin{pmatrix}4\\-5\\2\end{pmatrix}$. [T4]

5 Der Abstand des Punktes A(5 | 4 | 3) zur Geraden $g: \vec{x} = \begin{pmatrix}-4\\6\\6\end{pmatrix} + \tau\begin{pmatrix}1\\0\\-2\end{pmatrix}$ wurde auf zwei Arten berechnet. Ergänzen Sie die Lücken.

Der Punkt $P_\tau(-4 + \tau \mid 6 \mid$ ______ $)$ mit $\tau \in \mathbb{R}$ liegt auf der Geraden g.

Der Betrag des Vektors $\overrightarrow{AP_\tau} = \begin{pmatrix}-4+\tau \text{\_\_\_\_}\\ \text{\_\_\_\_}\\ \text{\_\_\_\_}\end{pmatrix} = \begin{pmatrix}\text{\_\_\_\_}\\ \text{\_\_\_\_}\\ \text{\_\_\_\_}\end{pmatrix}$ gibt die Entfernung vom Punkt A zum Punkt P_τ an.

Von allen Vektoren $\overrightarrow{AP_\tau}$ mit $\tau \in \mathbb{R}$ wird der gesucht, dessen Betrag am kleinsten ist.

a) Gesucht wird das Minimum der Funktion

$d(\tau) = |\overrightarrow{AP_\tau}| = \left|\begin{pmatrix}\text{\_\_\_\_}\\ \text{\_\_\_\_}\\ \text{\_\_\_\_}\end{pmatrix}\right|$

$= \sqrt{(\text{\_\_\_\_})^2 + \text{\_\_\_\_\_\_\_\_}}$

$= \sqrt{\text{\_\_\_\_\_\_\_\_}}$

$= \sqrt{\text{\_\_\_\_\_\_\_\_}}$

Die Funktion d(τ) nimmt das Minimum für τ = ______

mit d(____) = ______ an.

b) Der gesuchte Vektor $\overrightarrow{AP_\tau}$ ist orthogonal zum Richtungsvektor der Geraden g, also gilt

$\begin{pmatrix}\text{\_\_\_\_}\\ \text{\_\_\_\_}\\ \text{\_\_\_\_}\end{pmatrix} \cdot \begin{pmatrix}\text{\_\_\_\_}\\ \text{\_\_\_\_}\\ \text{\_\_\_\_}\end{pmatrix} = 0.$

Daraus ergibt sich: ______________ = 0.

Die Lösung der Gleichung ist τ = ______.

$|\overrightarrow{AP_{\text{\_\_}}}| = \left|\begin{pmatrix}\text{\_\_\_\_}\\ \text{\_\_\_\_}\\ \text{\_\_\_\_}\end{pmatrix}\right| = \sqrt{\text{\_\_\_\_\_\_\_\_}} = \text{\_\_\_\_}$

[T1] Zwei Karten bleiben über. [T2] Verfahren sie wie in Aufgabe 1. Stellen Sie für die Ebene eine Koordinatengleichung auf. [T3] Legen Sie zuerst fest, welche Dreiecksseite Sie als Grundseite betrachten wollen. Die Länge dieser Seite erhalten Sie als Betrag des zugehörigen Vektors. Die Höhe des Dreiecks können Sie über den Abstand des dritten Punktes zur Geraden durch die beiden anderen Punkte bestimmen. Zweite Möglichkeit: Verwenden Sie das Vektorprodukt. [T4] Prüfen Sie zuerst, ob die Geraden parallel oder windschief verlaufen. Bei windschiefer Lage: Betrachten Sie die Punkte G_μ auf der Geraden g und H_τ auf der Geraden h mit $\mu, \tau \in \mathbb{R}$. Der gesuchte Vektor $\overrightarrow{G_\mu H_\tau}$ ist orthogonal zu den beiden Richtungsvektoren der Geraden g und h. Aus den beiden Skalarprodukten ergibt sich ein LGS, dessen Lösung die Koordinaten der gesuchten Punkte liefert. Die Länge des Vektors liefert den Abstand.

1

Die Karten zeigen die Ansätze zur Bestimmung einiger Schnittwinkel zwischen den Geraden g und h und den Ebenen E_1 und E_2 mit $g: \vec{x} = \begin{pmatrix} 3 \\ 2 \\ -5 \end{pmatrix} + \lambda \begin{pmatrix} 2 \\ 1 \\ -3 \end{pmatrix}$, $h: \vec{x} = \begin{pmatrix} -3 \\ -1 \\ 4 \end{pmatrix} + \tau \begin{pmatrix} 3 \\ 4 \\ 1 \end{pmatrix}$, $E_1: \begin{pmatrix} -3 \\ -2 \\ 1 \end{pmatrix} \cdot \left[\vec{x} - \begin{pmatrix} 0 \\ 3 \\ 5 \end{pmatrix}\right] = 0$ und

$E_2: 3x_1 + 2x_2 + x_3 = 20$.

a) Notieren Sie auf den Karten, um welchen Schnittwinkel es sich handelt.

Schnittwinkel α von ____ und ____:

$$\sin(\alpha) = \frac{\left|\begin{pmatrix} 3 \\ 4 \\ 1 \end{pmatrix} \cdot \begin{pmatrix} -3 \\ -2 \\ 1 \end{pmatrix}\right|}{\left|\begin{pmatrix} 3 \\ 4 \\ 1 \end{pmatrix}\right| \cdot \left|\begin{pmatrix} -3 \\ -2 \\ 1 \end{pmatrix}\right|}$$

Schnittwinkel β von ____ und ____:

$$\cos(\beta) = \frac{\left|\begin{pmatrix} 3 \\ 4 \\ 1 \end{pmatrix} \cdot \begin{pmatrix} 2 \\ 1 \\ -3 \end{pmatrix}\right|}{\sqrt{26} \cdot \sqrt{14}}$$

Schnittwinkel γ von ____ und ____:

$$\cos(\gamma) = \frac{\left|\begin{pmatrix} -3 \\ -2 \\ 1 \end{pmatrix} \cdot \begin{pmatrix} 3 \\ 2 \\ 1 \end{pmatrix}\right|}{\left|\begin{pmatrix} -3 \\ -2 \\ 1 \end{pmatrix}\right| \cdot \left|\begin{pmatrix} 3 \\ 2 \\ 1 \end{pmatrix}\right|}$$

b) Berechnen Sie den Schnittwinkel δ von g und E_2.

______(δ) =

2

Der Winkel zwischen den Vektoren $\vec{a} = \begin{pmatrix} 6 \\ -4 \\ 4 \end{pmatrix}$ und $\vec{b} = \begin{pmatrix} 2 \\ 5 \\ 3 \end{pmatrix}$ ist α.

a) Gesucht sind zwei Geraden g_1 und g_2 mit dem Schnittwinkel α. Begründen Sie, warum die angegebenen Geradengleichungen nicht geeignet sind. Notieren Sie dann zwei geeignete Geradengleichungen.

$g_1: \vec{x} = \begin{pmatrix} 6 \\ -4 \\ 4 \end{pmatrix} + \lambda \begin{pmatrix} 2 \\ 5 \\ 3 \end{pmatrix}$, $g_2: \vec{x} = \begin{pmatrix} 2 \\ 5 \\ 3 \end{pmatrix} + \tau \begin{pmatrix} 2 \\ 5 \\ 3 \end{pmatrix}$ ____________________

h_1 und h_2 mit h_1: ____________ und h_2: ____________ schließen den Winkel α ein.

b) Notieren Sie Gleichungen zweier Ebenen mit dem Schnittwinkel α.

E_1: ____________________ und E_2: ____________________

c) Berechen Sie den Schnittwinkel α. α = ____________

d) Gegeben ist die Ebene $E_3: 3x_1 - 2x_2 + 2x_3 = 10$ und die Gerade $g_1: \vec{x} = \begin{pmatrix} 6 \\ -4 \\ 4 \end{pmatrix} + \lambda \begin{pmatrix} 2 \\ 5 \\ 3 \end{pmatrix}$. Geben Sie die Größe des Schnittwinkels β zwischen der Ebene E_3 und der Gerade g_1 an. ____________

3

Die Skizze zeigt ein Architektenhaus mit rechteckiger Grundfläche.

a) Bestimmen Sie die Größe des Winkels zwischen den Dachflächen. [T1]

b) Berechnen Sie jeweils die Größe der Winkel zwischen einer Dachfläche und der angrenzenden Hauswand. [T2]

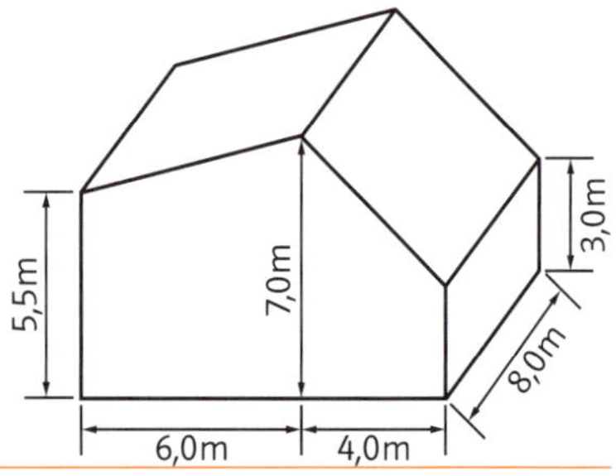

[T1] Es handelt sich um den Schnittwinkel zweier Ebenen. Überlegen Sie zuerst, ob es zwingend erforderlich ist, für beide Dachflächen Ebenengleichungen aufzustellen oder ob es zwei Geraden gibt, die sich unter demselben Winkel schneiden wie die Dachflächen. Betrachten Sie geeignete Kanten der Flächen. [T2] Auch hier lässt sich der Schnittwinkel zwischen den zwei Ebenen durch den Schnitt zweier Geraden bzw. Vektoren berechnen.

1 Gegeben sind die Geraden $g\colon \vec{x} = \begin{pmatrix} 4 \\ 2 \\ -16 \end{pmatrix} + \tau \cdot \begin{pmatrix} 1 \\ 1 \\ -8 \end{pmatrix}$ und $h\colon \vec{x} = \begin{pmatrix} 0 \\ 4 \\ -8 \end{pmatrix} + \mu \cdot \begin{pmatrix} -1 \\ 2 \\ -4 \end{pmatrix}$
sowie die Ebene $E_1: 2x_1 + 4x_2 + x_3 = 8$.
a) Berechnen Sie die Schnittpunkte der Ebene E_1 mit den Koordinatenachsen und veranschaulichen Sie die Lage der Ebene in einem kartesischen Koordinatensystem.
b) Berechnen Sie den Schnittpunkt von g und h.
c) Die Ebene E_2 wird durch die Geraden g und h aufgespannt. Geben Sie eine Gleichung von E_2 an. Untersuchen Sie die gegenseitige Lage von E_1 und E_2 und berechnen Sie gegebenenfalls eine Gleichung der Schnittgeraden.

2 a) Die Ebene E enthält den Punkt $P(-3|4|7)$ und ist orthogonal zu den Ebenen $E_1: 2x_1 - 3x_3 = -1$ und $E_2: x_1 + 4x_2 - 3x_3 = 7$. Geben Sie eine Parameterdarstellung von E an. [T1]
b) Bestimmen Sie eine Gleichung der zu E_1 orthogonalen Geraden g durch P. Begründen Sie, warum g in E aus Teilaufgabe a) liegt. Berechnen Sie anschließend die Koordinaten des Schnittpunktes D dieser Geraden mit E_1.

3 Gegeben sind die Ebenen $E_1: x_1 - 3x_2 + 10x_3 = 7$ und $E_2: 3x_1 + x_2 = 11$. Bestimmen Sie eine Gleichung der Schnittgeraden der beiden Ebenen und zeigen Sie, dass sich E_1 und E_2 orthogonal schneiden.

4 Durch $A(2|0|3)$, $B(-1|2|6)$ und $C(9|1|4)$ ist eine Ebene E_1 festgelegt. Die Ebene E_2 hat die Gleichung $E_2: 2x_1 - 48x_2 + 34x_3 = 9$. Untersuchen Sie die gegenseitige Lage von E_1 und E_2 und berechnen Sie gegebenenfalls eine Gleichung der Schnittgeraden.

5 Durch die Punkte $A(-3|4|3{,}5)$, $B(-2|2|1)$, $C(-4|3{,}5|6{,}5)$ und $D(-5|5{,}5|9)$ ist ein Viereck ABCD gegeben. Um welche Art von Viereck handelt es sich? Begründen Sie Ihre Antwort.

6 a) Zeigen Sie, dass die Punkte $A(0|-3|2)$, $B(2|0|8)$ und $D(6|-1|-1)$ ein gleichschenkliges, rechtwinkliges Dreieck bilden.
b) Berechnen Sie den Flächeninhalt des Dreiecks.
c) Geben Sie die Koordinaten des Punktes C an, sodass das Viereck ABCD ein Quadrat ist.

7 Eine Pyramide mit quadratischer Grundfläche und Kantenlänge 4 m hat eine Höhe von 6 m. Der Punkt D liegt im Ursprung eines kartesischen Koordinatensystems mit der Längeneinheit 1 m.
a) Geben Sie die Koordinaten der Punkte A, B, C und S an.
b) Bestimmen Sie eine Normalenform in Koordinatendarstellung der Ebene E, die die Punkte B, C und S enthält.
c) Im Umkreismittelpunkt des Dreiecks BCS wird senkrecht zu dieser Dreiecksfläche ein Loch gebohrt. Die Bohrung wird bis zur Bodenfläche in der x_1x_2-Ebene durchgeführt. Berechnen Sie die Koordinaten des Endpunktes P der Bohrung und begründen Sie, ob P innerhalb oder außerhalb der Pyramidengrundfläche ABCD liegt. [T2]

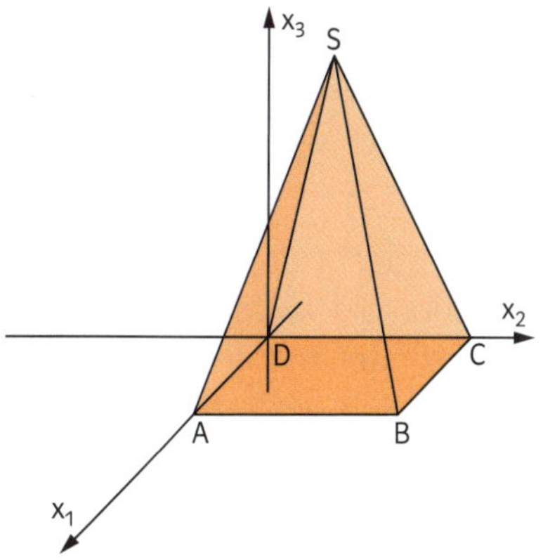

[T1] Die Normalenvektoren von E_1 und E_2 sind mögliche Richtungsvektoren von E. [T2] Der Umkreismittelpunkt ist der Schnittpunkt der Mittelsenkrechten der Seiten eines Dreiecks. Als Richtungsvektor der Bohrung kann der Normalenvektor der Ebene verwendet werden. Überlegen Sie, was für die x_3-Koordinate von Punkten in der x_1x_2-Ebene gilt.

8 Auf einen 5 m hohen Laternenmast, dessen Fuß die Koordinaten P(1|1|0) hat (Koordinaten in m), fallen Sonnenstrahlen aus der Richtung $\begin{pmatrix} 2 \\ -2 \\ -1 \end{pmatrix}$.

a) Bestimmen Sie eine Normalenform in Vektor- und Koordinatendarstellung der Ebene E, in der die Sonnenstrahlen und der Laternenmast liegen.
b) Berechnen Sie die Länge des Schattens auf dem Boden (in der x_1x_2-Ebene), den der Laternenmast wirft und geben Sie die Gleichung einer Geraden an, in der der Schatten des Laternenmasts liegt. **[T1]**

9 Zwei Flugzeuge F_1 und F_2 befinden sich zu Beobachtungsbeginn im Punkt A(−6|1|2) bzw. P(−3|6|4) (in Bezug auf den Flughafentower, der sich im Ursprung befindet; Angaben in km). F_1 fliegt mit dem Geschwindigkeitsvektor $\vec{v_1} = \begin{pmatrix} -1 \\ 5 \\ 2 \end{pmatrix}$ (Angaben in km pro Minute), F_2 befindet sich nach einer Minute im Punkt Q(−2|11|6). Beide Flugzeuge fliegen geradlinig und mit konstanter Geschwindigkeit.

a) Geben Sie je eine Gleichung für die Flugbahnen der beiden Flugzeuge an.
b) Wie weit sind die Flugzeuge voneinander entfernt, wenn F_1 sich in einer Höhe von 8 km befindet? **[T2]**
c) Zeigen Sie, dass sich die Flugbahnen der Flugzeuge schneiden.
d) Kommt es zur Kollision der beiden Flugzeuge?

10 Berechnen Sie den Abstand des Punktes P von der Ebene E.

a) P(2|10|−6), E: $\begin{pmatrix} 2 \\ -2 \\ 1 \end{pmatrix} \cdot \left[\vec{x} - \begin{pmatrix} 5 \\ 1 \\ 0 \end{pmatrix}\right] = 0$
b) P(5|6|3), E: $6x_1 + 17x_2 - 6x_3 = 19$

11 Gegeben sind die Ebenen E und F mit E: $\begin{pmatrix} 3 \\ 2 \\ 2 \end{pmatrix} \cdot \left[\vec{x} - \begin{pmatrix} 0 \\ 2 \\ 2 \end{pmatrix}\right] = 0$ und F: $\vec{x} = \begin{pmatrix} 4 \\ 4 \\ 1 \end{pmatrix} + \lambda \begin{pmatrix} 0 \\ -2 \\ 2 \end{pmatrix} + \mu \begin{pmatrix} -2 \\ 0 \\ 3 \end{pmatrix}$.

a) Zeigen Sie, dass E und F parallel sind.
b) Bestimmen Sie den Abstand zwischen E und F.

12 Untersuchen Sie die gegenseitige Lage der Geraden g und h. Bestimmen Sie ihren Abstand.

a) g: $\vec{x} = \begin{pmatrix} 3 \\ 2 \\ 5 \end{pmatrix} + \lambda \begin{pmatrix} 1 \\ -3 \\ 2 \end{pmatrix}$, h: $\vec{x} = \begin{pmatrix} 3 \\ 2 \\ 5 \end{pmatrix} + \lambda \begin{pmatrix} -2 \\ 1 \\ 5 \end{pmatrix}$
b) g: $\vec{x} = \begin{pmatrix} -4 \\ 1 \\ 3 \end{pmatrix} + \lambda \begin{pmatrix} 4 \\ 2 \\ -6 \end{pmatrix}$, h: $\vec{x} = \begin{pmatrix} -4 \\ 0 \\ 3 \end{pmatrix} + \lambda \begin{pmatrix} -2 \\ -1 \\ 3 \end{pmatrix}$

13 Beschreiben Sie ein Verfahren zur Bestimmung des Abstandes zweier windschiefer Geraden.

14 Entscheiden Sie begründet, ob die Aussage richtig ist.

a) Wenn die Vektoren $\vec{a}$ und $\vec{b}$ einen Winkel von 50° einschließen, dann beträgt der Schnittwinkel zwischen zwei Ebenen mit den Normalenvektoren $\vec{a}$ und $\vec{b}$ 40°.
b) Wenn die Vektoren $\vec{a}$ und $\vec{b}$ einen Winkel von 50° einschließen, dann beträgt der Schnittwinkel zwischen einer Geraden mit dem Richtungsvektor $\vec{a}$ und einer Ebene mit dem Normalenvektoren $\vec{b}$ 40°.
c) Die Gerade g mit g: $\vec{x} = \begin{pmatrix} 2 \\ 1 \\ 2 \end{pmatrix} + \mu \begin{pmatrix} 2 \\ 1 \\ 0 \end{pmatrix}$ und die Ebene E mit E: $x_1 - 2x_2 + x_3 = 4$ schneiden sich unter einem Winkel von 0°.

[T1] Die Richtung des Mastes ist ein möglicher zweiter Richtungsvektor von E. Die Gerade des Sonnenstrahls durch die Laternenspitze trifft den Boden in einem wichtigen Punkt mit $x_3 = 0$. **[T2]** Berechnen Sie, wie schnell die beiden Flugzeuge in einer Minute fliegen. Überlegen Sie, was sich bei diesem Vergleich für das Aufstellen der beiden Geradengleichungen ergibt. Für die Höhe muss nur die x_3-Koordinate betrachtet werden.

VI Exponentielles Wachstum

1 Ordnen Sie die Kärtchen passend zu. Hierbei ist a der Wachstums__________ für eine Zeiteinheit, k die Wachstums__________, T_V die __________, T_H die __________, B(n) die diskrete und f(x) die __________ Darstellung. Die Variablen n bzw. x werden in der passenden Zeiteinheit angegeben.

$k = \frac{3}{4}$ | $B(n) = \frac{3}{4}e^{-0{,}5n}$ | $k = -0{,}9$ | $T_H \approx 0{,}77$ | $f(x) = 2e^{-\frac{9}{10}x}$ | $T_V \approx 0{,}92$ | $a \approx 0{,}4$ | $k = -0{,}5$ | $T_H \approx 1{,}39$

$a = 2$ | $T_V \approx 1$ | $a \approx 0{,}6$ | $f(x) = 3e^{0{,}75x}$ | $k \approx 0{,}69$ | $B(n) = 2 \cdot 2^n$ | $a \approx 2{,}1$

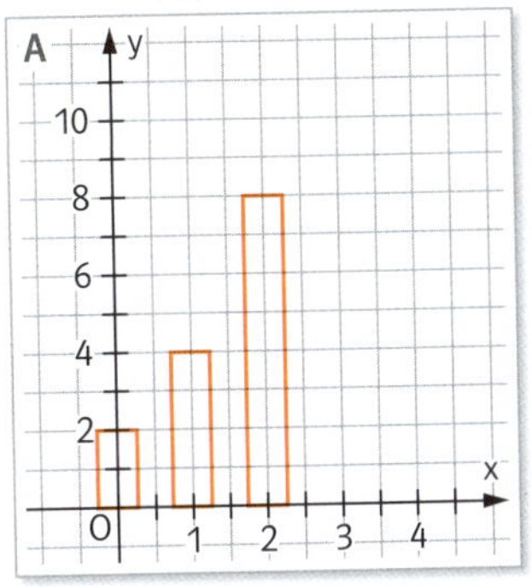

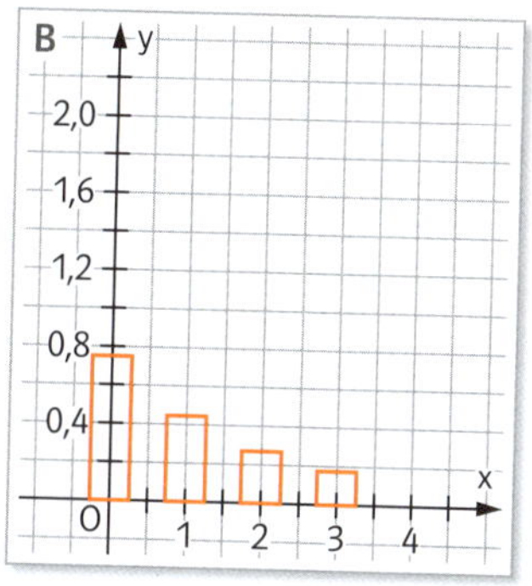

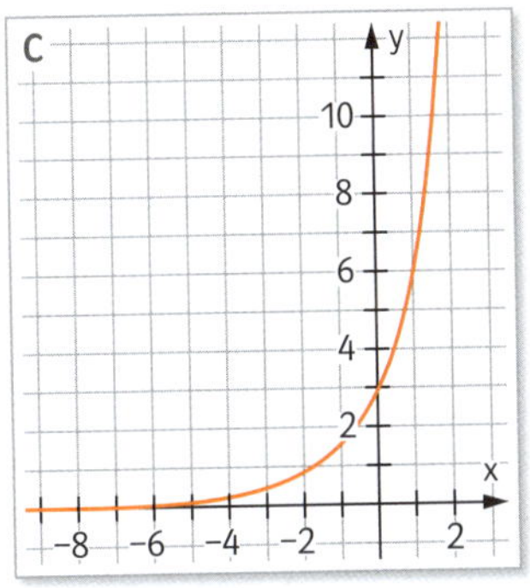

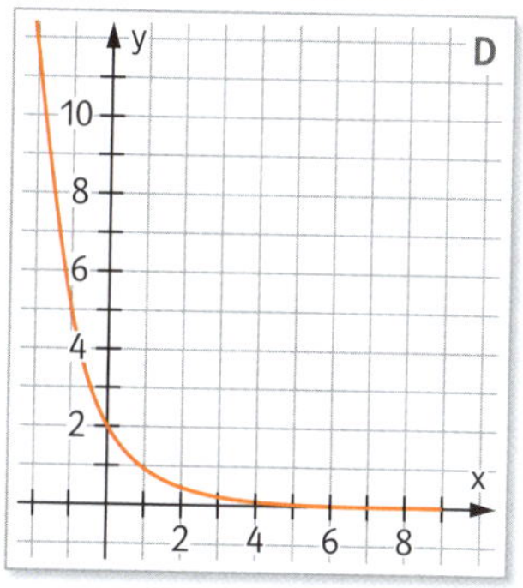

2 Stellen Sie zu der Datenreihe eine Modellfunktionen auf, indem Sie exponentielles Wachstum $B(n) = B(0) \cdot a^n$ voraussetzen.

a)

n	0	1
B(n)	3	4,5

b)

n	0	2
B(n)	2	196

c)

n	1	5
B(n)	5	1

3 Die folgende Tabelle stellt die Entwicklung der Einwohnerzahl Stuttgarts im 19. Jahrhundert dar. Sie soll auf exponentielles Wachstum hin untersucht werden.

Jahr	1800	1825	1850	1875	1900
Einwohner	20 000	30 000	48 000	107 000	170 000

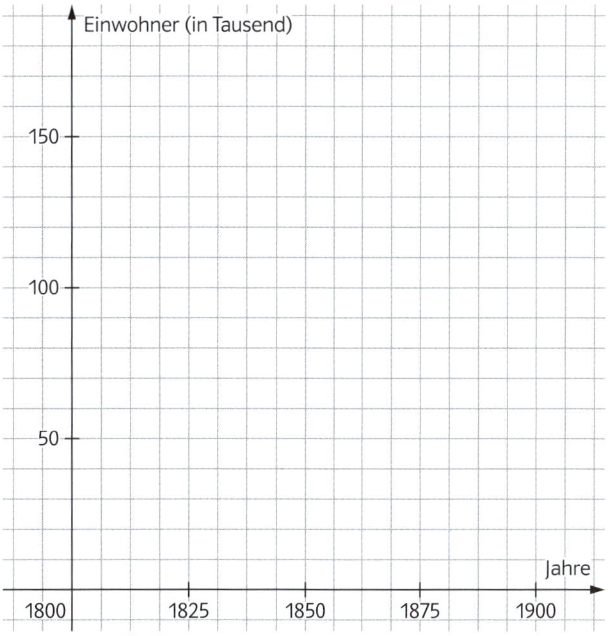

a) Stellen Sie die Entwicklung grafisch dar und bestimmen Sie grafisch einen Näherungswert für die Verdopplungszeit. $T_V \approx$ __________ Jahre.

b) Bestimmen Sie einen Näherungswert für den Wachstumsfaktor a, indem Sie die vier Quotienten aufeinanderfolgender Werte der Tabelle berechnen und daraus den Mittelwert bilden.

$a_{25} \approx$ (______ + ______ + ______ + ______) / 4 ≈ ______

Hieraus ergibt sich ein jährlicher Wachstumsfaktor von a ≈ ______ **[T1]** und eine Wachstumskonstante von k = ______. **[T2]**

c) Überprüfen Sie den oben bestimmten Wert von T_V mithilfe der Formel $T_V = \frac{\ln(2)}{k}$ = __________.

d) Modellieren Sie das Bevölkerungswachstum ab dem Jahr 1800 und vergleichen Sie die Einwohnerzahl Stuttgarts im Jahre 2010 (etwa 593 000 Einwohner) mit dem Ergebnis Ihrer Modellfunktion.

e) Beurteilen Sie Ihre Modellierung.

[T1] Bilden Sie die 25. Wurzel aus dem Wert von a_{25}. **[T2]** $k = \ln(a)$

1 Ergänzen Sie die Lücken.
Bei der Berechnung des exponentiellen Wachstums kann man die diskrete Darstellung B(n) = ________ oder die kontinuierliche Darstellung $f(x) = c \cdot a^x = c \cdot e^{kx}$ mit k = ________ verwenden. Die Variablen x bzw. n geben die (Zeit-)Schritte an. Für a > 1 bzw. k ________ wird eine exponentielle ________________ und für ________ a ________ bzw. k ________ eine ________________________ beschrieben.

2 Die Daten stellen die Verkaufszahlen von Pedelecs (Fahrrädern mit Elektromotor) in Deutschland dar.

Jahr	2006	2007	2008	2009	2010
Pedelecs	45 000	70 000	105 000	150 000	200 000

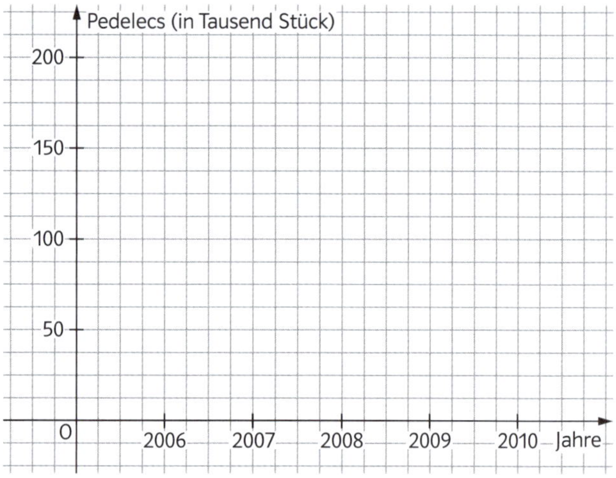

a) Stellen Sie die Daten graphisch dar.
b) Geben Sie einen Näherungswert für die Verdopplungszeit an. $T_V \approx$ ________ Jahre.
c) Bestimmen Sie einen Näherungswert für den jährlichen Wachstumsfaktor a, indem Sie die Quotienten aufeinanderfolgender Werte der Tabelle berechnen und daraus den Mittelwert bilden. [T1]
a ≈ (______ + ______ + ______ + ______) / 4 ≈ ______
Daraus ergibt sich eine Wachstumskonstante von k ≈ ______. [T2]
d) Überprüfen Sie den oben bestimmten Wert von T_V mithilfe der Formel $T_V = \frac{\ln(2)}{k} \approx$ ________ Jahre.
e) Der Zweirad-Industrie-Verband rechnet für das Jahr 2011 mit 300 000 in Deutschland verkauften Pedelecs. Modellieren Sie die Verkaufszahlen ab dem Jahr 2006 und vergleichen Sie die erwarteten Verkaufszahlen mit ihrer Modellfunktion.
f) Ermitteln Sie mithilfe Ihrer Modellfunktion die Verkaufszahlen für Pedelecs für das Jahr 2026 und beurteilen Sie ihre Modellfunktion. [T3]

3 Stellen Sie zu der Datenreihe eine Modellfunktion B mit $B(n) = B(0) \cdot a^n$ für das exponentielle Wachstum auf. [T4]

a)

n	0	1	2	3	4
B(n)	5	7,5	11	17	25

b)

n	0	1	2	3	4
B(n)	0,5	1,4	3,7	10,0	27,3

c) [T5]

n	0	2	4	6	8
B(n)	150	96	60	39	25

d) Welche der drei Datenreihen zeigt einen exponentiellen Zerfall? Bestimmen Sie deren Halbwertszeit.

4 In einem Labor wird das Wachstum einer Bakterienkultur untersucht. Die von der Bakterienkultur überdeckte Fläche wächst pro Tag um ca. 10 %. Zu Beobachtungsbeginn beträgt die Fläche ca. 6,0 cm².
a) Geben Sie einen Funktionsterm A an, der die von der Bakterienkultur überdeckte Fläche beschreibt.
b) Wie groß ist die von der Bakterienkultur überdeckte Fläche eine Woche nach Beginn der Messung bzw. 3 Tage vor Beginn der Messung?
c) Wann überdeckt die Bakterienkultur eine Fläche von 15 cm²?
d) Bestimmen Sie die Zeit für die Verdoppelung der von der Bakterienkultur überdeckten Fläche. [T6]
e) Stellen Sie die Ableitungsfunktion auf und erklären Sie anhand von A′(2) seine Bedeutung.

[T1] Bestimmen Sie jeden Quotienten durch $\frac{B(n)}{B(n-1)}$. [T2] Es gilt: k = ln(a). [T3] Überlegen Sie, ob der ermittelte Zahlenwert realistisch ist. [T4] Bestimmen Sie a aus den Tabellendaten für jeden (Zeit-)Schritt aus den Mittelwerten der Quotienten $\frac{B(n)}{B(n-1)}$ und stellen Sie dann die Modellfunktion auf. Alternativer Lösungsweg: Führen Sie eine Regression durch. [T5] Berücksichtigen Sie, dass zwischen zwei Daten zwei (Zeit-)Schritte liegen und bestimmen Sie a aus den Mittelwerten von $\sqrt{\frac{B(n)}{B(n-2)}}$. [T6] Bestimmen Sie t so, dass $1{,}1^t = 2$ gilt.

1 Die Karten zeigen Begriffe bei der Funktionsuntersuchung einer Funktion f bzw. im Sachzusammenhang und mögliche Rechenverfahren. Ordnen Sie den Aufgabenstellungen die Karten zu, welche für den Lösungsansatz notwendig sind.

... am größten/am kleinsten ... | ... größte/kleinste Veränderung ... | ... insgesamt ... | ... durchschnittlich ...

Fläche zwischen dem Graphen von f und der x-Achse im Intervall [a; b] | Mittelwert von f im Intervall [a; b] | Maximum/Minimum der Ableitungsfunktion f′ | Maximum/Minimum der Funktion f

Bestimmung des Integrals $\frac{1}{b-a}\int_a^b f(x)\,dx$ | Bestimmung des Integrals $\int_a^b f(x)\,dx$ | Bestimmung der Wendepunkte | Bestimmung der Extrempunkte (Randextrema berücksichtigen)

2 Gegeben ist die Funktion f mit $f(x) = \frac{4e^x}{(e^x+1)^2}$.
Die Abbildung zeigt den Graphen von f.
Wählen Sie für jede Aufgabe den richtigen Lösungsansatz aus und vervollständigen Sie diesen.

a) Zeigen Sie rechnerisch, dass der Graph von f achsensymmetrisch zur y-Achse ist. [T1]

b) Zeigen Sie, dass die Funktion F mit $F(x) = \frac{4}{e^x+1} + 4$ eine Stammfunktion von f ist. [T2]

c) Untersuchen Sie das Verhalten von F für $x \to \infty$ und $x \to -\infty$. Was folgt daraus für die Fläche zwischen dem Graphen von f und der x-Achse? [T3]

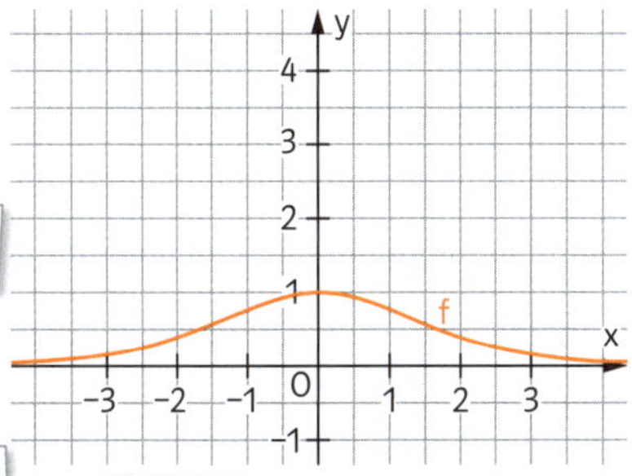

$-f(x) = \ldots = f(x)$ | $F'(x) = f(x)$ | $F(x) = f(x) + c$ | $x \to \infty$: $F(x) \to \ldots$ | $f(-x) = \ldots = f(x)$ | $F(\infty) = \ldots$

3 Gegeben ist die Funktion f mit $f(x) = 4x \cdot e^{\frac{1}{2}x}$.

a) Untersuchen Sie das Verhalten von f für $x \to \infty$ und $x \to -\infty$.

b) Berechnen Sie für den Graphen von f die Schnittpunkte mit den Koordinatenachsen, Hoch-, Tief- und Wendepunkte. Skizzieren Sie den Graphen von f.

c) Zeigen Sie, dass die Funktion F mit $F(x) = 8(x-2) \cdot e^{\frac{1}{2}x}$ eine Stammfunktion von f ist. [T2]

d) Berechnen Sie den Inhalt der Fläche, die vom Graphen von f mit den Koordinatenachsen und der Geraden mit der Gleichung $x = -6$ eingeschlossen wird.

e) Der Graph von f schließt mit der x-Achse auf dem Intervall $(-\infty; 0]$ eine nach links unbegrenzte Fläche ein. Untersuchen Sie, ob diese Fläche einen endlichen Inhalt A hat und geben Sie gegebenenfalls diesen Flächeninhalt an. [T4]

4 Bei einem gesunden Menschen beträgt die normale Körpertemperatur ca. 36,5 °C. Der Verlauf der Fieberkurve einer erkrankten Person kann modellhaft durch die Funktion $f(t) = 36{,}5 + t \cdot e^{-0{,}1t}$ dargestellt werden. Dabei ist $t \geq 0$ die Zeit in Stunden nach Krankheitsbeginn und f(t) Körpertemperatur in °C. Die Abbildung zeigt den Graphen von f.

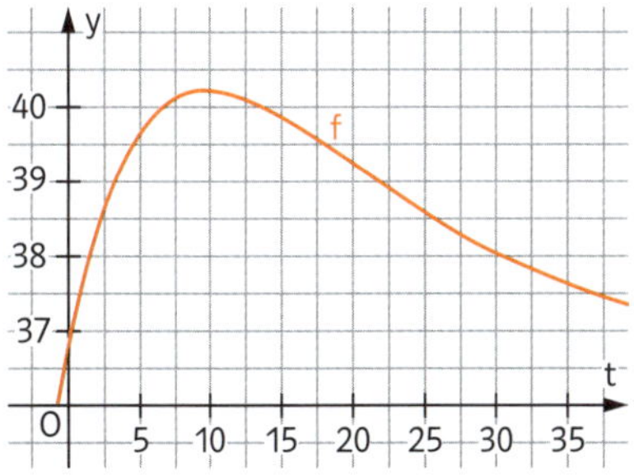

a) Wie hoch steigt die Körpertemperatur maximal an und wann wird dieses Maximum erreicht?

b) Zu welchen beiden Zeitpunkten nimmt die Körpertemperatur am stärksten zu bzw. ab? [T5]

c) Wann sinkt die Körpertemperatur unter 37 °C?

d) Zeigen Sie, dass die Körpertemperatur zehn Stunden nach Krankheitsbeginn ständig abnimmt. [T6]

[T1] Erweitern Sie den Funktionsterm von f(−x) mit $(e^x)^2$. [T2] Zeigen Sie, dass $F'(x) = f(x)$ gilt. [T3] Bestimmen Sie die Fläche. [T4] Berechnen Sie die Fläche A(a) auf dem Intervall [a; 0] ($a \in \mathbb{R}$, $a < 0$) in Abhängigkeit der linken Grenze a und untersuchen Sie dann das Verhalten von A(a) für $a \to -\infty$. [T5] Bestimmen Sie die Stellen, an denen f′ maximal bzw. minimal wird und berücksichtigen Sie auch mögliche Randextrema. [T6] Zeigen Sie, dass für $t > 10$ die Funktion f monoton fällt, d.h. dass $f'(t) < 0$ gilt.

1 Gegeben ist die Funktion f mit $f(x) = \frac{5e^x}{1 + e^x}$.

a) Untersuchen Sie den Graphen von f auf Schnittpunkte mit den Achsen, Extrempunkte und Wendepunkte.
b) Zeichnen Sie den Graphen im Intervall $[-5; 5]$.
c) Bestimmen Sie die Gleichungen der Asymptoten.
d) Der Graph von f schließt mit den Koordinatenachsen im 2. Quadranten eine ins Unendliche reichende Fläche ein. Bestimmen Sie näherungsweise deren Inhalt, indem Sie die Funktion durch eine passende Funktion $g(x) = a \cdot e^{kx}$ ersetzen, die mit f an den Stellen 0 und −2 übereinstimmt. [T1]

2 Gegeben ist die Funktionenschar f_t mit $f_t(x) = (e^x - t)^2$, $t > 0$.
a) Bestimmen Sie die Schnittpunkte der Graphen von f_t mit den Koordinatenachsen.
b) Untersuchen Sie das Verhalten der Funktionswerte von f_t für $x \to +\infty$ bzw. $x \to \infty$ und geben Sie vorhandene Asymptoten an.
c) Berechnen Sie den Schnittpunkt S_t der Asymptote mit dem Graphen von f_t. [T2]
d) Bestimmen Sie die Ortskurve aller Schnittpunkte S_t. [T3]

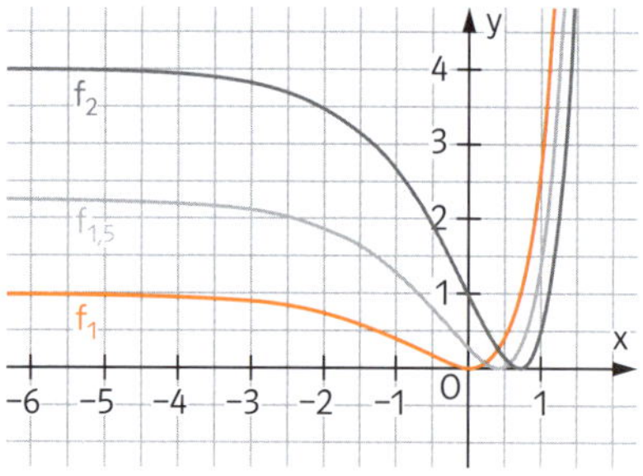

3 Ein Fahrradhändler plant, alle Fahrräder für die kommende Saison zum 1. März einzukaufen. Er verkauft erfahrungsgemäß pro Monat 20 % der jeweils vorhandenen Fahrräder. Am 1. Oktober möchte er noch 20 Fahrräder übrig haben, die dann im Laufe der Nachsaison verkauft werden sollen.
a) Stellen Sie eine Funktion auf, die den Fahrradbestand beschreibt. Wie viele Fahrräder muss der Händler zum 1. März einkaufen?
b) Wie groß ist die Halbwertszeit für den Fahrradbestand?
c) Wie viel Prozent der vorhandenen Fahrräder muss er monatlich verkaufen, wenn am 1. Oktober nur noch ein Fahrrad übrig bleiben soll?

4 Bei einem Mutter-Tochter-Zerfall zerfällt ein radioaktives Präparat A mit der Halbwertszeit t_1 in ein anderes radioaktives Präparat B, das mit der Halbwertszeit t_2 in ein weiteres Präparat C zerfällt. Die Graphen zeigen den Bestand des Präparats B in Abhängigkeit von der Zeit für die Fälle
a) t_1 sehr viel kleiner als t_2,
b) $t_1 = t_2$
c) t_1 sehr viel größer als t_2
Ordnen Sie die Fälle den Graphen zu. [T4]

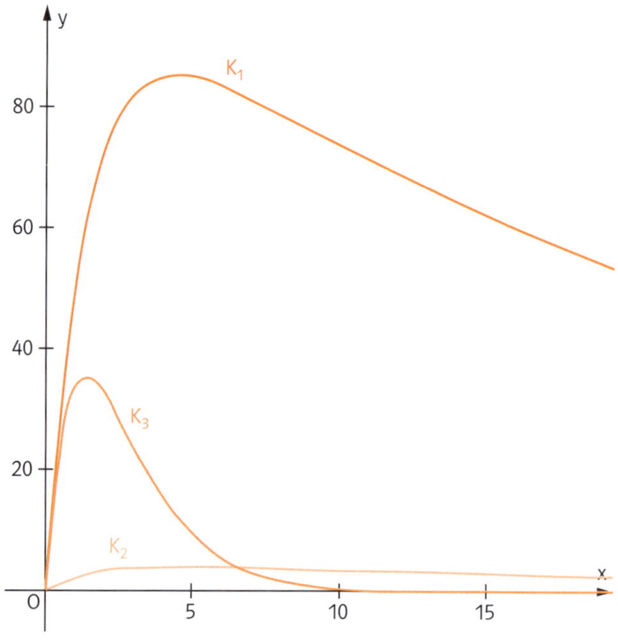

5 Bei einem Rheinhochwasser konnte man den Pegelstand über Normal des Rheins in Köln mit folgender Funktion modellieren:
$f(t) = 8 \cdot e^{-0{,}2 \cdot (t-5)^2}$. t in Tagen mit $0 \leq t \leq 10$,
f(t) in m über Normal.
a) Zu welchem Zeitpunkt wurde der Höchststand des Wassers erreicht?
b) Die kritische Marke lag bei 5 m über Normal. Wie lange wurde diese Marke überschritten?
c) Für die Hochwasser-Experten ist der Zeitpunkt interessant, an dem der Anstieg des Hochwassers nicht mehr zunimmt und abzunehmen beginnt. Wann war dies der Fall? [T5]

[T1] Bestimmen Sie zuerst a aus t = 0 und dann k. Berechnen Sie das Integral mit unterer Grenze u und betrachten Sie dann den Grenzwert für $u \to -\infty$. [T2] Für die Asymptote gilt $y = t^2$. Zur Bestimmung der x-Koordinate lösen Sie die Gleichung $(e^x - t)^2 = t^2$. [T3] Lösen Sie die Gleichung für die x-Koordinate nach dem Parameter t auf und ersetzen Sie damit den Parameter t in der Gleichung für die y-Koordinate. [T4] Überlegen Sie, in welchem Beispiel der Bestand B am schnellsten anwächst. [T5] Das ist der Hochpunkt des Graphen der 1. Ableitung.

Steigung von Funktionsgraphen

Steigung des Graphen einer Funktion f an der Stelle x_0
Gemeint ist die Steigung m der Tangente: $m = f'(x_0)$
1. Schritt: $f'(x)$ ermitteln
2. Schritt: x_0 einsetzen, also $m = f'(x_0)$ berechnen

Beispiel: $f(x) = x^2$; $x_0 = 3$

$f'(x) = 2x$
$m = f'(3) = 2 \cdot 3 = 6$

An welchen Stellen x_0 hat der Graph von f die Steigung m?
Gegeben: $m = f'(x_0)$
1. Schritt: $f'(x)$ ermitteln
2. Schritt: $m = f'(x_0)$ ansetzen und nach x_0 auflösen

Beispiel: $f(x) = -x^2 + 3x$; $m = -1$

$f'(x) = -2x + 3$
$-1 = f'(x_0) = -2x_0 + 3 \quad x_0 = 2$

Monotonie
1. Schritt: $f'(x)$ ermitteln
2. Schritt: Bedingung $f'(x_0) > 0$ nach x_0 auflösen, um das Intervall zu erhalten, in dem der Graph von f streng monoton wächst.
3. Schritt: Monotonie im gesamten Definitionsbereich von f angeben

Beispiel: $f(x) = x^2$

$f'(x) = 2x \begin{cases} > 0, \text{ wenn } x > 0 \\ < 0, \text{ wenn } x < 0 \end{cases}$

streng monoton fallend $(-\infty, 0]$
streng monoton wachsend $[0, \infty)$

Tangente und Normale

Gleichung der Tangente an den Graph von f im Punkt $P(x_0 | f(x_0))$
1. Schritt: $f'(x)$ ermitteln, x_0 für x einsetzen
$f'(x_0) = m_t$
2. Schritt: $y_0 = f(x_0)$ berechnen
3. Schritt: Tangente mit errechnetem Anstieg ansetzen

$y = m_t x + n$ geht durch $(x_0 | y_0)$

$\Rightarrow n = \ldots$

4. Schritt: Tangentengleichung angeben

oder alternativ zur Schrittfolge die allgemeine Tangentengleichung $y = f'(x_0) \cdot (x - x_0) + f(x_0)$ verwenden

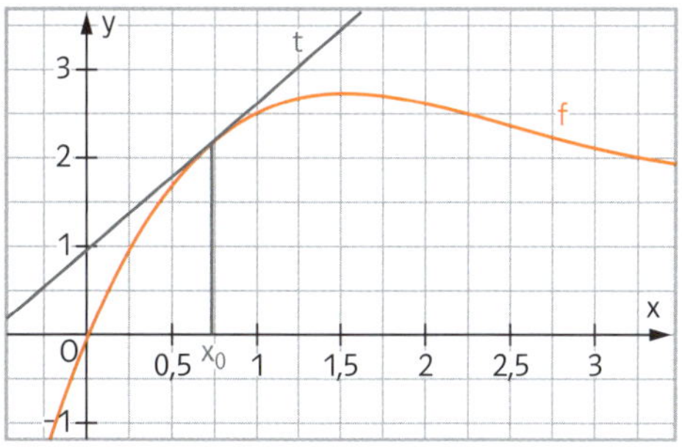

Beispiel: $f(x) = x^2$; $x_0 = 3$
$f'(x) = 2x$; $m = f'(3) = 6$
$f(3) = 9$
$y = 6x + n$ geht durch $(3 | 9)$
$9 = 6 \cdot 3 + n \qquad n = -9$
Tangente t: $y = 6x - 9$

Gleichung der Tangente von einem Punkt außerhalb des Graphen
Gegeben: $P(a | b)$, $f(x)$ Gesucht: Berührstelle x_0, Tangentengleichung
1. Schritt: m in Anhängigkeit von x_0 ermitteln
$\Rightarrow m = f'(x_0)$
2. Schritt: $x = a$ und $y = b$ in die allgemeine Tangentengleichung $y = f'(x_0) \cdot (x - x_0) + f(x_0)$ einsetzen, x_0 berechnen
3. Schritt: x_0 in die allgemeine Tangentengleichung einsetzen

Beispiel: $f(x) = \sqrt{x}$; $P(-1 | 0)$

$m = f'(x_0) = \frac{1}{2 \cdot \sqrt{x_0}}$

$0 = \frac{1}{2 \cdot \sqrt{x_0}}(-1 - x_0) + \sqrt{x_0} \qquad x_0 = 1$

$y = \frac{1}{2 \cdot \sqrt{1}}(x - 1) + \sqrt{1} = \frac{1}{2}x + \frac{1}{2}$

Gleichung der Normalen
Die Normale ist eine Gerade, die den Graphen der Funktion senkrecht schneidet.
1. Schritt: Die Steigung m_n mit $m_n = -\frac{1}{m_t}$ aus der Steigung der Tangente m_t berechnen.
2. Schritt: Die Koordinaten des Punktes $P(x_0 | f(x_0))$ in $y = m_n x + n$ mit $x = x_0$ und $y = f(x_0)$ einsetzen und nach n auflösen
3. Schritt: Normalengleichung in der Form $y = m_n x + n$ angeben.

Beispiel: $f(x) = x^2 - 3x \qquad x_0 = 1$
$f'(x) = 2x - 3$

$m = -\frac{1}{f'(1)} = -\frac{1}{-1} = 1$

$y = x + n$ geht durch $(1 | -2)$
$-2 = 1 + n \qquad n = -3$
Normale n: $y = x - 3$

Zwei Funktionen

Stelle x_0 mit gleicher Steigung der Graphen von f und g

Es muss für diesen Wert x_0 gelten, dass die Steigung der beiden Graphen an dieser Stelle gleich groß ist.

1. Schritt: $f'(x_0) = g'(x_0)$ ansetzen
2. Schritt: Gleichung nach x_0 auflösen

Beispiel: $f(x) = 4x^2$; $g(x) = \frac{1}{x}$

Ansatz: $8x_0 = -\frac{1}{x_0^2}$ mit der Lösung $x_0 = -\frac{1}{2}$

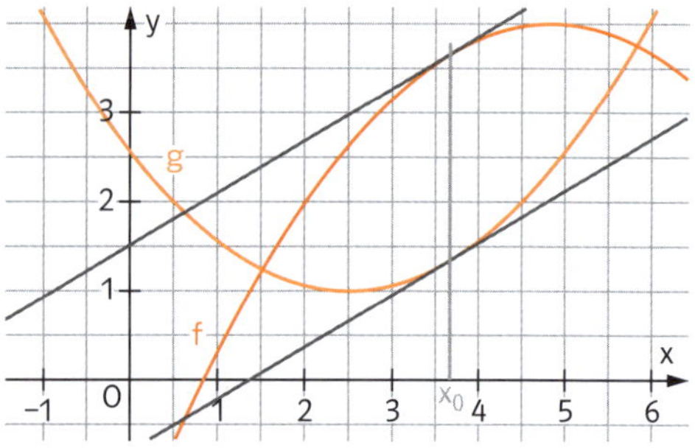

Stelle x_0 mit zueinander senkrechten Tangenten

1. Schritt: Ansatz $f'(x_0) = -\frac{1}{g'(x_0)}$
2. Schritt: Gleichung nach x_0 auflösen

Beispiel: $f(x) = 2x^2 - x + 3$; $g(x) = -x^2$
Ansatz: $4x_0 - 1 = \frac{1}{2x_0}$ mit den Lösungen $x_1 = \frac{1}{2}$ und $x_2 = -\frac{1}{4}$

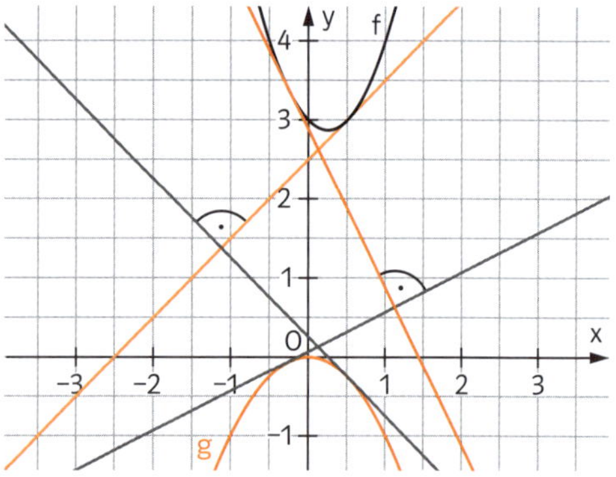

Die Graphen von f und g berühren sich bei x_0

(Es muss $f'(x_0) = g'(x_0)$ und $f(x_0) = g(x_0)$ gelten)

1. Schritt: aus $f'(x_0) = g'(x_0)$ Stellen x_0 mit gleicher Steigung ermitteln
2. Schritt: prüfen, ob an den Stellen x_0 die Gleichung $f(x_0) = g(x_0)$ für gleiche Funktionswerte erfüllt ist.

Beispiel: $f(x) = \frac{4}{x^2}$; $g(x) = 3 - \frac{9}{16}x^2$

$f'(x_0) = g'(x_0)$ $\quad -\frac{8}{x_0^3} = -\frac{9}{8}x_0$ $\quad x_0^4 = \frac{64}{9}$ $\quad x_0 = \pm\sqrt{\frac{8}{3}}$

$f\left(\pm\sqrt{\frac{8}{3}}\right) = 4 \cdot \frac{3}{8} = \frac{3}{2}$; $g\left(\pm\sqrt{\frac{8}{3}}\right) = 3 - \frac{9}{16} \cdot \frac{8}{3} = \frac{3}{2}$

Die Funktionen f und g berühren sich an der Stellen $-\sqrt{\frac{8}{3}}$ und $\sqrt{\frac{8}{3}}$.

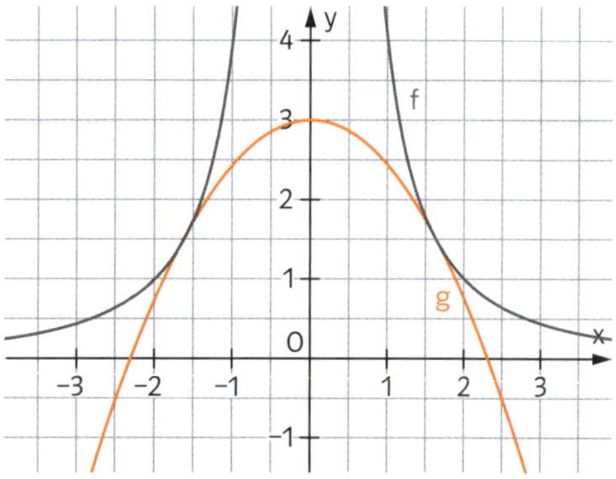

Schnittpunkt und -winkel der Graphen zweier Funktionen

1. Schritt: Schnittstelle x_S mit $f(x_S) = g(x_S)$ berechnen
2. Schritt: $y_S = f(x_S)$ berechnen und Schnittpunkt $S(x_S | y_S)$ angeben
3. Schritt: $f'(x)$ und $g'(x)$ berechnen: $m_1 = f'(x_S)$; $m_2 = g'(x_S)$
4. Schritt: mit $\tan(\delta) = \left|\frac{m_2 - m_1}{1 + m_1 \cdot m_2}\right|$ den Winkel berechnen.

Beispiel: $f(x) = x^2$; $g(x) = x^2 - 4x + 4$
Schnittstelle: $x_S = 1$; Schnittpunkt $(1|1)$

$m_1 = f'(1) = 2$; $m_2 = g'(1) = -2$

$\tan\delta = \left|\frac{-2-2}{1 + 2 \cdot (-2)}\right| = \frac{4}{3}$ $\qquad \delta = 53{,}13°$

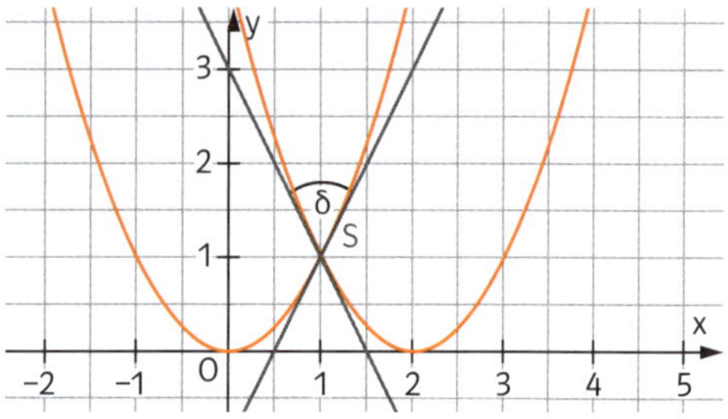

Charakteristische Punkte des Graphen einer Funktion

Schnittpunkte mit den Koordinatenachsen

Schnitt mit der y-Achse: $f(0)$ berechnen; Schnittpunkt $(0 \mid f(0))$

Schnitt mit der x-Achse:

1. Schritt: Ansatz $f(x_0) = 0$
2. Schritt: x_0 ermitteln

Methoden: Auflösen nach x_0, Lösungsformel für quadratische Gleichungen, Substitution, Polynomdivision, Darstellung als Nullprodukt, um die Faktoren einzeln zu betrachten

Beispiel: $f(x) = (x - 3) \cdot (x^2 + 2x + 1)$
Umformung: $f(x) = (x - 3) \cdot (x + 1)^2$
Schnitt mit der y-Achse: $f(0) = -3$; $P_0(0 \mid -3)$
Schnitt mit der x-Achse: $f(x_0) = 0$
$x_{01} = 3$; $x_{02} = -1$
$P_1(3 \mid 0)$; $P_2(-1 \mid 0)$

Lokale Extrempunkte

1. Schritt: aus $f'(x_0) = 0$ als notwendiger Bedingung Stellen x_0 ermitteln
2. Schritt: $f''(x_0) \neq 0$ oder Vorzeichenwechsel der 1. Ableitung sind hinreichend für die Existenz einer lokalen Extremstelle.
3. Schritt: Funktionswert an der Stelle x_0 berechnen und Punkt angeben

Beispiel: $f(x) = x^3 - 3x^2 - 24x + 3$
$f'(x) = 3x^2 - 6x - 24$
$f''(x) = 6x - 6$
Mit Lösungsformel: $x_1 = -2$; $x_2 = 4$
$f''(-2) = -18 \neq 0$; $f''(4) = 18 \neq 0$
$H(-2 \mid 31)$; $T(4 \mid -77)$

Wendepunkte

1. Schritt: Aus $f''(x_0) = 0$ als notwendiger Bedingung Stellen x_0 ermitteln
2. Schritt: $f'''(x_0) \neq 0$ oder Vorzeichenwechsel der 2. Ableitung sind hinreichend für die Existenz einer Wendestelle.
3. Schritt: Funktionswert an der Stelle x_0 berechnen und Punkt angeben

Beispiel: $f(x) = x^3 - 3x^2 - 24x + 3$
$f'(x) = 3x^2 - 6x - 24$
$f''(x) = 6x - 6 = 0$; $f'''(x) = 6$
$x_0 = 1$
$f'''(1) = 6 \neq 0$
$f(1) = -23$; $W(1 \mid -23)$

Sattelpunkte

Spezieller Wendepunkt, bei dem f keinen Monotoniewechsel hat.

1. Schritt: Aus $f''(x_0) = 0$ mögliche Wendestellen ermitteln.
2. Schritt: Gilt bei x_0 auch: $f'(x_0) = 0$ und ist x_0 Nullstelle von f' ohne Vorzeichenwechsel, so ist $(x_0 \mid f(x_0))$ Sattelpunkt.

Beispiel: $f(x) = x^4 - 2x^3 + 1$
Aus $f''(x_0) = 0$ folgt $x_1 = 0$ und $x_2 = 1$.
An der Stelle $x_0 = 0$ hat f einen Sattelpunkt, weil $f'(0) = 0$; und $f'(x) = 4x^3 - 6x^2 = 2x^2 \cdot (2x - 3)$ bei 0 eine Nullstelle ohne Vorzeichenwechsel hat.

Funktionenscharen

Der Graph welcher der Funktionen f_t geht durch P?

1. Schritt: Koordinaten von P für x und $f_t(x)$ einsetzen
2. Schritt: Variable t aus dieser Gleichung berechnen

Beispiel: Für welchen Wert von t geht f_t mit $f_t(x) = t \cdot (x - x^2)$ durch $P(-1 \mid -4)$?
Aus $-4 = t \cdot (-1 - (-1)^2)$ folgt $t = 2$.

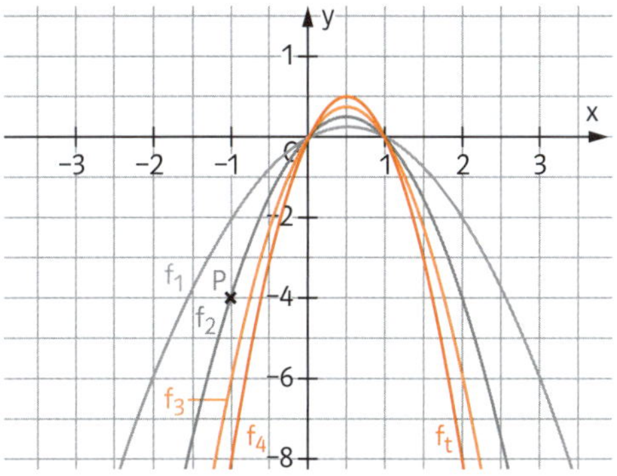

Für welche der Funktionen f_t liegt der Tiefpunkt auf der Geraden g?

1. Schritt: Koordinaten von $T(x_0 \mid y_0)$ in Abhängigkeit von t ermitteln
2. Schritt: x_0 und y_0 für x und y in die Geradengleichung einsetzen
3. Schritt: aus dieser Gleichung die einzige Variable t berechnen

Beispiel: Für welchen Wert von t liegt der Tiefpunkt $T(2t \mid t^2 + 1)$ auf der Geraden $y = x$?
$x_0 = 2t$ und $y_0 = t^2 + 1$ in die Geradengleichung einsetzen:
$t^2 + 1 = 2t$, d.h. $t^2 - 2t + 1 = 0$ hat die einzige Lösung $t = 1$.

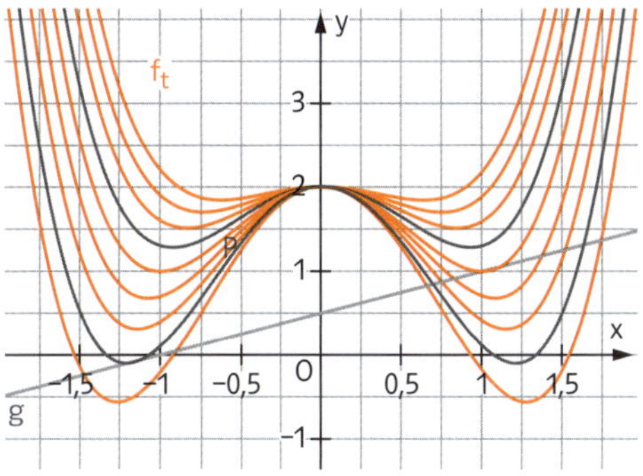

Der Graph welcher der Funktionen f_t hat an der Stelle x_0 die gleiche Steigung wie die Gerade g?

1. Schritt: Steigung m der Geraden in $m = f'(x_0)$ einsetzen
2. Schritt: aus dieser Gleichung den Parameter berechnen

Beispiel: Für welchen Wert von t ist die Tangente an den Graphen der Funktion f_t mit $f_t(x) = \frac{1}{t}x^2 - 2x + 2$ im Punkt $(4 \mid f_t(4))$ parallel zur Geraden $y = \frac{1}{2}x$?

Die Gerade hat die Steigung $\frac{1}{2}$. $\quad f_t'(x) = \frac{2}{t}x - 2$

Also muss $f_t'(4) = \frac{1}{2}$ sein. $\quad f_t'(4) = \frac{2}{t} \cdot 4 - 2 = \frac{1}{2} \quad t = \frac{16}{5}$

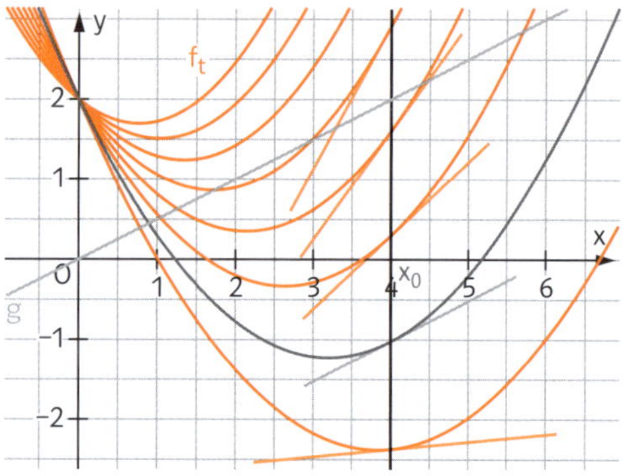

Ortslinie einer Funktionsschar

Gesucht ist die Funktion, auf deren Graph alle Extrempunkte oder Wendepunkte liegen. (vgl. nebenstehende Grafik)

1. Schritt: die Koordinaten von Extrempunkt bzw. Wendepunkt in Abhängigkeit von t berechnen $(x(t) \mid y(t))$
2. Schritt: x(t) nach t auflösen und in y(t) einsetzen

Beispiel: Ortslinie von $T(2t \mid 9 - t^2)$

$x(t) = 2t;\ y(t) = 9 - t^2$

$t = \frac{x}{2}$ in y(t) einsetzen

$y = 9 - \frac{1}{4}x^2$

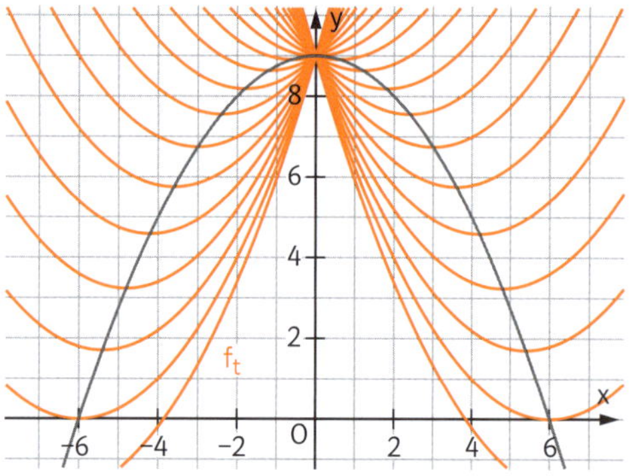

Für welchen Wert von t ist das Minimum von f_t am größten?

1. Schritt: Ortslinie des Tiefpunktes berechnen
2. Schritt: Maximumstelle der Ortslinie x_0 berechnen
3. Schritt: aus $x_0 = x(t)$ den Wert für t berechnen.

Beispiel: Der Tiefpunkt einer Funktionsschar liegt bei $(t \mid 4 - t^2)$. Für welchen Wert von t ist das Minimum am größten?
Ortslinie: $y = 4 - x^2$
$y' = -2x = 0 \rightarrow x_0 = 0 = t$
Minimum für $t = 0$

Für welchen Wert von t hat der Graph von f_t zwei zueinander orthogonale Wendetangenten?

1. Schritt: Berechnen der beiden Wendestellen
2. Schritt: Berechnen der Steigung an diesen Stellen.
3. Schritt: Ansatz für zueinander senkrechte Geraden: $m_1 = -\frac{1}{m_2}$

Beispiel: Für welchen Wert von $t > 0$ hat $f_t(x) = tx^4 - 6tx^2$ zwei zueinander orthogonale Wendetangenten?

$f_t'(x) = 4tx^3 - 12tx;\ f_t''(x) = 12tx^2 - 12t = 0 \quad x_1 = -1;\ x_2 = 1$

$m_1 = f_t'(-1) = 8t;\ m_2 = -8t \quad$ Ansatz: $8t = -\frac{1}{-8t} \rightarrow t = \frac{1}{8}\ (t > 0)$

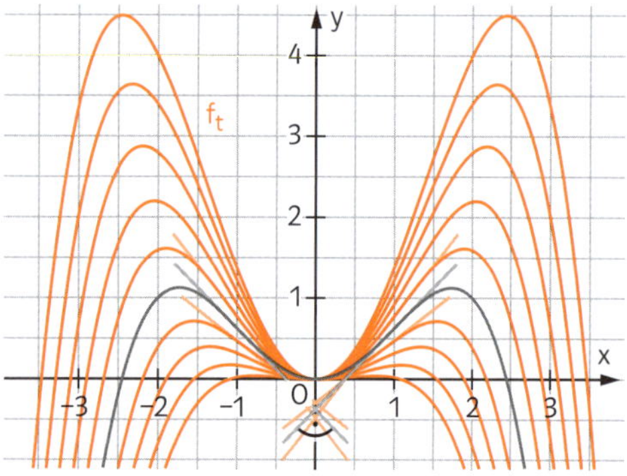

Welche Punkte haben die Graphen aller Funktionen f_t gemeinsam?

1. Schritt: für t die Parameter r und s im Ansatz $f_r(x) = f_s(x)$ verwenden.
2. Schritt: für $r \neq s$ die Schnittstellen errechnen.
3. Schritt: y-Werte errechnen und gemeinsame Punkte angeben

Beispiel: $f_t(x) = x^3 + tx^2 + (8t - 1)x$

Ansatz $f_r(x) = f_s(x)$, also $x^3 + rx^2 + (8r - 1)x = x^3 + sx^2 + (8s - 1)x$

$x_1 = 0 \quad$ Restgleichung: $rx + (8r - 1) = sx + (8s - 1)$

$(r - s) \cdot x = -8 \cdot (r - s) \quad x_2 = -8$

gemeinsame Punkte: $P_1(0 \mid 0)$ und $P_2(-8 \mid -504)$

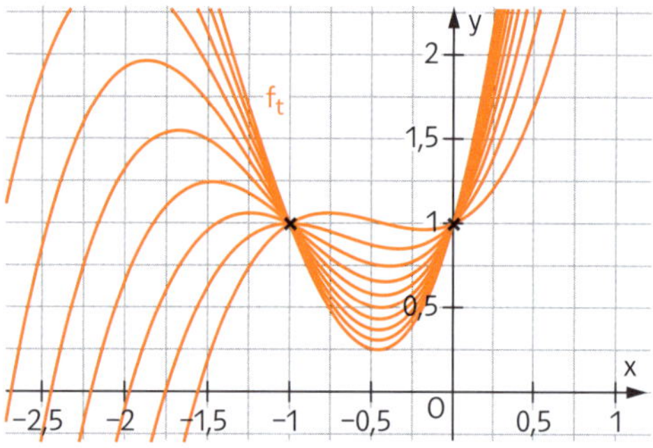

Integrale berechnen

Berechnung von Integralen der Form $\int_a^b f(x)\,dx$

1. Schritt: Eine Stammfunktion F von f bestimmen
2. Schritt: Das Integral hat den Wert F(b) − F(a)

Beispiel:

$$\int_1^5 \left(1 + \frac{2}{x^2}\right)dx = \left[x - \frac{2}{x}\right]_1^5 = \left(5 - \frac{2}{5}\right) - \left(1 - \frac{2}{1}\right) = 5{,}6$$

Berechnung einer Integrationsgrenze bei gegebenem Integralwert

1. Schritt: Eine Stammfunktion F von f bestimmen
2. Schritt: Den Integralwert mit F(b) − F(a) gleichsetzen

Beispiel: $\int_2^b \frac{20}{x^2}\,dx = 3$

$F(x) = -\frac{20}{x}$;

$F(b) - F(2) = -\frac{20}{b} - \left(-\frac{20}{2}\right) = 5 - \frac{20}{b} = 3$;

$b = 10$

Uneigentliche Integrale berechnen

1. Schritt: Eine Grenze durch den Parameter z ersetzen
2. Schritt: Integral in Abhängigkeit von z berechnen
3. Schritt: Für z eine Grenzbetrachtung durchführen

Beispiel: $\int_2^\infty \left(\frac{20}{x^2}\right)dx$

$\int_2^z \left(\frac{20}{x^2}\right)dx = \left[-\frac{20}{x}\right]_2^z = -\frac{20}{z} - (-10) = 10 - \frac{20}{z}$; $\int_2^z \left(\frac{20}{x^2}\right)dx \to 10$ für $z \to \infty$

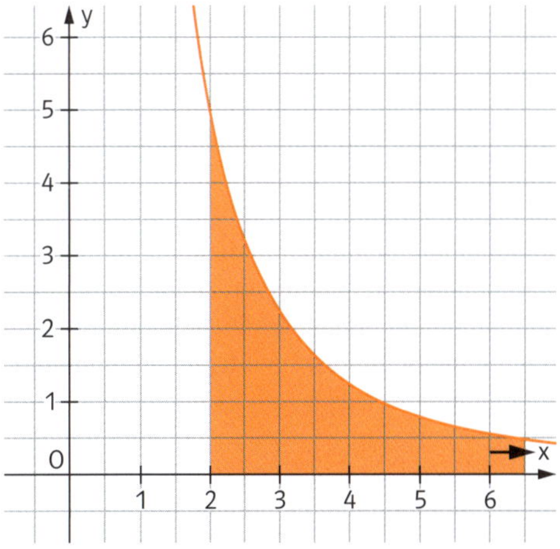

Rekonstruieren einer Größe

Integralfunktion I_a zur unteren Grenze a bestimmen

1. Schritt: Stammfunktion F von f bestimmen
2. Schritt: $I_a(x) = F(x) - F(a)$ berechnen

Beispiel: $f(x) = 3x^2 - 4x \quad a = 3$

Stammfunktion: $F(x) = x^3 - 2x^2$

Intergralfunktion: $I_3(x) = x^3 - 2x^2 - (27 - 18)$

$I_3(x) = x^3 - 2x^2 - 9$

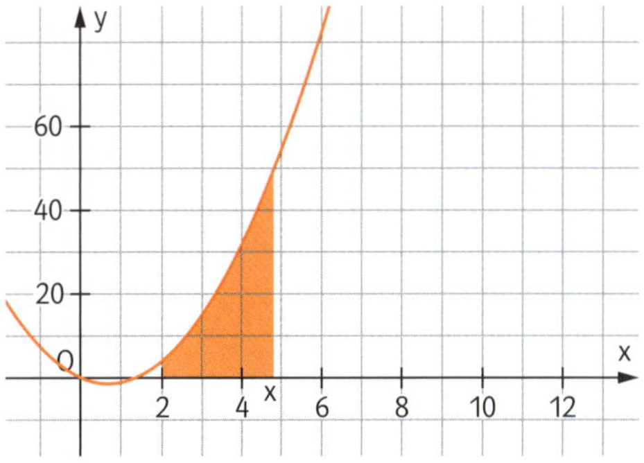

Gesamtänderung einer Größe berechnen

Ist f die Änderungsrate einer Größe, so ist $F(b) - F(a) = \int_a^b f(x)\,dx$ die Gesamtänderung der Größe F im Intervall [a; b].

Beispiel:

Geschwindigkeit eines Fahrzeugs:

$v(t) = 0{,}6t^2$ ($v(t)$ in $\frac{m}{s}$; t in s):

Zurückgelegte Strecke in m: $s(t) = \int_0^t (0{,}6x^2)\,dx = [0{,}2x^3]_0^t = 0{,}2t^3$

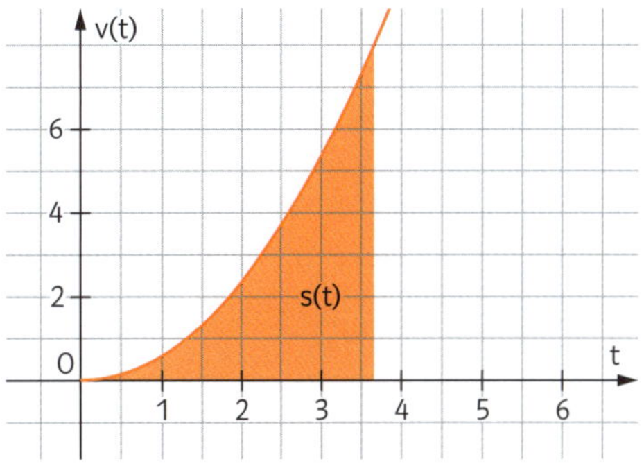

Lagebeziehungen

Liegt der Punkt P auf der Geraden g?

1. Schritt: den Ortsvektor von P für $\vec{x}$ in g einsetzen
2. Schritt: prüfen, ob es genau eine Lösung für den Wert der bzw. des Parameters gibt

Beispiel: $\vec{x} = \begin{pmatrix} 3 \\ 5 \\ 2 \end{pmatrix} + \lambda \cdot \begin{pmatrix} -2 \\ 8 \\ 4 \end{pmatrix}$ P(1|−3|6)

$\begin{pmatrix} 1 \\ -3 \\ 6 \end{pmatrix} = \begin{pmatrix} 3 \\ 5 \\ 2 \end{pmatrix} + \lambda \cdot \begin{pmatrix} -2 \\ 8 \\ 4 \end{pmatrix}$ $\begin{matrix} \lambda = 1 \\ \lambda = -1 \\ \lambda = 1 \end{matrix}$

P liegt nicht auf g.

Liegt der Punkt P in der Ebene E?

1. Schritt: Koordinatengleichung von E angeben
2. Schritt: die Koordinaten von P für x_1, x_2 und x_3 einsetzen und prüfen, ob eine wahre Aussage entsteht.

Beispiel: E: $3x_1 + 4x_2 + x_3 = 12$ P(2|1|2)

$3 \cdot 2 + 4 \cdot 1 + 1 \cdot 2 = 12$

Der Punkt P liegt in der Ebene E.

Spurgerade in einer Koordinatenebene ermitteln

1. Schritt: Spurpunkte in dieser Koordinatenebene ermitteln
2. Schritt: Geradengleichung aus diesen beiden Punkten aufstellen

Beispiel: Spurgerade in der x_1x_3-Ebene von E mit E: $3x_1 + 4x_2 + x_3 = 12$

Spurpunkte (4|0|0) und (0|0|12)

Spurgerade: $\vec{x} = \begin{pmatrix} 4 \\ 0 \\ 0 \end{pmatrix} + \lambda \cdot \begin{pmatrix} 4 \\ 0 \\ -12 \end{pmatrix}$

Schnittgerade zweier Ebenen ermitteln

1. Schritt: Normalenvektoren auf Parallelität überprüfen (Wenn $\vec{n_1} = \lambda \cdot \vec{n_2}$, dann gibt es keine Schnittgerade.)
2. Schritt: Koordinatengleichungen der Ebenen E_1 und E_2 als Gleichungssystem behandeln und willkürlich eine Variable als Parameter verwenden
3. Schritt: Lösung des Gleichungssystems ist ein allgemeiner Geradenpunkt, der sich als Geradengleichung schreiben lässt.

Beispiel: E_1: $3x_1 - 5x_2 + 2x_3 = -5$
E_2: $x_1 + 3x_2 + 10x_3 = 17$

LGS: I $3x_1 - 5x_2 + 2x_3 = -5$
II $x_1 + 3x_2 + 10x_3 = 17$

I − 3II: $-14x_2 - 28x_3 = -56$

Setze $x_3 = \lambda$: $-14x_2 = -56 + 28\lambda$ | :(−14)

$x_2 = 4 - 2\lambda$

in Gleichung II einsetzen:

$x_1 + 3(4 - 2\lambda) + 10\lambda = 17$

$x_1 = 5 - 4\lambda$

allgemeiner Geradenpunkt:

$(5 - 4\lambda | 4 - 2\lambda | \lambda)$ als Vektor $\begin{pmatrix} 5 - 4\lambda \\ 4 - 2\lambda \\ \lambda \end{pmatrix}$,

also Schnittgerade: $\vec{x} = \begin{pmatrix} 5 \\ 4 \\ 0 \end{pmatrix} + \lambda \cdot \begin{pmatrix} -4 \\ -2 \\ 1 \end{pmatrix}$

Winkelhalbierende Geraden zweier Geraden

1. Schritt: Schnittpunkt der Geraden ermitteln
2. Schritt: Richtungsvektoren der Geraden normieren
3. Schritt: Summe und Differenz der normierten Vektoren jeweils als Richtungsvektor und den Schnittpunkt als festen Punkt verwenden
4. Schritt: (Probe) prüfen, ob beide Winkelhalbierende senkrecht zueinander sind

Beispiel:

g_1: $\vec{x} = \begin{pmatrix} 1 \\ 0 \\ 3 \end{pmatrix} + \lambda \cdot \begin{pmatrix} 2 \\ 1 \\ 2 \end{pmatrix}$; g_2: $\vec{x} = \begin{pmatrix} 6 \\ 0 \\ 9 \end{pmatrix} + \mu \cdot \begin{pmatrix} 1 \\ -2 \\ 2 \end{pmatrix}$

Schnittpunkt: (5|2|7)

$\frac{1}{3}\begin{pmatrix} 2 \\ 1 \\ 2 \end{pmatrix} + \frac{1}{3}\begin{pmatrix} 1 \\ -2 \\ 2 \end{pmatrix} = \frac{1}{3}\begin{pmatrix} 3 \\ -1 \\ 4 \end{pmatrix}$ bzw. $\frac{1}{3}\begin{pmatrix} 2 \\ 1 \\ 2 \end{pmatrix} - \frac{1}{3}\begin{pmatrix} 1 \\ -2 \\ 2 \end{pmatrix} = \frac{1}{3}\begin{pmatrix} 1 \\ 3 \\ 0 \end{pmatrix}$

Winkelhalbierende Geraden

W_1: $\vec{x} = \begin{pmatrix} 5 \\ 2 \\ 7 \end{pmatrix} + \lambda_1 \cdot \begin{pmatrix} 3 \\ -1 \\ 4 \end{pmatrix}$ und W_2: $\vec{x} = \begin{pmatrix} 5 \\ 2 \\ 7 \end{pmatrix} + \lambda_2 \cdot \begin{pmatrix} 1 \\ 3 \\ 0 \end{pmatrix}$

Winkelhalbierende Ebene zweier Ebenen

1. Schritt: einen gemeinsamen Punkt der Ebenen ermitteln
2. Schritt: Normalenvektoren der Ebenen normieren
3. Schritt: Summe und Differenz der normierten Vektoren jeweils als Normalenvektor und den Schnittpunkt als festen Punkt verwenden

Tipp: Prüfen Sie, ob beide Winkelhalbierende senkrecht zueinander sind. Lassen sich die Richtungsvektoren einfacher ausdrücken?

Beispiel: E_1: $3x_1 - x_2 + 2x_3 = 6$
E_2: $x_1 + 3x_2 - 2x_3 = 2$

$x_2 = 0$ verwenden: $3x_1 + 2x_3 = 6$
$x_1 - 2x_3 = 2$

Schnittpunkt: $(2|0|0)$

$$\frac{1}{\sqrt{14}}\begin{pmatrix}3\\-1\\2\end{pmatrix} + \frac{1}{\sqrt{14}}\begin{pmatrix}1\\3\\-2\end{pmatrix} = \frac{1}{\sqrt{14}}\begin{pmatrix}4\\2\\0\end{pmatrix} \text{ bzw.}$$

$$\frac{1}{\sqrt{14}}\begin{pmatrix}3\\-1\\2\end{pmatrix} - \frac{1}{\sqrt{14}}\begin{pmatrix}1\\3\\-2\end{pmatrix} = \frac{1}{\sqrt{14}}\begin{pmatrix}2\\-4\\4\end{pmatrix}$$

Winkelhalbierende Ebenen

W_1: $4x_1 + 2x_2 = 9$ und W_2: $2x_1 - 4x_2 + 4x_3 = 4$

Spiegelung eines Punktes P an einem Punkt Q

1. Schritt: Berechnen des Vektors $\overrightarrow{PQ}$
2. Schritt: P′ aus $\overrightarrow{OP'} = \overrightarrow{OP} + 2 \cdot \overrightarrow{PQ}$ ermitteln

Beispiel: $P(2|6|-4)$; $Q(3|0|1)$

$$\overrightarrow{PQ} = \begin{pmatrix}1\\-6\\5\end{pmatrix} \quad \overrightarrow{OP'} = \begin{pmatrix}2\\6\\-4\end{pmatrix} + 2 \cdot \begin{pmatrix}1\\-6\\5\end{pmatrix} = \begin{pmatrix}4\\-6\\6\end{pmatrix} \quad P'(4|-6|6)$$

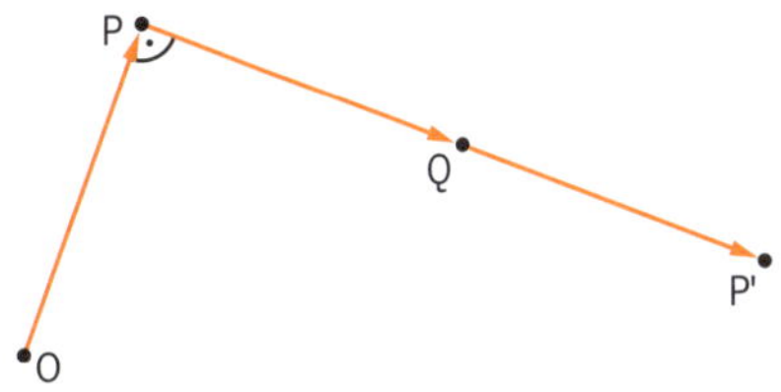

Spiegelung eines Punktes P an einer Ebene E

1. Schritt: Gerade durch P senkrecht zu E ist g
2. Schritt: Schnittpunkt von g und E ist F
3. Schritt: P′ aus $\overrightarrow{OP'} = \overrightarrow{OP} + 2 \cdot \overrightarrow{PF}$ ermitteln

Beispiel: $P(-5|-8|3)$; E: $2x_1 + 3x_2 - x_3 = 5$

$$g: \vec{x} = \begin{pmatrix}-5\\-8\\3\end{pmatrix} + \lambda \cdot \begin{pmatrix}2\\3\\-1\end{pmatrix}$$

in E: $2(-5 + 2\lambda) + 3(-8 + 3\lambda) - (3 - \lambda) = 5$

$-37 + 14\lambda = 5 \quad \lambda = 3 \quad F(1|1|0)$

$$\overrightarrow{OP'} = \overrightarrow{OP} + 2 \cdot \overrightarrow{PF} = \begin{pmatrix}-5\\-8\\3\end{pmatrix} + 2 \cdot \begin{pmatrix}6\\9\\-3\end{pmatrix} = \begin{pmatrix}7\\10\\-3\end{pmatrix} \quad P'(7|10|-3)$$

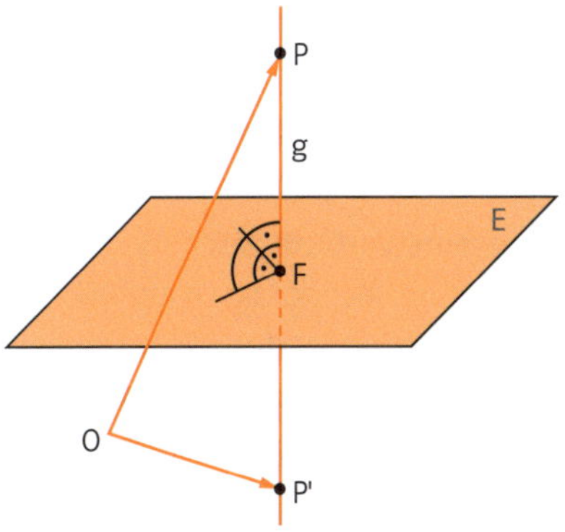

Spiegelung eines Punktes an einer Geraden

1. Schritt: Ebene E durch P senkrecht zu g bestimmen
2. Schritt: Schnittpunkt von g und E ist F
3. Schritt: P′ aus $\overrightarrow{OP'} = \overrightarrow{OP} + 2 \cdot \overrightarrow{PF}$ ermitteln

Beispiel: $P(-2|8|10)$

$$g: \vec{x} = \begin{pmatrix}4\\1\\8\end{pmatrix} + \lambda \cdot \begin{pmatrix}1\\0\\3\end{pmatrix}$$

Ebene E: $x_1 + 3x_3 = -2 + 3 \cdot 10 = 28$,
also $x_1 + 3x_3 = 28$

g in E einsetzen: $(4 + \lambda) + 3 \cdot (8 + 3\lambda) = 28 \quad \lambda = 0$

$F(4|1|8)$

$$\overrightarrow{OP'} = \overrightarrow{OP} + 2 \cdot \overrightarrow{PF} = \begin{pmatrix}-2\\8\\10\end{pmatrix} + 2 \cdot \begin{pmatrix}6\\-7\\-2\end{pmatrix} = \begin{pmatrix}10\\-6\\6\end{pmatrix} \quad P'(10|-6|6)$$

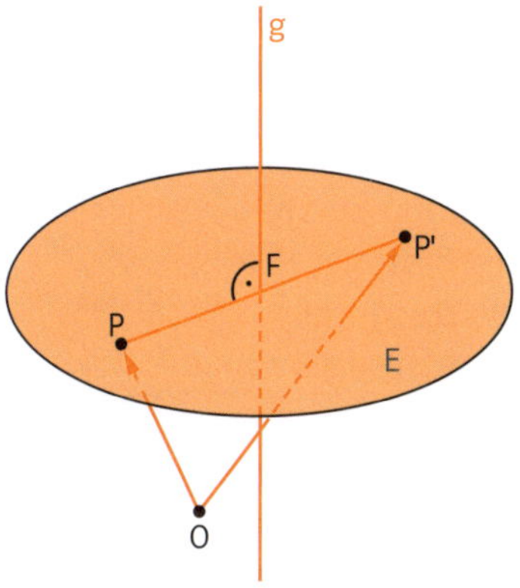

Abstände

Abstand zweier Punkte P und Q

1. Schritt: Vektor $\overrightarrow{PQ} = \overrightarrow{OQ} - \overrightarrow{OP}$ bilden
2. Schritt: Abstand als Betrag des Vektors $\overrightarrow{PQ}$ berechnen.

Beispiel: P(−1 | 2 | 3); Q(4 | −2 | 0)

$$\overrightarrow{PQ} = \begin{pmatrix} 5 \\ -4 \\ -3 \end{pmatrix} \quad \left|\overrightarrow{PQ}\right| = \sqrt{5^2 + (-4)^2 + (-3)^2} = \sqrt{50} = 5 \cdot \sqrt{2}$$

Abstand Punkt – Gerade

1. Schritt: Ebene durch P senkrecht zu g bestimmen
2. Schritt: Schnittpunkt von g und E ist F
3. Schritt: Abstand ist $\left|\overrightarrow{PF}\right|$

Beispiel: P(9 | 8 | 5) $\quad g: \vec{x} = \begin{pmatrix} 1 \\ 0 \\ 1 \end{pmatrix} + \lambda \cdot \begin{pmatrix} 4 \\ 1 \\ 3 \end{pmatrix}$

$E: 4x_1 + x_2 + 3x_3 = 59 \quad 4(1 + 4\lambda) + \lambda + 3(1 + 3\lambda) = 59$

$26\lambda = 52 \quad \lambda = 2 \quad F(9 | 2 | 7) \quad \left|\overrightarrow{PF}\right| = \sqrt{40}$

Abstand Punkt – Ebene

1. Schritt: Gerade durch P senkrecht zu E ist g
2. Schritt: Schnittpunkt von g und E ist F
3. Schritt: Abstand ist $\left|\overrightarrow{PF}\right|$

oder:

1. Schritt: Ebene in Hesse'scher Normalenform angeben
2. Schritt: Koordinaten von P in die Abstandsformel (aus der Formelsammlung) einsetzen

Beispiel: P(3 | −3 | 6) $\quad E: 2x_1 - 5x_2 + 3x_3 = 1$

$$g: \vec{x} = \begin{pmatrix} 3 \\ -3 \\ 6 \end{pmatrix} + \lambda \cdot \begin{pmatrix} 2 \\ -5 \\ 3 \end{pmatrix}$$

$2(3 + 2\lambda) - 5(-3 - 5\lambda) + 3(6 + 3\lambda) = 1$

$38\lambda = -38 \quad \lambda = -1 \quad F(1 | 2 | 3) \quad \left|\overrightarrow{PF}\right| = \sqrt{38}$

oder:

$$E: \frac{1}{\sqrt{38}}\left[\vec{x} - \begin{pmatrix} -1 \\ 0 \\ 1 \end{pmatrix}\right] \cdot \begin{pmatrix} 2 \\ -5 \\ 3 \end{pmatrix} = 0$$

$$d = \frac{1}{\sqrt{38}}\left[\begin{pmatrix} 3 \\ -3 \\ 6 \end{pmatrix} - \begin{pmatrix} -1 \\ 0 \\ 1 \end{pmatrix}\right] \cdot \begin{pmatrix} 2 \\ -5 \\ 3 \end{pmatrix} = \frac{1}{\sqrt{38}}\begin{pmatrix} 4 \\ -3 \\ 5 \end{pmatrix} \cdot \begin{pmatrix} 2 \\ -5 \\ 3 \end{pmatrix} = \frac{38}{\sqrt{38}} = \sqrt{38}$$

Abstand windschiefer Geraden

1. Schritt: einen zu den beiden Richtungsvektoren senkrechten Vektor als Normalenvektor der Hilfsebene E ermitteln
2. Schritt: festen Punkt von g_1 als festen Punkt von E verwenden
3. Schritt: Abstand des festen Punktes von g_2 und der Ebene E ermitteln (Formel aus der Formelsammlung)

Beispiel: $g_1: \vec{x} = \begin{pmatrix} 4 \\ 1 \\ 2 \end{pmatrix} + t \cdot \begin{pmatrix} 1 \\ 1 \\ 0 \end{pmatrix} \quad g_2: \vec{x} = \begin{pmatrix} 1 \\ 0 \\ 2 \end{pmatrix} + s \cdot \begin{pmatrix} 0 \\ 1 \\ 1 \end{pmatrix}$

$$\begin{pmatrix} 1 \\ 1 \\ 0 \end{pmatrix} \times \begin{pmatrix} 0 \\ 1 \\ 1 \end{pmatrix} = \begin{pmatrix} 1 \\ -1 \\ 1 \end{pmatrix} \quad E: \frac{1}{\sqrt{3}}\left[\vec{x} - \begin{pmatrix} 4 \\ 1 \\ 2 \end{pmatrix}\right] \cdot \begin{pmatrix} 1 \\ -1 \\ 1 \end{pmatrix} = 0$$

$$d = \left|\frac{1}{\sqrt{3}}\left[\begin{pmatrix} 1 \\ 0 \\ 2 \end{pmatrix} - \begin{pmatrix} 4 \\ 1 \\ 2 \end{pmatrix}\right] \cdot \begin{pmatrix} 1 \\ -1 \\ 1 \end{pmatrix}\right| = \left|\frac{1}{\sqrt{3}}\begin{pmatrix} -3 \\ -1 \\ 0 \end{pmatrix} \cdot \begin{pmatrix} 1 \\ -1 \\ 1 \end{pmatrix}\right| = \frac{2}{\sqrt{3}}$$

Abstand paralleler Geraden

1. Schritt: Ebene E senkrecht zu den Geraden durch den festen Punktes P der Geraden g_2
2. Schritt: Durchstoßpunkt F der Geraden g_1 mit der Ebene ermitteln
3. Schritt: Abstand $\left|\overrightarrow{PF}\right|$ berechnen

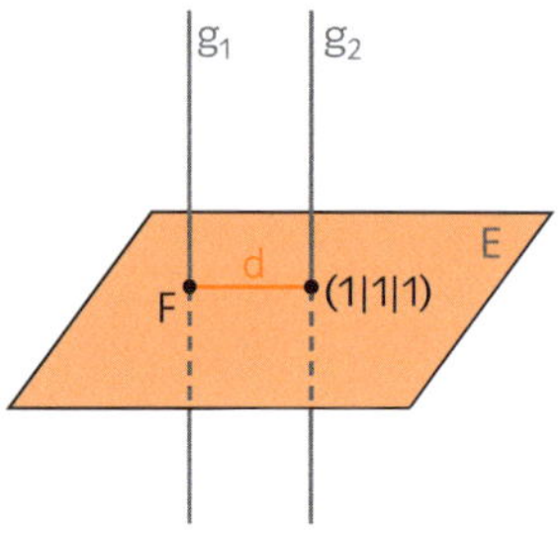

Beispiel: $g_1: \vec{x} = \begin{pmatrix} 5 \\ 11 \\ 1 \end{pmatrix} + \lambda_1 \cdot \begin{pmatrix} 4 \\ 1 \\ 3 \end{pmatrix} \quad g_2: \vec{x} = \begin{pmatrix} 1 \\ 1 \\ 1 \end{pmatrix} + \lambda_2 \cdot \begin{pmatrix} 8 \\ 2 \\ 6 \end{pmatrix}$

Ebene durch (1 | 1 | 1) senkrecht zu g_1:

$4x_1 + x_2 + 3x_3 = 8$

$4(5 + 4\lambda_1) + (11 + \lambda_1) + 3(1 + 3\lambda_1) = 8$

$26\lambda_1 = -26 \quad \lambda_1 = -1 \quad F(1 | 10 | -2)$

$d = \left|\overrightarrow{PF}\right| = \sqrt{90}$

Analysieren gegebener Aufgaben

Schlüsselbegriffe erkennen	Beispiel	Lösungsansätze
Aussagenverknüpfung mit „und"	… beim 1. Wurf eine 6 und beim 2. Wurf eine 1 …	A und B $P(A) \cdot P(B)$ (wenn sich A und B nicht gegenseitig beeinflussen)
Aussagenverknüpfung mit „oder"	… beim Würfeln eine 6 oder eine ungerade Zahl …	A oder B $P(A) + P(B)$ (wenn kein Ergebnis für A und für B gilt)
Anzahl der Möglichkeiten	… dreimal nacheinander eine 6	Urnenmodell, Baumdiagramm
Anzahl als Zufallsgröße mit „genau", „mindestens", „höchstens", „weniger als…"	… genau zwei Teile sind defekt … … von 10 Teilen der Stichprobe sind mindestens 6 brauchbar …	Binomialverteilung
„… wird durchschnittlich erwartet" „Erwartungswert"	Wie viele gerade Ergebnisse sind bei 100 mal Würfeln zu erwarten?	Wahrscheinlichkeitsverteilung, für Binomialverteilung $E(X) = n \cdot p$
„Faires Spiel"	Wie hoch muss der Einsatz sein, damit das Spiel fair ist?	Wahrscheinlichkeitsverteilung mit $E(X) = 0$
„getestet", „Ablehnungsbereich", „Irrtumswahrscheinlichkeit", „Hypothese", „Entscheidungsregel"	… ab welchem Ergebnis der Stichprobe muss man die Hypothese ablehnen?	Hypothesentest

Systematisierung der Fälle zum Urnenmodell und Ermittlung der Anzahl aller Möglichkeiten

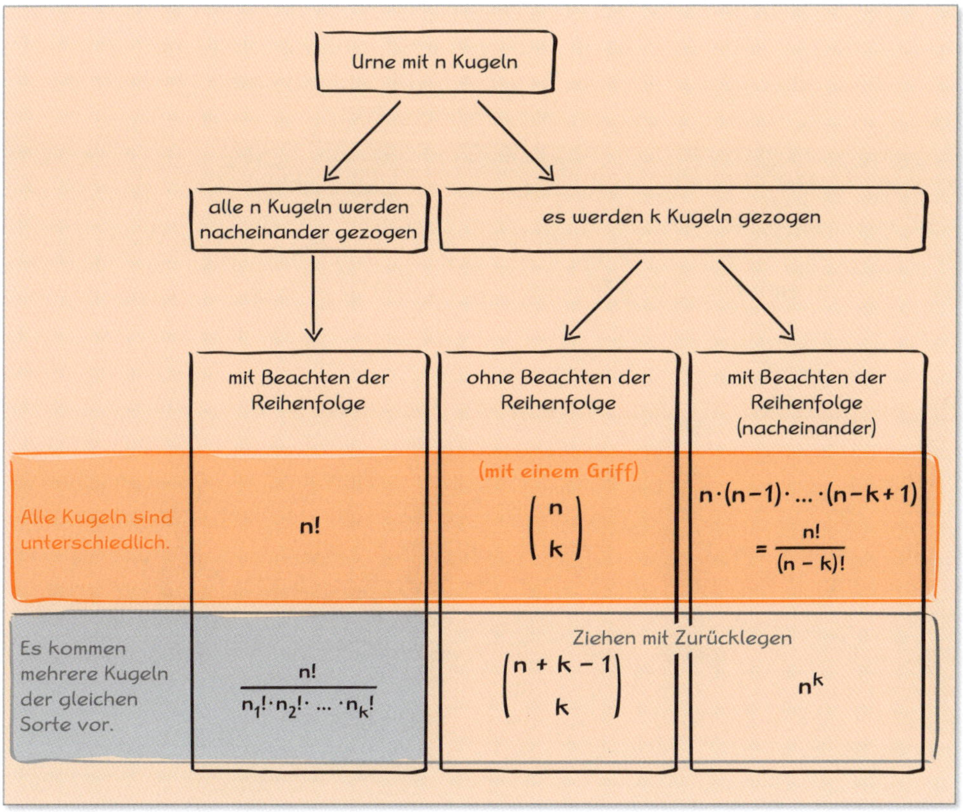

Entscheidung für ein Modell
Anzahl der Möglichkeiten: Urnenmodell — Zu klären: Wofür stehen die Kugeln in der Urne? Sind die Kugeln in der Urne alle unterschiedlich? Zieht man mit einem Griff (also ohne Beachtung der Reihenfolge) oder zieht man nacheinander, mit oder ohne Zurücklegen?

Mehrstufiges Experiment
Baumdiagramm, wenn der Baum noch sinnvoll zu zeichnen ist.
Urnenmodell, wenn es nur um die Anzahl der Erfolge geht.
Bernoullikette (Binomialverteilung), wenn nur die Anzahl von Erfolgen gezählt wird und jede Stufe die gleiche Wahrscheinlichkeit hat.

Berechnung von Wahrscheinlichkeiten in Laplace-Experimenten

Wahrscheinlichkeiten für Ereignisse ohne Beachtung der Reihenfolge

1. Schritt: prüfen, ob jedes Ereignis die gleiche Wahrscheinlichkeit besitzt
2. Schritt: prüfen, ob die gezogene Kugel zurückgelegt werden muss.
3. Schritt: Berechnung der Anzahl aller Möglichkeiten, von n unterschiedlichen Kugeln genau k Kugeln zu ziehen
4. Schritt: Berechnung der Anzahl der günstigen Möglichkeiten, k Kugeln zu ziehen
5. Schritt: Quotient aus dem Ergebnissen des 4. Schritts und des 3. Schritts bilden

Beispiel:
Ein Skatspieler erhält nacheinander drei Karten.
Mit welcher Wahrscheinlichkeit sind es nur Herzkarten?
Urnenmodell ohne Zurücklegen, weil alle Karten unterschiedlich sind.
Alle Möglichkeiten: Ziehen mit einem Griff von drei Kugeln aus einer Urne mit 32 Kugeln.

$\binom{32}{3} = \frac{32 \cdot 31 \cdot 30}{1 \cdot 2 \cdot 3} = 4960$

Günstige Möglichkeiten: Ziehen mit einem Griff von drei Kugeln aus einer Urne mit 8 Kugeln.

$\binom{8}{3} = \frac{8 \cdot 7 \cdot 6}{1 \cdot 2 \cdot 3} = 56 \quad P(A) = \frac{56}{4960} \approx 0{,}0113$

Wahrscheinlichkeiten für Ereignisse mit Beachtung der Reihenfolge

1. Schritt: prüfen, ob jedes Ereignis die gleiche Wahrscheinlichkeit besitzt
2. Schritt: prüfen, ob die gezogene Kugel zurückgelegt werden muss.
3. Schritt: Berechnung der Anzahl aller Möglichkeiten, von n unterschiedlichen Kugeln nacheinander genau k Kugeln mit Beachtung der Reihenfolge zu ziehen
4. Schritt: Wahrscheinlichkeit für genau eine günstige Anordnung angeben

Beispiel:
Aus einer Urne mit einer roten und einer schwarzen Kugel sollen nacheinander 4 Kugeln gezogen werden. Mit welcher Wahrscheinlichkeit sind nur die ersten drei Kugeln rot? (Die Aufgabenstellung macht ein Zurücklegen erforderlich!)
Anzahl der Möglichkeiten: $2^4 = 16$
Günstig ist nur eine Möglichkeit $P(A) = \frac{1}{16}$

Alternative: Betrachtet man gleich die Wahrscheinlichkeiten, so ist $P(A) = \left(\frac{1}{2}\right)^4 = \frac{1}{16}$

Wahrscheinlichkeit für eine bestimmte Anzahl einer Zufallsgröße

Binomialverteilte Zufallsgrößen – Einzelwahrscheinlichkeit

1. Schritt: prüfen, ob Binomialverteilung vorliegt
2. Schritt: „Treffer" geeignet definieren, Parameter n und p der Binomialverteilung festlegen
3. Schritt: die gesuchte Wahrscheinlichkeit in mathematischer Schreibweise ausdrücken
4. Schritt: Einzelwahrscheinlichkeit angeben (GTR)

Beispiel: Ein idealer Würfel wird fünfmal geworfen. Gesucht ist die Wahrscheinlichkeit, dass genau dreimal eine Zahl größer 4 fällt.
X: Anzahl der geworfenen 5 oder 6
X ist binomialverteilt, weil jedes Ergebnis der n = 5 Bernoulli-Experimente die gleiche Wahrscheinlichkeit $p = \frac{1}{3}$ gilt.
$P(X = 3) = B_{5;\,1/3}(3) \approx 0{,}1646$

Binomialverteilte Zufallsgrößen – Intervallwahrscheinlichkeit

1. Schritt: prüfen, ob Binomialverteilung vorliegt
2. Schritt: „Treffer“ geeignet definieren, Parameter n und p der Binomialverteilung festlegen
3. Schritt: die gesuchte Wahrscheinlichkeit in mathematischer Schreibweise ausdrücken
3. Schritt: Intervallwahrscheinlichkeit angeben (GTR)

Beispiel: Ein idealer Würfel wird zehnmal geworfen. Gesucht ist die Wahrscheinlichkeit, dass mindestens drei Sechsen geworfen werden.
X: Anzahl der geworfenen Sechsen
X ist binomialverteilt, weil für jedes Ergebnis der $n = 10$ Bernoulli-Experimente die gleiche Wahrscheinlichkeit $p = \frac{1}{6}$ gilt.
$P(X \geq 3) = 1 - P(X \leq 2) = 1 - F_{10;\,1/6}(2) \approx 0{,}2248$

Wahrscheinlichkeiten mit Baumdiagramm und Urnenmodell

1. Schritt: Wahrscheinlichkeiten für Erfolg und Misserfolg in den einzelnen Stufen des Baumdiagramms festlegen
2. Schritt: Anzahl der Pfade mit der gewünschten Anzahl von Erfolgen mit dem Urnenmodell berechnen
3. Schritt: Wahrscheinlichkeit längs eines Pfades als Multiplikation der Einzelwahrscheinlichkeiten berechnen und mit der Anzahl der Pfade multiplizieren

Beispiel: In einer Urne sind 4 weiße und 3 rote Kugeln. Berechnen Sie die Wahrscheinlichkeit, bei fünfmaligem Ziehen mit Zurücklegen genau 2 rote Kugeln zu ziehen.
P(Ziehen einer roten Kugel) $= \frac{3}{7}$
P(Ziehen einer weißen Kugel) $= \frac{4}{7}$
Anzahl der Pfade mit genau 2 roten Kugeln: $\binom{5}{2} = 10$
P(genau 2 rote Kugeln) $= 10 \cdot \left(\frac{3}{7}\right)^2 \cdot \left(\frac{4}{7}\right)^3 = \frac{5760}{16807}$
$\approx 0{,}3427$

Wahrscheinlichkeitsverteilung und Erwartungswert

1. Schritt: alle möglichen Ergebnisse in eine Tabelle schreiben
2. Schritt: jedem Ergebnis seine Wahrscheinlichkeit zuordnen
3. Schritt: prüfen, ob die Summe dieser Wahrscheinlichkeiten den Wert 1 hat
4. Schritt: der Erwartungswert E(X) ist die Summe der Produkte aus den Ergebnissen und ihren Wahrscheinlichkeiten

Beispiel: Wie viel Einsen erhält man durchschnittlich, wenn man einen idealen Würfel fünfmal wirft?
Wahrscheinlichkeitsverteilung:

x_i	0	1	2	3	4	5
$P(X = x_i)$	0,132	0,329	0,329	0,165	0,041	0,004

Erwartungswert:
$E(X) = 0 \cdot 0{,}132 + 1 \cdot 0{,}329 + 2 \cdot 0{,}329 + 3 \cdot 0{,}165 + 4 \cdot 0{,}041 + 5 \cdot 0{,}004 = 1{,}798 \approx 1{,}8$
Es sind also durchschnittlich 1,8 Einsen zu erwarten.

Faires Spiel

1. Schritt: Wahrscheinlichkeitsverteilung für den Gewinn des betrachteten Spielers und die jeweiligen Wahrscheinlichkeiten aufstellen
2. Schritt: Erwartungswert dieses Gewinns berechnen und dieses Ergebnis interpretieren
3. Schritt: die Spielbedingungen so festlegen, dass das Spiel fair ist, also E(G) = 0 ist oder das gewünschte Ergebnis zeigt

Beispiel: e = 2… Spieleinsatz
Betrachten des Gewinns von Spieler A

Auszahlung an A	0 €	1€	2 €	3 €	4 €
Gewinn g_i	−2 €	−1 €	0 €	1 €	2 €
$P(G = g_i)$	0,2	0,2	0,4	0,1	0,1

$E(X) = -0{,}3$, d.h. Spieler A verliert pro Spiel im Durchschnitt 30 ct.
Damit das Spiel fair ist, wird der Einsatz verändert:

Gewinn g_i	−e €	(1 − e) €	(2 − e) €	(3 − e) €	(4 − e) €
$P(G = g_i)$	0,2	0,2	0,4	0,1	0,1

$E(X) = 0$
$= -0{,}2e + 0{,}2(1 - e) + 0{,}4(2 - e) + 0{,}1(3 - e) + 0{,}1(4 - e)$
$= -e + 1{,}7 = 0$ fairer Einsatz 1,70 €

Testen von Wahrscheinlichkeiten – Einseitiger Hypothesentest

Ablehnungsbereich ermitteln

Gegeben ist eine Hypothese H_0 mit der Wahrscheinlichkeit p_0 und gegebenenfalls eine Gegenhypothese H_1 mit p_1 und die Irrtumswahrscheinlichkeit α.

1. Schritt: Prüfen, ob ein linksseitiger oder ein rechtsseitiger Ablehnungsbereich vorliegt.
   Für $p_0 > p_1$: Ablehnungsbereich $0, 1, 2, \dots, g$
   Für $p_0 < p_1$: Ablehnungsbereich $g, g + 1, \dots, n$
2. Schritt: Den Wert g suchen, für den beide Ungleichungen mit n und p_0 erfüllt sind:
   Linksseitiger Ablehnungsbereich:
   $P(X \leq g) \leq \alpha$ und $P(X \leq g + 1) > \alpha$
   Rechtsseitiger Ablehnungsbereich:
   $P(X \geqq g) \leq \alpha$ und $P(X \geqq g - 1) > \alpha$

Ablehnungsbereich mit den Sigmaregeln ermitteln

1. Schritt: Prüfen, ob ein rechts- oder linksseitiger Ablehnungsbereich vorliegt
2. Schritt: Bedingung $\sigma > 3$ überprüfen
3. Schritt: linksseitige Grenze $a = \mu - k\sigma - 1$
   rechtsseitige Grenze $b = \mu + k\sigma + 1$

am Beispiel 1:

$\mu = n \cdot p = 50 \cdot \frac{2}{3} = 33{,}3$

$\sigma = \sqrt{n \cdot p \cdot (1 - p)} = \sqrt{50 \cdot \frac{2}{3} \cdot \frac{1}{3}} = \frac{10}{3} \approx 3{,}33$

$a = 33{,}3 - 1{,}645 \cdot 3{,}33 - 1 = 26{,}8 \approx 27$

Ablehnungsbereich: $[0, 1, \dots, 27]$

Beispiel 1:

Ein Losbudenbesitzer wirbt damit, dass zwei Drittel seiner Lose gewinnen. Ein Besucher kauft 50 Lose. Bei welcher Anzahl von Gewinnlosen kann er den Losbudenbesitzer beschuldigen, eine falsche Behauptung verbreitet zu haben, wenn er sich höchstens mit einer Wahrscheinlichkeit von 5 % irren will?

Die Behauptung wird abgelehnt, wenn $0, 1, \dots, g$ Gewinnlose in der Stichprobe sind.

$P(X \leq g) \leq 0{,}05$ und $P(X \leq g + 1) > 0{,}05$ gilt für $g = 27$, weil $P(X \leq 27) = 0{,}0424$ und $P(X \leq 28) = 0{,}0756$ ist.

Ablehnungsbereich: $\{0, 1, 2, \dots, 27\}$

Beispiel 2:

Ein Händler behauptet von seiner Ware, dass höchstens 3 % fehlerhaft sind. Es soll der Verdacht überprüft werden, dass diese Angabe zu niedrig ist und setzt dabei eine Irrtumswahrscheinlichkeit von 5 % bei einem Stichprobenumfang von 50 an. Ermitteln Sie den Ablehnungsbereich.

Die Behauptung des Händlers wird abgelehnt, wenn man $g, g + 1, \dots, 50$ fehlerhafte Waren in der Stichprobe findet.

$P(X \geqq g) \leq 0{,}05$ und $P(X \geqq g - 1) > 0{,}05$ gilt für $g = 5$, weil $P(X \geqq 5) = 0{,}0168$ und $P(X \geqq 4) = 0{,}0628$ ist.

Ablehnungsbereich: $\{5, 6, \dots, 50\}$

Fehler beim Testen von Hypothesen

Fehler 1. Art berechnen

Wahrscheinlichkeit berechnen, dass die Nullhypothese abgelehnt wird, obwohl sie wahr ist.
Verwendung von p_0

Fehler 2. Art berechnen

Wahrscheinlichkeit berechnen, dass die Nullhypothese angenommen wird, obwohl sie falsch ist.
Verwendung von p_1

Beispiel:

Nullhypothese H_0: $p_0 = 0{,}6$
Gegenhypothese H_1: $p_1 = 0{,}3$

Berechnen Sie die Fehler 1. und 2. Art für den Stichprobenumfang: $n = 20$ bei dem festgelegtem Ablehnungsbereich $[0, \dots, 5]$

Fehler 1. Art: $\alpha = P(X \leq 5)$ mit $n = 20$ und $p_0 = 0{,}6$
$\alpha = 0{,}0016$

Fehler 2. Art: $\beta = P(X > 5)$ mit $n = 20$ und $p_1 = 0{,}3$
$\beta = 0{,}5836$

Entscheidungsregel so finden, dass beide Fehler etwas gleich groß sind

1. Schritt: Erwartungswerte für H_0 und H_1 berechnen
2. Schritt: α- und β- Fehler in diesem Bereich berechnen
3. Schritt: Den Wert g aussuchen, der das Risiko beider Fehler ausgewogen erscheinen lässt.

Legen Sie einen Ablehnungsbereich so fest, dass er von beiden Seiten als gerecht empfunden wird. (α- und β-Fehler sollen beide gering sein.)

Tabelle:

g	7	8	9	10
α-Fehler	0,021	0,057	0,128	0,225
β-Fehler	0,392	0,228	0,113	0,048

Ablehnungsbereich: $[0, \dots, 9]$

1 Der Graph der Funktion f mit $f(x) = -x^3 + 6x^2 - 8x + 4$ besitzt einen Wendepunkt.

a) Bestimmen Sie die Gleichung der Tangente in dem Wendepunkt. [T1] **(5 BE)**

b) Die Tangente im Wendepunkt begrenzt mit den Koordinatenachsen ein Dreieck. Bestimmen Sie den Flächeninhalt dieses Dreiecks.

2 Gegeben sind die Funktion f mit $f(x) = \sqrt{x}$ $(x \geq 0)$ sowie das Rechteck ABCD mit $A(0\,|\,0)$, $B(u\,|\,0)$, $C(u\,|\,f(u))$ und $D(0\,|\,f(u))$ $(u \geq 0)$.

Das Rechteck ABCD wird durch den Graphen der Funktion f in zwei Teilflächen zerlegt. **(5 BE)**

a) Ermitteln Sie das Verhältnis der Inhalte der beiden Teilflächen für $u = 4$.

b) Zeigen Sie, dass das Verhältnis der Teilflächen unabhängig von u ist. [T2]

3 Ein Basketballspieler trainiert Freiwürfe. Erfahrungsgemäß trifft er bei 90 % seiner Würfe den Korb. [T3] **(5 BE)**

a) Mit welcher Wahrscheinlichkeit trifft er mit den ersten beiden Würfen den Korb zweimal?

b) Geben Sie ein Ereignis A und ein Ereignis B an, sodass gilt:

$P(A) = 0{,}9^{10}$ $\qquad$ $P(B) = \binom{20}{18} \cdot 0{,}9^{18} \cdot 0{,}1^2$

c) Berechnen Sie die Wahrscheinlichkeit für das Ereignis C: Bei zwei Freiwürfen trifft der Spieler mindestens einmal den Korb. [T4]

4 Gegeben sind die Gerade g und die Ebene E durch $g\colon \vec{x} = \begin{pmatrix} 0 \\ 2 \\ 1 \end{pmatrix} + \lambda \cdot \begin{pmatrix} -4 \\ 4 \\ 2 \end{pmatrix}$ $(\lambda \in \mathbb{R})$ und $E\colon 2x_1 - 2x_2 - 1x_3 = 31$. **(5 BE)**

a) Prüfen Sie, ob der Punkt $P(-2\,|\,4\,|\,2)$ auf der Geraden g liegt.

b) Zeigen Sie, dass die Gerade g orthogonal zur Ebene E ist. [T5]

c) Bestimmen Sie den Punkt Q in der Ebene E, der vom Punkt $P(-2\,|\,4\,|\,2)$ den kleinsten Abstand hat. [T6]

[T1] Berechnen Sie zunächst die Koordinaten des Wendepunktes $W(x_0\,|\,f(x_0))$ sowie die Steigung des Graphen an dieser Stelle, also $f'(x_0)$, und anschließend die Gleichung der Tangente $t\colon y = f'(x_0) \cdot (x - x_0) + f(x_0)$. [T2] Bestimmen Sie die Flächeninhalte der beiden Teilflächen in Abhängigkeit von u und vereinfachen Sie das Verhältnis der Teilflächen. [T3] Die Zufallsvariable „Anzahl der Treffer“ ist binomialverteilt mit $p = 0{,}9$. [T4] Berechnen Sie die Wahrscheinlichkeit für das Gegenereignis $\overline{C}$. [T5] Vergleichen Sie den Richtungsvektor der Geraden g mit dem Normalenvektor der Ebene E. [T6] Berechnen Sie den Schnittpunkt des Lotes vom Punkt P auf die Ebene E. Der Lotfußpunkt ist der gesuchte Punkt Q.

1 Gegeben sind die Funktionen f mit $f(x) = x^3 + \frac{1}{2}x$ und g mit $g(x) = x^2 - 2x$. Zeigen Sie, dass sich die beiden Graphen orthogonal schneiden, und geben Sie die Koordinaten dieses Schnittpunktes an. [T1] **(5 BE)**

2 Die vier Abbildungen zeigen die Graphen von Funktionen. Einer dieser Funktionsgraphen gehört zur Funktion f mit $f(x) = (3x - a) \cdot e^x$, $a > 0$. **(5 BE)**

(1)

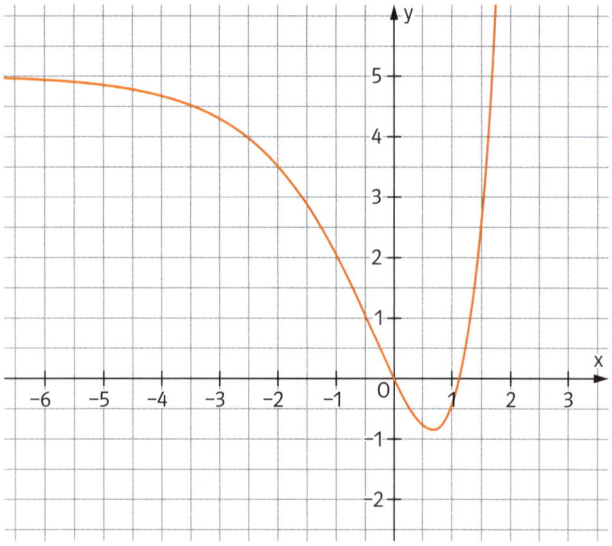

(2)

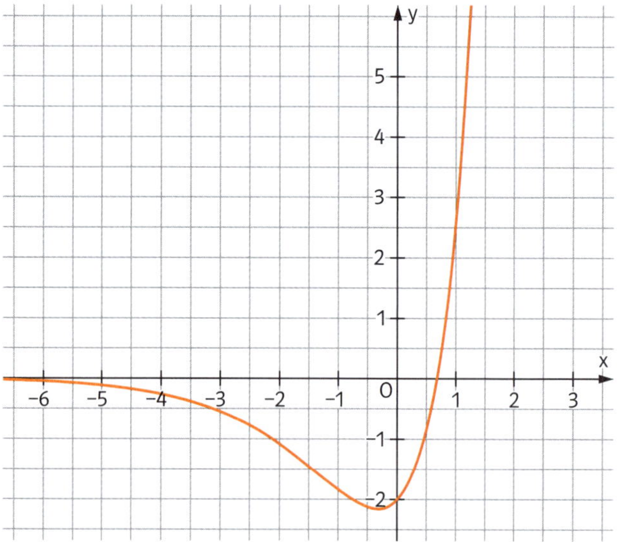

(3)

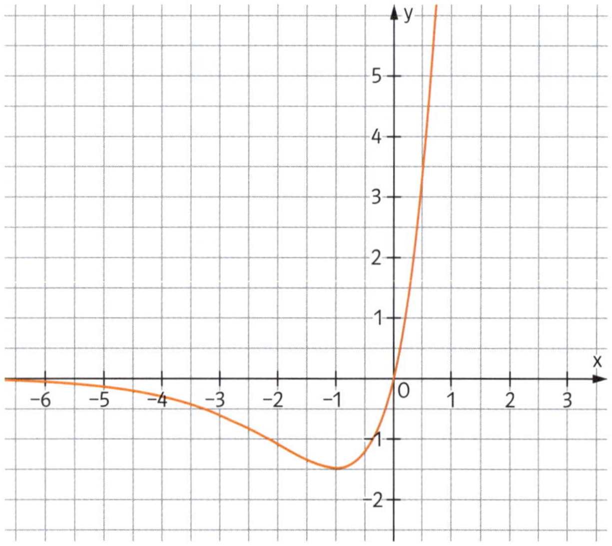

(4)

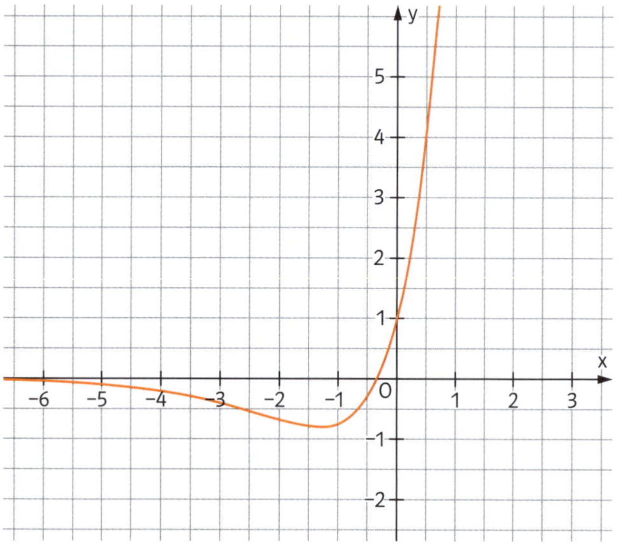

a) Begründen Sie, warum Abbildung (2) zur Funktion f gehört. [T2] Bestimmen Sie den Wert von a. [T3]

b) Von den drei anderen Abbildungen gehört eine zur Ableitungsfunktion f' und eine zur Integralfunktion J mit $J(x) = \int_0^x f(t)\,dt$. Ordnen Sie diesen beiden Funktionen die zugehörigen Abbildungen zu und begründen Sie jeweils Ihre Entscheidung. [T4]

[T1] Damit sich die beiden Graphen in einem Punkt orthogonal schneiden, muss $f(x_0) = g(x_0)$ und $f'(x_0) \cdot g'(x_0) = -1$ gelten.
[T2] Überlegen Sie, in welchem Bereich der Graph von f die y-Achse schneidet. [T3] Zur Bestimmung von a lesen Sie die Koordinaten eines charakteristischen Punktes des Graphen von f ab und setzen diese in die Funktionsgleichung ein. [T4] Der Graph von f hat bei $x \approx -0{,}3$ einen Tiefpunkt. Überlegen Sie, was dies für den Graphen von f' bedeutet. Überlegen Sie, an welchen Stellen die Integralfunktion J eine Nullstelle bzw. eine Extremstelle hat.

3 Die Zufallsvariable X ist binomialverteilt mit $n = 10$ und $p = 0{,}4$. **(5 BE)**

(1)

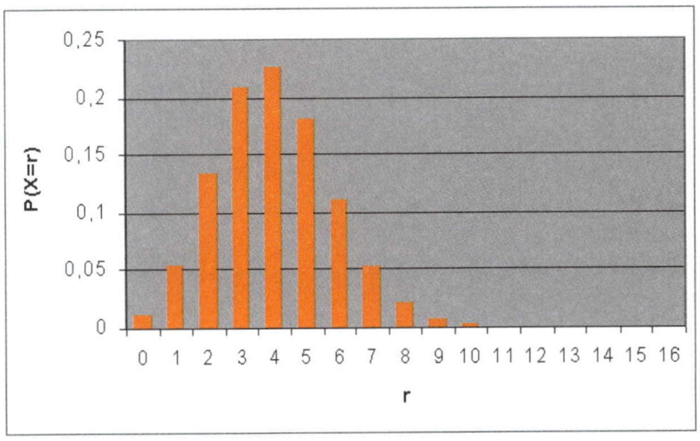

(2)

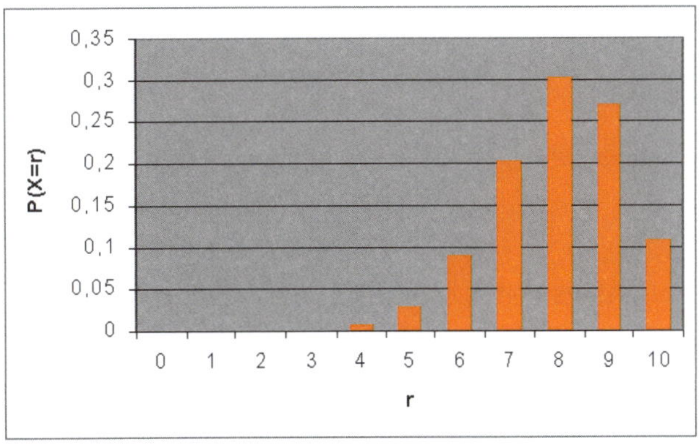

(3)

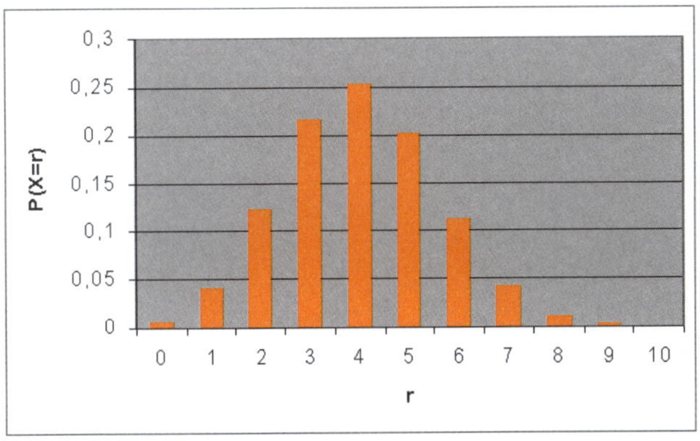

(4)

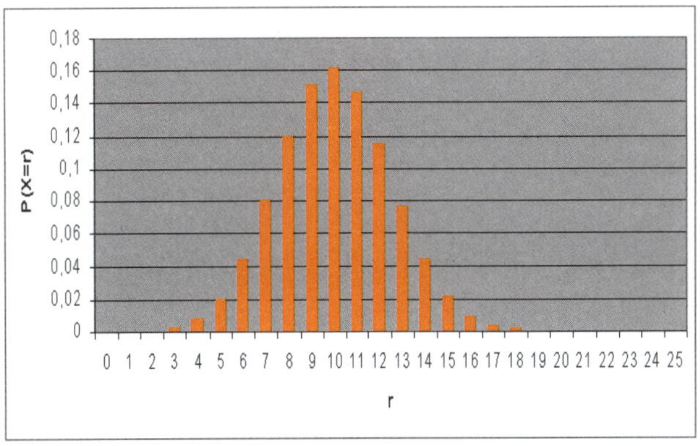

a) Welche der Abbildungen zeigt die Verteilung von X? Begründen Sie Ihre Antwort. [T1]

b) Bestimmen Sie mithilfe der Abbildung näherungsweise $P(4 \le X < 6)$ und $P(X \neq 5)$.

4 Gegeben sind eine Gerade g und eine Ebene E. g ist nicht parallel zu E. Die Gerade g wird an der Ebene E gespiegelt. Beschreiben Sie ein Verfahren zur Bestimmung der Bildgeraden g'. [T2] **(5 BE)**

[T1] Überlegen Sie, welche Werte die Zufallsvariable X annehmen kann und welcher Wert die größte Eintrittswahrscheinlichkeit hat. [T2] Um die Bildgerade g' zu bestimmen benötigen Sie zwei Bildpunkte.

1 Berechnen Sie den Inhalt der Fläche, die von den Graphen der Funktionen f und g mit $f(x) = -x^2 + 2$ und $g(x) = x$ eingeschlossen wird. [T1] **(5 BE)**

2 Die Abbildung zeigt den Graphen einer Stammfunktion F der Funktion f. [T2] **(5 BE)**

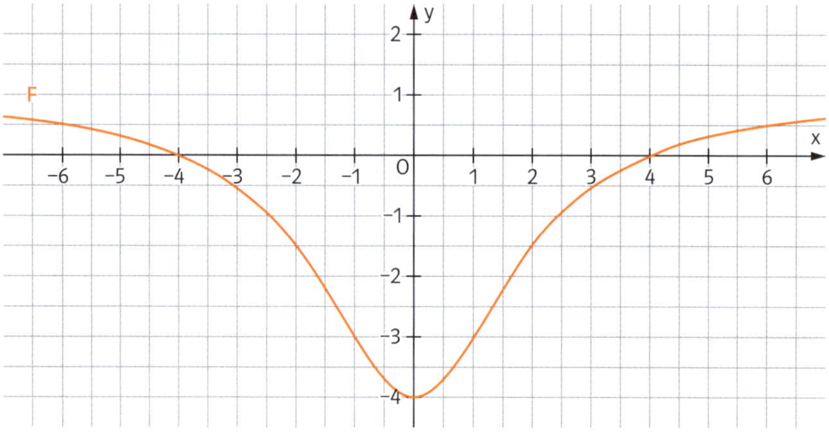

a) Geben Sie einen Näherungswert für f(4) an.

b) Bestimmen Sie das Integral $\int_1^4 f(x)\,dx$.

Untersuchen Sie folgende Aussagen auf ihre Richtigkeit und begründen Sie Ihre Antworten.

c) $f(x) < 0$ für $-6 < x < 0$.

d) f hat im Bereich $0 < x < 4$ eine Extremstelle. Geben Sie auch die Art der Extremstelle an.

3 In einer Urne sind rote und blaue Kugeln, die sich nur in der Farbe unterscheiden. Nach dem Ziehen einer Kugel wird diese wieder zurück in die Urne gelegt.
Die Wahrscheinlichkeit für das Ziehen einer roten Kugel sei p. **(5 BE)**
a) Geben Sie jeweils einen Term zur Berechnung der Wahrscheinlichkeit der beiden Ereignisse A und B an:
A: Beim fünfmaligen Ziehen einer Kugel aus der Urne wird genau dreimal eine rote Kugel gezogen.
B: Beim fünfmaligen Ziehen einer Kugel aus der Urne wird mindestens eine blaue Kugel gezogen. [T3]
b) Die Wahrscheinlichkeit, dass beim dreimaligen Ziehen einer Kugel aus der Urne dreimal eine rote Kugel gezogen wird, ist 0,216.
Untersuchen Sie, von welcher Farbe mehr Kugeln in der Urne sind. [T4]

4 Gegeben sind die Punkte A(1 | 3 | 2), B(5 | 5 | −2) und C(6 | 2 | 2). Berechnen Sie den Flächeninhalt des Dreiecks ABC. [T5] **(5 BE)**

[T1] Bestimmen Sie die gemeinsamen Punkte der beiden Graphen; dies sind die Integrationsgrenzen. [T2] Es ist $F'(x) = f(x)$.
[T3] Betrachten Sie das Gegenereignis : Beim fünfmaligen Ziehen aus der Urne wird keine blaue Kugel gezogen. [T4] Nehmen Sie an, von beiden Farben seien gleich viele Kugeln in der Urne. Berechnen Sie für diese Annahme die Wahrscheinlichkeit für das Ereignis „beim dreimaligen Ziehen werden drei rote Kugeln gezogen" und vergleichen Sie dieses Ergebnis mit der angegebenen Wahrscheinlichkeit. [T5] Berechnen Sie den Betrag des Vektors $\overrightarrow{AB}$; dies ist die Länge der Dreiecksgrundseite. Für die Bestimmung der Dreieckshöhe berechnen Sie den Abstand von Punkt C zur Geraden durch AB.

1 An einer Baustelle an einer Bundesstraße kommt es jeden Werktag aufgrund des Verkehrsaufkommens zu einer Stauentwicklung. Ab 6:00 Uhr morgens beginnen sich die Fahrzeuge zu stauen. Die momentane Änderungsrate der Staulänge kann näherungsweise durch die Funktionenschar f_a mit $f_a(t) = 0{,}5t^3 - 1{,}5at^2 + a^2t$, $0 \le t \le 2a$ (t in Stunden nach 6:00 Uhr; $f_a(t)$ in Kilometern je Stunde) beschrieben werden, wobei $a > 0$ ein vom Verkehrsaufkommen abhängiger Wert ist.

a) Die Abbildung zeigt den Graph von f_2.
Erklären Sie die Bedeutung positiver und negativer Funktionswerte von f_2 für die Stauentwicklung.
Bestimmen Sie für $a = 2$, zu welcher Uhrzeit die Staulänge am schnellsten zunimmt und wann der Stau die maximale Länge erreicht. [T1]
Geben Sie für $a = 2$ die maximale Staulänge an. [T2]

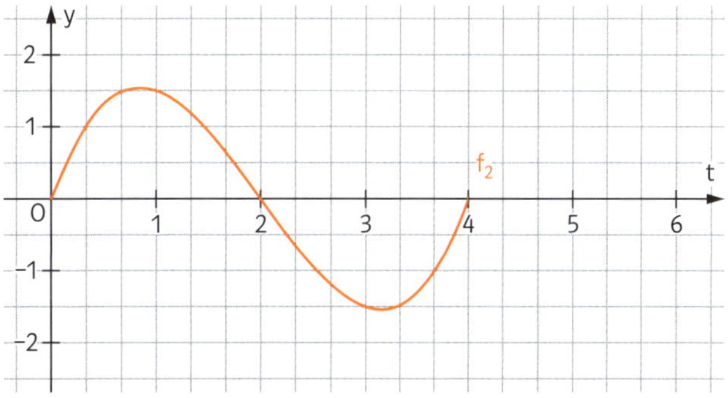

b) Bestimmen Sie in Abhängigkeit von a, zu welcher Uhrzeit der Verkehrsstau die maximale Länge erreicht. [T3]
Bestimmen Sie einen Term für die Staulänge zum Zeitpunkt t in Abhängigkeit von a. [T4]
Für welche Werte von a beträgt um 8:00 Uhr die Staulänge 3,0 km? [T5]

c) An einer anderen Baustelle beginnt der Verkehrsstau um 16:00 Uhr (t = 0) und endet um 19:00 Uhr (t = 3).
Begründen Sie, warum es nicht möglich ist, die momentane Änderungsrate der Staulänge an dieser Baustelle durch die ganzrationale Funktion g zu beschreiben, deren Graph dargestellt ist. [T6]

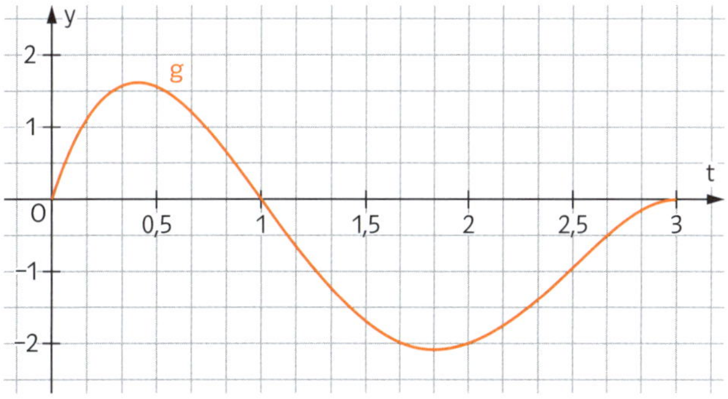

d) Vor einer weiteren Straßenbaustelle stauen sich um 9:00 Uhr die Fahrzeuge auf einer Länge von 4,0 km. Der Stau soll bis gegen 11:00 Uhr vollständig abgebaut sein. Eine Funktion h soll die momentane Änderungsrate dieser Staulänge modellhaft beschreiben (t in Stunden nach 9:00 Uhr; h(t) in Kilometern je Stunde). Ermitteln Sie eine notwendige Bedingung, damit die Forderung erfüllt wird.

[T1] Bestimmen Sie die Zeitpunkte, an denen die Stauänderungsrate das Maximum erreicht bzw. an dem die Staulänge nicht mehr weiter zunimmt. [T2] Ermitteln Sie die Staulänge als Integral der Stauänderungsrate f_2. [T3] Bestimmen Sie den Zeitpunkt, an dem die Staulänge nicht mehr weiter zunimmt. Dies ist die Nullstelle von f_a, an der f_a einen Vorzeichenwechsel von + nach – hat. [T4] Die Staulänge wird durch eine Stammfunktion $F_a(t)$ von $f_a(t)$ angegeben. Bestimmen Sie die Stammfunktion $F_a(t)$, so dass bei $t = 0$ die Staulänge 0 km beträgt. [T5] Stellen Sie eine Gleichung auf und lösen Sie diese mit der Lösungsformel für quadratische Gleichungen. [T6] Untersuchen Sie die Staulänge in Abhängigkeit von der Zeit.

2 Ein Medikament wird in unterschiedlichen Wirkstoffdosierungen hergestellt.
Durch die Funktion f_a mit $f_a(t) = a \cdot t \cdot e^{-0{,}25t}$ wird die Konzentration dieses Medikamentenwirkstoffs im Blut eines Patienten beschrieben. Der Parameter $a > 0$ berücksichtigt die Höhe der Wirkstoffdosierung.
Dabei wird die Zeit t in Stunden seit der Einnahme und die Wirkstoffkonzentration $f_a(t)$ im Blut in Milligramm pro Liter $\left(\frac{mg}{l}\right)$ gemessen.

a) Die Abbildung zeigt den zeitlichen Verlauf einer Wirkstoffkonzentration im Blut eines Patienten.
Die Wirkstoffkonzentration im Blut des Patienten beträgt vier Stunden nach der Einnahme $8{,}83\,\frac{mg}{l}$.
Berechnen Sie den Parameter a. [T1]
Damit das Medikament wirksam ist, sollte die Wirkstoffkonzentration im Blut mindestens $3\,\frac{mg}{l}$ betragen.
Wie lange ist dies bei dieser Dosierungshöhe ungefähr der Fall? [T2]

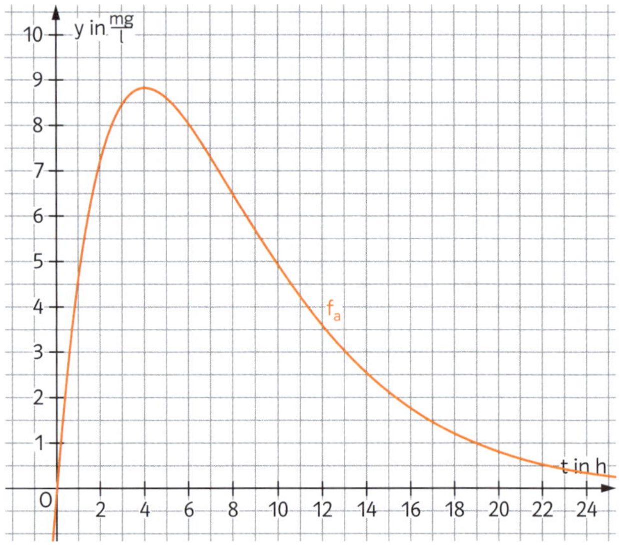

b) Zeigen Sie, dass die Wirkstoffkonzentration im Blut unabhängig vom Parameter a vier Stunden nach der Einnahme maximal ist. [T3]
Um eine Gefährdung des Patienten auszuschließen, sollte eine Wirkstoffkonzentration von mehr als $14\,\frac{mg}{l}$ vermieden werden. Ermitteln Sie die Dosierung a, die nicht überschritten werden sollte. [T4]

c) Zu welchem Zeitpunkt wird das Medikament am stärksten abgebaut? [T5]
Zeigen Sie, dass dieser Zeitpunkt unabhängig von der Wirkstoffdosierung ist. [T6]

d) Weisen Sie nach, dass die Funktion F_a mit $F_a(t) = -4a \cdot (t + 4) \cdot e^{-0{,}25t}$ eine Stammfunktion von f_a ist. [T7]
Bestimmen Sie in Abhängigkeit von s die mittlere Wirkstoffkonzentration $m_a(s)$ in den ersten s Stunden nach der Einnahme des Medikaments. [T8] [T9]
Wie hoch ist für $a = 6$ die mittlere Wirkstoffkonzentration des Medikaments in den ersten 24 Stunden?

e) Vier Stunden nach der ersten Einnahme wird das Medikament wieder in der gleichen Dosierung eingenommen. Es wird angenommen, dass sich dabei die Wirkstoffkonzentrationen im Blut des Patienten addieren.
Skizzieren Sie für $a = 6$ den zeitlichen Verlauf der Wirkstoffkonzentration im Blut des Patienten in den ersten 24 Stunden nach der ersten Medikamenteneinnahme. [T10]
Um eine Gefährdung des Patienten auszuschließen, sollte eine Wirkstoffkonzentration von mehr als $14\,\frac{mg}{l}$ vermieden werden. Ist diese Forderung für $a = 6$ zu jedem Zeitpunkt erfüllt?

[T1] Setzen Sie die Werte in die Funktionsgleichung ein und lösen Sie die entstehende Gleichung. [T2] Bestimmen Sie die Schnittpunkte des Graphen von f_6 und der Geraden $y = 3$. Die Zeitspanne ergibt sich aus der Differenz der ermittelten Zeiten. [T3] Zeigen Sie, dass die Ableitungsfunktion f_a' unabhängig vom Parameter a für $t = 4$ den Wert 0 annimmt und an dieser Stelle einen Vorzeichenwechsel von + nach – aufweist. [T4] Bestimmen Sie den Parameter a, so dass der maximale Funktionswert 14 ist. [T5] Zur Bestimmung des Zeitpunktes t_0, an dem der Wirkstoff am stärksten abgebaut wird, bestimmen Sie das Minimum der Ableitungsfunktion f_a', d.h. bestimmen Sie t_0, so dass $f_a''(t_0) = 0$ und f_a'' an dieser Stelle einen Vorzeichenwechsel von – nach + aufweist. [T6] Formen Sie den Term der zweiten Ableitung so um, dass Sie den Parameter a als Faktor ausklammern können. [T7] Leiten Sie F_a mithilfe der Produkt- und Kettenregel ab und zeigen Sie die Übereinstimmung mit f_a. [T8] Für die Bestimmung eines Mittelwerts m gilt: $m = \frac{1}{b-a} \cdot \int_a^b f(t)\,dt$. [T9] Bestimmen Sie einen Term für den Mittelwert mithilfe der Stammfunktion F_a. [T10] Um die Gesamtkonzentration zu skizzieren, können Sie entweder eine Funktionsgleichung angeben oder eine Wertetabelle aufstellen. Berücksichtigen Sie die zweite Einnahme des Wirkstoffs nach vier Stunden ($t = 4$).

1 Der Gesamtschuldenstand des Landes Krisenland nahm in den letzten 20 Jahren dramatisch zu. Betrug er im Jahre 1990 noch 18 Milliarden Euro, so wuchs der Gesamtschuldenstand im Jahr 2010 auf 95 Milliarden Euro an. Um diesen Schuldenberg im Jahr 2010 abzutragen, hätten die kompletten Steuereinnahmen des Landes im Jahr 2010 verwendet werden müssen. (Die angegebenen Zahlen sind sehr realistisch. Ersetzt man Milliarden durch Billionen handelt es sich um die tatsächliche Weltverschuldung, die so dramatisch wächst!)

a) Modellieren Sie den jährlichen Schuldenstand mit Hilfe der Exponentialfunktion $f(t) = s\,e^{kt}$, wobei t die Anzahl der Jahre seit 1990 angibt. Überprüfen Sie die Qualität des Modells mit dem Schuldenstand im Jahr 2005 in Höhe von 59 Milliarden Euro. Wie groß ist der prozentuale Fehler des Modells im Jahr 2005? [T1]

b) Angenommen, seit 1990 nahm der Schuldenstand jedes Jahr um den selben Prozentsatz zu, wie hoch ist dieser Prozentsatz anzusetzen? [T2]
Ein Arbeitnehmer zahlt durchschnittlich 40 Jahre Steuern, die der Staat zu einem großen Teil für Sozialausgaben wie Renten, Gesundheit und Bildung ausgibt. In welchem Jahr sind die Schulden so weit angewachsen, dass der Schuldenstand das 40-fache der Schulden des Jahres 2010 beträgt, das ganze Volk also „lebenslang" Steuern nur für die Abtragung der Schulden zahlen müsste? [T3]

c) Unter der Neuverschuldung versteht man den absoluten jährlichen Schuldenzuwachs. [T4]
Da der Schuldenberg ins Unermessliche zu steigen droht, wird ein Plan entworfen, wie die Neuverschuldung reduziert werden kann. Im nebenstehenden Koordinatensystem ist diese geplante Neuverschuldung für die nächsten 10 Jahre ab 2010 aufgetragen.
Zeichnen Sie den ungefähren Verlauf des Schuldenstands des Landes in den nächsten 10 Jahren in ein Koordinatensystem ein. [T5]
Lesen Sie aus dem erstellten Graphen ab, in welchem Jahr die Schulden den Stand von 2010 wieder erreicht haben. Beschreiben Sie in Worten, wie man diesen Zeitpunkt aus dem nebenstehenden Graphen der Neuverschuldung bestimmen könnte.

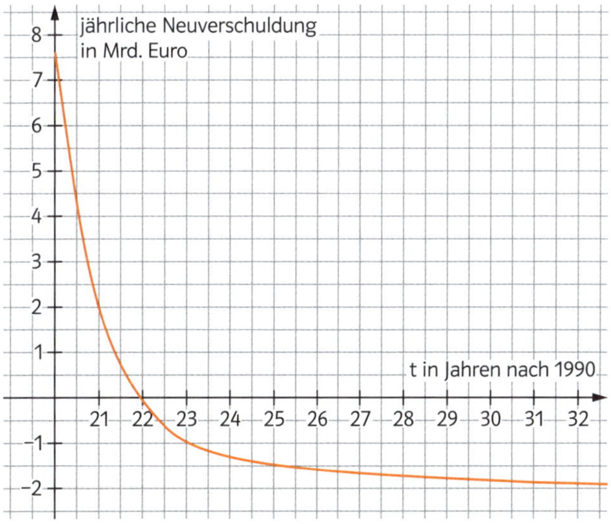

d) Ab dem Jahr 2016 kann der Graph der Neuverschuldung durch eine Gerade angenähert werden. Bestimmen Sie zeichnerisch die Gleichung der Geraden und berechnen Sie, in welchem Jahr die Schulden zurückgezahlt sind, wenn die Neuverschuldung über das Jahr 2020 hinaus so weiterverläuft. [T6]
Eine andere Idee, die Verschuldung in den Griff zu bekommen, geht von folgenden beiden Thesen aus:
- Der absolute Schuldenstand spielt keine Rolle, wenn nur die Zinsen bezahlt werden können.
- Die steigende Zinslast kann durch ein entsprechend hohes Wirtschaftswachstum und daraus resultierende höhere Steuereinnahmen bewältigt werden.

Im Jahr 2010 waren die jährlichen Steuereinnahmen genauso hoch wie der Schuldenstand des Landes.
Für den absoluten Schuldenstand von 2010 bis 2030 wird folgende Funktion angenommen:
$f_a(t) = 95(1 - a\,t)e^{2at}$, wobei t die Anzahl der Jahre ab 2010 angibt. [T7]
Mit dem Parameter a kann man beeinflussen, wie schnell die Schulden abgebaut werden. Je größer a ist, desto mehr wird in der Klammer subtrahiert. Da aber für einen Schuldenabbau Konjunkturprogramme aufgelegt werden, kommt der Parameter auch im Exponenten vor und ändert so den Anstieg und damit die Lage des Maximums des Schuldenstands.

e) Berechnen Sie das Maximum des Schuldenstandes und zeigen Sie, dass die Höhe des maximalen Schuldenstands, der erreicht wird, nicht von a abhängt.
In welchem Bereich muss a liegen, damit das Maximum des Schuldenstand im Zeitraum zwischen 2010 und 2030 angenommen wird? [T8]

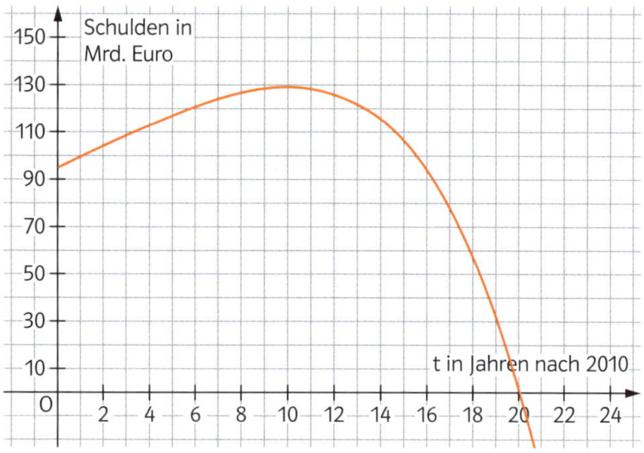

Beispiel für a = 0,05

f) Begründen Sie, warum man die geringste Zunahme der Steuereinnahmen benötigt, wenn das Maximum möglichst spät angenommen werden soll.
Für welches a ist dies der Fall, wenn das Maximum im Jahr 2030 liegt? [T9]

g) Stellen Sie für a = 0,025 eine Funktion g auf, die die notwendige Zunahme der Steuereinnahmen in Prozent beschreibt, wenn der Zinssatz für die Schulden konstant bleibt. [T10]
Geben Sie den Wertebereich dieser Funktion für $0 \le t \le 20$ an. [T11]

[T1] Berechnen Sie den Funktionswert und setzen Sie die Abweichung von 59 ins Verhältnis zu 59. [T2] Hier ist nach dem Wachstumsfaktor gefragt. [T3] Es soll der t-Wert berechnet werden, für den der Funktionswert 40 · f(20) ergibt. [T4] Das ist die Wachstumsrate bzw. die Ableitungsfunktion. [T5] Sie kennen den Startwert. Der Flächeninhalt unter der Änderungsrate (Neuverschuldung) hilft Ihnen, die ungefähren weiteren Werte zu ermitteln. [T6] Dazu müssen Sie die Steigung und den y-Achsenabschnitt der Geraden aus dem Graphen ablesen. [T7] Achtung: Die Skalierung der t-Achse wurde verändert. [T8] Berechnen Sie die Extremstelle und stellen Sie eine Bedingung für t auf, damit die Extremstelle zwischen 0 und 20 liegt. [T9] Die Steigung der Kurve muss dazu möglichst gering sein. [T10] Bei konstantem Zinssatz müssen die Steuereinnahmen genauso schnell wie die Schulden wachsen. g(t) erhält man, indem man das Verhältnis zwischen Neuverschuldung und den absoluten Schulden bestimmt. [T11] Zeigen Sie, dass g in dem Bereich monoton ist.

2 Gegeben ist für $a \neq 0$ eine Schar von Funktionen mit der Gleichung $f_a(x) = (x - a) \cdot e^{\frac{x}{a}}$.
Rechts sehen Sie zwei Graphen dieser Funktionenschar.

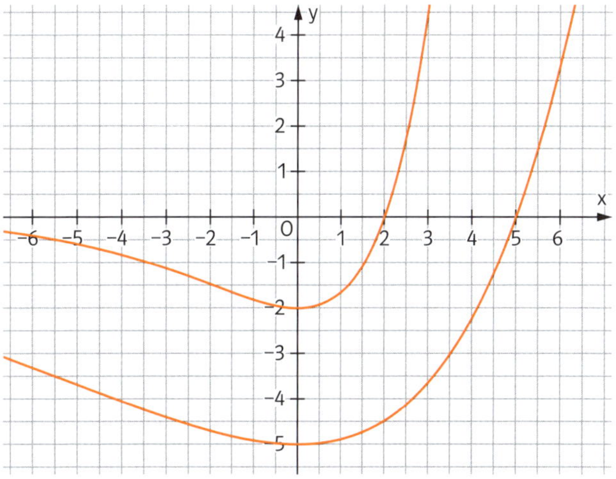

a) Zu welchen Werten des Parameters a gehören die abgebildeten Graphen? [T1]

b) Geben Sie die Gleichung der Ortskurve an, auf der die Wendepunkte der Graphen von f_a liegen. [T2]

c) Bestimmen Sie die Gleichung der Tangente t_a an den Graph von f_a in $P(a\,|\,0)$. [T3]

d) Gegeben ist der Punkt $P(u\,|\,f_5(u))$. Für welchen positiven Wert von u hat das Rechteck mit den Ecken $O(0\,|\,0)$, $Q(u\,|\,0)$, $R(0\,|\,f_5(u))$ und P den größten Flächeninhalt? Geben Sie diesen größtmöglichen Flächeninhalt an. [T4]

e) Welcher geometrische Zusammenhang besteht zwischen den Graphen von f_2 und f_{-2}? [T5]

f) Zeigen Sie, dass F_a mit $F_a(x) = a(x - 2a)e^{\frac{x}{a}}$ eine Stammfunktion von f_a ist. [T6]
Für welchen positiven Wert von a hat der Inhalt der Fläche, die vom Graph von f_a und den Koordinatenachsen eingeschlossen wird, den Wert 10 FE? [T7]

[T1] Achten sie auf die Schnittpunkte der Graphen mit den Koordinatenachsen. [T2] Notwendiges Kriterium: $f_a''(x) = 0$; Hinreichendes Kriterium: $f_a''(x) = 0$ und $f_a'''(x) \neq 0$ oder $f_a''(x) = 0$ und Vorzeichenwechsel von f_a''. Verwenden Sie die Produktregel und die Kettenregel. [T3] Die Steigung der Tangente entspricht dem Wert der 1. Ableitung an der betrachteten Stelle.
[T4] Fertigen Sie eine Skizze an. [T5] In Betracht kommen eine Verschiebung, Streckung oder eine Symmetriebeziehung.
[T6] Leiten Sie die Funktion F_a ab. [T7] Berechnen Sie zunächst $\int_0^a \left((x - a) \cdot e^{\frac{x}{a}}\right) dx$ in Abhängigkeit von a. Setzen sie dann diesen Term gleich 10.

1 In der nebenstehenden Grafik ist der Graph einer Funktion f mit $f(x) = \frac{1}{3}x^3 - 4 \cdot x^2 + 12 \cdot x$ $(x \in \mathbb{R})$ dargestellt.

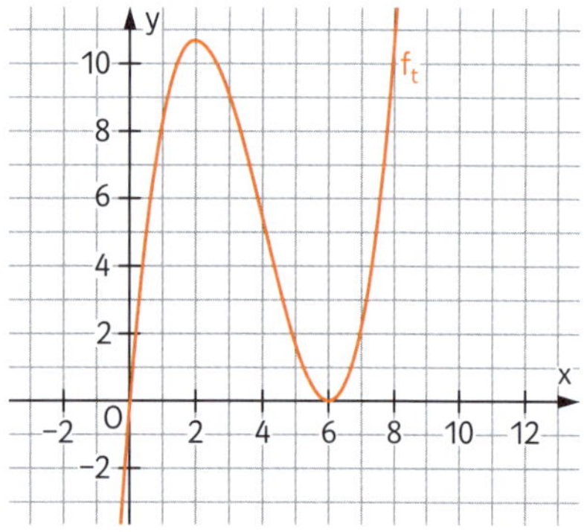

a) Durch $g_t(x) = \frac{1}{3}x \cdot (x - 3t)^2$ ist eine Funktionsschar g_t gegeben.
Berechnen Sie, für welchen Wert t die Funktionen f und g_t identisch sind.
[T1] (Zur Kontrolle: $g_t(x) = \frac{1}{3}x^3 - 2t \cdot x^2 + 3t^2 \cdot x$)

b) Berechnen Sie alle Nullstellen, die lokalen Extrempunkte und Wendepunkte des Graphen der Funktion f.

c) Der Graph der Funktion f schließt mit der x-Achse eine Fläche vollständig ein. Berechnen Sie den Inhalt dieser Fläche. Durch den Hochpunkt des Graphen der Funktion f verläuft eine Gerade, die diese Fläche halbiert. Berechnen Sie die Schnittstelle dieser Geraden mit der x-Achse. **[T2]**

d) Auf dem vom Graphen der Funktion f und der x-Achse eingeschlossenen Fläche soll ein Rechteck so festgelegt werden, dass eine Seite auf der x-Achse liegt, einer seiner Eckpunkte der Wendepunkt des Graphen von f ist und ein weiterer Eckpunkt auf dem Graphen von f liegt. Berechnen Sie Länge und Breite dieses Rechtecks. **[T3]**

e) Durch die Punkte $O(0|0)$, $P(t|0)$ und $R(t|f(t))$ wird für $0 < t < 6$ ein Dreieck beschrieben.
Berechnen Sie, für welchen Wert von t dieses Dreieck den größten Flächeninhalt besitzt und berechnen Sie ihn. **[T4]**

f) Die Wendepunkte aller Funktionen g_t liegen auf der Kurve h. Berechnen Sie die Funktionsgleichung dieser Funktion. **[T5]**
(Zur Kontrolle: Wendepunkt $W\left(2t\middle|\frac{2}{3}t^3\right)$)

[T1] Multiplizieren Sie g_t unter Beachtung der binomischen Formel aus und vergleichen Sie g_t und f. **[T2]** Fertigen Sie eine Skizze an und lesen Sie die Integrationsgrenzen für die eingeschlossene Fläche ab. Zeichnen Sie eine Gerade k durch den Hochpunkt so ein, dass die Fläche etwa halbiert wird. Die Fläche von 0 bis 2 und eine Dreiecksfläche zusammen müssen halb so groß, wie die Gesamtfläche sein. Aus zwei Punkten kann man nun die Geradengleichung aufstellen. **[T3]** Eine Rechteckseite verläuft parallel zur x-Achse durch den Wendepunkt. Die x-Koordinate eines weiteren Eckpunkts des Rechtecks erhält man als Lösung der Gleichung $f(x) = f(4)$. Der Ansatz $f(a) = f(4)$ führt auf eine Gleichung dritten Grades, deren eine Lösung bekannt ist. Die beiden anderen Lösungen erhält man nach Polynomdivision. **[T4]** Fertigen Sie zunächst eine Skizze an und wählen Sie den Ansatz $A = \frac{1}{2}t \cdot f(t)$. **[T5]** Gesucht sind die Ortskurven. Zunächst den Wendepunkt in Abhängigkeit von t berechnen. Dann $x = x(t)$ des Wendepunktes nach t auflösen und in $y = y(t)$ einsetzen.

2 Gegeben ist die Funktion f durch $f(x) = -\frac{1}{81}x^3 + \frac{1}{9}x \quad (x \in \mathbb{R})$.

a) Berechnen Sie die Nullstellen der Funktion f sowie die Koordinaten der lokalen Extrempunkte des Graphen von f, untersuchen Sie die Lage und die Art der Extrema und skizzieren Sie den Graphen von f in ein Koordinatensystem. Begründen Sie, dass der Wendepunkt des Graphen dieser Funktion im Koordinatenursprung liegen muss. **[T1]**

b) Die x-Achse und der Graph der Funktion f begrenzen im 1. Quadranten eine Fläche A vollständig. Berechnen Sie den Inhalt dieser Fläche.
Durch eine Gerade, die durch den lokalen Hochpunkt des Graphen von f geht und parallel zur y-Achse verläuft, wird diese Fläche in zwei Teilflächen zerlegt. Berechnen Sie das Verhältnis der Inhalte der Teilflächen. **[T2]**

Gegeben sind die Parabeln g_a durch $g_a(x) = a \cdot x^2 + \frac{7}{4}x \quad (x \in \mathbb{R};\ a \in \mathbb{R};\ a \neq 0)$.

c) Bestimmen Sie den Wert a so, dass g_a an der Stelle $x = -0{,}5$ den Anstieg 2 hat. Ermitteln Sie rechnerisch die Gleichung der Tangente an die Parabel an der Stelle $x = -0{,}5$.

d) Jede Parabel schließt mit der x-Achse für $a < 0$ die Fläche A_a ein. Berechnen Sie den Wert a so, dass dieser Flächeninhalt $\frac{21}{8}$ FE beträgt.

Betrachtet wird bei den folgenden Aufgabenteilen nur die Parabel g_a mit $a = -\frac{1}{3}$.

e) Zeichnen Sie diese Parabel in das Koordinatensystem aus Teilaufgabe a) ein. Verbinden Sie nun die beiden Nullstellen der Parabel mit ihrem Extrempunkt zu einem Dreieck. Berechnen Sie den Flächeninhalt dieses Dreiecks.

f) Jede Gerade mit der Gleichung $x = u \quad (0 < u < 6)$ schneidet den Graph der Funktion f im Punkt R_u und die betrachtete Parabel im Punkt Q_u. Berechnen Sie den Wert von u, für den der Abstand der Punkte R_u und Q_u am größten ist. **[T3]**

[T1] Nutzen Sie die Symmetrieeigenschaft des Graphen der Funktion. **[T2]** Berechnen Sie außer der Gesamtfläche die Teilfläche von 0 bis zur x-Koordinate des Hochpunktes. Die andere Teilfläche ergibt sich aus der Differenz von Gesamtfläche und der berechneten Teilfläche. **[T3]** Bilden Sie die Differenzfunktion von Parabel und der Funktion f und berechnen Sie deren Maximum.

1 a) Gesucht ist eine gebrochen rationale Funktion mit der Funktionsgleichung $f(x) = \frac{ax^2 + 4}{x + b}$, deren Graph eine senkrechte Asymptote mit der Gleichung $x = -1$ hat und die ein Extremum an der Stelle $x = 2$ hat. **[T1]**
Bestimmen Sie a und b. Bestimmen Sie die Art des Extremums und die y-Koordinate des Extrempunkts.

b) Gegeben ist die Funktionenschar $f_t(x) = \frac{tx^2 + 4}{x + 1}$. Zeichnen Sie den Graphen der Funktion $f_{0,5}$.

Begründen Sie, warum die Gleichung der schiefen Asymptote des Graphen von $f_{0,5}$ $y = 0{,}5x - 0{,}5$ lautet. **[T2]**

c) Bestimmen Sie die Gleichung der Kurve, auf der alle Punkte der Graphen von f_t liegen, die die y-Koordinate t haben. **[T3]**

d) Der Graph von $f_{0,5}$ schließt mit den Koordinatenachsen und der Parallelen zur y-Achse durch den Tiefpunkt eine Fläche ein. Berechnen Sie mithilfe der Ergebnisse aus b) deren Flächeninhalt. **[T4]**

e) Welche Werte darf t annehmen, damit der Graph der Funktion $f_t(x) = \frac{tx^2 + 4}{x + 1}$ Punkte mit waagrechter Tangente besitzt? **[T5]**

f) Sei $t > 0$. In den Extrempunkten der Graphen von $f_t(x) = \frac{tx^2 + 4}{x + 1}$ seien Parallelen zur y-Achse gezeichnet. Zeigen Sie, dass mit wachsendem t der Abstand dieser Parallelen monoton abnimmt. **[T6]**
Gegen welchen Wert strebt der Abstand für $t \to \infty$?

[T1] Bestimmen Sie allgemein die senkrechte Asymptote und das Extremum. **[T2]** Zeigen Sie, dass die Differenz der y-Werte von $f_{0,5}$ und der Asymptote für $x \to \infty$ gegen 0 strebt. **[T3]** Lösen Sie die Gleichung $f(t) = t$ nach t auf und verwenden Sie $y = t$.
[T4] Verwenden Sie die Aufspaltung des Funktionsterms in den Term der Asymptote und den in b) betrachteten Rest, um das Integral zu berechnen. **[T5]** Die Gleichung $f'(x) = 0$ muss Lösungen besitzen. Betrachten Sie die Diskriminante. **[T6]** Berechnen Sie den Abstand allgemein.

1 Die geradlinigen Flugbahnen zweier mit konstanter Geschwindigkeit fliegende Flugzeuge F_1 und F_2 können mithilfe eines Koordinatensystems angegeben werden. F_1 befindet sich zu Beobachtungsbeginn in $P(3|5|2)$, Flugzeug F_2 in $R(-1|3|3)$ (Angaben in km; die x_3-Koordinate gibt die Flughöhe über dem ebenen Gelände an). F_1 befindet sich nach einer Minute im Punkt $Q(-1|9|3)$, F_2 bewegt sich in Richtung $\begin{pmatrix} 2 \\ -2 \\ 1 \end{pmatrix}$ mit einer Geschwindigkeit von $300\,\frac{\text{km}}{\text{h}}$.

a) Geben Sie eine Geradengleichung an, die die Flugbahn von F_1 beschreibt.
Bestimmen Sie den Punkt, an dem sich F_1 nach drei Minuten befindet.
Berechnen Sie den Zeitpunkt, zu dem sich F_1 in einer Höhe von 6 km befindet.
Bestimmen Sie die Geschwindigkeit von F_1 in km/h.
Bestimmen Sie eine Geradengleichung, die die Flugbahn von F_2 beschreibt.
Berechnen Sie den Ort, an dem sich F_2 nach einer Minute befindet.

b) Zeigen Sie, dass sich die Flugbahnen von F_1 und F_2 nicht kreuzen.
Bestimmen Sie den minimalen Abstand der beiden Flugbahnen.
Berechnen Sie die Entfernung der beiden Flugzeuge F_1 und F_2 nach drei Minuten.
Ermitteln Sie den minimalen Abstand der beiden Flugzeuge.

Ein quadratisches Messegelände liegt in der x_1x_2-Ebene und hat den Mittelpunkt $(3|3|0)$. Die Quadratseiten sind parallel zu den Koordinatenachsen und haben die Länge 2 km. Bei einer Flugschau haben die Zuschauer auf dem Messegelände die Möglichkeit Flugzeuge zu beobachten.

c) Zeichnen Sie das Messegelände in ein geeignetes Koordinatensystem ein.
Berechnen Sie den minimalen und maximalen Winkel zur Horizontalen, unter dem man von diesem Messegelände aus ein Flugzeug betrachten kann, das sich gerade im Punkt $F(6|6|1)$ befindet.

d) Bei einem Programmpunkt der Flugschau fliegen mehrere Flugzeuge parallel zur x_1-Achse unter einem Winkel von 45° in die Höhe. Eines der Flugzeuge fliegt durch den Punkt $(3|0|1)$.
Ermitteln Sie eine Gleichung der Ebene in Parameterform und in Koordinatenform, in der alle Flugbahnen dieser Flugzeuge liegen.

2 Gegeben ist die Ebene E: $\vec{x} = 4x_1 + 2x_2 + 5x_3 = 20$ und die Punkte A(2 | 6 | 0) und B(0 | 5 | 2).

a) Geben Sie eine Gleichung der Geraden g durch A und B an und zeigen Sie, dass g in E liegt.

Bestimmen Sie die Länge der Strecke $\overline{AB}$ und die Koordinaten des Mittelpunktes von $\overline{AB}$.

b) Zeichnen Sie die Ebene E mit ihren Spurpunkten in ein Koordinatensystem (1 LE = 1 cm).

Bestimmen Sie die Koordinaten des Punktes C auf E, der mit A und B ein gleichschenkliges Dreieck mit der Basis AB und dem Flächeninhalt $3\sqrt{5}\,\text{cm}^2$ bildet und dessen x_1-Koordinate positiv ist. [T1]

Zeichnen Sie das Dreieck in das Koordinatensystem ein.

c) Das Dreieck ABC bildet zusammen mit dem Punkt D(2 | 1,5 | 0) eine Pyramide. Bestimmen Sie den Rauminhalt der Pyramide. [T2]

d) Gegeben ist die Gerade h: $\vec{x} = \begin{pmatrix} 3 \\ 1{,}5 \\ 1 \end{pmatrix} + t\begin{pmatrix} 1 \\ 0 \\ 1 \end{pmatrix}$; $t \in \mathbb{R}$. Bestimmen Sie den Schnittpunkt T von h mit E.

Die Spitze S der dreieckigen Pyramide ABCS bewege sich auf der Geraden h. Berechnen Sie den Rauminhalt V(t) der Pyramide ABCS. [T3]

e) Zeigen Sie, dass das Dreieck ABS für jede Lage von S gleichschenklig ist. Für welchen Punkt S ist der Flächeninhalt des Dreiecks ABS minimal? [T4] Welchen Winkel hat dieses Dreieck an der Spitze S?

f) Die Pyramide aus Aufgabe c) wird längs der Ebene F: $\vec{x} = \begin{pmatrix} 3 \\ 4 \\ 0 \end{pmatrix} + r\begin{pmatrix} 2 \\ 1 \\ -2 \end{pmatrix} + s\begin{pmatrix} 1 \\ 1 \\ -3 \end{pmatrix}$ in zwei Körper zerschnitten.

Beschreiben Sie die beiden Körper möglichst genau. [T5]

[T1] Ein gleichschenkliges Dreieck ist symmetrisch zur Mittelsenkrechten der Strecke $\overline{AB}$. Stellen Sie eine Gerade durch M auf, deren Richtungsvektor orthogonal zu $\overrightarrow{AB}$ und in E liegt. [T2] Bestimmen Sie den Abstand des Punktes D von E und wenden Sie die Volumenformel für die Pyramide an. [T3] Stellen Sie die Koordinaten von S in Abhängigkeit von t dar und berechnen Sie den Abstand von S zur Ebene E. Verwenden Sie die in Aufg. e) bestimmte Hesseform und den Flächeninhalt aus Aufg. b).
[T4] Stellen Sie den Punkt S in Abhängigkeit des Parameters t dar. Bestimmen Sie nun den Flächeninhalt F des Dreiecks in Abhängigkeit von t und geben Sie die Funktion F(t) in einen Funktionsplotter ein. Lesen Sie das Minimum der Funktion ab.
[T5] Bestimmen Sie die Koordinaten der Schnittpunkte der Pyramidenkanten mit F. Verwenden Sie den Satz von der Mittelparallele im Dreieck und die in den vorhergehenden Aufgaben bestimmten Eigenschaften der Seitenflächen der Pyramide.

1 Ein Betrieb stellt Rauchmelder als Massenprodukt zum kleinen Preis her. Diese zeigen eine existierende Brandgefahr mit der Wahrscheinlichkeit p an.

a) Zur Erhöhung der Sicherheit wird vorgeschlagen, nebeneinander zwei dieser Rauchmelder zu installieren, die unabhängig von einander reagieren. Berechnen Sie zunächst allgemein die Wahrscheinlichkeit dafür, dass eine existierende Brandgefahr nicht erkannt wird. [T1]
Berechnen Sie dann für $p = 0{,}90$ wie weit sich bei der Installation von zwei Rauchmeldern nebeneinander die Sicherheit erhöht.

b) Bei der Qualitätskontrolle hat sich gezeigt, dass 8 % der Rauchmelder generell nicht funktionieren, weil ein Materialfehler oder ein Montagefehler vorliegt. Berechnen Sie die Wahrscheinlichkeit für einen Montagefehler, wenn 2 % des Materials fehlerhaft ist. [T2]

c) Der laufenden Produktion werden 50 Rauchmelder entnommen und auf Funktionalität überprüft. Begründen Sie, dass die Anzahl defekter Rauchmelder in der Stichprobe etwa binomialverteilt ist.
Berechnen Sie die Wahrscheinlichkeit, dass
- A genau 4 Rauchmelder defekt sind
- B weniger als 3 Rauchmelder defekt sind
- C mindestens 45 Rauchmelder einwandfrei funktionieren

d) Wie viele dieser Rauchmelder müsste ein Bauträger bestellen, damit mit 95 %-iger Wahrscheinlichkeit mindestens 80 funktionierende Rauchmelder in der Lieferung sind? [T3]
(Hinweis: Ein CAS-Rechner ermittelt für $p = 0{,}92$ die folgende Tabelle:)

n	90	91	92	95	100
$F_{n;p}(79)$	0,1043	0,059	0,0315	0,0035	3.734E–5

e) Nach einer Schulung des Personals geht man nur noch von einer Fehlerquote von 5 % aus.
Ein Kunde kauft 100 Rauchmelder und stellt fest, dass 8 Rauchmelder nicht funktionieren. Gegenüber dem Hersteller behauptet er nun, dass die Fehlerquote 8 % beträgt.
Beschreiben Sie eine Möglichkeit, mit einer Stichprobe von 50 Rauchmeldern zu testen, ob der Kunde Recht hat. Was ist in diesem Fall mit den Fehlern 1. und 2. Art gemeint?
Legen Sie eine Entscheidungsregel so fest, dass beide Fehler möglichst gering sind. [T4]

Anlage:

n = 50

Binomialverteilung

k		Einzelwahrscheinlichkeit $B_{n,p}(k)$ p = 0,05	p = 0,08	Summenverteilung $F_{n,p}(k)$ p = 0,05	p = 0,08
0		0,0769	0,0155	0,0769	0,0155
1		0,2025	0,0672	0,2794	0,0827
2		0,2611	0,1433	0,5405	0,2260
3		0,2199	0,1993	0,7604	0,4253
4		0,1360	0,2037	0,8964	0,6290
5		0,0658	0,1629	0,9622	0,7919
6		0,0260	0,1063	0,9882	0,8981
7		0,0086	0,0581	0,9968	0,9562

[T1] Wählen Sie den Weg über das Gegenereignis. [T2] Das Gerät funktioniert nur, wenn beide Fehler nicht auftreten. Formulieren Sie einen Ansatz für die Wahrscheinlichkeit funktionierender Geräte. [T3] Formulieren Sie eine Gleichung für die Wahrscheinlichkeit nicht funktionierender Rauchmelder. Interpretieren Sie die Zahlen in der Tabelle für diese Aufgabe. [T4] Legen Sie die Nullhypothese mit $p_0 = 0{,}05$ fest und überlegen Sie, ob es sich um einen rechts- oder linksseitigen Ablehnungsbereich handelt.

2 Am Friedrichgymnasium in Schillerstadt lernen zurzeit 510 Schülerinnen und 356 Schüler in 8 Klassenstufen. In Vorbereitung des Ganztagsunterrichts ist die Anzahl der Kinder allein Erziehender von Bedeutung.

a) Der Klassenlehrer einer 6. Klasse stellt fest, dass in seiner Klasse der Anteil allein erziehender Mütter oder Väter (A) besonders hoch ist. In seiner Klasse sind 12 Jungen (J) und 16 Mädchen (M). Als Mathematiklehrer erfasst er die Anteile mit $P_J(A) = \frac{5}{6}$ und $P_A(J) = \frac{1}{2}$. Stellen Sie eine Vierfeldertafel für diese Gegebenheiten auf und bestimmen Sie die Wahrscheinlichkeit, dass ein beliebiger Schüler oder eine beliebige Schülerin dieser Klasse ein Kind allein Erziehender ist. Prüfen Sie, ob das Geschlecht vom Merkmal A stochastisch abhängig ist. [T1]

b) In der Schulstatistik wurde festgestellt, dass $\frac{2}{3}$ aller Schüler und Schülerinnen der Klassenstufe 6 Kinder allein Erziehender sind. Berechnen Sie die Wahrscheinlichkeit dafür, dass

(1) von 20 beliebig gewählten Kindern dieser Klassenstufe mindestens 8 Kinder allein erziehende Elternteile haben.
(2) in einer Klasse von 25 Schülern höchstens ein Kind ein allein erziehendes Elternteil hat. [T2]

c) Ermitteln Sie die Anzahl der Kinder dieser Klassenstufe, die man befragen muss, um mit 99 %-iger Sicherheit mindestens ein Kind zu finden, das bei beiden Elternteilen aufwächst. [T3]

d) In einem Mathematikkurs der Oberstufe erhalten die Teilnehmer die Aufgabe, die Wahrscheinlichkeit $p = P(A)$ an der Schule zu schätzen. Dazu befragen sie 200 Schülerinnen und Schüler, die nach Unterrichtsschluss das Schulgebäude verlassen und stellen fest, dass 108 der Befragten Kinder allein Erziehender sind. Die Schätzung dieses Anteils p soll nun so erfolgen, dass das Ergebnis der Schätzung um höchstens $2 \cdot \sigma_A$ vom Erwartungswert μ_A abweicht. [T4]

e) Die Schulsekretärin recherchiert in ihren Daten, dass zurzeit 210 Schülerinnen und Schüler die Oberstufe besuchen, von denen 60 % allein erziehende Mütter oder Väter (A) haben. Bei den anderen Schülern sind es nur 50 %. Berechnen Sie die Wahrscheinlichkeit dafür, dass dieses Merkmal (A) für einen beliebig gewählten Schüler (bzw. Schülerin) zutrifft. [T5]

[T1] Tragen Sie die gegebenen Werte in die Vierfeldertafel ein nutzen Sie die Definition der bedingten Wahrscheinlichkeit. [T2] Drücken Sie „mindestens" und „höchstens" als Ungleichung mithilfe der Zufallsvariablen aus. [T3] Gehen Sie vom Ansatz $P(X \geq 1) \geq 0{,}99$ aus. [T4] Für binomialverteilte Zufallsgrößen ist $\mu = n \cdot p$ und $\sigma^2 = n \cdot p \cdot (1 - p)$. Damit kann man das Intervall $\mu - 2\sigma \leq 108 \leq \mu + 2\sigma$ erstellen und die Intervallgrenzen von p berechnen. [T5] Hier sollte man ein zweistufiges Baumdiagramm verwenden, das zunächst Oberstufenschüler und Nichtoberstufenschüler trennt.

3 Das Bildermuseum in Kunststadt zeigt neben seiner ständigen Ausstellung auch themen- oder künstlerorientierte Sonderausstellungen. Im Eingangsbereich befindet sich noch vor dem Kassenbereich eine Buchhandlung, die sich auf künstlerische Werke spezialisiert hat. Alle Besucher werden in den unterschiedlichen Bereichen elektronisch gezählt. Bei der Sonderausstellung der Werke von Max Beckmann stellte man fest, dass von den Besuchern des Bildermuseums 85 % die Sonderausstellung, 28 % die ständige Ausstellung und 15 % beide Ausstellungsteile besuchen.

a) Berechnen Sie die Wahrscheinlichkeit dafür, dass ein beliebiger Besucher des Bildermuseums nur die Buchhandlung aufsucht. **[T1]**

b) Für eine Befragung werden 20 Museumsbesucher zufällig ausgewählt. Berechnen Sie die Wahrscheinlichkeit der Ereignisse:

A: Mindestens drei dieser Befragten haben die Beckmannausstellung nicht besucht.
B: Die Anzahl der Befragten, die nur die Buchhandlung besucht haben, beträgt höchstens eins.

c) Berechnen Sie, wie viele Besucher mindestens zufällig ausgewählt werden müssen, um mit mindestens 99 %-iger Sicherheit einen Besucher der Sonderausstellung befragen zu können. **[T2]**

d) Geben Sie im dargestellten Zusammenhang zwei Ereignisse C und D an, die die Wahrscheinlichkeit

$P(C) = \binom{20}{3} \cdot 0{,}15^3 \cdot 0{,}85^{17}$ und $P(D) = \dfrac{\binom{11}{0} \cdot \binom{9}{6} + \binom{11}{1} \cdot \binom{9}{5}}{\binom{20}{6}}$ besitzen. **[T3]**

e) Für die Bezahlung der Eintrittsgebühr gibt es zwei Schalter. Der Vorgang für einen zahlenden Besucher dauert jeweils drei Minuten, für Besucher mit Jahreskarte ist es nur eine Minute. Gleichzeitig treffen acht Besucher ein, die sich rein zufällig zu je 4 Personen auf die beiden Schalter aufteilen.
Herr Schmidt und drei weitere Besucher haben eine Jahreskarte. Berechnen Sie den Erwartungswert für die Zufallsgröße X: „Zufällige Zeit bis Herr Schmidt den Schalter verlassen kann, wenn dieser als Letzter an seinem Schalter steht". **[T4]**

[T1] Verwenden Sie den Additionssatz für Wahrscheinlichkeiten mit $P(S \cup B) = P(S) + P(B) - P(S \cap B)$. **[T2]** Der Weg über das Gegenereignis ist hier günstiger. **[T3]** 20 Personen werden befragt. Teilen Sie diese in Männer und Frauen ein. **[T4]** Erfassen Sie alle möglichen Fälle in der Tabelle der Wahrscheinlichkeitsverteilung.

Lambacher Schweizer

Mathematik für Gymnasien

Abitur- und Klausurtraining Bayern

Lösungen zum Arbeitsheft

11, I Graphen gebrochen rationaler Funktionen

I Verhalten in der Umgebung von Definitionslücken, Seite 6

1 a) … Nullstellen … Es ist $4 - x^2 = 0$ für $x_1 = -2$ und $x_2 = 2$, also $D_f = \mathbb{R}\setminus\{-2;\ 2\}$.

b)

x	±4	±3	±2,5	±1,5	±1	±0,5	0
y	$-\frac{1}{4}$	$-\frac{3}{5}$	$-\frac{4}{3}$	$\frac{12}{7}$	1	$\frac{4}{5}$	$\frac{3}{4}$

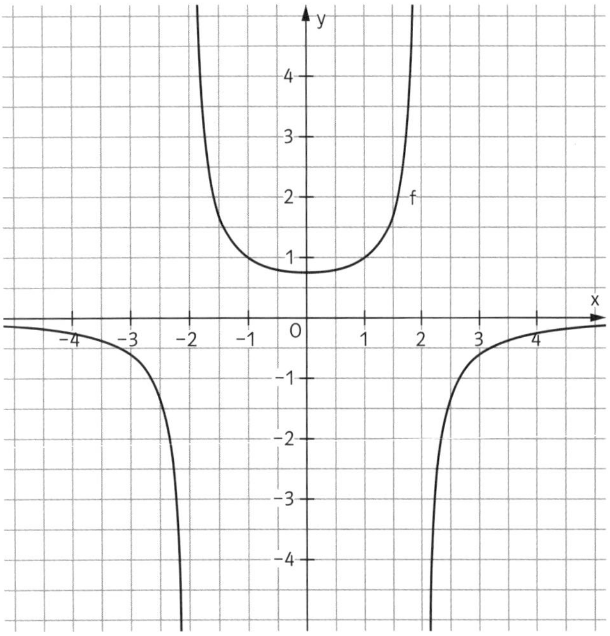

2 Es sind viele verschiedene Lösungen möglich. Hier sind einfache Lösungen angegeben:

a) $f(x) = \frac{1}{x^2+1}$

b) $f(x) = \frac{1}{x+2}$

c) $f(x) = \frac{1}{(x+3)\cdot x\cdot(x-3)} = \frac{1}{x^3-9x}$

3 a) $f(x) = \frac{1}{x-5} + 7{,}2$ b) $g(x) = \frac{x}{(x+2)(x-3)}$

4 A → III B → VI C → V D → II E → IV F → I

5 siehe Tabelle 1

I Verhalten im Unendlichen, Seite 7

1 Lösungswort: Z U G S P I T Z E

2 a) $x = -3;\ y = 0$

b) $x = -2;\ x = 2;\ y = 2$

c) $x = 2{,}5$

d) $y = 1$

3 Es sind verschiedene Lösungen möglich.

a) $f(x) = \frac{1}{x^2+1}$ b) $f(x) = \frac{1}{x+2}$ c) $f(x) = \frac{1}{(x-3)^2}$

d) $f(x) = \frac{1}{x+4}$ e) $f(x) = \frac{1}{(x+5)\cdot(x-5)} - 1$

4 a) $f(x) = \frac{x^3+4}{3x^3} = \frac{x^3\cdot\left(1+\frac{4}{x^3}\right)}{3x^3} = \frac{1+\frac{4}{x^3}}{3}$ $y = \frac{1}{3}$

b) $f(x) = \frac{6x^2-1}{2x} = 3x - \frac{1}{2x}$ $y = 3x$

c) $f(x) = \frac{8-x^2}{2x^2} = \frac{-x^2+8}{2x^2} = \frac{x^2\cdot\left(-1+\frac{8}{x^2}\right)}{x^2\cdot 2} = \frac{-1+\frac{8}{x^2}}{2} = -\frac{1}{2} + \frac{4}{x^2}$ $y = -0{,}5$

d) $f(x) = \frac{x^2-6}{3(x-2)} = \frac{x^2-6}{3x-6} = \frac{1}{3}x + \frac{2}{3} - \frac{2}{3x-6}$ $y = \frac{1}{3}x + \frac{2}{3}$

5 $f_1(x) = 0{,}5x + 1 + \frac{1}{x+2} = \frac{(0{,}5x+1)\cdot(x+2)+1}{x+2} = \frac{0{,}5x^2+2x+3}{x+2}$

$f_2(x) = -\frac{1}{(x+2)\cdot(x-2)} - 1 = -\frac{1}{x^2-4} - 1$

$f_3(x) = \frac{x+1}{(x-1)\cdot(x+3)}$

6 a) Klammern vergessen: $-(5x-20)$
Dann entfällt das Restglied, die korrekte Lösung ist $-3x+5$.
b) Vorzeichenfehler beim Eintragen des zweiten Subtrahenden: $-(6x^2+9x)$

Tabelle 1

Funktion f	Definitionsbereich $D_f = \mathbb{R}\setminus\{x_0\}$	Nullstelle(n)	f(0)	Verhalten von f in der Umgebung der Definitionslücke x_0: $x \to x_0,\ x < x_0$	$x \to x_0,\ x > x_0$	Polstelle
a) $f(x) = \frac{x+1}{x-2}$	$\mathbb{R}\setminus\{2\}$	−1	$-\frac{1}{2}$	$f(x) \to -\infty$	$f(x) \to +\infty$	x = 2 mit VzW
b) $f(x) = \frac{0{,}25x^2}{x+4}$	$\mathbb{R}\setminus\{-4\}$	0	0	$f(x) \to -\infty$	$f(x) \to +\infty$	x = −4 mit VzW
c) $f(x) = \frac{3}{(x-3)^2}$	$\mathbb{R}\setminus\{3\}$	–	$\frac{1}{3}$	$f(x) \to +\infty$	$f(x) \to +\infty$	x = 3 ohne VzW
d) $f(x) = \frac{x^2-4x}{2x-8}$	$\mathbb{R}\setminus\{4\}$	0	0	$f(x) \to 2$	$f(x) \to 2$	– (hebbare Def.-lücke)
e) $f(x) = \frac{x^2+3x}{2-2x}$	$\mathbb{R}\setminus\{1\}$	−3; 0	0	$f(x) \to +\infty$	$f(x) \to -\infty$	x = 1 mit VzW

I Zusammenhang von Graphen und Termen, Seite 8

1 1. Definitionsmenge: $2x^2 - 2 = 0$ für $x_1 = -1$ und $x^2 = 1$;
$D_f = \mathbb{R} \setminus \{-1;\ 1\}$
2. Polstellen / senkrechte Asymptoten: Für $x \to -1$ und $x < -1$ gilt: $f(x) \to -\infty$; für $x \to -1$ und $x > -1$ gilt: $f(x) \to +\infty$; also ist $x_1 = -1$ eine Polstelle mit VzW von − nach +. Die Gerade mit der Gleichung $x = -1$ ist senkrechte Asymptote des Graphen von f.
Für $x \to 1$ und $x < 1$ gilt: $f(x) \to -\infty$; für $x \to 1$ und $x > 1$ gilt: $f(x) \to +\infty$; also ist $x_2 = 1$ eine Polstelle mit VzW von − nach +. Die Gerade mit der Gleichung $x = 1$ ist senkrechte Asymptote des Graphen von f.
3. Symmetrie: $f(-x) = \frac{-3x - x^3}{2x^2 - 2} = -\frac{3x + x^3}{2x^2 - 2} = -f(x)$;
d.h. Der Graph von f ist punktsymmetrisch zum Koordinatenursprung.
4. Nullstellen / Schnittpunkte mit der x-Achse: $3x + x^3 = 0$; $x \cdot (3 + x^2) = 0$ für $x_3 = 0$; Schnittpunkt mit der x-Achse: $N(0\,|\,0)$.
5. Verhalten für $x \to \pm\infty$/waagrechte bzw. schräge Asymptote: der Grad des Zählerpolynoms ist um eins größer als der Grad des Nennerpolynoms, also hat der Graph von f eine schräge Asymptote.
Ausklammern und Kürzen von x^2 liefert:
$\frac{3x + x^3}{2x^2 - 2} = \frac{x^2}{x^2} \cdot \frac{x + \frac{3}{x}}{2 - \frac{2}{x^2}} = \frac{x + \frac{3}{x}}{2 - \frac{2}{x^2}}$.
Die Gerade mit der Gleichung $y = 0{,}5x$ ist also schräge Asymptote des Graphen von f.

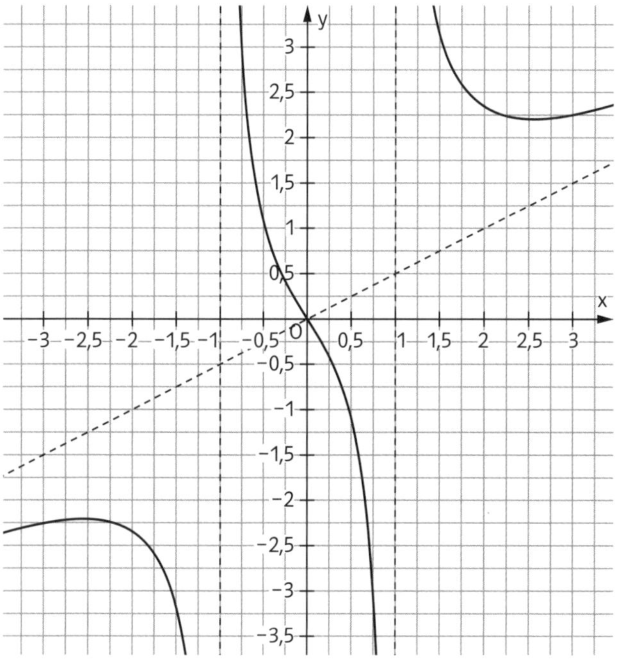

2 a) $f(-x) = \frac{-2x}{(-x-2)^2 \cdot (-x+2)^2} = \frac{-2x}{(x-2)^2 \cdot (x+2)^2} = -f(x)$
Punktsymmetrie zum Koordinatenursprung
b) $f(-x) = \frac{15}{(-x)^2 + 5} = \frac{15}{x^2 + 5} = f(x)$
Achsensymmetrie zur y-Achse
c) $f(-x) = \frac{(-x)^3 + 2}{-4x} = \frac{-x^3 + 2}{-4x} = \frac{x^3 - 2}{4x} \neq \pm f(x)$
keine Symmetrie erkennbar
d) $f(-x) = \frac{(-x)^2 - 1}{-3x} = \frac{x^2 - 1}{-3x} = -f(x)$
Punktsymmetrie zum Koordinatenursprung

3 a) siehe Tabelle 1
b) 1. $y = 1$ 2. $y = 0$ 3. $y = 1$

I Klausurtraining, Seite 9

1 f → VII g → I h → IV i → V k → X

2 Es sind verschiedene Lösungen möglich.
a) $f: x \mapsto \frac{1}{(x-3) \cdot (x+3)} + 4 = \frac{1}{x^2 - 9} + \frac{4 \cdot (x^2 - 9)}{x^2 - 9} = \frac{4x^2 - 35}{x^2 - 9}$

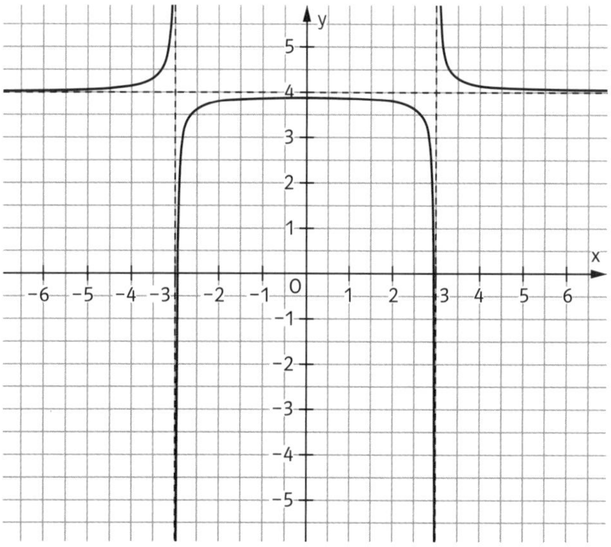

allgemeine Lösung:
$f: x \mapsto a \cdot \frac{4x^2 - 35}{x^2 - 9}$ mit $a \neq 0$

Tabelle 1

$f(x) = \frac{g(x)}{h(x)}$	Nullstelle(n) g(x)	Nullstelle(n) h(x)	Nullstelle(n) f(x)	Polstelle(n) f(x)	f ist definiert für	senkrechte Asymptote(n)
1. $f(x) = \frac{x-3}{x+3}$	$x = 3$	$x = -3$	$x = 3$	$x = -3$	$x \in \mathbb{R}\setminus\{-3\}$	$x = -3$
2. $f(x) = \frac{x-3}{x^2-9}$	$x = 3$	$x_1 = 3$ $x_2 = -3$	—	$x = -3$	$x \in \mathbb{R}\setminus\{3; -3\}$	$x = -3$
3. $f(x) = \frac{x^2-9}{x^2-9}$	$x_1 = 3$ $x_2 = -3$	$x_1 = 3$ $x_2 = -3$	—	—	$x \in \mathbb{R}\setminus\{3; -3\}$	—

b) $f: x \mapsto -x - \frac{1}{x+2} = \frac{-x \cdot (x+2) - 1}{x+2} = \frac{-x^2 - 2x - 1}{x+2}$

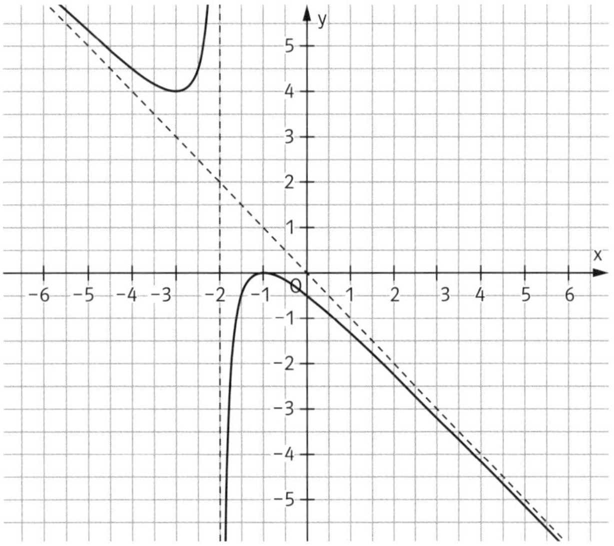

3 a) $x_1 = -3$; $x_2 = 3$; $y = 0$
b) $x = 2$; $y = 3$
c) $y = -x$
d) $x = 4$; $y = -x - 2{,}5$

4 a)

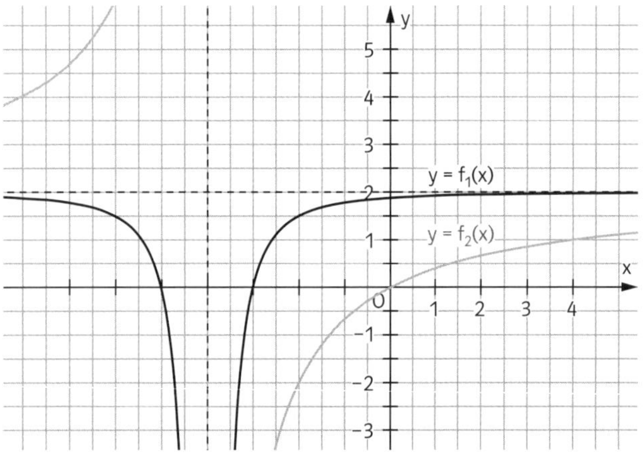

Die senkrechte Asymptote liegt bei $x = -4$, da $x = -4$ Definitionslücke von f_1 ist.
Die waagrechte Asymptote liegt bei $y = 2$, da für $x \to \pm\infty$ gilt: $f_2(x) \to 2$.
Für $x \to -4$ und $x < -4$ gilt: $f_1(x) \to -\infty$ bzw. f_2 x) $\to +\infty$
Für $x \to -4$ und $x > -4$ gilt: $f_1(x) \to -\infty$ bzw. $f_2(x) \to -\infty$
Damit ist eine eindeutige Zuordnung möglich (siehe Abbildung).
b) $a = 2$, da $y = 2$ waagrechte Asymptote ist;
$c = 4$, da $x = -4$ senkrechte Asymptote ist;
$b = -8$, da $f_2(0) = 0$ gilt (Graph geht durch $O(0|0)$)

5 $f: x \mapsto \frac{16 - x^2}{2x^2 - 8}$

1. Definitionsmenge: $2x^2 - 8 = 0$ für $x_1 = -2$ und $x_2 = 2$; $D_f = \mathbb{R} \setminus \{-2; 2\}$
2. Polstellen / senkrechte Asymptoten: Für $x \to -2$ und $x < -2$ gilt: $f(x) \to +\infty$; für $x \to -2$ und $x > -2$ gilt: $f(x) \to -\infty$; also ist $x_1 = -2$ eine Polstelle mit VzW von + nach −. Die Gerade mit der Gleichung $x = -2$ ist senkrechte Asymptote des Graphen von f.
Für $x \to 2$ und $x < 2$ gilt: $f(x) \to -\infty$; für $x \to 2$ und $x > 2$ gilt: $f(x) \to +\infty$; also ist $x_2 = 2$ eine Polstelle mit VzW von − nach +. Die Gerade mit der Gleichung $x = 2$ ist senkrechte Asymptote des Graphen von f.
3. Symmetrie: $f(-x) = \frac{16 - (-x)^2}{2(-x)^2 - 2} = \frac{16 - x^2}{2x^2 - 2} = f(x)$; der Graph von f ist achsensymmetrisch zur y-Achse.
4. Nullstellen / Schnittpunkte mit der x-Achse: $16 - x^2 = 0$ für $x_3 = -4$ und $x_4 = 4$; Schnittpunkte mit der x-Achse: $N(-4|0)$ und $N(4|0)$.
5. Schnittpunkt mit der y-Achse: $f(0) = -2$; $P(0|-2)$
6. Verhalten für $x \to \pm\infty$ / waagrechte bzw. schräge Asymptote: der Grad des Zählerpolynoms ist gleich dem Grad des Nennerpolynoms, also hat der Graph der gebrochenrationalen Funktion f eine waagrechte Asymptote.
Ausklammern und Kürzen von x^2 liefert:

$$\frac{16 - x^2}{2x^2 - 8} = \frac{x^2}{x^2} \cdot \frac{\frac{16}{x^2} - 1}{2 - \frac{8}{x^2}} = \frac{-1 + \frac{16}{x^2}}{2 - \frac{2}{x^2}}.$$

Die Gerade mit der Gleichung $y = -0{,}5$ ist also waagrechte Asymptote des Graphen von f.

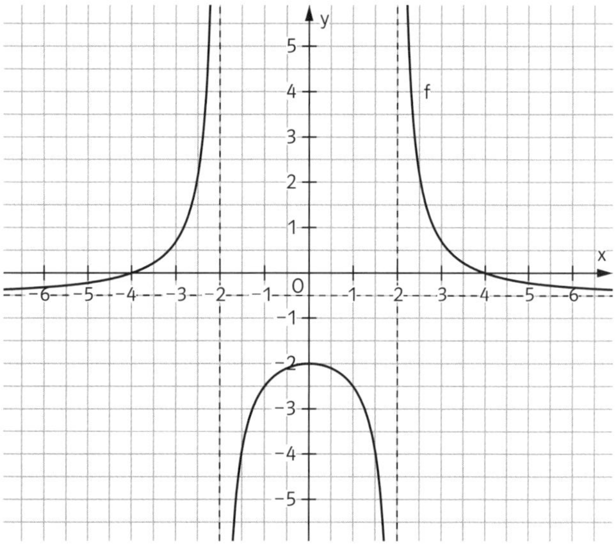

11, II Lokales und globales Differenzieren

II Differenzenquotient und mittlere Änderungsrate, Seite 10

1 a) $\frac{f(2) - f(0)}{2 - 0} = \frac{-2 - (-4)}{2} = 1$
b) $\frac{f(2) - f(1)}{2 - 1} = \frac{-2 - (-3{,}5)}{1} = 1{,}5$
c) $\frac{f(2) - f(1{,}9)}{2 - 1{,}9} = \frac{-2 - (-2{,}195)}{0{,}1} = 1{,}95$
d) $\frac{f(-1{,}9) - f(-2)}{-1{,}9 - (-2)} = \frac{-2{,}195 - (-2)}{0{,}1} = -1{,}95$

2 a)

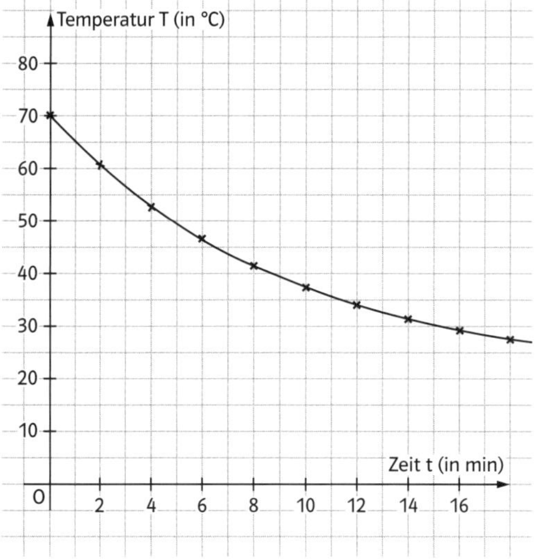

b) $\frac{27{,}5-70}{18-0} \approx -2{,}36 \left(\text{in } \frac{°C}{\text{min}}\right)$

c) Die mittlere Änderungsrate ist negativ, weil die Temperatur abnimmt.

d) Für die ersten zwei Minuten: $\frac{60{,}6-70}{2-0} = -4{,}7 \left(\text{in } \frac{°C}{\text{min}}\right)$

Für die letzten zwei Minuten: $\frac{27{,}5-29{,}3}{18-16} = -0{,}9 \left(\text{in } \frac{°C}{\text{min}}\right)$

e) Der Tee kühlt zuerst schnell, dann immer langsamer ab.

3 a) 45; 10; langsamer

b) Minute 70 bis Minute 90: $\frac{0-500}{90-70} = -25 \left(\text{in } \frac{\text{m}}{\text{min}}\right)$

Minute 65 bis Minute 70: $\frac{500-600}{70-65} = -20 \left(\text{in } \frac{\text{m}}{\text{min}}\right)$

II Differentialquotient und lokale Änderungsrate, Seite 11

1 a) In den Punkten A und F ist die Steigung des Graphen negativ, in den Punkten C und E ist sie null und in den Punkten B und D ist die Steigung positiv. Also ist die Steigung in den Punkten C und E gleich.

b) A, F, C, E, B, D bzw. A, F, E, C, B, D

2 a)

x	−1,1	−1,01	−1,001	…	−0,999	−0,99	−0,9
$\frac{f(x)-0{,}5}{x+1}$	−1,05	−1,005	−1,0005		−0,9995	−0,995	−0,95

$\lim\limits_{x \to -1} \frac{f(x)-0{,}5}{x+1} = -1$

x	1,9	1,99	1,999	…	2,001	2,01	2,1
$\frac{f(x)-2}{x-2}$	1,95	1,995	1,9995		2,0005	2,005	2,05

$\lim\limits_{x \to 2} \frac{f(x)-2}{x-2} = 2$

b) Steigung der Tangente im Punkt P(−1 | 0,5) bzw. Q(2 | 2):

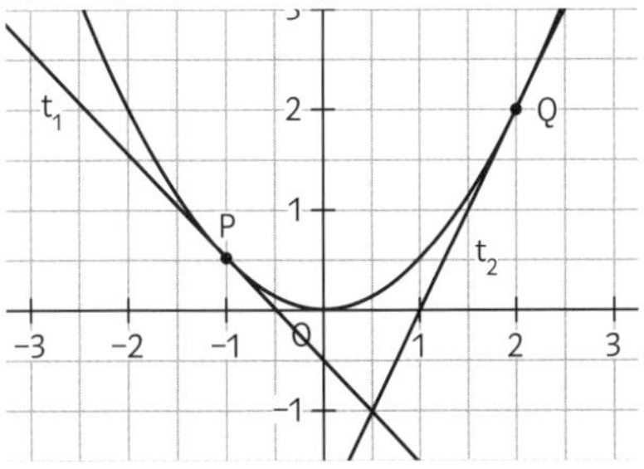

Vermutlich gilt: $f'(-1) = -1$ $\quad f'(2) = 2$.

3 a) $D_h = [0; \infty[$

b) $h(0) = 1{,}755\,\text{m}$

c) Die lokale Änderungsrate … Abwurfpunkt 0,4, bei 33 m 0,1 und bei 43 m 0. Die lokale Änderungsrate gibt die Höhenveränderung des Speeres pro Meter an. Diese Veränderung ist am Abwurfpunkt am größten, wird dann immer kleiner, bis es am höchsten Punkt der Flugkurve keine Höhenveränderung gibt.

4 siehe Tabelle 1

II Ableitungsfunktion, Seite 12

1 Graphen der Ableitungsfunktionen von links nach rechts:
B; D; A; C

2 a) $\frac{f(x_0+h)-f(x_0)}{h} = \frac{-2(x_0+h)^2-(-2x_0^2)}{h} = \frac{-2(x_0^2+2x_0h+h^2)+2x_0^2}{h}$

$= \frac{-2x_0^2-4x_0h-2h^2+2x_0^2}{h} = \frac{-4x_0h-2h^2}{h} = \frac{h(-4x_0-2h)}{h}$

$= -4x_0 - 2h \to -4x_0$ für $h \to 0$

Funktionsgleichung von f': $f'(x) = -4x$; $P\left(-\frac{1}{2}\middle|-\frac{1}{2}\right)$

b) $\frac{f(x_0+h)-f(x_0)}{h} = \frac{4(x_0+h)^2+4-(4x_0^2+4)}{h} = \frac{4(x_0^2+2x_0h+h^2)+4-4x_0^2-4}{h}$

$= \frac{4x_0^2+8x_0h+4h^2-4x_0^2}{h} = \frac{8x_0h+4h^2}{h} = 8x_0+4h \to 8x_0$ für $h \to 0$

Funktionsgleichung von f': $f'(x) = 8x$; $P\left(\frac{1}{4}\middle|4\frac{1}{4}\right)$

3

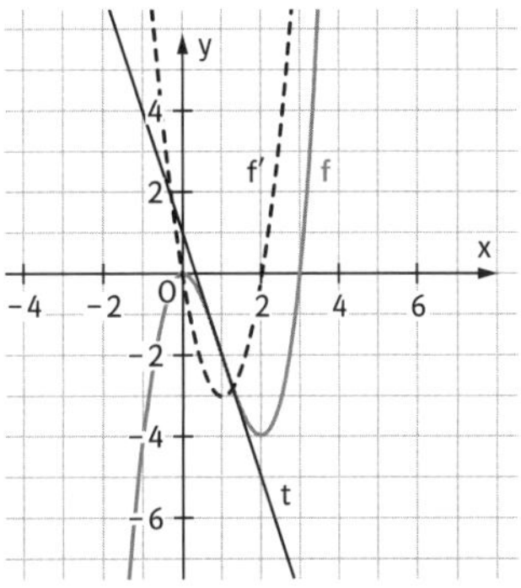

0; 2; 0; Nullstellen; 2; oberhalb;
2; negativ; unterhalb; −2; −3

II Die Ableitung der Funktion $x \mapsto x^n$, Seite 13

1 a) $f'(x) = 5x^4$ b) $f'(x) = -3x^{-4}$
c) $f'(x) = 99x^{98}$ d) $f'(x) = -4x^{-5} = \frac{-4}{x^5}$

2 a) $m_t = f'(1)$

$f(x) = \frac{1}{x^3} = x^{-3} \Rightarrow f'(x) = -3x^{-4} = \frac{-3}{x^4}$

$m_t = f'(1) = -3 \quad f(1) = 1 \quad y = mx + t$

$1 = -3 \cdot 1 + t \quad 4 = t$

t: $y = -3x + 4$

$m_n = -\frac{1}{m_t} = -\frac{1}{-3} = \frac{1}{3} \quad 1 = \frac{1}{3} \cdot 1 + t \quad \frac{2}{3} = t$

n: $y = \frac{1}{3}x + \frac{2}{3}$

b) $f'(x) = -2x^{-3} = \frac{-2}{x^3}$

$m_t = f'(-2) = \frac{1}{4} \quad f(-2) = \frac{1}{4}$

$\frac{1}{4} = \frac{1}{4} \cdot (-2) + t \quad \frac{3}{4} = t$

t: $y = \frac{1}{4}x + \frac{3}{4}$

$m_n = -4 \quad$ n: $\frac{1}{4} = -4 \cdot (-2) + t \quad -7\frac{3}{4} = t$

n: $y = -4x - 7\frac{3}{4}$

Tabelle 1

	$x_0 = -2$	$x_0 = -1$	$x_0 = 0$	$x_0 = 0{,}5$	$x_0 = 3$
$f(x) = x^4 - 3$	Ableitung negativ	Ableitung negativ	Ableitung null	Ableitung positiv	Ableitung positiv
$f(x) = x^3$	Ableitung positiv	Ableitung positiv	Ableitung null	Ableitung positiv	Ableitung positiv
$f(x) = (x+1)^2$	Ableitung negativ	Ableitung null	Ableitung positiv	Ableitung positiv	Ableitung positiv
$f(x) = -\left(x-\frac{1}{2}\right)^3$	Ableitung negativ	Ableitung negativ	Ableitung negativ	Ableitung null	Ableitung negativ

3

$f'(0) = 2 \rightarrow P(0|0) \rightarrow t(x) = 2x$
$f'(1) = -1 \rightarrow P(1|-0{,}5) \rightarrow t(x) = -x + 0{,}5$
$f'(0) = 0 \rightarrow P(0|2) \rightarrow t(x) = 2$
$f'(1) = 1 \rightarrow P(1|0{,}5) \rightarrow t(x) = x - 0{,}5$

4 a) $y = x - \frac{1}{4}$ b) $y = -16x + 12$ c) $y = 13{,}5x - 15{,}1875$

5 g_3 kann keine Stammfunktion sein, da die Funktion den gleichen Grad hat wie die Funktion f (Parabel → Grad 2).
Der Graph G gibt die Steigung des Graphen der Stammfunktion an, d.h. der Graph der Stammfunktion fällt im Intervall $]-\infty; -4[$, steigt im Intervall $]-4; 0[$ und fällt im Intervall $]0; \infty[$.
Der Graph G_{g1} verläuft jedoch genau umgekehrt. g_2 und g_4 sind mögliche Stammfunktionen.

II Summen- und Faktorregel, Seite 14

1 a) $f'(x) = 12x^5 + 3x^2$ b) $f'(x) = x^3 + 4x^{-5}$
c) $f'(z) = 2{,}5z^4 - 6z^2$ d) $g'(x) = 8x^7 + 3 + x^{-2}$
e) $f'(u) = \frac{-16}{u^5} - \frac{2}{u^3}$ f) $f'(a) = 6a^3$
g) $f'(x) = -6x^2$ h) $h'(x) = \frac{3}{4} + \frac{2}{3x^2}$

2 $f(x) = x^2 + tx \rightarrow f'(x) = 2x + t$
$f(x) = tx^2 + tx \rightarrow f'(x) = 2tx + t$
$f(x) = x^2 - t^2x \rightarrow f'(x) = 2x - t^2$
$f(t) = tx^2 + tx \rightarrow f'(t) = x^2 + x$
$f(t) = x^2 - t^2x \rightarrow f'(t) = -2tx$
$f(t) = tx^2 - t^2x \rightarrow f'(t) = x^2 - 2tx$

3 b) falsch; $f'(x) = -6x^{-7}$;
Exponent wurde erhöht statt vermindert.
c) richtig
d) falsch; $f'(x) = \frac{4}{3}x - 4$;   Vorfaktor war falsch.
e) falsch; $f'(t) = x^2$;
es wurde nach x statt nach t abgeleitet.

4 siehe Tabelle 1

5 a) F(x) richtig   b) $F(x) = -\frac{3}{2}x^2$
c) $F(x) = x^2 + 4x$ d) F(x) richtig

6 a) Steigung der Tangente: $m = f'(1)$
$f'(x) = 6x^2 + 3$
$m = f'(1) = 6 \cdot 1^2 + 3 = 9$
y-Koordinate des Berührpunktes P: $f(1) = 2 \cdot 1^3 + 3 \cdot 1 = 5$
Tangentengleichung allgemein: $y = m \cdot x + c$
Einsetzen der Steigung m und der Koordinaten von P:
$5 = 9 \cdot 1 + c$; $c = -4$
Die Tangente hat die Gleichung $y = 9x - 4$.
b) Tangentengleichung $y = -5x + 8$

II Produkt- und Quotientenregel, Seite 15

1 a) $u(x) = x^3 + 1$ $v(x) = x - 4$
$u'(x) = 3x^2$ $v'(x) = 1$
$f'(x) = 3x^2(x - 4) + (x^3 + 1) \cdot 1 = 4x^3 - 12x^2 + 1$

b) $u(x) = x + 3$ $v(x) = 2 - x$
$u'(x) = 1$ $v'(x) = -1$
$f'(x) = 1 \cdot (2 - x) + (x + 3) \cdot (-1) = -2x - 1$

c) $u(x) = x^4 - 2x^2 + 3$ $v(x) = x^2 - 4$
$u'(x) = 4x^3 - 4x$ $v'(x) = 2x$
$f'(x) = (4x^3 - 4x) \cdot (x^2 - 4) + (x^4 - 2x^2 + 3) \cdot 2x = 6x^5 - 24x^3 + 22x$

2 a) $u(x) = 2 - x^2$ $v(x) = 3x + 4$
$u'(x) = -2x$ $v'(x) = 3$
$f'(x) = \frac{-2x(3x + 4) - (2 - x^2) \cdot 3}{(3x + 4)^2} = \frac{-3x^2 - 8x - 6}{(3x + 4)^2}$

b) $f'(z) = \frac{-5}{(z - 1)^2}$ c) $g'(t) = \frac{12t - t^2}{(6 - t)^2}$ d) $g'(x) = \frac{-2x^2 + 4x - 2}{(-2x^2 + 2)^2}$

3 a) $f'(x) = (2x - 1)(5 - 2x^2) + (x^2 - x)(-4x) = -8x^3 + 6x^2 + 10x - 5$
b) $f(x) = \frac{4(3x + 1) - 4x \cdot 3}{(3x + 1)^2} = \frac{4}{(3x + 1)^2}$
c) $f'(z) = \frac{(2z + 1)(1 - z) - (z^2 + z) \cdot (-1)}{(1 - z)^2} = \frac{2z - z^2 + 1}{(1 - z)^2}$

4 a) $f(x) = \frac{6x^2}{3x} - \frac{x}{3x} = 2x - \frac{1}{3}$ $f'(x) = 2$
b) $f(x) = \frac{3x(2x + 1)}{2x + 1} = 3x$ $f'(x) = 3$
c) $f(x) = \frac{(3x + 1)(3x - 1)}{3x + 1} = 3x - 1$ $f'(x) = 3$
d) $f(x) = \frac{2x^2}{2x^4} - \frac{x^3}{2x^4} = x^{-2} - \frac{1}{2}x^{-1}$ $f'(x) = -2x^{-1} + \frac{1}{2}x^{-3} = -\frac{2}{x^3} + \frac{1}{2x^2}$

5 a) $x_1 = -4$; $x_2 = 0$
b) $x_1 = 0$; $x_2 = \frac{1}{3}$
c) $x_1 = -0{,}5$; $x_2 = 0{,}5$

II Klausurtraining, Seite 16

1 A3, B4, C1, D2

2 Beispiele

a)

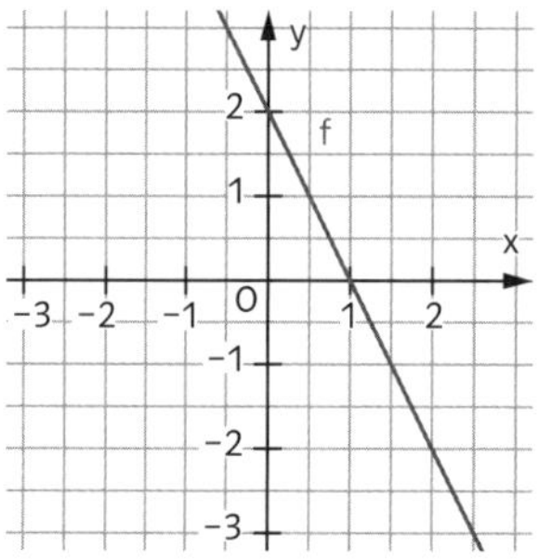

b)

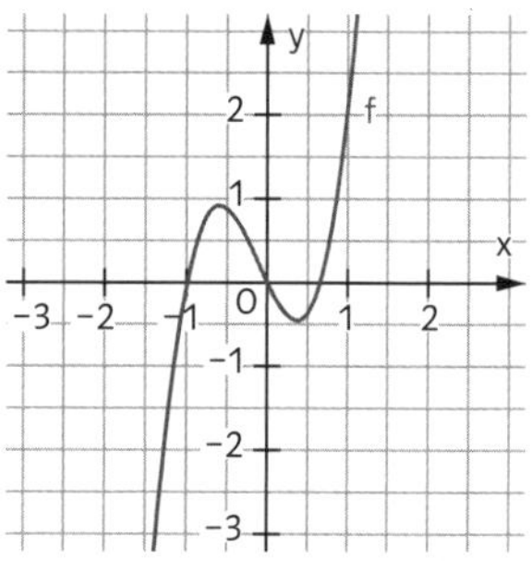

Tabelle 1

	Funktion f	Ableitung f'	f'(−1)	f'(0)	f'(1)	An der Stelle 1 … der Graph von f.
a)	$f(x) = x^5 - 2x^4 + x$	$f'(x) = 5x^4 - 8x^3 + 1$	14	1	−2	fällt
b)	$f(x) = \frac{1}{4}x^8 + \frac{1}{3}x^3 - 2$	$f'(x) = 2x^7 + x^2$	−1	0	3	steigt
c)	$f(x) = 0{,}5x^2 - x + 2{,}5$	$f'(x) = x - 1$	−2	−1	0	verläuft parallel zur x-Achse

c)

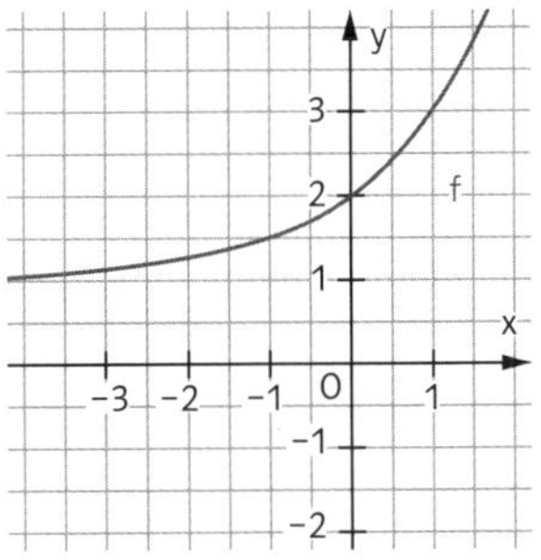

3 a) $f'(x) = 1$ $\quad F(x) = \frac{1}{2}x^2 + x$

b) $f'(x) = 4x^3 + 4x$ $\quad F(x) = \frac{1}{5}x^5 + \frac{2}{3}x^3$

c) $f'(x) = -10x^{-6}$ $\quad F(x) = -\frac{1}{2}x^{-4} - 4x$

d) $f'(x) = -6x^{-4}$ $\quad F(x) = -x^{-2}$

e) $f'(x) = -x$ $\quad F(x) = -\frac{1}{6}x^3$

f) $f'(x) = 2x^7 + 2x^{-3}$ $\quad F(x) = \frac{1}{36}x^9 + x^{-1}$

g) $f'(x) = x^4 - 6x$ $\quad F(x) = \frac{1}{30}x^6 - x^3$

h) $f'(x) = -4x^{-5} - \frac{9}{2}x^{-4}$ $\quad F(x) = -\frac{1}{3}x^{-3} - \frac{3}{4}x^{-2}$

4 a) $f'(x) = 8x^3 + 3x^2 - 6x$

b) $f'(x) = -2x + 8$

c) $f'(x) = \frac{u(x)}{v(x)}$ mit $u(x) = 1 - x$ $\quad u'(x) = -1$
$v(x) = x + 2$ $\quad v'(x) = 1$

$$f'(x) = \frac{-1 \cdot (x+2) - (1-x) \cdot 1}{(x+2)^2} = \frac{-3}{(x+2)^2}$$

d) $f'(x) = \frac{x(10-x)}{(5-x)^2}$

5 a) Der Differenzenquotient der Funktion f im Intervall [2; 5] gibt die mittlere Änderungsrate der Temperatur in °C pro Minute von der 2. bis zur 5. Minute an. Diese mittlere Änderungsrate entspricht also der durchschnittlichen Temperaturveränderung in diesen Minuten.
Die Ableitung f'(5) gibt die momentane Temperaturveränderung in °C pro min nach 5 Minuten an.
b) Der Differenzenquotient der Funktion f im Intervall [2; 5] gibt die mittlere Änderung des Wasservolumens in m^3 pro s von der 2. bis zur 5. Sekunde an. Diese mittlere Änderungsrate entspricht also der durchschnittlichen Durchflussmenge in diesen Sekunden.
Die Ableitung f'(5) gibt die momentane Durchflussmenge nach 5 Sekunden an.

6 a) Ansatz über f'(−1) liefert Steigung der Tangenten, Einsetzen der Koordinaten von P(−1 | 5) liefert den y-Achsenabschnitt: $t(x) = -7x - 2$
b) $t(x) = -1\frac{1}{3}$

7 Ansatz über f'(x) = 4 liefert keine Lösung, d.h. der Graph hat nie die Steigung 4.
Ansatz über f'(x) = - 4 liefert die Punkte P(0,5 | 2) und Q(−0,5 | −2)

8 Steigung der Geraden g ist −2; Ansatz über f'(x) = −2 liefert die Punkte P(1 | −4) und Q(−1 | 4)

11, III Anwendungen der Ableitung

III Monotonie, Seite 17

1

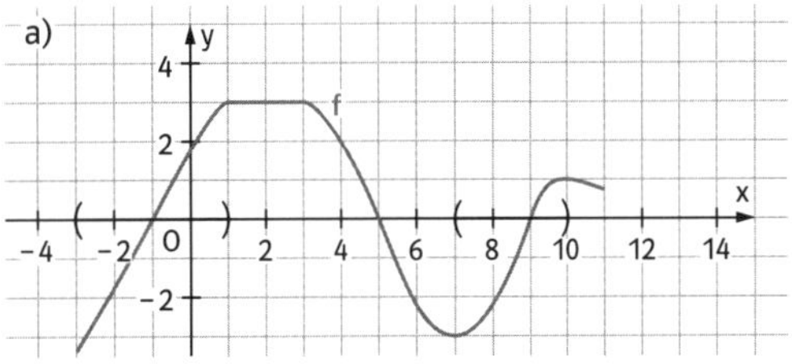

(−3; 1) und (7; 10)

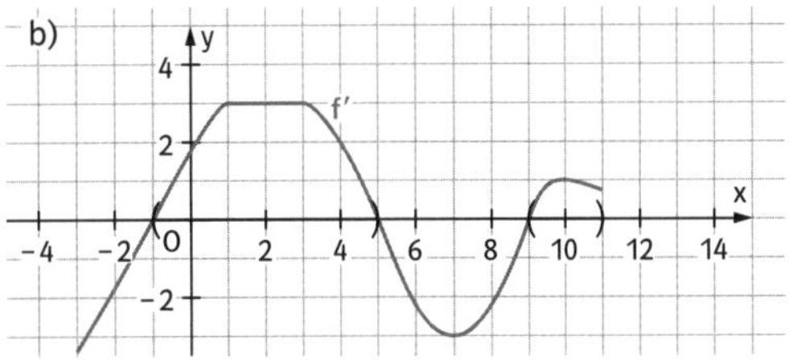

(−1; 5) und (9; 11)

2 a) $D_f = \mathbb{R}$
Ableitung von f: $f'(x) = 3x^2 - 6x$; $\quad D_{f'} = \mathbb{R}$
Bestimmung der Nullstellen von f': $3x^2 - 6x = 0$
Ausklammern: $3x \cdot (x - 2) = 0$
Nullstellen: $x_1 = 0$; $\quad x_2 = 2$
Monotonieintervalle: $I_1 = (-\infty; 0)$; $\quad I_2 = (0; 2)$; $\quad I_3 = (2; \infty)$
Wegen $f'(-1) = 9 > 0$ nimmt f' in I_1 nur positive Werte an.
Nach dem Monotoniesatz ist f in I_1 streng monoton wachsend.
Ebenso gilt: $f'(1) = -3 < 0$. f ist in I_2 streng monoton fallend.
$f'(3) = 9 > 0$. f ist in I_3 streng monoton wachsend.
b) $D_f = \mathbb{R}$
Ableitung von f: $f'(x) = -6x^2 + 30$; $\quad D_{f'} = \mathbb{R}$
Bestimmung der Nullstellen von f': $-6x^2 + 30 = 0$; $\quad x^2 = 5$
Nullstellen: $x_1 = -\sqrt{5}$; $\quad x_2 = \sqrt{5}$
Monotonieintervalle: $I_1 = (-\infty; -\sqrt{5})$; $\quad I_2 = (-\sqrt{5}; \sqrt{5})$;
$I_3 = (\sqrt{5}; \infty)$
Wegen $f'(-3) = -24 < 0$ nimmt f' in I_1 nur negative Werte an.
Nach dem Monotoniesatz ist f in I_1 streng monoton fallend.
Ebenso gilt: $f'(0) = 30 > 0$. f ist in I_2 streng monoton wachsend.
$f'(3) = -24 < 0$. f ist in I_3 streng monoton fallend.

3 Maximaler Definitionsbereich: $D_f = \mathbb{R} \setminus \{4\}$
Ableitungen:

$$f'(x) = \frac{-2(x-4) - (-2x+7) \cdot 1}{(x-4)^2} = \frac{-2x + 8 + 2x - 7}{(x-4)^2} = \frac{1}{(x-4)^2}$$

Monotonieintervalle:
f ist streng monoton wachsend in $]-\infty; 4]$ und $[4; \infty[$
Verhalten von f in der Umgebung der Definitionslücke:
für $x \to 4$ und $x < 4$ gilt $f \to +\infty$
für $x \to 4$ und $x > 4$ gilt $f \to -\infty$
Verhalten von f für $x \to \pm\infty$: $\lim_{x \to \pm\infty} f(x) = -2$
waagrecht: $y = -2$; senkrecht: $x = 4$

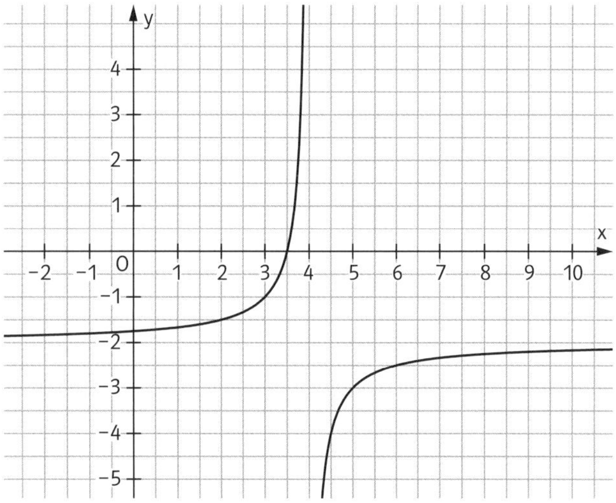

III Extremstellen, Extremwerte, Bedingungen für Extrema, Seite 18

1 a) Lokale Extrempunkte: $T_1(-1|0)$; $H_1(2|4)$; $T_2(4|-3)$; $H_2(7|3)$; $T_3(11|-1)$; $H_3(12|1)$
Globale Extrempunkte: $H_1(2|4)$; $T_2(4|-3)$
Globales Maximum: 4 Lokale Maxima: 4; 3; 1
Randextrema: 0; 1 Randmaximum: 1
b) Lokale Extrempunkte: $T(3|-2)$; $H(5|2)$
Globales Maximum: existiert nicht

2 f: vierter Graph von links g: dritter Graph von links
h: erster Graph von links

3 Lösungswort: S P E C H T

III Bedingungen für Extrema, Seite 19

1 Vorzeichenwechsel f′ von − nach +: Minimum von f
Vorzeichenwechsel f′ von + nach −: Maximum von f

2 a) Ableitung: $f'(x) = 4x^3 - 12x$
Nullstellen von f′ bestimmen: $4x^3 - 12x = 0$
Faktorisieren: $4x \cdot (x^2 - 3) = 0$
Nullstellen von f′: $x_1 = 0$; $x_2 = -\sqrt{3}$; $x_3 = \sqrt{3}$

Nullstelle	0	$-\sqrt{3}$	$\sqrt{3}$
4x	− nach +	−	+
$(x^2 - 3)$	−	+ nach −	− nach +
f′(x)	+ nach −	− nach +	− nach +

$f(0) = 3$; $H(0|3)$
$f(-\sqrt{3}) = -6$; $T_1(-\sqrt{3}|-6)$
$f(\sqrt{3}) = -6$; $T_2(\sqrt{3}|-6)$
b) Ableitung: $f'(x) = 2x^3 + 4x^2 - 6x$
Nullstellen von f′ bestimmen: $2x^3 + 4x^2 - 6x = 0$;
$2x \cdot (x^2 + 2x - 3) = 0$
Nullstellen von f′:

$x_1 = 0$; $x_{2,3} = \frac{-2 \pm \sqrt{4 + 12}}{2}$; $x_2 = 1$; $x_3 = -3$

Faktorisieren: $f'(x) = 2x \cdot (x - 1) \cdot (x + 3)$

Nullstelle	0	1	−3
2x	− nach +	+	−
(x − 1)	−	− nach +	−
(x + 3)	+	+	− nach +
f′(x)	+ nach −	− nach +	− nach +

$f(0) = 5$; $H(0|5)$
$f(1) = \frac{23}{6}$; $T_1\left(1\middle|\frac{23}{6}\right)$
$f(-3) = -\frac{35}{2}$; $T_2\left(-3\middle|-\frac{35}{2}\right)$

3 a) $H(6|9)$ b) $T(6|-22)$ c) $H(-6|11)$
d) $H(8|11)$ e) $T\left(6\middle|\frac{1}{121}\right)$ f) $H(-3|11)$

4
a)

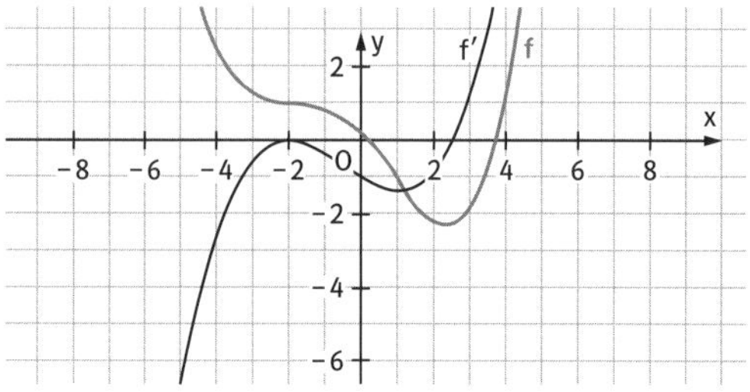

b)

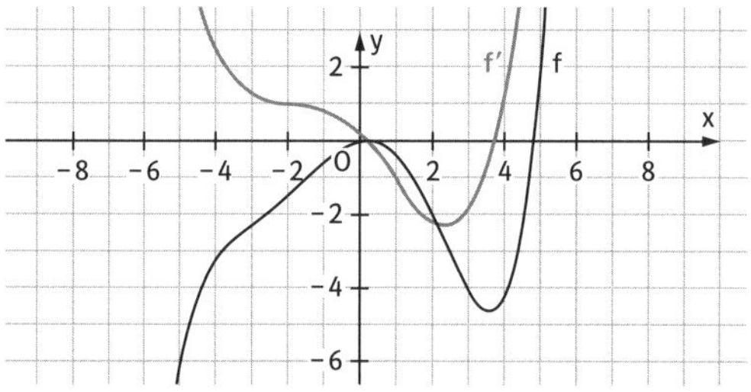

III Funktionsuntersuchung rationaler Funktionen (1), Seite 20

1 a) **Symmetrie**
Der Graph von f ist symmetrisch zur y-Achse da nur gerade Exponenten von x vorkommen.
Schnittpunkte mit den Achsen
Schnittpunkt mit der y-Achse: $P(0|6{,}4)$
Schnittpunkte mit der x-Achse: Bedingung $f(x_N) = 0$
Substitution: $x^2 = u$
$N_1(2|0)$; $N_2(-2|0)$; $N_3(4|0)$; $N_4(-4|0)$;
Monotonieverhalten
$f'(x) = 0{,}4x^3 - 4x = 0{,}4x \cdot (x^2 - 10)$

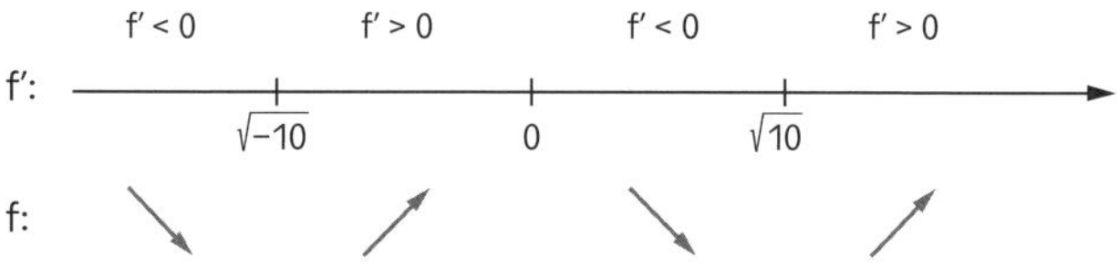

Extrempunkte
$H(0|6{,}4)$; $T_1(\sqrt{10}|-3{,}6)$; $T_2(-\sqrt{10}|-3{,}6)$
Verhalten im Unendlichen
Für $x \to -\infty$ gilt: $f(x) \to +\infty$. Für $x \to +\infty$ gilt: $f(x) \to +\infty$.
Graph

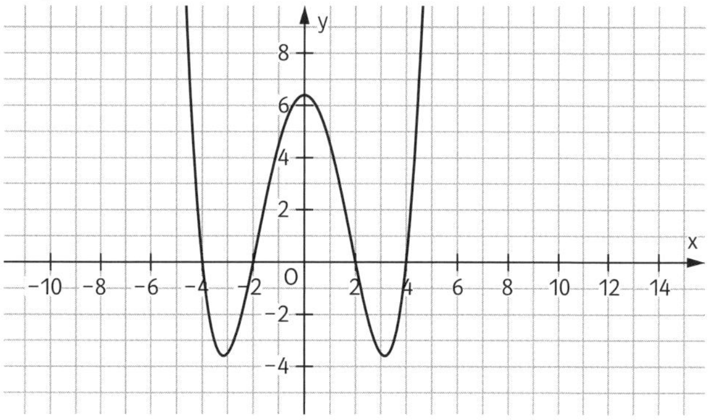

b) **Symmetrie**
Der Graph von f ist weder symmetrisch zum Ursprung, noch zur y-Achse, denn es kommen gerade und ungerade Exponenten von x vor.
Schnittpunkte mit den Achsen:
Schnittpunkt mit der y-Achse: P(0 | 0)
Schnittpunkte mit der x-Achse: Bedingung $f(x_N) = 0$

Faktorisieren: $\frac{1}{8}x^3\left(\frac{1}{8}x - 1\right) = 0$

$N_1(0|0)$; $N_2(8|0)$
Monotonieverhalten

$f'(x) = \frac{1}{16}x^3 - \frac{3}{8}x^2 = \frac{1}{16}x^2 \cdot (x - 6)$

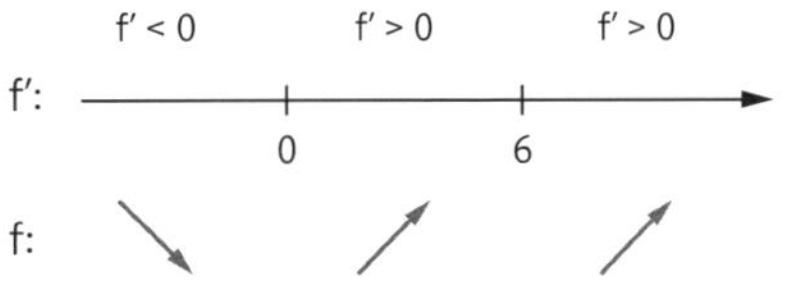

Extrem- und Terrassenpunkte
T(0 | 0)
Verhalten im Unendlichen:
Für $x \to -\infty$ gilt: $f(x) \to +\infty$. Für $x \to +\infty$ gilt: $f(x) \to +\infty$.
Graph

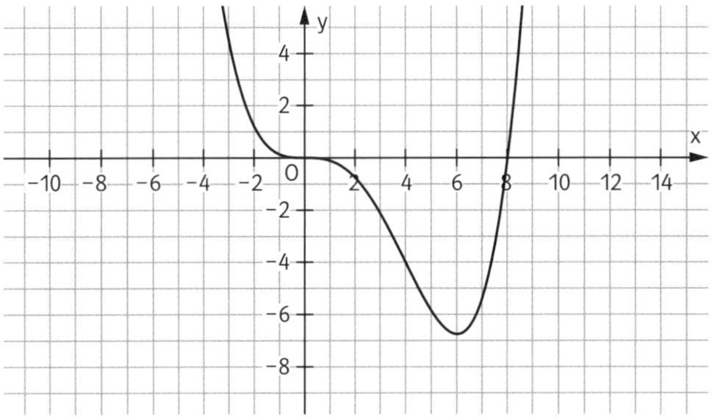

III Funktionsuntersuchung rationaler Funktionen (2), Seite 21

1 $f(x) = \frac{1}{x-5} + 2$ IV $g(x) = \frac{-2}{(x-5)^2}$ III $h(x) = 2 - \frac{1}{x+(-5)}$ I
$i(x) = \frac{1}{e^x(3x-15)^2} + 1$ II $k(x) = \frac{x^2-25}{(2x-10)^2}$ IV $l(x) = 1 - \frac{1}{e^x(4x-20)^2}$ III
$m(x) = \frac{1}{(x+(-5))^2} - 2$ II $n(x) = \frac{25-x^2}{(0{,}5x-2{,}5)^2} + 2$ I

2 A → 3 B → 1 C → 4 D → 2

3

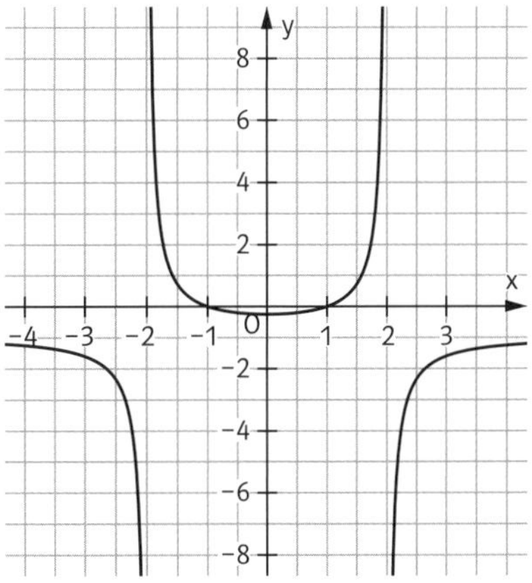

4 Ableitungen: $f_a'(x) = 3ax^2 - 12x$ $f_a''(x) = 6ax - 12$
Nullstellen von f_a': $3ax^2 - 12x = 0$; $3x \cdot (ax - 4) = 0$;
$x_1 = 0$; $x_2 = \frac{4}{a}$
Berechnung der Extremwerte: $f_a(0) = (0)$

$f_a\left(\frac{4}{a}\right) = a \cdot \frac{64}{a^3} - 6 \cdot \frac{16}{a^2} + 4 = 4 - \frac{32}{a^2}$
Extrempunkte: H(0 | 4) und $T_a\left(\frac{4}{a} \middle| 4 - \frac{32}{a^2}\right)$.

Monotonieverhalten von f:

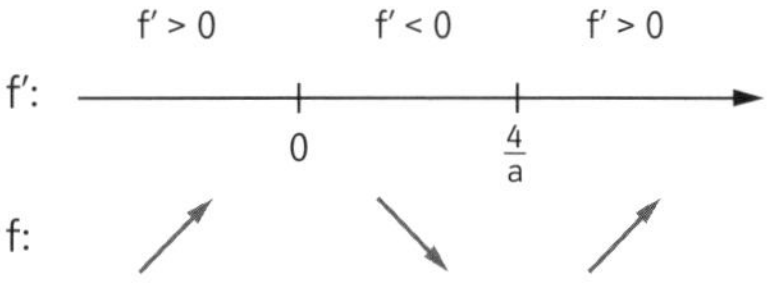

III Klausurtraining, Seite 22

1 a) wahr b) falsch c) falsch
d) wahr e) wahr

2 Es sind viele verschiedene Lösungen möglich. Hier sind einfache Lösungen angegeben:

a) $f(x) = \frac{1}{x^2+1}$
b) $f(x) = \frac{1}{x+2}$
c) $f(x) = \frac{1}{(x+3)\cdot x \cdot (x-3)} = \frac{1}{x^3 - 9x}$

3 a) $f'(x) = \frac{1}{2\sqrt{x^2+9}} \cdot 2x = \frac{x}{\sqrt{x^2+9}}$
$f'(-4) = -\frac{4}{5}$
$f(-4) = 5$

Tangentengleichung $t: y = -\frac{4}{5}(x+4) + 5 = -\frac{4}{5}x + \frac{9}{5}$

Normalengleichung $n: y = \frac{5}{4}(x+4) + 5 = \frac{5}{4}x + 10$

b) $f'(x) = \frac{18}{x^3}$

$f'(3) = \frac{2}{3}$

$f(3) = 2$

Tangentengleichung $t: y = \frac{2}{3}(x-3) + 2 = \frac{2}{3}x$

Normalengleichung $n: y = -\frac{3}{2}(x-3) + 2 = -\frac{3}{2}x + \frac{13}{2}$

c) $f'(x) = 0{,}5e^{-x} - 0{,}5x \cdot e^{-x}$
$f'(-1) = e$
$f(-1) = -0{,}5e$

Tangentengleichung $t: y = e \cdot (x+1) - 0{,}5e = ex + 0{,}5e$

Normalengleichung $n: y = -\frac{1}{e} \cdot (x+1) - 0{,}5e = -\frac{1}{e}x - \frac{1}{e} - 0{,}5e$

4 a) $f(x) = -x^3 + 3x^2$
Definitionsmenge $D_f = \mathbb{R}$
Symmetrie $f(-x) = -(-x)^3 + 3(-x)^2 = x^3 + 3x^2 \neq \pm f(x)$
Der Graph von f ist weder punktsymmetrisch zum Ursprung noch achsensymmetrisch zur y-Achse.
Schnittpunkte mit den Koordinatenachsen
$S_1(0|0)$ $S_2(3|0)$
Verhalten an den Definitionslücken
Es liegen keine Defintionslücken vor.
Verhalten im Unendlichen
Das Verhalten im Unendlichen wird durch den Summanden mit dem größten Exponenten von x bestimmt:
Für $x \to -\infty$ gilt: $f(x) \to \infty$ Für $x \to \infty$ gilt: $f(x) \to -\infty$
Monotonieintervalle
$f'(x) = -3x^2 + 6x = -3x(x-2)$
Nullstellen von f': $x_1 = 0$ $x_2 = 2$

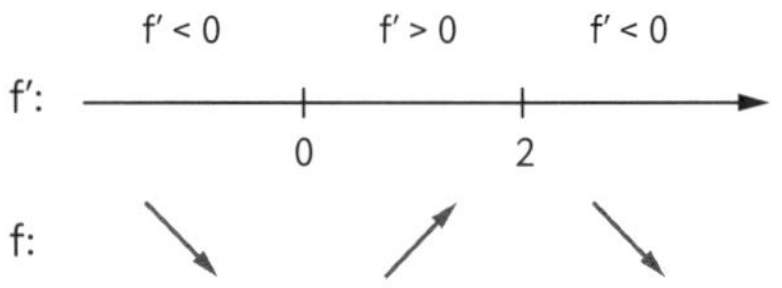

Extrempunkte
Aus dem Monotonieverhalten ergeben sich die Minimumstelle 0 und die Maximumstelle 2.
Tiefpunkt: T(0 | 0), Hochpunkt: H(2 | 4)
Graph

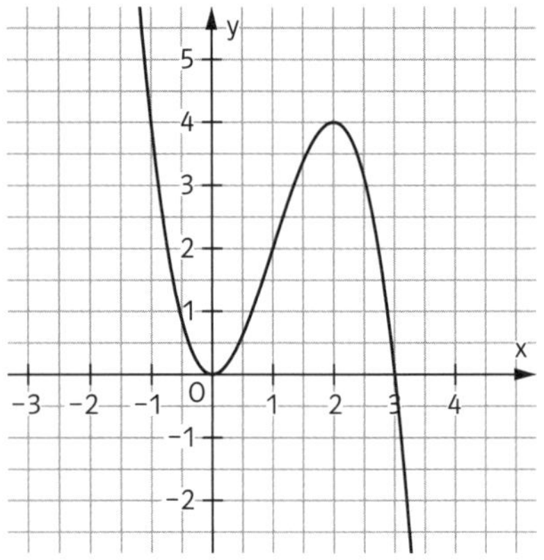

b) $f = \frac{x^2 - 4}{1 + x^2}$

Definitionsmenge $D_f = \mathbb{R}$

Symmetrie $f(-x) = \frac{(-x)^2 - 4}{1 + (-x)^2} = \frac{x^2 - 4}{1 + x^2} = f(x)$

Der Graph von f ist achsensymmetrisch zur y-Achse.
Schnittpunkte mit den Koordinatenachsen
$S_1(-2 | 0)$ $S_2(2 | 0)$ $S_3(0 | -4)$
Verhalten an den Definitionslücken
Es liegen keine Definitionslücken vor.
Verhalten im Unendlichen

$f(x) = \frac{x^2}{1 + x^2} - \frac{4}{1 + x^2}$

Für $x \to -\infty$ gilt: $f(x) \to 1$ Für $x \to \infty$ gilt: $f(x) \to 1$
Gleichung der waagrechten Asymptote: y = 1
Monotonieintervalle

$f'(x) = \frac{2x(1 + x^2) - (x^2 - 4)2x}{(1 + x^2)^2} = \frac{2x + 2x^3 - 2x^3 + 8x}{(1 + x^2)^2} = \frac{10x}{(1 + x^2)^2}$.

Nullstelle von f': $x_1 = 0$

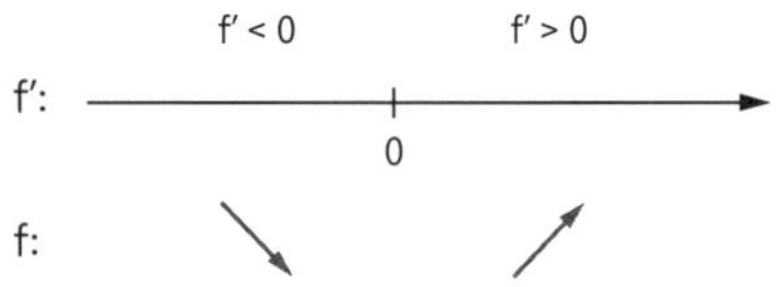

Extrempunkte
Aus dem Monotonieverhalten ergibt sich die Minimumstelle 0.
Tiefpunkt: T(0 | −4)
Graph

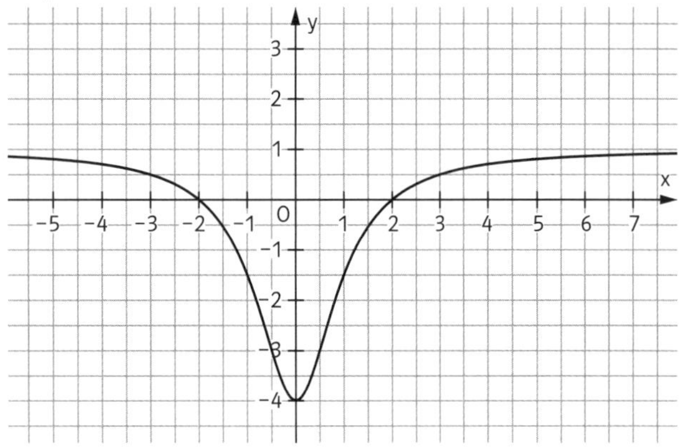

5 Für $t = \frac{3}{2}$ ist $T\left(\frac{1}{2} \middle| -\frac{33}{4}\right)$.

6 a) $f(x) = ax^3 + bx^2$ $f'(x) = 3ax^2 + 2bx$
$f(5) = -4$: $125a + 25b = -4$ I
$f'(5) = 0$: $75a + 10b = 0$ II
II: $b = -7{,}5a$ in I einsetzen:
$125a - 187{,}5a = -4$ $-62{,}5a = -4$ $a = \frac{4}{62{,}5} = \frac{64}{1000} = 0{,}064$
$6 = -7{,}5 \cdot 0{,}064 = -0{,}48$
Ergebnis: $f(x) = 0{,}064x^3 - 0{,}48x^2$
b) Aus Symmetriegründen ist das größte Gefälle bei x = 2,5
$f'(x) = 0{,}192x^2 - 0{,}96x$ $f'(2{,}5) = -1{,}2$
$\alpha = \tan^{-1}(-1{,}2) \approx -50{,}2°$
Das größte Gefälle hat eine Steigung von −120 %, d.h. die Rutsche hat einen maximalen Winkel von 50,2° gegen die Horizontale.

7 a) Monotonieintervalle von f

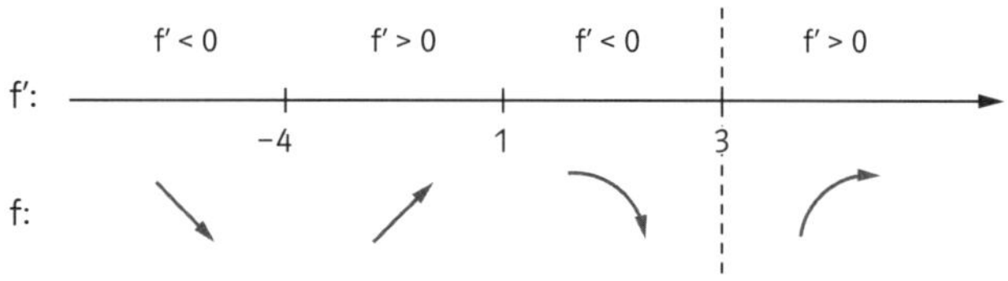

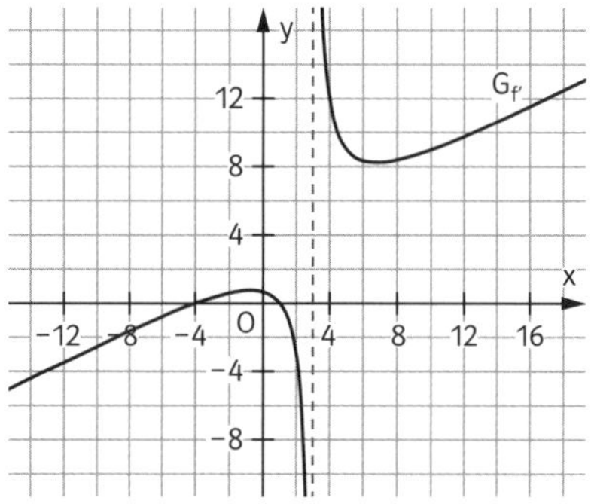

b) f hat die Minimumstelle −4 und die Maximumstelle 1.
c) Möglicher Funktionsterm von f': $f'(x) = k \cdot \frac{(x + 4)(x - 1)}{x - 3}$
$f'(0) = k \cdot \frac{4}{3}$ liefert k = 0,5. Demnach: $f'(x) = 0{,}5 \cdot \frac{(x + 4)(x - 1)}{x - 3}$
Umformen des Funktionsterms mit Polynomdivision:
$0{,}5 \cdot \frac{(x + 4)(x - 1)}{x - 3} = \frac{0{,}5x^2 + 1{,}5x - 2}{x - 3} = 0{,}5x + 3 + \frac{7}{x - 3}$
Gleichung der Asymptote: $y = 0{,}5x + 3$
d) Graph von f

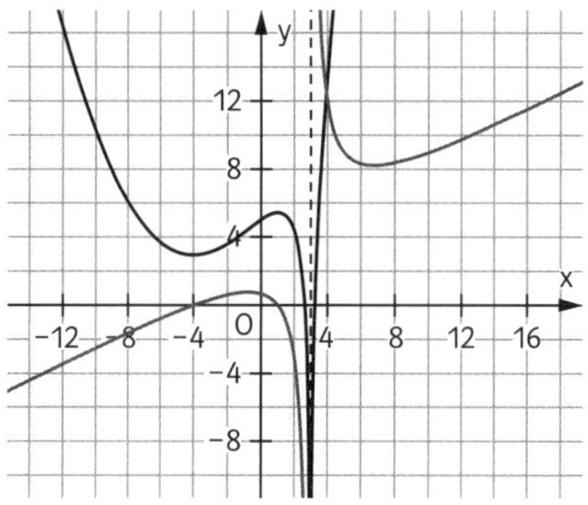

11, IV Koordinatengeometrie im Raum

IV Das dreidimensionale Koordinatensystem, Seite 23

1 a)

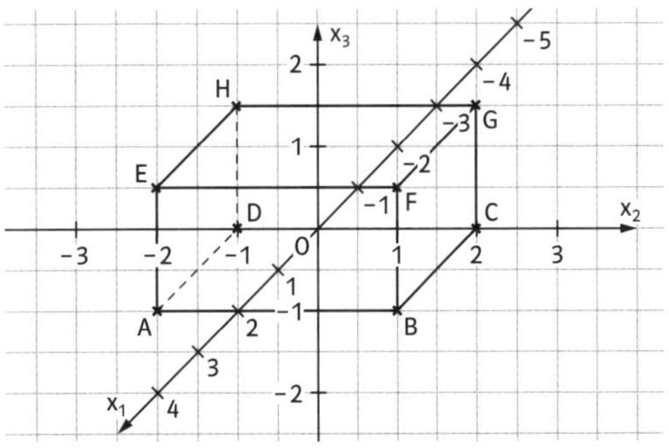

b) F(2 | 2 | 1,5), G(0 | 2 | 1,5), H(0 | −1 | 1,5)
c) h = 1,5 cm
d) M_{AB}(2 | 0,5 | 0)

$\overline{AC} = \sqrt{(0-2)^2 + (2-(-1))^2 + (0-0)^2}\,\text{cm} = \sqrt{4+9}\,\text{cm}$
$= \sqrt{13}\,\text{cm} \approx 3{,}61\,\text{cm}$

2
a) A(3 | 1 | 0), B(−2 | −2 | 0), C(0 | 1 | −2), D(0 | 2 | 2), E(−1 | 0 | 2), F(2 | 0 | 3)
b) Individuelle Lösung, z. B.: x_1x_2-Ebene: G(1 | 1 | 0), x_2x_3-Ebene: H(0 | 1 | 1), x_1x_3-Ebene: I(1 | 0 | 1)

3 a) Gestrichen werden: B, C, E und F
b) Q(0 | 0 | 2), R(0 | 3 | 2), S(0 | s_2 | 2), T(0 | t_2 | 2), U(0 | −5 | 2), V(0 | v_2 | 2)
s_2, t_2 und v_2 können hierbei beliebige Werte annehmen.

4 a) C(1 | 3,5 | 0) oder C(1 | −4,5 | 0)
b) Für ein gerades Prisma gilt:
D(−2 | −0,5 | 5), E(4 | −0,5 | 5), F(1 | 3,5 | 5)
Das Prisma könnte auch „unter" dem gegebenen Dreieck liegen. Dann gilt für die Eckpunkte:
D(−2 | −0,5 | −5), E(4 | −0,5 | −5), F(1 | 3,5 | −5)
Bei einem schiefen Prisma ergeben sich noch weitere Lösungen.

5
A(3 | 0 | −1), B(3 | 2 | −1), C(1 | 2 | −1), D(1 | 0 | −1)

IV Vektoren, Seite 24

1
a) B(3 + 1 | −1 + 3 | 5 − 2), also B(4 | 2 | 3)
b) P(1 | 3 | −2)
c) $\overrightarrow{OA} = \begin{pmatrix} 3 \\ -1 \\ 5 \end{pmatrix}$, $\overrightarrow{OB} = \begin{pmatrix} 4 \\ 2 \\ 3 \end{pmatrix}$

2
a) $\overrightarrow{PQ} = \begin{pmatrix} -4 \\ 0 \\ 6 \end{pmatrix}$, $\overrightarrow{QP} = \begin{pmatrix} 4 \\ 0 \\ -6 \end{pmatrix}$ b) $\overrightarrow{PQ} = \begin{pmatrix} 6 \\ 1 \\ -31 \end{pmatrix}$, $\overrightarrow{QP} = \begin{pmatrix} -6 \\ -1 \\ 31 \end{pmatrix}$

3

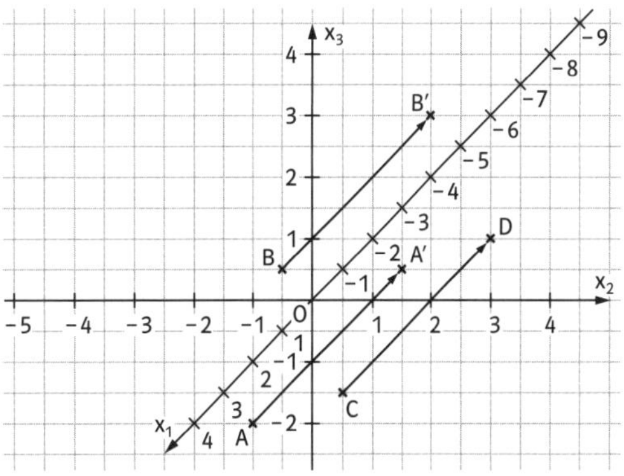

a) A′(2 − 1 | 0 + 2 | −1 + 2), also A′(1 | 2 | 1)
b) B(−1 | −1 | 0)
c) Rechnerisch ergibt sich C′(1 − 1 | 1 + 2 | −1 + 2), also C′(0 | 3 | 1).

Ebenso ist $\overrightarrow{CD} = \begin{pmatrix} -2-1 \\ 2-1 \\ 0+1 \end{pmatrix} = \begin{pmatrix} -3 \\ 1 \\ 1 \end{pmatrix} \neq \vec{v}$.

Den Punkt D erhält man also nicht vom Punkt C aus durch den Vektor $\vec{v}$.

4 a) Es sind sechs unterschiedliche Vektoren dargestellt:
$\overrightarrow{AB}$, $\overrightarrow{BE}$, $\overrightarrow{EA}$, $\overrightarrow{DF}$, $\overrightarrow{AD}$, $\overrightarrow{FE}$
b) $\overrightarrow{AB} = \overrightarrow{DC}$, $\overrightarrow{BE} = \overrightarrow{CF}$, $\overrightarrow{AD} = \overrightarrow{BC}$

5 Zusammen gehören jeweils:
A(−1 | 2 | −3), B(1 | −1 | 2), $\overrightarrow{AB} = \begin{pmatrix} 2 \\ -3 \\ 5 \end{pmatrix}$, $\overrightarrow{BA} = \begin{pmatrix} -2 \\ 3 \\ -5 \end{pmatrix}$
A(7 | −2 | −3), B(6 | 1 | −7), $\overrightarrow{AB} = \begin{pmatrix} -1 \\ 3 \\ -4 \end{pmatrix}$, $\overrightarrow{BA} = \begin{pmatrix} 1 \\ -3 \\ 4 \end{pmatrix}$
A(5 | 10 | 3), B(7 | 7 | 7), $\overrightarrow{AB} = \begin{pmatrix} 2 \\ -3 \\ 4 \end{pmatrix}$, $\overrightarrow{BA} = \begin{pmatrix} -2 \\ 3 \\ -4 \end{pmatrix}$

IV Addition und Subtraktion von Vektoren, Seite 25

1 Individuelle Lösung, z. B.:
siehe Figur 1

2 a) $\begin{pmatrix} 2 \\ -3 \end{pmatrix} - \begin{pmatrix} -7 \\ 2 \end{pmatrix} = \begin{pmatrix} 2-(-7) \\ -3-2 \end{pmatrix} = \begin{pmatrix} 9 \\ -5 \end{pmatrix}$

b) $\begin{pmatrix} 10 \\ 0{,}5 \\ -1{,}5 \end{pmatrix} - \begin{pmatrix} 5 \\ -3 \\ 3 \end{pmatrix} + \begin{pmatrix} -3{,}5 \\ 0{,}5 \\ 2{,}5 \end{pmatrix} = \begin{pmatrix} 10-5-3{,}5 \\ 0{,}5+3+0{,}5 \\ -1{,}5-3+2{,}5 \end{pmatrix} = \begin{pmatrix} 1{,}5 \\ 4 \\ -2 \end{pmatrix}$

3
a) $\vec{a} + \vec{b} = \overrightarrow{AC} = \overrightarrow{EG}$ b) $\vec{a} + \vec{b} + \vec{c} = \overrightarrow{AG}$
c) $\vec{c} + \vec{b} = \overrightarrow{AH} = \overrightarrow{BG}$ d) $\vec{a} + \vec{c} = \overrightarrow{DG} = \overrightarrow{AF}$
e) $\vec{b} - \vec{a} = \overrightarrow{BD} = \overrightarrow{FH}$ f) $\vec{a} - \vec{b} - \vec{c} = \overrightarrow{HB}$

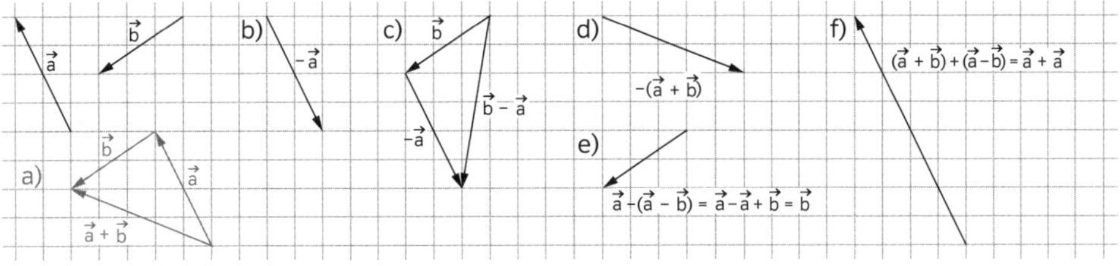

Figur 1

4 a) $\overrightarrow{AB} - \overrightarrow{AC} = \begin{pmatrix}5\\-3\\2\end{pmatrix}$ b) $\overrightarrow{CB} + \overrightarrow{OA} = \begin{pmatrix}6\\0\\4\end{pmatrix}$ c) $\overrightarrow{AB} + \overrightarrow{BC} + \overrightarrow{CA} = \begin{pmatrix}0\\0\\0\end{pmatrix}$

Der Streckenzug beschreibt ein Dreieck.

5 a)

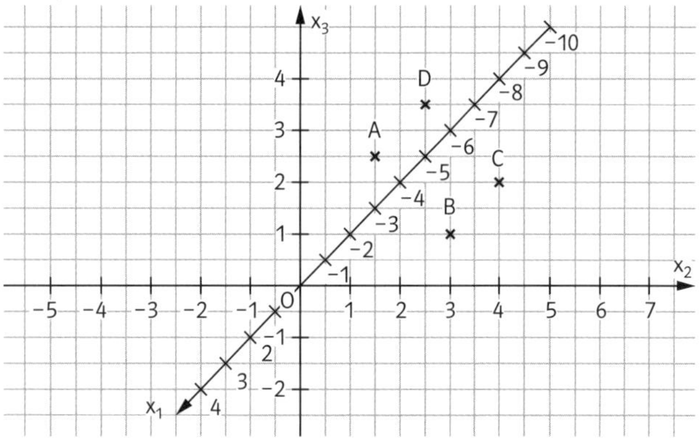

b) Es ist $\overrightarrow{BA} = \begin{pmatrix}1\\-1\\2\end{pmatrix}$. Für das Parallelogramm ABCD gilt:

$\overrightarrow{CD} = \overrightarrow{BA}$, also $\overrightarrow{OD} = \overrightarrow{OC} + \overrightarrow{BA}$. Damit ist also $\overrightarrow{OD} = \begin{pmatrix}2+1\\5-1\\3+2\end{pmatrix} = \begin{pmatrix}3\\4\\5\end{pmatrix}$ und D(3|4|5).

IV Multiplikation eines Vektors mit einer Zahl (S-Multiplikation), Seite 26

1 a) $\vec{a} = \begin{pmatrix}1\\3\\0\end{pmatrix}$, $\vec{b} = \begin{pmatrix}-1\\1\\0\end{pmatrix}$

b)

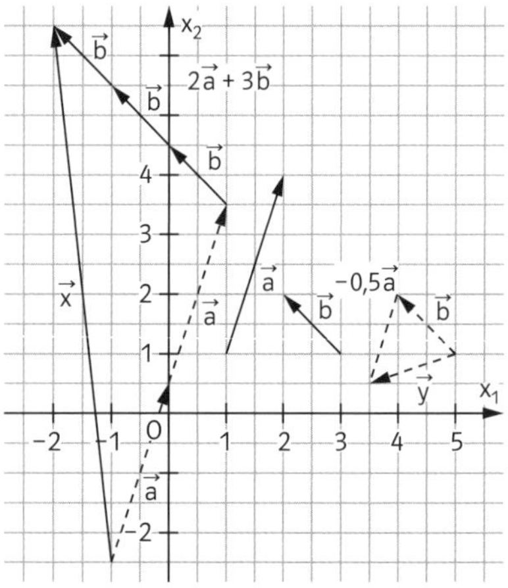

$\vec{x} = 2 \cdot \begin{pmatrix}1\\3\\0\end{pmatrix} + 3 \cdot \begin{pmatrix}-1\\1\\0\end{pmatrix} = \begin{pmatrix}2-3\\6+3\\0\end{pmatrix} = \begin{pmatrix}-1\\9\\0\end{pmatrix}$;

$\vec{y} = \begin{pmatrix}-1\\1\\0\end{pmatrix} - 0{,}5 \cdot \begin{pmatrix}1\\3\\0\end{pmatrix} = \begin{pmatrix}-1-0{,}5\\1-1{,}5\\0\end{pmatrix} = \begin{pmatrix}-1{,}5\\-0{,}5\\0\end{pmatrix}$

2 a) $\frac{2}{3}\begin{pmatrix}9\\6\\3\end{pmatrix} + \frac{3}{2} \cdot \begin{pmatrix}-2\\4\\-8\end{pmatrix} = \begin{pmatrix}6\\4\\2\end{pmatrix} + \begin{pmatrix}-3\\6\\-12\end{pmatrix} = \begin{pmatrix}3\\10\\-10\end{pmatrix}$

b) $-\begin{pmatrix}-3\\4\\1\end{pmatrix} - 2 \cdot \begin{pmatrix}1\\-1\\1{,}5\end{pmatrix} = \begin{pmatrix}3\\-4\\-1\end{pmatrix} - \begin{pmatrix}2\\-2\\3\end{pmatrix} = \begin{pmatrix}1\\-2\\-4\end{pmatrix}$

3 $-3\vec{b} + (3\vec{a} - 2\vec{b} - 2\vec{a}) = \vec{a} - 5\vec{b} = 4\vec{a} - (3\vec{a} + 5\vec{b})$

$5\vec{a} - \vec{b} - 3\vec{a} - 2\vec{b} = 2\vec{a} - 3\vec{b} = -(\vec{b} - \vec{a}) + \vec{a} - 2\vec{b}$

$2\vec{b} - 2\vec{a} - 3\vec{b} = -2\vec{a} - \vec{b} = 4\vec{a} - (6\vec{a} + \vec{b})$

$6\vec{a} - (5\vec{a} - 3\vec{b}) = \vec{a} + 3\vec{b} = -4\vec{b} + \vec{a} + 7\vec{b}$

$5\vec{a} + (-3\vec{a} - \vec{b}) - 4\vec{b} = 2\vec{a} - 5\vec{b} = -4\vec{b} - (-2\vec{a} + \vec{b})$

4 a) $\overrightarrow{OM_1} = \overrightarrow{OA} + \frac{1}{2}\overrightarrow{AB} = \begin{pmatrix}3\\0\\-2\end{pmatrix} + \frac{1}{2} \cdot \begin{pmatrix}-4\\6\\0\end{pmatrix} = \begin{pmatrix}1\\3\\-2\end{pmatrix}$

$M_1(1|3|-2)$, $M_2(-1|6|0)$

b) $\overrightarrow{M_1M_2} = \begin{pmatrix}-2\\3\\2\end{pmatrix}$, $\overrightarrow{AC} = \begin{pmatrix}-4\\6\\4\end{pmatrix}$, also ist $2 \cdot \overrightarrow{M_1M_2} = \overrightarrow{AC}$.

$\overrightarrow{AC}$ zeigt in dieselbe Richtung, ist aber doppelt so lang wie $\overrightarrow{M_1M_2}$.

5 a) $\begin{pmatrix}0\\4\\0\end{pmatrix}$ b) $\begin{pmatrix}7\\6\\-9\end{pmatrix}$

6 B(9|−5|4)

7 $\overrightarrow{M_1M_3} = -\frac{1}{2}\vec{a} + \left(-\frac{1}{2}\vec{b} + \frac{1}{2}\vec{c}\right)$

$\overrightarrow{M_3M_2} = \frac{1}{2}\vec{a}$ $\overrightarrow{M_2M_1} = \frac{1}{2}\vec{b} - \frac{1}{2}\vec{a} - \frac{1}{2}\vec{c}$

IV Betrag von Vektoren, Länge von Strecken, Seite 27

1 $\overrightarrow{AB} = \begin{pmatrix}5\\-12\\0\end{pmatrix}$; $|\overrightarrow{AB}| = \sqrt{5^2 + (-12)^2 + 0^2} = 13$

2 a) $p = 4$ b) $p = 2 - \sqrt{12}$ c) $p \in \mathbb{R}$

3 $\overrightarrow{AB} = \begin{pmatrix}3\\-4\\7\end{pmatrix}$; $|\overrightarrow{AB}| = \sqrt{3^2 + (-4)^2 + 7^2} = \sqrt{74}$.

Also $\vec{a_0} = \frac{1}{\sqrt{74}} \cdot \overrightarrow{AB} = \frac{1}{\sqrt{74}} \cdot \begin{pmatrix}3\\-4\\7\end{pmatrix}$.

4 a) $|\vec{a}| = \sqrt{18}$ $\vec{a}_0 = \frac{1}{\sqrt{18}}\vec{a}$

b) $|\vec{a}| = \sqrt{21}$ $\vec{a}_0 = \frac{1}{\sqrt{21}} \cdot \vec{a}$

c) $|\vec{a}| = 2$ $\vec{a} = \frac{1}{\sqrt{46}}\begin{pmatrix}-1\\-6\\3\end{pmatrix}$

5 a) $\overrightarrow{AB} = \overrightarrow{DC}$ und $|\overrightarrow{AD}| = |\overrightarrow{AB}|$

$\overrightarrow{AB} = \begin{pmatrix}-3\\1\\3\end{pmatrix} = \overrightarrow{DC}$ und $|\overrightarrow{AD}| = \sqrt{19} = |\overrightarrow{AB}|$: ABCD ist eine Raute.

b) $\overrightarrow{AB} = r \cdot \overrightarrow{DC}$ oder $\overrightarrow{BC} = r \cdot \overrightarrow{AD}$, $r \in \mathbb{R}$

$\overrightarrow{AB} = \begin{pmatrix}-6\\-3\\4\end{pmatrix} = 2 \cdot \overrightarrow{DC}$: ABCD ist ein Trapez

c) $|\overrightarrow{AB}| = |\overrightarrow{BC}|$ oder $|\overrightarrow{BC}| = |\overrightarrow{AC}|$ oder $|\overrightarrow{CA}| = |\overrightarrow{AB}|$.

$|\overrightarrow{AB}| = |\overrightarrow{BC}| = 3$. Das Dreieck ABC ist gleichschenklig.

d) $M_C(5|-1|-0{,}5)$, $M_b(4{,}5|0|0{,}5)$, $M_a(3{,}5|-1|1)$

$s_a = |\overrightarrow{AM_a}| = \sqrt{(-2{,}5)^2 + (-1)^2 + 2^2} = \sqrt{11{,}25} \notin \mathbb{Z}$

$s_b = |\overrightarrow{BM_b}| = \sqrt{0{,}5^2 + 2^2 + 0{,}5^2} = \sqrt{4{,}5} \notin \mathbb{Z}$

$s_{cw} = |\overrightarrow{CM_c}| = \sqrt{2^2 + (-1)^2 + (-2{,}5)^2} = \sqrt{11{,}25} \notin \mathbb{Z}$

6 a) $\sqrt{81} = 9$

b) $P_1(-5|0|0)$; $P_2(13|0|0)$; $P_3(0|4|0)$; $P_4(0|-14|0)$; $P_5(0|0|10)$; $P_6(0|0|-8)$

c) Es gibt 2 solcher Punkte auf der Raumdiagonalen

$p_1 = \sqrt{13}$ $p_2 = -\sqrt{13}$

IV Skalarprodukt von Vektoren, Größe von Winkeln, Seite 28

1 $\overrightarrow{AB} = \begin{pmatrix}2\\-3\\-4\end{pmatrix}, \overrightarrow{BC} = \begin{pmatrix}-8\\1\\-1\end{pmatrix}; \overrightarrow{CA} = \begin{pmatrix}6\\2\\5\end{pmatrix}$

$\cos(\alpha) = \frac{\overrightarrow{AB} \cdot \overrightarrow{AC}}{|\overrightarrow{AB}| \cdot |\overrightarrow{AC}|} = \frac{-12 + 6 + 20}{\sqrt{29} \cdot \sqrt{65}} = \frac{14}{\sqrt{1885}}, \ \alpha = 71{,}2°$

Die Markierung weist auf den ursprünglichen Fehler hin.

$\cos(\beta) = \frac{\overrightarrow{BA} \cdot \overrightarrow{BC}}{|\overrightarrow{BA}| \cdot |\overrightarrow{BC}|} = \frac{16 + 3 - 4}{\sqrt{29} \cdot \sqrt{66}} = \frac{15}{\sqrt{1914}}, \ \beta = 69{,}9°$

$\cos(\gamma) = \frac{\overrightarrow{CA} \cdot \overrightarrow{CB}}{|\overrightarrow{CA}| \cdot |\overrightarrow{CB}|} = \frac{48 - 2 + 5}{\sqrt{65} \cdot \sqrt{66}} = \frac{51}{\sqrt{4290}}, \ \gamma = 38{,}9°$

2 a) $\alpha = 63{,}8°$, b) $\alpha = 125{,}1°$

3 spitzen, stumpfen

4 a) $\cos(90°) = 0$ und $\cos(90°) = \frac{5b_1 + 8 - 18}{\sqrt{107} \cdot \sqrt{(b_1)^2 + 60}}$,
also $5b_1 + 8 - 18 = 0$, somit $b_1 = 2$.

b) $\cos(45°) = \frac{1}{\sqrt{2}}$ und $\cos(45°) = \frac{-3a_3}{\sqrt{1 + (a_3)^2} \cdot 3} = \frac{-a_3}{\sqrt{1 + (a_3)^2}}$,
also $\frac{-a_3}{\sqrt{1 + (a_3)^2}} = \frac{1}{\sqrt{2}}$, somit $a_3 = -1$.

c) $\cos(60°) = \frac{1}{2}$ und $\cos(60°) = \frac{1}{\sqrt{2} \cdot \sqrt{(b_2)^2 + 1}}$,
also $\sqrt{2(b_2)^2 + 2} = 2$, somit $b_2 = 1$ oder $b_2 = -1$.

5 a) möglicher Weg: $\overrightarrow{BC} = \begin{pmatrix}-1\\-3\\1\end{pmatrix}, \overrightarrow{OD} = \overrightarrow{OA} + \overrightarrow{BC} = \begin{pmatrix}0\\-1\\2\end{pmatrix}$, D(0 | −1 | 2)

b) $\cos(\alpha) \frac{\overrightarrow{AD} \cdot \overrightarrow{AB}}{|\overrightarrow{AD}| \cdot |\overrightarrow{AB}|} = \frac{3 + 3 + 2}{\sqrt{11} \cdot \sqrt{14}} = \frac{8}{\sqrt{154}} \approx 0{,}645$;

$\alpha \approx 50°$; $\beta \approx 130°$; $\gamma = 50°$; $\delta \approx 130°$

c) Schnittpunkt S:

$\overrightarrow{OS} = \overrightarrow{OB} + \frac{1}{2}\overrightarrow{BD} = \begin{pmatrix}-2\\1\\3\end{pmatrix} + \frac{1}{2}\begin{pmatrix}2\\-2\\-1\end{pmatrix} = \begin{pmatrix}-1\\0\\2{,}5\end{pmatrix}$; S(−1 | 0 | 2,5)

Schnittwinkel ε:

$\cos(\varepsilon) = \frac{|\overrightarrow{BD} \cdot \overrightarrow{AC}|}{|\overrightarrow{BD}| \cdot |\overrightarrow{AC}|} = \frac{-8 + 8 - 3}{\sqrt{9} \cdot \sqrt{41}} = \frac{3}{3 \cdot \sqrt{41}} = \frac{1}{\sqrt{41}}, \ \varepsilon = 81{,}0°$

6 a) $E_{ABC}: \vec{x} = \begin{pmatrix}2\\0\\-3\end{pmatrix} + r\begin{pmatrix}4\\3{,}5\\5\end{pmatrix} + s\begin{pmatrix}4\\2\\8\end{pmatrix}; \begin{pmatrix}4\\-0{,}5\\4\end{pmatrix} = \begin{pmatrix}2\\0\\-3\end{pmatrix} + r\begin{pmatrix}4\\3{,}5\\5\end{pmatrix} + s\begin{pmatrix}4\\2\\8\end{pmatrix}$,

GTR liefert als Lösung der LGS: $r = -1$ und $s = 1{,}5$.
Also liegt D in E_{ABC}.

$|\overrightarrow{AB}| = \left|\begin{pmatrix}4\\3{,}5\\5\end{pmatrix}\right| = \sqrt{53{,}25}, \ |\overrightarrow{AD}| = \left|\begin{pmatrix}2\\-0{,}5\\7\end{pmatrix}\right| = \sqrt{53{,}25},$

$|\overrightarrow{CB}| = \left|\begin{pmatrix}0\\1{,}5\\-3\end{pmatrix}\right| = \sqrt{11{,}25}, \ |\overrightarrow{DC}| = \left|\begin{pmatrix}2\\2{,}5\\1\end{pmatrix}\right| = \sqrt{11{,}25}$

ABCD ist ein Drachenviereck, da jeweils zwei benachbarte Seiten die gleiche Länge haben.

b) $\cos(\alpha) = \frac{\overrightarrow{AB} \cdot \overrightarrow{AD}}{|\overrightarrow{AB}| \cdot |\overrightarrow{AD}|} = \frac{8 - 1{,}75 + 35}{\sqrt{53{,}25} \cdot \sqrt{53{,}25}} = \frac{41{,}25}{53{,}25}$,

$\cos(\beta) = \frac{\overrightarrow{BA} \cdot \overrightarrow{BC}}{|\overrightarrow{BA}| \cdot |\overrightarrow{BC}|} = \frac{5{,}25 - 15}{\sqrt{53{,}25} \cdot \sqrt{11{,}25}} = \frac{-9{,}75}{\sqrt{599{,}0625}}$,

$\cos(\gamma) = \frac{\overrightarrow{CB} \cdot \overrightarrow{CD}}{|\overrightarrow{CB}| \cdot |\overrightarrow{CD}|} = \frac{-3{,}75 + 3}{\sqrt{11{,}25} \cdot \sqrt{11{,}25}} = \frac{-0{,}75}{11{,}25}$;

$\alpha \approx 39{,}2°$, $\beta \approx 113{,}5°$, $\beta = \gamma$, $\delta \approx 93{,}8°$ (Probe: $\alpha + \beta + \gamma + \delta = 360°$)

IV Das Vektorprodukt, Seite 29

1 $\vec{c} = \vec{a} \times \vec{b} = \begin{pmatrix}1 \cdot 1 - (-1) \cdot 5\\-1 \cdot (-2) - 3 \cdot 1\\3 \cdot 5 - 1 \cdot (-2)\end{pmatrix} = \begin{pmatrix}6\\-1\\17\end{pmatrix}$

2 $\vec{n} = \begin{pmatrix}2\\-1\\2\end{pmatrix} \times \begin{pmatrix}0\\1\\1\end{pmatrix} = \begin{pmatrix}-1 - 2\\0 - 2\\2 - 0\end{pmatrix} = \begin{pmatrix}-3\\-2\\2\end{pmatrix}$

Normalenform der Ebene: $E: \left(\vec{x} - \begin{pmatrix}1\\0\\-1\end{pmatrix}\right) \cdot \begin{pmatrix}-3\\-2\\2\end{pmatrix} = 0$

3 Bestimmen Sie den Flächeninhalt des Fünfecks ABCDE, mit A(0 | 1 | −1), B(3 | 2 | −2), C(5 | 3 | −2,5), D(4 | 3 | −2), E(1 | 2 | −1).

$\overrightarrow{AB} = \begin{pmatrix}3\\1\\-1\end{pmatrix}, \overrightarrow{AE} = \begin{pmatrix}1\\1\\0\end{pmatrix}, \overrightarrow{BC} = \begin{pmatrix}2\\1\\-0{,}5\end{pmatrix}, \overrightarrow{BD} = \begin{pmatrix}1\\1\\0\end{pmatrix}, \overrightarrow{ED} = \begin{pmatrix}3\\1\\-1\end{pmatrix}, \overrightarrow{DC} = \begin{pmatrix}1\\0\\-0{,}5\end{pmatrix}$

Das Viereck ABDE ist ein Parallelogramm. Der Flächeninhalt des Vierecks ist also

$A_{ABDE} = |\overrightarrow{AB} \times \overrightarrow{AE}| = \left|\begin{pmatrix}0 + 1\\-1 - 0\\3 - 1\end{pmatrix}\right| = \left|\begin{pmatrix}1\\-1\\2\end{pmatrix}\right| = \sqrt{1 + 1 + 4} = \sqrt{6}.$

Der Flächeninhalt des Dreiecks BCD ist entsprechend:

$A_{BCD} = \frac{1}{2} \cdot |\overrightarrow{BD} \times \overrightarrow{BC}| = \frac{1}{2} \cdot \left|\begin{pmatrix}-0{,}5 - 0\\0 + 0{,}5\\1 - 2\end{pmatrix}\right| = \frac{1}{2} \cdot \left|\begin{pmatrix}-0{,}5\\0{,}5\\-1\end{pmatrix}\right|$

$= \frac{1}{2}\sqrt{0{,}25 + 0{,}25 + 1} = \frac{1}{2}\sqrt{\frac{3}{2}} = \frac{1}{4}\sqrt{6}.$

Insgesamt ist also der Flächeninhalt des Fünfecks A_{ABCDE}:
$A_{ABCDE} = \sqrt{6} + \frac{1}{4}\sqrt{6} = \frac{5}{4}\sqrt{6}.$

4 $V = A \cdot h = \frac{1}{2} \cdot \left|\begin{pmatrix}1\\1\\2\end{pmatrix} \cdot \left(\begin{pmatrix}-1\\2\\1\end{pmatrix} \times \begin{pmatrix}2\\-1\\3\end{pmatrix}\right)\right| = \frac{1}{2} \cdot \left|\begin{pmatrix}1\\1\\2\end{pmatrix} \cdot \begin{pmatrix}7\\-5\\-3\end{pmatrix}\right|$

$= \frac{1}{2} \cdot |(7 - 5 - 6)| = 2$

5 $\vec{a} = \begin{pmatrix}1\\0\\0\end{pmatrix}, \vec{b} = \begin{pmatrix}0\\1\\0\end{pmatrix}, \vec{a} \times \vec{b} = \begin{pmatrix}0\\0\\1\end{pmatrix}, \vec{b} \times \vec{a} = \begin{pmatrix}0\\0\\-1\end{pmatrix}$;

$\vec{a} = \begin{pmatrix}1\\0\\0\end{pmatrix}, \vec{b} = \begin{pmatrix}0\\1\\0\end{pmatrix}, \vec{c} = \begin{pmatrix}1\\1\\1\end{pmatrix}, (\vec{a} \times \vec{b}) \times \vec{c} = \begin{pmatrix}0\\0\\1\end{pmatrix} \times \vec{c} = \begin{pmatrix}-1\\1\\0\end{pmatrix},$

$\vec{a} \times (\vec{b} \times \vec{c}) = \vec{a} \times \begin{pmatrix}1\\0\\-1\end{pmatrix} = \begin{pmatrix}0\\1\\0\end{pmatrix}$

IV Kreise und Kugeln im Koordinatensystem, Seite 30

1 Quadratische Ergänzung: $(x_1 - 3)^2 + (x_2 + 2)^2 = 3 + 9 + 4 = 16$
Daraus ergibt sich der Mittelpunkt M(3 | −2) und der Radius $r = 4$.

2 Die Vektordarstellung lautet: $\left(\vec{x} - \begin{pmatrix}2\\0\\-2\end{pmatrix}\right)^2 = 6{,}25$

Die Koordinatendarstellung lautet: $(x_1 - 2)^2 + x_2^2 + (x_3 + 2)^2 = 6{,}25$

3 Ein Punkt P liegt außerhalb einer Kugel K, wenn der Abstand des Punktes P vom Mittelpunkt größer als der Radius der Kugel ist.
Eine Kugel K schneidet eine Ebene E, wenn der Abstand des Mittelpunkts der Kugel von der Ebene kleiner als der Radius der Kugel ist.
Zwei Kugeln schneiden sich, wenn der Abstand der Mittelpunkte der Kugeln voneinander größer als der Betrag der Differenz der Radien und kleiner als die Summe der Radien ist.

4 Der Vektor $\overrightarrow{MP}$ ist orthogonal zum Vektor $\begin{pmatrix}1\\0\\0\end{pmatrix}$. Daraus ergibt sich die Gleichung $(5 - a) = 0$.
Außerdem ist die Länge des Vektors $|\overrightarrow{MP}| = 5$, also
$(5 - a)^2 + b^2 + 9 = 25$ bzw. $b = \pm 4$; also (wg. $b > 0$) $b = 4$.
Die Gleichung der Kugel lautet: $(x_1 - 5)^2 + (x_2 - 4)^2 + (x_3 + 3)^2 = 25$

5 a) Der Abstand der Mittelpunkte beträgt:
$(2 - 4)^2 + (3 - 2)^2 = 5$. Da der Abstand der Mittelpunkte kleiner als die Summe der Radien und größer als der Betrag der Differenz der Radien ist, schneiden sich die beiden Kreise.
b) Die Gleichungen der Kreise lauten
K_1: $(x_1 - 2)^2 + (x_2 - 3)^2 = 16$ und K_2: $(x_1 - 4)^2 + (x_2 - 2)^2 = 7$.
Ausmultipliziert ergibt sich K_1: $x_1^2 - 4x_1 + 4 + x_2^2 - 6x_2 + 9 = 16$ und K_2: $x_1^2 - 8x_1 + 16 + x_2^2 - 4x_2 + 4 = 7$. Die Schnittpunkte erfüllen beide Gleichungen, also auch die Differenz der Gleichungen. Diese lautet $4x_1 - 2x_2 - 7 = 9$. Das ist die Gleichung einer Geraden, auf der beide Schnittpunkte liegen:
g: $x_2 = 2x_1 - 8$.

IV Klausurtraining, Seite 31

1 a) $\vec{x} = \begin{pmatrix}4\\-12\\3\end{pmatrix}$ b) $|\vec{x}| = \sqrt{4^2 + (-12)^2 + 3^2} = 13$ $\vec{x_0} = \frac{1}{13} \cdot \begin{pmatrix}4\\-12\\3\end{pmatrix}$

2 $\overrightarrow{AM} = \frac{1}{2}(\vec{a} + \vec{b})$; $\overrightarrow{BM} = \frac{1}{2}(\vec{b} - \vec{a})$

3 a) D(−1|2|0), M(1|0|0)
b) $V = \frac{1}{3} \cdot G \cdot h$ also $h = \frac{3 \cdot V}{G} = \frac{3 \cdot 32}{4^2} = 6$ (LE). Damit ist S(1|0|6) oder S(1|0|−6).
c)

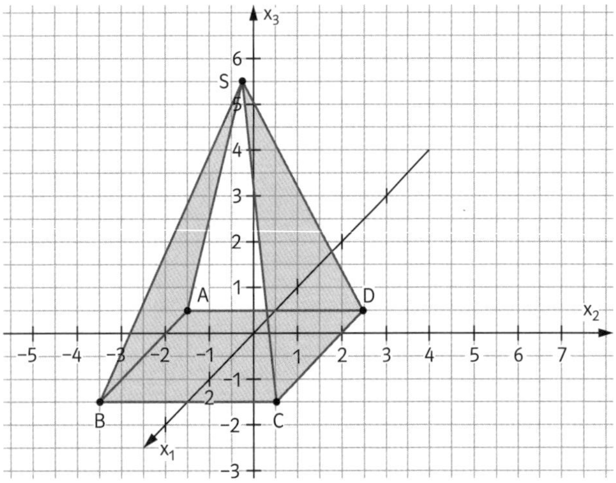

d) $M_{AB}(1|-2|0)$, damit $h = \sqrt{(1-1)^2 + 2^2 + 6^2} = \sqrt{40}$. Für die Oberfläche gilt: $O = 4 \cdot \frac{1}{2} \cdot 4 \cdot \sqrt{40} + 16 = 16(\sqrt{10} + 1) \approx 66{,}6$ (FE)

4 a) C(−2|5|−1), F(4|5|0,5), G(−2|5|0,5), H(−2|1|0,5).
b) |AE| = 1,5
c) $M_{BD}(1|3|-1)$; $g_{M_{AB}A}$: $\vec{x} = \begin{pmatrix}4\\1\\-1\end{pmatrix} + t \cdot \begin{pmatrix}3\\-2\\0\end{pmatrix}$. Für t = −2 liegt R auf dieser Geraden. Damit ergibt sich s = −2

5 a) $\cos(\alpha) = \frac{\begin{pmatrix}-1\\2\\4\end{pmatrix} \cdot \begin{pmatrix}3\\1\\0\end{pmatrix}}{\sqrt{21} \cdot \sqrt{10}} = \frac{-1}{\sqrt{210}}$; also $\alpha \approx 94°$
b) Zeigt der Repräsentant in die entgegengesetzte Richtung, ergibt sich als eingeschlossener Winkel der Nebenwinkel zu 180°.

6 a) $|(\vec{a} \times \vec{b})\vec{c}| = 3$. Das Spatvolumen beträgt 3 Volumeneinheiten.
b) Es ist $\overrightarrow{AB} = \begin{pmatrix}-2\\-2\\-2\end{pmatrix}$ und $\overrightarrow{AC} = \begin{pmatrix}3\\-2\\-4\end{pmatrix}$.
Für die Maßzahl des Flächeninhalts A gilt daher
$A = \frac{1}{2} \cdot |\overrightarrow{AB} \times \overrightarrow{AC}| = \sqrt{78}$.

7 a) Es gilt $0^2 + (1 - 1)^2 + (2 + 1)^2 = 9$ und $1^2 + (3 - 1)^2 + (1 + 1)^2 = 9$.
b) $r = 3$; $\overrightarrow{PQ} = \begin{pmatrix}1\\2\\-1\end{pmatrix}$; $|\overrightarrow{PQ}| = \sqrt{1 + 4 + 1} = \sqrt{6} < 2r$.
c) $\overrightarrow{PM} = \begin{pmatrix}0\\0\\-3\end{pmatrix}$; $\overrightarrow{OP'} = \overrightarrow{OP} + 2 \cdot \overrightarrow{PM} = \begin{pmatrix}0\\1\\-4\end{pmatrix}$; P'(0|1|−4);
$\overrightarrow{QM} = \begin{pmatrix}-1\\-2\\-2\end{pmatrix}$; $\overrightarrow{OQ'} = \overrightarrow{OQ} + 2 \cdot \overrightarrow{QM} = \begin{pmatrix}-1\\-1\\-3\end{pmatrix}$; Q'(−1|−1|−3)

8 a) Abstand der beiden Mittelpunkte $M_1(2|0)$ und $M_2(0|-1)$ ist $\sqrt{4+1} = \sqrt{5} < r_1 - r_2 = \sqrt{\frac{125}{4}} - \sqrt{\frac{5}{4}} \approx 4{,}47$
b) $\vec{v} = \frac{1}{|\overrightarrow{M_1M_2}|}\overrightarrow{M_1M_2} = \frac{1}{\sqrt{5}}\begin{pmatrix}-2\\-1\end{pmatrix}$; $\overrightarrow{M_1P} = r_1 \cdot \vec{v} = \sqrt{\frac{125}{4 \cdot 5}}\begin{pmatrix}-2\\1\end{pmatrix} = \frac{5}{2}\begin{pmatrix}-2\\-1\end{pmatrix} = \begin{pmatrix}-5\\-2{,}5\end{pmatrix}$, also P(−3|−2,5);
$\overrightarrow{M_2Q} = r_2 \cdot \vec{v} = \sqrt{\frac{5}{4 \cdot 5}}\begin{pmatrix}-2\\-1\end{pmatrix} = \frac{1}{2}\begin{pmatrix}-2\\-1\end{pmatrix} = \begin{pmatrix}-1\\-0{,}5\end{pmatrix}$, also Q(−1|−1,5)
c) M_3 ist der Mittelpunkt von $\overline{PQ}$, also $M_3(-2|-2)$.
Radius r_3 ist $\frac{1}{2}|\overrightarrow{PQ}|$. $\overrightarrow{PQ} = \begin{pmatrix}2\\1\end{pmatrix}$; $r_3 = \frac{1}{2}|\overrightarrow{PQ}| = \frac{1}{2}\sqrt{5}$.
K_3: $(x_1 + 2)^2 + (x_2 + 2)^2 = \frac{5}{4}$
Zeichnung:

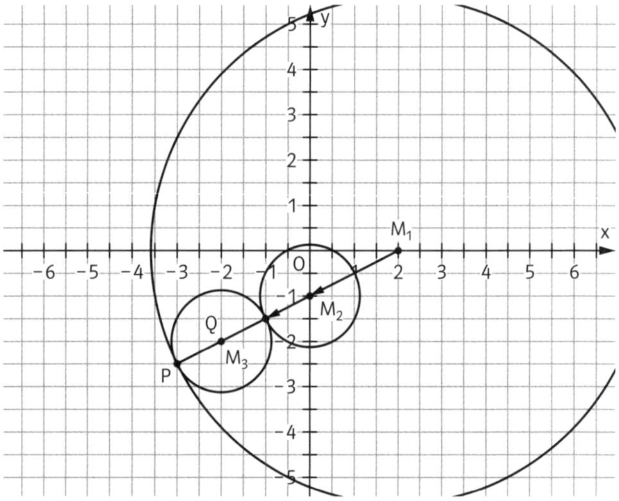

11, V Weitere Ableitungsregeln

V Ableitung der Sinus- und Kosinusfunktion, Seite 32

1 a) $f'(x) = -2\sin(x) - 2$
b) $f'(x) = 2x - \sin(x)$
c) $f'(x) = 2 + \pi \cdot \cos(x)$
d) $f'(x) = \frac{1}{4}\cos(x) - \sin(x)$
e) $f'(x) = \frac{-\sin(x)}{3}$
f) $f'(x) = -\frac{1}{x^2} + \cos(x)$

2

f(x)	f′(x)	$f'\left(\frac{\pi}{2}\right)$	$f'(x_0) = 0$, $x_0 \in [0; 2\pi]$ für
$\sin(x) + 4x$	$\cos(x) + 4$	4	–
$-\cos(x) + 5$	$\sin(x)$	1	$0;\ \pi;\ 2\pi$
$-2 \cdot \cos(x) - x$	$2 \cdot \sin(x) - 1$	1	$\frac{\pi}{6};\ \frac{5\pi}{6}$

3 a) $f'(x) = 1 + \cos(x)$

$m_t = f\left(\frac{\pi}{2}\right)' = 1 + \cos\left(\frac{\pi}{2}\right) = 1 + 0 = 1$

$f\left(\frac{\pi}{2}\right) = \frac{\pi}{2} + \sin\left(\frac{\pi}{2}\right) = \frac{\pi}{2} + 1 \quad P\left(\frac{\pi}{2}\middle|1 + \frac{\pi}{2}\right)$

$t: y = 1 \cdot \left(x - \frac{\pi}{2}\right) + 1 + \frac{\pi}{2} = x + 1$

b) $f'(x) = 2\cos(x)$

$m_t = f'(5\pi) = 2\cos(5\pi) = 2 \cdot (-1) = -2$

$f(5\pi) = 2\sin(5\pi) = 0 \quad P(5\pi\,|\,0)$

$t: y = -2 \cdot (x - 5\pi) = -2x + 10\pi$

c) $f'(x) = 2 - 3\sin(x)$

$m_t = f'(1{,}5\pi) = 2 - 3\sin(1{,}5\pi) = 2 - 3 \cdot (-1) = 5$

$f(1{,}5\pi) = 3\pi + 3\cos(1{,}5\pi) = 3\pi + 0 = 3\pi \quad P(1{,}5\pi\,|\,3\pi)$

$t: y = 5 \cdot (x - 1{,}5\pi) + 3\pi = 5x - 7{,}5\pi + 3\pi = 5x - 4{,}5\pi$

4 a) $f'(x) = -\sin(x)$

$m_t = f'\left(-\frac{\pi}{2}\right) = -\sin\left(-\frac{\pi}{2}\right) = 1 \quad m_n = -\frac{1}{m_t} = -\frac{1}{1} = -1$

$f\left(-\frac{\pi}{2}\right) = \cos\left(-\frac{\pi}{2}\right) = 0 \quad P\left(-\frac{\pi}{2}\middle|0\right)$

$n: y = -1 \cdot \left(x + \frac{\pi}{2}\right) = -x - \frac{\pi}{2}$

b) $f'(x) = 0{,}5\cos(x)$

$m_t = f'(3\pi) = 0{,}5\cos(3\pi) = -0{,}5 \quad m_n = -\frac{1}{m_t} = -\frac{1}{-0{,}5} = 2$

$f(3\pi) = 0{,}5\sin(3\pi) = 0 \quad P(3\pi\,|\,0)$

$n: y = 2 \cdot (x - 3\pi) = 2x - 6\pi$

c) $f'(x) = \cos(x)$

$m_t = f'(-\pi) = \cos(-\pi) = -1$

$m_n = -\frac{1}{m_t} = -\frac{1}{-1} = 1$

$f(-\pi) = 2 + \sin(-\pi) = 2 + 0 = 2 \quad P(-\pi\,|\,2)$

$n: y = 1 \cdot (x + \pi) + 2 = x + \pi + 2$

5 a) $f'(x) = -\sin(x)$

$f'(x) = 0$ für $x_1 = 0$, $x_2 = \pi$, $x_3 = 2\pi$

$f''(x) = -\cos(x) \quad H_1(0\,|\,1), T(\pi\,|\,-1), H_2(2\pi\,|\,1)$

b) $f'(x) = \cos(x) + \sin(x)$

$f'(x) = 0$ für $x_1 = \frac{3\pi}{4}, x_2 = \frac{7\pi}{4}$

$f''(x) = -\sin(x) + \cos(x) \quad H\left(\frac{3\pi}{4}\middle|\sqrt{2}\right), T\left(\frac{7\pi}{4}\middle|-\sqrt{2}\right)$

c) $f'(x) = \cos(x) + 0{,}5$

$f'(x) = 0$ für $x_1 = \frac{2\pi}{3}, x_2 = \frac{4\pi}{3}$

$f''(x) = -\sin(x) \quad H\left(\frac{2\pi}{3}\middle|1{,}913\right), T\left(\frac{4\pi}{3}\middle|1{,}228\right)$

6 a) $f'(x) = \cos(x) \quad g'(x) = -\frac{1}{\sqrt{2}} = -\frac{1}{2}\sqrt{2}$

$f'(x) = g'(x), \cos(x) = -\frac{1}{2}\sqrt{2}$ für $x_1 = \frac{3\pi}{4} \quad x_2 = \frac{5\pi}{4}$

$P_1\left(\frac{3\pi}{4}\middle|\frac{1}{2}\sqrt{2}\right), Q_1\left(\frac{3\pi}{4}\middle|-1{,}666\right) \quad P_2\left(\frac{5\pi}{4}\middle|-\frac{1}{2}\sqrt{2}\right), Q_2\left(\frac{5\pi}{4}\middle|-2{,}777\right)$

b) $f'(x) = \cos(x) \quad g'(x) = -\sin(x)$

$f'(x) = g'(x), \cos(x) = -\sin(x)$ für $x_1 = \frac{3\pi}{4}, x_2 = \frac{7\pi}{4}$

$P_1\left(\frac{3\pi}{4}\middle|\frac{1}{2}\sqrt{2}\right), Q_1\left(\frac{3\pi}{4}\middle|-\frac{1}{2}\sqrt{2}\right), P_2\left(\frac{7\pi}{4}\middle|-\frac{1}{2}\sqrt{2}\right), Q_2\left(\frac{7\pi}{4}\middle|\frac{1}{2}\sqrt{2}\right)$

V Umkehrfunktion, Seite 33

1 Die Funktionen f und h sind umkehrbar, weil f bzw. h streng monoton fallend bzw. wachsend sind.
Die Funktionen g und i sind nicht umkehrbar, weil es beispielsweise zu dem y-Wert 1 jeweils mehrere x-Werte gibt.

2

Spiegelt man die Gerade g an der y-Achse, so erhält man die Gerade h.	$m_1 + m_2 = 0$
Spiegelt man die Gerade g an der x-Achse, so erhält man die Gerade h.	$m_1 + m_2 = 0$
Spiegelt man die Gerade g an der 1. Winkelhalbierenden, so erhält man die Gerade h.	$m_1 \cdot m_2 = 1$
Die Geraden sind zueinander orthogonal.	$m_1 \cdot m_2 = -1$

3 a) $f'(x) = -\frac{2}{x^2} - \frac{1}{2}$

Es ist $x^2 > 0$ für $x > 0$, also ist $f'(x) < 0$ für $x > 0$.
f ist streng monoton fallend und somit umkehrbar.

b) $f'(x) = 5x^4 + 1 \quad f'(x) > 0$ für $x \in \mathbb{R}$

c) $f'(x) = \frac{-4}{x^2} \quad f'(x) < 0$ für $x > 0$

d) $f'(x) = \frac{5(x-2) - 5x}{(x-2)^2} = \frac{-10}{(x-2)^2} \quad f'(x) < 0$ für $x > 2$

e) $f'(x) = \frac{-3}{(x+4)^2} \quad f'(x) < 0$ für $x < -4$

4 a) $f'(x) = 2(x - 2) = 2x - 4 > 0$ für $x > 2$, also ist f für $x > 2$ streng monoton wachsend und f umkehrbar.
Auflösen von $y = (x - 2)^2$ nach x ergibt $\sqrt{y} = x - 2$ und $x = \sqrt{y} + 2$.
Variablentausch: $y = \sqrt{x} + 2$. Die Umkehrfunktion f^{-1} von f lautet $f^{-1}(x) = \sqrt{x} + 2;\ x \geq 0$ mit der Definitionsmenge $D_{f^{-1}} = W_f = \mathbb{R}_0^+$ und der Wertemenge $W_{f^{-1}} = D_f = \{x \in \mathbb{R}\,|\,x \geq 2\}$.

b) $f'(x) = -\frac{8}{x^3} < 0$ für $x > 0$, also ist f für $x > 0$ streng monoton fallend und f umkehrbar.

Auflösen von $y = \frac{4}{x^2}$ nach x ergibt $x^2 = \frac{4}{y}$ und $x = \frac{2}{\sqrt{y}}$.

Variablentausch: $y = \frac{2}{\sqrt{x}}$. Die Umkehrfunktion f^{-1} von f lautet $f^{-1}(x) = \frac{2}{\sqrt{x}};\ x > 0$ mit der Definitionsmenge $D_{f^{-1}} = W_f = \mathbb{R}^+$ und der Wertemenge $W_{f^{-1}} = D_f = \mathbb{R}^+$.

c) $f'(x) = \frac{-3}{(x-4)^2}$ für $x > 4$, also ist f für $x > 4$ streng monoton fallend und f umkehrbar.

Auflösen von $y = \frac{3}{x-4}$ nach x ergibt $\frac{3}{y} = x - 4$ und $x = \frac{3}{y} + 4$.

Variablentausch: $y = \frac{3}{x} + 4$. Die Umkehrfunktion f^{-1} von f lautet $f^{-1}(x) = \frac{3}{x} + 4;\ x > 0$ mit der Definitionsmenge $D_{f^{-1}} = W_f = \mathbb{R}^+$ und der Wertemenge $W_{f^{-1}} = D_f = \{x \in \mathbb{R}\,|\,x > 4\}$.

V Verkettung von Funktionen, Seite 34

1 Dabei bezeichnet man die Funktion v als die innere Funktion und u als die äußere Funktion.
Bei der Verkettung wendet man auf die Variable x zuerst die Zuordnungsvorschrift v und danach auf dieses Zwischenergebnis v(x) die zweite Zuordnungsvorschrift u an.

2 $f(x) + g(x) = x^2 + x + 2$; Graph B $\frac{f(x)}{g(x)} = \frac{1}{x} + \frac{2}{x^2}$; Graph F
$f(x) \cdot g(x) = x^3 + 2x^2$; Graph D $f(g(x)) = x^2 + 2$; Graph C
$f(x) - g(x) = -x^2 + x + 2$; Graph E $g(f(x)) = (x + 2)^2$; Graph A

3
a) $f(g(2)) = 7$ b) $f(g(-3)) = 17$ c) $g(f(2)) = 9$
d) $g(f(-1)) = 9$ e) $f\left(g\left(-\frac{1}{2}\right)\right) = -0{,}5$ f) $g\left(f\left(\frac{1}{3}\right)\right) = \frac{1}{9}$

4

	u(x)	v(x)	f(x)
a)	$x^3 + 1$	$4x - 3$	$(4x - 3)^3 + 1$
b)	x^2	$x^2 - 9$	$(x^2 - 9)^2$
c)	$\sin(3x)$	$0{,}5x + 2$	$\sin(1{,}5x + 6)$
d)	$\frac{5}{x^2}$	$(3x - 2)^2$	$\frac{5}{(3x - 2)^4}$

5

	a) $f(x) = (5x - 6)^3$	b) $f(x) = \frac{3}{x^2 + 4}$	c) $f(x) = (\sin(x))^2$
als Produkt $u(x) \cdot v(x)$	$u(x) = (5x - 6)^2$ $v(x) = 5x - 6$	$u(x) = 3$ $v(x) = \frac{1}{x^2 + 4}$	$u(x) = \sin(x)$ $v(x) = \sin(x)$
als Verkettung $u(v(x))$	$u(x) = x^3$ $v(x) = 5x - 6$	$u(x) = \frac{3}{x}$ $v(x) = x^2 + 4$	$u(x) = x^2$ $v(x) = \sin(x)$

V Ableitung von verketteten Funktionen, Seite 35

1 Die Ableitung der Funktion f an der Stelle x_0 ist gleich der Ableitung der äußeren Funktion u an der Stelle $v(x_0)$ multipliziert mit der Ableitung der inneren Funktion v an der Stelle x_0, d.h.
$f'(x_0) = u'(v(x_0)) \cdot v'(x_0)$.

$f(x) = \frac{1}{(2x - 3)^2}$ $u(x) = \frac{1}{x^2}$ $v(x) = 2x - 3$
$u'(x) = -\frac{2}{x^3}$ $v'(x) = 2$
$f'(x) = u'(v(x_0)) \cdot v'(x) = -\frac{2}{(2x - 3)^3} \cdot 2$

2 siehe Tabelle 1

3
a) $f(x) = (x - 3)^4$
$f'(x) = 4 \cdot (x - 3)^3$
b) $f(x) = (5 - 4x)^{-2}$
$f'(x) = -2 \cdot (5 - 4x)^{-3} \cdot (-4)$
c) $f(x) = -3 \cdot \sin(4x + 1)$
$f'(x) = -3 \cdot \cos(4x + 1) \cdot 4$
d) $f(x) = (3x^2 - 6)^4$
$f'(x) = 4 \cdot (3x^2 - 6)^3 \cdot 6x$

4 (1) $f(x) = \frac{1}{6} \cdot (x - 2)^3$ Graph B

Der Graph der Funktion f ist monoton wachsend und hat bei $x = 2$ einen Wendepunkt.
Graph B zeigt eine Ableitungsfunktion, deren Werte größer gleich 0 sind und Graph B hat bei $x = 2$ einen Tiefpunkt.

(2) $f(x) = \left(\frac{1}{2}x - \frac{3}{2}\right)^4$ Graph C

Die Funktion f ist eine ganzrationale Funktion vom Grad 4, somit hat die Ableitungsfunktion f' den Grad 3. Dies zeigt Graph C.

(3) $f(x) = \frac{1}{2} \cdot (x - 3)^2$ Graph A

Die Funktion f ist eine ganzrationale Funktion vom Grad 2, somit hat die Ableitungsfunktion f' den Grad 1, d.h. der Graph ist eine Gerade. Graph A zeigt die erforderlichen Eigenschaften.

(4) $f(x) = \left(\frac{1}{4} \cdot x - 1\right)^3$ Graph D

Der Graph der Funktion f ist monoton wachsend und hat bei $x = 4$ einen Wendepunkt.
Graph D zeigt eine Ableitungsfunktion, deren Werte größer gleich 0 sind und Graph D hat bei $x = 4$ einen Tiefpunkt.

V Potenzfunktionen mit rationalen Exponenten und ihre Ableitung, Seite 36

1 f → II g → VI h → III i → IV k → I l → V

2 a) $f(x) = (2 + \sqrt{x})^3$ $f'(x) = 3 \cdot (2 + \sqrt{x})^2 \cdot \frac{1}{2\sqrt{x}}$
b) $f(x) = \sqrt[3]{\cos(x)} = (\cos(x))^{\frac{1}{3}}$ $f'(x) = \frac{1}{3} \cdot (\cos(x))^{-\frac{2}{3}} \cdot (-\sin(x))$
c) $f(x) = (3 + (\sqrt{4x + 5})^6$ $f'(x) = 6 \cdot (3 + \sqrt{4x + 5})^5 \cdot \frac{4}{2\sqrt{4x + 5}}$
d) $f(x) = (a^2x + 2x)^{0,6}$ $f'(x) = 0{,}6 \cdot (a^2x + 2x)^{-0,4} \cdot (a^2 + 2)$

3 a) $f'(x) = -\frac{3}{2}x^{-\frac{5}{2}}$
b) $g'(x) = -\sin(\sqrt{x}) \cdot \frac{1}{2\sqrt{x}}$
c) $h(x) = 2x^{\frac{4}{3}}$ $h'(x) = 2 \cdot \frac{4}{3} \cdot x^{\frac{1}{3}} = \frac{8}{3}\sqrt[3]{x}$

4 Es sind verschiedene Stammfunktionen möglich.
Alle möglichen Stammfunktionen unterscheiden sich nur durch einen konstanten Summanden.

	f(x)	f'(x)	F(x)
a)	$x^{0,4}$	$0{,}4 \cdot x^{-0,6}$	$\frac{1}{1{,}4}x^{1,4}$
b)	$\sqrt[3]{x^5} = x^{\frac{5}{3}}$	$\frac{5}{3}x^{\frac{2}{3}}$	$\frac{3}{8}x^{\frac{8}{3}}$
c)	$2x^{0,5} = 2\sqrt{x}$	$x^{-0,5} = \frac{1}{\sqrt{x}}$	$2 \cdot \frac{1}{1{,}5}x^{1,5} = \frac{4}{3}x^{\frac{3}{2}}$
d)	$\frac{4}{x^{\frac{2}{5}}} = 4x^{-\frac{2}{5}}$	$-\frac{8}{5}x^{-\frac{7}{5}}$	$\frac{20}{3}x^{\frac{3}{5}}$

Tabelle 1

	f(x)	u(x)	u'(x)	v(x)	v'(x)	f'(x) = u'(v(x)) · v'(x)
a)	$(7 - 4x)^6$	x^6	$6x^5$	$7 - 4x$	-4	$6 \cdot (7 - 4x)^5 \cdot (-4)$
b)	$\frac{1}{6}(3x^2 + 5)^2$	$\frac{1}{6}x^2$	$\frac{1}{3}x$	$3x^2 + 5$	$6x$	$\frac{1}{3}(3x^2 + 5) \cdot 6x$
c)	$\frac{4}{3x^3 + 2}$	$\frac{4}{x}$	$\frac{-4}{x^2}$	$3x^3 + 2$	$9x^2$	$-\frac{4}{(3x^3 + 2)^2} \cdot 9x^2$
d)	$-3\cos(2x^2)$	$-3\cos(x)$	$3\sin(x)$	$2x^2$	$4x$	$3\sin(2x^2) \cdot 4x$

e)	$(\sqrt[4]{x})^{-3} = x^{-\frac{3}{4}}$	$-\frac{3}{4}x^{-\frac{7}{4}}$	$4x^{\frac{1}{4}}$
f)	$x^2 \cdot \sqrt{x^3} = x^{\frac{7}{2}}$	$\frac{7}{2}x^{\frac{5}{2}}$	$\frac{2}{9}x^{\frac{9}{2}}$

V Klausurtraining, Seite 37

1 a) $f(x) = \sin(x) \cdot \cos(x)$

$f'(x) = \cos(x) \cdot \cos(x) + \sin(x) \cdot (-\sin(x)) = (\cos(x))^2 - (\sin(x))^2$

$f'\left(\frac{\pi}{2}\right) = 0^2 - 1^2 = -1$

b) $f(x) = \sin(3x + \pi)$

$f'(x) = \cos(3x + \pi) \cdot 3$

$f'\left(\frac{\pi}{2}\right) = 3 \cdot \cos\left(\frac{5\pi}{2}\right) = 0$

c) $f(x) = x^2 \cdot (\sin(x))^2$

$f'(x) = 2x \cdot (\sin(x))^2 + x^2 \cdot 2\sin(x) \cdot \cos(x)$

$f'\left(\frac{\pi}{2}\right) = 2 \cdot \left(\frac{\pi}{2}\right) \cdot 1^2 + \left(\frac{\pi}{2}\right)^2 \cdot 2 \cdot 0 = \pi$

2 a) $f(g(2)) = 50$ b) $g(f(1)) = -5$ c) $f \circ g(0{,}5) = 0{,}5$

3 a) Funktion h, Ableitungsfunktion g
Funktion k, Ableitungsfunktion f
Funktion i, Ableitungsfunktion l (siehe Skizze)

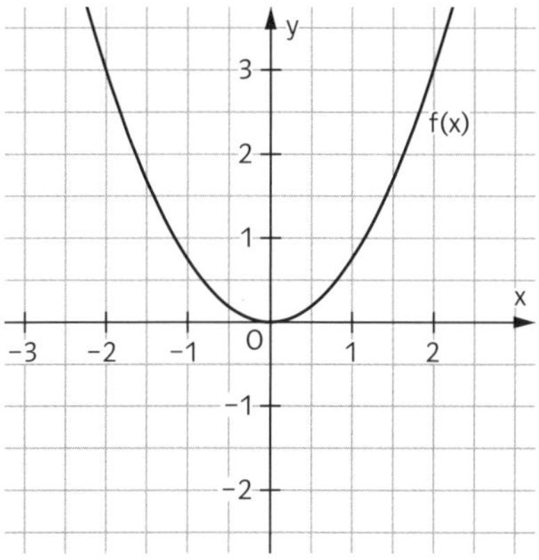

b) Die Funktion h ist umkehrbar, da sie streng monoton zunehmend ist.
Die Funktion g ist umkehrbar, da sie streng monoton abnehmend ist.

4 a) $f'(x) = \frac{1}{2\sqrt{x^2+9}} \cdot 2x = \frac{x}{\sqrt{x^2+9}}$

$f'(-4) = -\frac{4}{5}$

$f(-4) = 5$

Tangentengleichung t: $y = -\frac{4}{5}(x + 4) + 5 = -\frac{4}{5}x + \frac{9}{5}$

Normalengleichung n: $y = \frac{5}{4}(x + 4) + 5 = \frac{5}{4}x + 10$

b) $f'(x) = \frac{18}{x^3}$

$f'(3) = \frac{2}{3}$

$f(3) = 2$

Tangentengleichung t: $y = \frac{2}{3}(x - 3) + 2 = \frac{2}{3}x$

Normalengleichung n: $y = -\frac{3}{2}(x - 3) + 2 = -\frac{3}{2}x + \frac{13}{2}$

c) $f'(x) = 0{,}5 \cdot \sqrt{x} + 0{,}5 \cdot (x - 2) \cdot \frac{1}{2\sqrt{x}}$

$f'(4) = 1{,}25$

$f(4) = 2$

Tangentengleichung t: $y = 1{,}25 \cdot (x - 4) + 2 = 1{,}25x - 3$

Normalengleichung n: $y = -0{,}8 \cdot (x - 4) + 2 = -0{,}8x + 5{,}2$

5 $f'(x) = \frac{\sqrt{2}}{2\sqrt{x}} = \frac{1}{\sqrt{2x}} > 0$ für $x > 0$, also ist f für $x > 0$ streng monoton wachsend und f umkehrbar.
Auflösen von $y = \sqrt{2x}$ nach x ergibt $y^2 = 2x$ und $x = 0{,}5y^2$.
Variablentausch: $y = 0{,}5x^2$. Die Umkehrfunktion f^{-1} von f lautet $f^{-1}(x) = 0{,}5x^2$; $x > 0$ mit der Definitionsmenge $D_{f^{-1}} = W_f = \mathbb{R}^+$ und der Wertemenge $W_{f^{-1}} = D_f = \mathbb{R}^+$.

6 a)

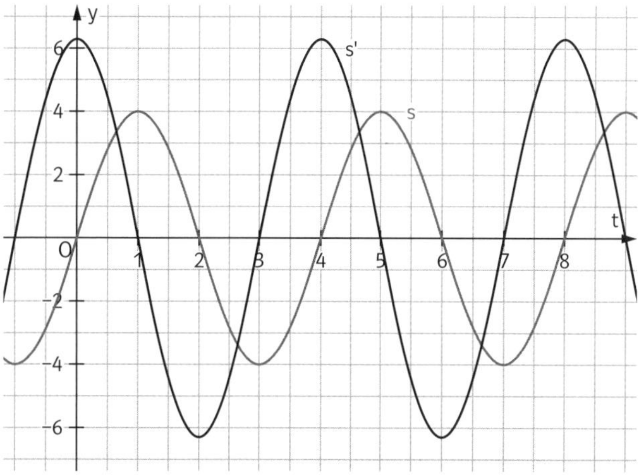

b) $s'(t) = 2 \cdot \pi \cdot \cos\left(\frac{\pi}{2} \cdot t\right)$
$s'(t) = 0$ für $t = 1$
Nach 1,0 s ist die Auslenkung des Pendelkörpers erstmals maximal, der Körper ist zu diesem Zeitpunkt in Ruhe ($v(1) = s'(1) = 0$).
c) Durchgang durch die Ruhelage z. B. bei $t = 0$
$v(0) = s'(0) = 2 \cdot \pi$
Der Geschwindigkeitsbetrag beim Durchgang durch die Ruhelage beträgt $2\pi\frac{m}{s}$.
d) siehe Abbildung

11, VI Natürliche Exponential- und Logarithmusfunktion

VI Die natürliche Exponentialfunktion und ihre Ableitung, Seite 38

1 a)

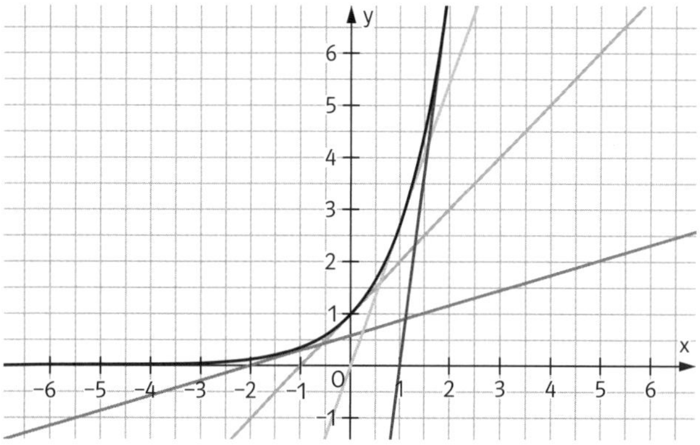

$f'(-1) = \frac{1}{e} \approx 0{,}4$ $f'(0) = 1$
$f'(1) = e \approx 2{,}7$ $f'(2) = e^2 \approx 7{,}4$
b) Bei der natürlichen Exponentialfunktion e^x ist der Graph der Ableitungsfunktion identisch mit dem Graphen der Funktion.
c) $y = e^a \cdot (x - a) + e^a = e^a \cdot x + (1 - a) \cdot e^a$

2 siehe Tabelle 1

3 a) $x \mapsto e^x + (-1)$ $\quad f_2: x \mapsto 3 \cdot e^x$ $\quad f_3: x \mapsto -2 \cdot e^x + 5$
b) $P(-1\,|\,4{,}26)$, $\quad t: y = -0{,}74x + 3{,}53$
$Q(-2\,|\,0{,}41)$, $\quad t: y = 0{,}41x + 1{,}22$
$R(1\,|\,1{,}72)$, $\quad t: y = 2{,}72x - 1$

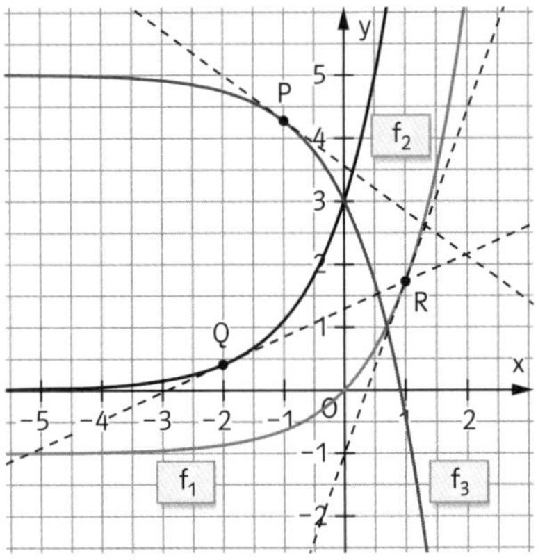

4 Gegeben ist die Funktion $f: x \to \frac{1}{2}e^x$.
a)

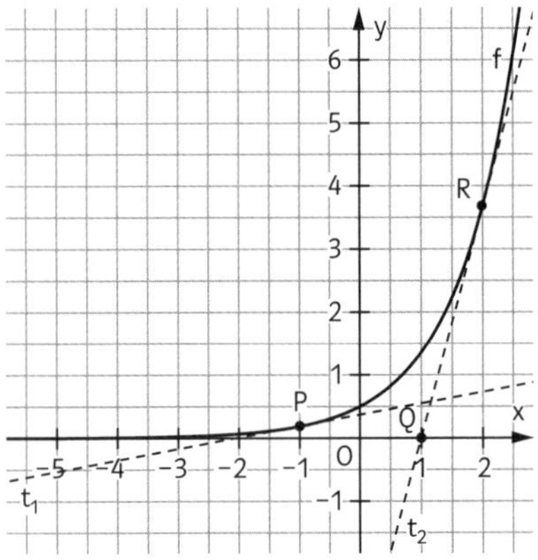

b) Ableitung: $f'(x) = \frac{1}{2}e^x$

Dann gilt: $f(-1) = \frac{1}{2e}$ und $f'(-1) = \frac{1}{2e}$

$t_1: y = \frac{1}{2e} \cdot (x - (-1)) + \frac{1}{2e} = \frac{1}{2e}x + \frac{2}{2e}$

c) Steigung an der Stelle a: $f'(a) = \frac{1}{2}e^a$

Tangente an den Graphen von f im Punkt $R\left(a \,\middle|\, \frac{1}{2}e^a\right)$

$t_2: y = \frac{1}{2}e^a \cdot (x - a) + \frac{1}{2}e^a = \frac{1}{2}e^a \cdot x + \frac{1}{2}e^a \cdot (1 - a)$

Der Punkt Q liegt auf der Tangente t_2 an den Graphen von f.

$0 = \frac{1}{2}e^a \cdot 1 + \frac{1}{2}e^a \cdot (1 - a) = \frac{1}{2}e^a(2 - a)$.

Da $e^a > 0$ gilt, folgt $a = 2$. $\quad t_2: y = \frac{1}{2}e^2 \cdot x - \frac{1}{2}e^2$

VI Die natürliche Logarithmusfunktion und ihre Ableitung, Seite 39

1 Gegeben ist die Funktion f mit $f(x) = \ln(x)$ für $x > 0$. Für die Ableitungsfunktion f′ gilt dann $f'(x) = \frac{1}{x}$.
a)

x	−1	0	1	e	e^2	$\frac{1}{e}$	e^3	$\frac{1}{e^4}$
f(x)	–	–	0	1	2	−1	3	−4

b)

x	−1	0	1	2	e	0,1	$\frac{1}{e}$	–
f′(x)	–	–	1	0,5	$\frac{1}{e}$	10	e	−2

c)

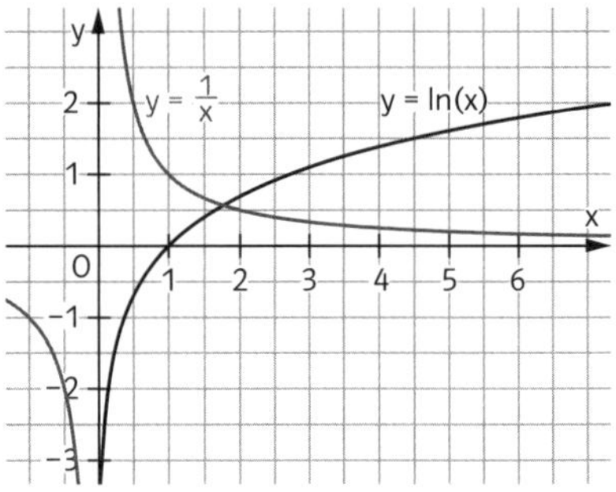

2 a) $f'(x) = \frac{1}{x}$ $\quad m_t = f'(e) = \frac{1}{e}$

$f(e) = \ln(e) = 1$ $\qquad P(e\,|\,1)$

$t: y = \frac{1}{e} \cdot (x - e) + 1 = \frac{1}{e} \cdot x$

b) $f'(x) = \frac{1}{x}$ $\quad m_t = f'(4) = \frac{1}{4}$

$f(4) = \ln(4)$ $\qquad P(4\,|\,\ln(4))$

$t: y = \frac{1}{4} \cdot (x - 4) + \ln(4) = \frac{1}{4} \cdot x - 1 + \ln(4)$

c) $f'(x) = \frac{1}{x}$ $\quad m_t = f'(1) = 1$

$f(1) = \ln(1) = 0$ $\qquad P(1\,|\,0)$

$t: y = 1 \cdot (x - 1) + 0 = x - 1$

3 a) e^x: B $\quad \ln(x)$: D.
b) $e^0 = 1$; $\ln(1) = 0$; $e^{\ln(x)} = x$; $\ln(e^x) = x$
c) $e^{\ln(4)} = 4$; $\ln(e^4) = 4$; $e^{2x} = (e^x)^2$; $\ln(x^2) = 2 \cdot \ln(x)$

4
$f(x) = \ln(\sqrt{x})$ $\qquad f'(x) = \frac{1}{2x}$

$f(x) = x + \ln(2x)$ $\qquad f'(x) = 1 + \frac{1}{x}$

$f(x) = \ln(x^2)$ $\qquad f'(x) = \frac{2}{x}$

$f(x) = \ln\left(\frac{2}{x^2}\right)$ $\qquad f'(x) = -\frac{2}{x}$

$f(x) = 5\ln(x)$ $\qquad f'(x) = \frac{5}{x}$

$f(x) = x^2 + \ln(x)$ $\qquad f'(x) = 2x + \frac{1}{x}$

$f(x) = \ln\left(\frac{4}{x}\right)$ $\qquad f'(x) = -\frac{1}{x}$

5 Es sind verschiedene Lösungen möglich.
a) $F(x) = 3\ln(x)$; $F(x) = 3\ln(x) + 1$; $F(x) = \ln(x^3)$)

Tabelle 1

	f(x)	f′(x)	f′(−1)	f′(0)	f′(1)	F(x)
a)	$-2e^x + 1$	$-2e^x$	$-\frac{2}{e} \approx -0{,}74$	−2	$-2e \approx -5{,}44$	$-2e^x + x$
b)	$7e^x - 2x$	$7e^x - 2$	$\frac{7-2}{e} \approx 0{,}58$	5	$7e - 2 \approx 17{,}03$	$7e^x - x^2$
c)	$3e^x - x^2$	$3e^x - 2x$	$\frac{3}{e} + 2 \approx 3{,}10$	3	$3e - 2 \approx 6{,}15$	$3e^x - \frac{1}{3}x^3$

b) $F(x) = 2x + 5\ln(x)$; $F(x) = 2x + \ln(x^5)$; $F(x) = 2x + 5\ln(x) + 3$

c) $F(x) = \frac{7}{4}\ln(x)$; $F(x) = \ln\left(x^{\frac{7}{4}}\right)$; $F(x) = \frac{7}{4}\ln(x) - 2$

d) $F(x) = 3x - \frac{4}{5}\ln(x)$; $F(x) = 3x - \ln\left(x^{\frac{4}{5}}\right)$; $F(x) = 3x - 0{,}2\ln(x^4) - 6$

VI Ableiten zusammengesetzter Funktionen, Seite 40

1 a) f_1: Graph C; f_2: Graph A; f_3: Graph B; f_4: siehe Schaubild; f_5: Graph D; f_6: Graph E

b) … um 2 Einheiten in positive x-Richtung …
… um 2 Einheiten in positive y-Richtung …
… an der y-Achse …

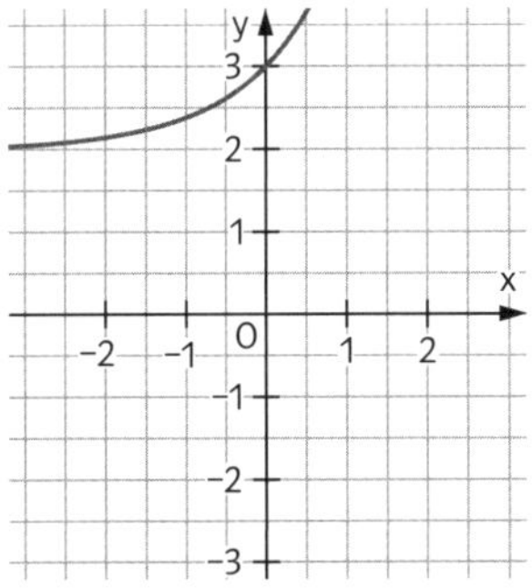

2 a) Den Graphen der Funktion g erhält man aus dem Graphen der natürlichen Exponentialfunktion e^x, indem man den Graphen um 3 Einheiten in positive x-Richtung verschiebt, um den Faktor 2 in y-Richtung streckt und um 4 Einheiten in positive y-Richtung verschiebt.

b) $g(x) = 3 \cdot e^{x+5} - 4$

3

a) $f'(x) = 5 \cdot e^x$ $\quad f''(x) = 5 \cdot e^x$

b) $f'(x) = 2 \cdot e^{3x}$ $\quad f''(x) = 6 \cdot e^{3x}$

c) $f'(x) = e^{-x} - x \cdot e^{-x}$ $\quad f''(x) = -2e^{-x} + x \cdot e^{-x}$

d) $f'(x) = 2x \cdot e^{x^2}$ $\quad f''(x) = 2e^{x^2} + 4x^2 \cdot e^{x^2}$

4 a) $f'(x) = -0{,}5e^{-0{,}5x}$ $\quad f(-2) = e$ $\quad f'(-2) = -0{,}5e$

Tangente: $m_t = f'(-2) = -0{,}5e$ $\quad t: y = -0{,}5e \cdot (x + 2) + e = -0{,}5e \cdot x$

Normale: $m_n = -\frac{1}{f'(-2)} = \frac{2}{e}$ $\quad n: y = \frac{2}{e} \cdot (x + 2) + e = \frac{2}{e} \cdot x + \frac{4}{e} + e$

b) $t: y = \frac{1 \cdot e^2}{2} \cdot x - \frac{3 \cdot e^2}{2}$ $\quad n: y = \frac{-2}{e^2} \cdot x + \frac{8}{e^2} + \frac{e^2}{2}$

5 Die erste Gleichung gilt für alle reellen Zahlen x. Die zweite Gleichung erhält man durch Ableiten, wobei auf der linken Seite die Kettenregel angewendet wird. Durch Vereinfachung mit $e^{\ln(x)} = x$ und durch die Äquivalenzumformung „Division durch x" erhält man die dritte Gleichung.

6 a) $f'(x) = \frac{1}{x+2}$ $\quad f''(x) = -\frac{1}{(x+2)^2}$

b) $f'(x) = \frac{1}{x} + 1$ $\quad f''(x) = -\frac{1}{x^2}$

c) $f'(x) = \frac{4}{1+4x}$ $\quad f''(x) = -\frac{16}{(1+4x)^2}$

d) $f'(x) = 2x + 2$ $\quad f''(x) = 2$

7 $f(x) = a \cdot e^{bx}$ $\quad f'(x) = a \cdot b \cdot e^{bx}$

$P(0\,|\,3)$; $f(0) = 3$; $a \cdot e^{b \cdot 0} = 3$; somit folgt $a = 3$

Steigung −2: $f'(0) = -2$; $a \cdot b \cdot e^{b \cdot 0} = -2$; somit folgt $a \cdot b = -2$ und $b = -\frac{2}{3}$.

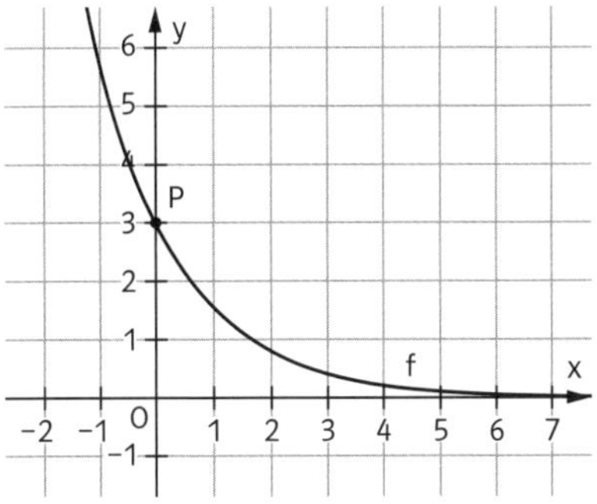

8 a)

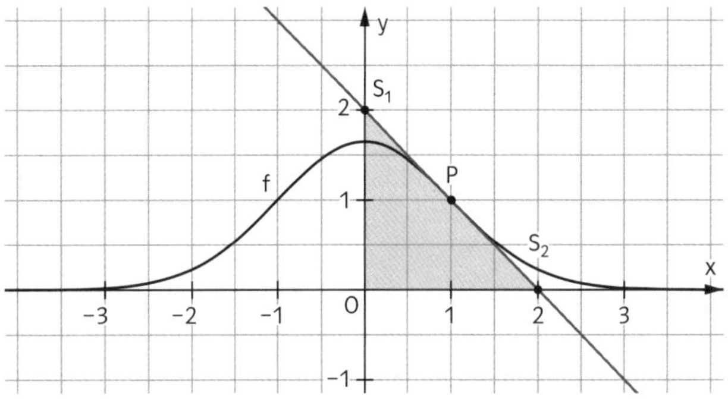

b) $f(x) = e^{-0{,}5x^2 + 0{,}5}$ $\quad f'(x) = -x \cdot e^{-0{,}5x^2 + 0{,}5}$

$f(1) = e^0 = 1$ $\quad f'(1) = -1 \cdot e^0 = -1$

Tangentengleichung: $y = -1 \cdot (x - 1) + 1 = -x + 2$

c) Schnittpunkt der Tangente mit der y-Achse: $S_1(0\,|\,2)$

Schnittpunkt der Tangente mit der x-Achse: $S_2(2\,|\,0)$

Flächeninhalt des Dreiecks OS_2S_1: $\frac{1}{2} \cdot 2 \cdot 2 = 2$ FE

VI Exponentialfunktionen und Exponentialgleichungen, Seite 41

1 $e^{a+b} = e^a \cdot e^b$ $\quad e^{a-b} = \frac{e^a}{e^b}$

$(e^a)^k = e^{a \cdot k}$ $\quad e^a + e^b = e^a + e^b$ keine Vereinfachung möglich

$\ln(a \cdot b) = \ln(a) + \ln(b)$ $\quad \ln\left(\frac{a}{b}\right) = \ln(a) - \ln(b)$

$\ln(a^k) = k \cdot \ln(a)$ $\quad \ln(a + b) = \ln(a + b)$ keine Vereinfachung möglich

2 a) $\ln(e^{-1}) = -1$

b) $\ln(3 \cdot e^2) = \ln(3) + \ln(e^2) = \ln(3) + 2$

c) $e^{\frac{1}{2}\ln(4)} = e^{\ln\left(4^{\frac{1}{2}}\right)} = e^{\ln(2)} = 2$

3 a) $\left(e^{\ln(9)}\right)^{\frac{1}{2}} = e^{\frac{1}{2} \cdot \ln(9)} = e^{\ln(\sqrt{9})} = e^{\ln(3)} = 3$

b) $\ln(2) - \ln(x) + \ln\left(\frac{2}{x}\right) = \ln(2) - \left[\ln(x) - \ln\left(\frac{2}{x}\right)\right] = \ln(2) - \ln\left(\frac{x^2}{2}\right) = \ln\left(\frac{4}{x^2}\right)$

c) $e^x + \frac{6}{e^x} = 7$

$e^{2x} + 6 = 7e^x$

$e^{2x} - 7e^x + 6 = 0$

Substitution: $u = e^x$

$u^2 - 7u + 6 = 0$

$u_1 = 1$ $\quad u_2 = 6$

Resubstitution: $x = \ln(u)$

$x_1 = \ln(1) = 0$

$x_2 = \ln(6)$

4 $2^x = 5$ $\quad x = \frac{\ln(5)}{\ln(2)}$

$2^{x+1} = 5$ $\quad x = \frac{\ln(2{,}5)}{\ln(2)}$

$2^{1-x} = 5$ $\quad x = \frac{\ln(0{,}4)}{\ln(2)}$

$2^{x-2} = 0{,}5$ $\quad x = 1$

5 Die Stammfunktionen können sich um einen konstanten Summanden unterscheiden.

a) $f: x \mapsto 3^x$ $\quad f(x) = e^{\ln(3) \cdot x}$

$f'(x) = \ln(3) \cdot e^{\ln(3) \cdot x}$ $\quad F(x) = \frac{1}{\ln(3)} \cdot e^{\ln(3) \cdot x}$

b) $f: x \mapsto \left(\frac{2}{3}\right)^x$ $\quad f(x) = e^{\ln\left(\frac{2}{3}\right) \cdot x}$

$f'(x) = \ln\left(\frac{2}{3}\right) \cdot e^{\ln\left(\frac{2}{3}\right) \cdot x}$ $\quad F(x) = \frac{1}{\ln\left(\frac{2}{3}\right)} \cdot e^{\ln\left(\frac{2}{3}\right) \cdot x}$

c) $f: x \mapsto 2^{x+2}$ $\quad f(x) = 4 \cdot 2^x = 4 \cdot e^{\ln(2) \cdot x}$

$f'(x) = 4 \cdot \ln(2) \cdot e^{\ln(2) \cdot x}$ $\quad F(x) = \frac{4}{\ln(2)} \cdot e^{\ln(2) \cdot x}$

d) $f: x \mapsto \left(\frac{1}{2}\right)^{2x}$ $\qquad f(x) = \left(\frac{1}{4}\right)^x = e^{\ln\left(\frac{1}{4}\right) \cdot x}$

$f'(x) = \ln\left(\frac{1}{4}\right) \cdot e^{\ln\left(\frac{1}{4}\right) \cdot x}$ $\qquad F(x) = \frac{1}{\ln\left(\frac{1}{4}\right)} \cdot e^{\ln\left(\frac{1}{4}\right) \cdot x}$

6 a) $2e^{2x} - 14e^x - 20 = 0$
Substitution: $u = e^x$
$2u^2 - 14u + 20 = 0$
$u_{1,2} = \frac{14 \pm \sqrt{196 - 4 \cdot 2 \cdot 20}}{4} = \frac{14 \pm \sqrt{36}}{4} = \frac{14 \pm 6}{4}$
$u_1 = 5 \qquad u_2 = 2$
Resubstitution $x = \ln(u)$
$x_1 = \ln(5) \qquad x_2 = \ln(2)$
b) $(2x^2 - 18) \cdot (e^{2x} - 4) = 0$
$2x^2 - 18 = 0;\ x^2 = 9$
$x_1 = 3 \qquad x_2 = -3$
oder $e^{2x} - 4 = 0 \quad e^{2x} = 4 \quad 2x = \ln(4) \quad x_3 = \frac{1}{2}\ln(4) = \ln(2)$
c) $e^x - 3 = \frac{18}{e^x}$
Substitution $u = e^x$
$u - 3 = \frac{18}{u}$
$u^2 - 3u = 18$
$u^2 - 3u - 18 = 0$
$u_{1,2} = \frac{3 \pm \sqrt{9 + 4 \cdot 18}}{2} = \frac{3 \pm \sqrt{81}}{2}$
$u_1 = 6 \qquad u_2 = -3$
Resubstitution $x = \ln(u)$
$x_1 = \ln(6) \qquad x_2 = \ln(-3)$ geht nicht!

d) $e^{3x} - 9e^x = 0$
$e^x \cdot (e^{2x} - 9) = 0$
$e^x \cdot (e^x + 3) \cdot (e^x - 3) = 0$
es ist $e^x > 0$ und $e^x + 3 > 0$
$e^x - 3 = 0 \quad e^x = 3$ für $x = \ln(3)$

7 a) $x \approx 1{,}4324$ $\qquad$ b) $x \approx 1{,}0934$
c) $x \approx 0{,}8526$ $\qquad$ d) $x \approx -1{,}7801$

8 a) $x \cdot \ln(2) = \ln(6) \qquad x = \frac{\ln(6)}{\ln(2)} \approx 2{,}5850$
b) $3^x \cdot 3 = 18 \quad 3^x = 6 \qquad x \cdot \ln(3) = \ln(6) \qquad x = \frac{\ln(6)}{\ln(3)} \approx 1{,}6309$
c) $\frac{4^x}{16} = 0{,}5 \quad 4^x = 8 \qquad x \cdot \ln(4) = \ln(8) \qquad x = \frac{\ln(8)}{\ln(4)} = 1{,}5$
d) $0{,}5^x \cdot 2 = 3 + 0{,}5^x \cdot 0{,}5$
$0{,}5^x \cdot 1{,}5 = 3 \quad 0{,}5^x = 2 \qquad x \cdot \ln(0{,}5) = \ln(2) \qquad x = \frac{\ln(0{,}5)}{\ln(2)} = -1$

9 a)

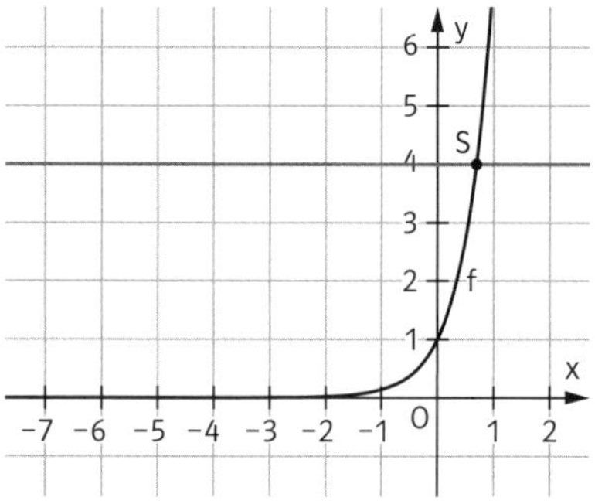

b) $f(x) = 4;\ e^{2x} = 4;\ 2x = \ln(4);\ x = 0{,}5 \cdot \ln(4) = \ln(2)$
$S(\ln(2)\,|\,4)$
c) $f'(x) = 2 \cdot e^{2x}$
$f'(x) = 0{,}5;\ 2 \cdot e^{2x} = 0{,}5;\ e^{2x} = 0{,}25;\ 2x = \ln(0{,}25);$
$x = 0{,}5 \cdot \ln(0{,}25) = \ln\left((4^{-1})^{\frac{1}{2}}\right) = -\ln(2)$
$f(-\ln(2)) = 0{,}25$
$P(-\ln(2)\,|\,0{,}25)$

VI Exponential- und Logarithmusfunktionen und ihre Graphen, Seite 42

1 A → g: für $x \to \infty$ gilt $g(x) \to 0$ und für $x \to -\infty$ gilt $g(x) \to -\infty$
B → l: für $x \to \infty$ gilt $l(x) \to -\infty$ und für $x \to -\infty$ gilt $l(x) \to 2$
C → f: für $x \to \infty$ gilt $f(x) \to 0$ und für $x \to -\infty$ gilt $f(x) \to +\infty$
D → h: für $x \to \infty$ gilt $h(x) \to +\infty$ und für $x \to -\infty$ gilt $h(x) \to 0$

2 a) B zeigt den Graphen der Funktion f.
Der Graph von f hat den Tiefpunkt $T(0\,|\,1)$.
b) A: $y = x + e^{-x} + 2$
C: $y = x + e^{-x} - 1$
c) $f'(x) = 1 - e^{-x}$

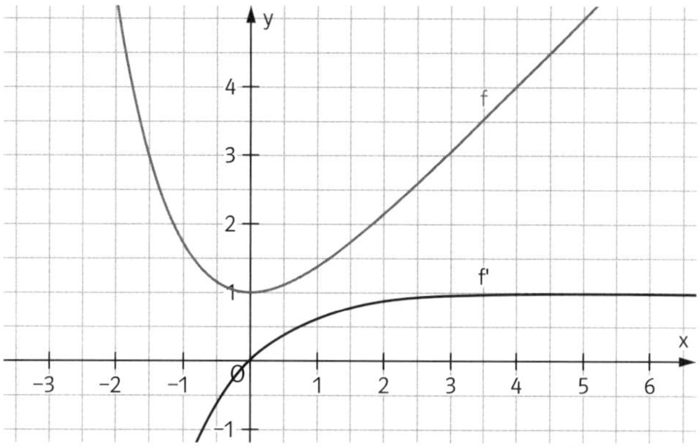

3 Es sind verschiedene Stammfunktionen F möglich.
a) $f(x) = e^{x-2} \qquad f'(x) = e^{x-2} \qquad F(x) = e^{x-2}$
b) $f(x) = e^{\frac{1}{2}x+3} \qquad f'(x) = \frac{1}{2} \cdot e^{\frac{1}{2}x+3} \qquad F(x) = 2 \cdot e^{\frac{1}{2}x+3}$
c) $f(x) = 2^x = e^{\ln(2) \cdot x} \quad f'(x) = \ln(2) \cdot e^{\ln(2) \cdot x} \quad F(x) = \frac{1}{\ln(2)} \cdot e^{\ln(2) \cdot x}$
d) $f(x) = \left(\frac{1}{4}\right)^x + 1 = e^{\ln(0{,}25) \cdot x} + 1 \quad f'(x) = \ln(0{,}25) \cdot e^{\ln(0{,}25) \cdot x}$
$F(x) = \frac{1}{\ln(0{,}25)} \cdot e^{\ln(0{,}25) \cdot x} + x$

4 a) $\mathbb{D} = \mathbb{R}$
$\mathbb{W} = \{y \in \mathbb{R}\,|\,y > -2{,}5\}$
b) x-Achse: $\quad f(x) = 0;\ \frac{1}{10}e^{2x} - \frac{5}{2} = 0$
$e^{2x} = 25;\ x = \ln(5)$
$N(\ln(5)\,|\,0)$
y-Achse: $\quad f(0) = \frac{1}{10} \cdot 1 - \frac{5}{2} = -2{,}4$
$Q(0\,|\,-2{,}4)$
c) $f'(x) = \frac{1}{10} \cdot 2 \cdot e^{2x} = \frac{1}{5} \cdot e^{2x}$
$f'(x) = 1 \qquad 1 = \frac{1}{5}e^{2x} \qquad 5 = e^{2x}$
$\ln(5) = 2x \qquad x = \frac{1}{2}\ln(5)$
$f\left(\frac{1}{2}\ln(5)\right) = \frac{1}{10} \cdot e^{2 \cdot \frac{1}{2}\ln(5)} - \frac{5}{2} = \frac{1}{10} \cdot 5 - \frac{5}{2} = -2$
$P\left(\frac{1}{2}\ln(5)\,\middle|\,-2\right)$

5 a) $b(3) = 1000 \cdot (100 - 100e^{-k3}) = 25\,000$
$100 - 100e^{-k \cdot 3} = 25$
$75 = 100e^{-k \cdot 3}$
$\frac{3}{4} = e^{-k \cdot 3}$
$\ln\left(\frac{3}{4}\right) = -k \cdot 3$
$k = -\frac{1}{3} \cdot \ln\left(\frac{3}{4}\right) = \frac{1}{3} \cdot \ln\left(\frac{4}{3}\right) \approx 0{,}096$
b) 100 000 verkaufte Bücher
c) mit GTR: $\quad b(t) = 50\,000$ für $t \approx 7{,}2$
Zu Beginn der achten Verkaufswoche wird die Startauflage verkauft sein.

d) mit GTR: $b'(t) = 2000$ für $t \approx 16{,}3$
In der 17. Verkaufswoche werden erstmals weniger als 2000 Bücher pro Woche verkauft.

6 a) Es gilt $f(2) = 0$ und $f(0) = 4$. Somit ist der Graph in Abbildung B der Graph der Funktion f.
b) Den Graphen in Abbildung A erhält man aus dem Graphen von f durch Streckung um den Faktor 0,5 in y-Richtung. Für den Funktionsterm gilt dann: $g(x) = 0{,}5 \cdot f(x) = 0{,}5 \cdot (x-2)^2 \cdot e^x$.
Den Graphen in Abbildung C erhält man aus dem Graphen von f durch Verschiebung um 2 Einheiten in negative x-Richtung. Für den Funktionsterm gilt dann: $h(x) = f(x+2) = x^2 \cdot e^{x+2}$.

VI Klausurtraining, Seite 43

1 a) $f'(x) = \frac{1}{4x^2+1} \cdot 8x$
b) $f'(x) = 4x^3 \cdot e^{2x} + 2x^4 \cdot e^{2x}$
c) $f'(x) = \frac{-2 \cdot x \cdot e^{-2x+2} - e^{-2x+2}}{x^2}$

2 a) $e^x \cdot (x^3 - 3x^2 - 4x) = 0$
$e^x \cdot x \cdot (x^2 - 3x - 4) = 0$
$e^x > 0$
$x_1 = 0$
$x_{2,3} = \frac{3 \pm \sqrt{9 - 4 \cdot 1 \cdot (-4)}}{2} = \frac{3 \pm \sqrt{25}}{2}$
$x_2 = 4 \quad x_3 = -1$
b) $e^{2x} - 9e^x + 14 = 0$
$u = e^x$
$u^2 - 9u + 14 = 0$
$u_{1,2} = \frac{9 \pm \sqrt{81 - 4 \cdot 1 \cdot 14}}{2} = \frac{9 \pm \sqrt{25}}{2}$
$u_1 = 7 \quad u_2 = 2$
$x_1 = \ln(7) \quad x_2 = \ln(2)$
c) $(2x^2 - 18) \cdot (e^{2x} - 9) = 0$
$2 \cdot (x+3) \cdot (x-3) \cdot (e^x + 3) \cdot (e^x - 3) = 0$
$x_1 = -3 \quad x_2 = 3 \quad x_3 = \ln(3)$

3 Gegeben ist die Funktion f mit $f(x) = -ex + e^x$.
a) $f'(x) = -e + e^x$
$f'(x) = 0$; $-e + e^x = 0$ für $x = 1$
$f''(x) = e^x > 0$
$f(1) = 0$ Tiefpunkt $T(1|0)$
b) $f'(0) = -e + e^0 = -e + 1$
$f(0) = 1$
Tangentengleichung $t: y = (-e+1) \cdot x + 1$
c) $f^*(x) = ex + e^{-x}$

4 $f(x) = 2 \cdot e^{\frac{1}{4}x}$
$f'(x) = \frac{1}{2} \cdot e^{\frac{1}{4}x}$
Tangente an den Graphen von f im Punkt $P(a|f(a))$
$f'(a) = \frac{1}{2} \cdot e^{\frac{1}{4}a}$
$t: y = f'(a) \cdot (x-a) + f(a) = \frac{1}{2}e^{\frac{1}{4}a} \cdot (x-a) + 2e^{\frac{1}{4}a}$
$= e^{\frac{1}{4}a} \cdot \left[\frac{1}{2}x - \frac{1}{2}a + 2\right]$
Punkt $Q(2|0)$ liegt auf der Tangente
$0 = \underbrace{e^{\frac{1}{4}a}}_{\neq 0} \cdot \underbrace{\left[\frac{1}{2} \cdot 2 - \frac{1}{2}a + 2\right]}_{= 0 \text{ für } a = 6}$
Tangente an den Graphen von f durch den Punkt Q
$t: y = \frac{1}{2}e^{\frac{3}{2}}x - e^{\frac{3}{2}}$

5 $f'(x) = \frac{1}{x} \quad f'(e^2) = \frac{1}{e^2}$
$t: y = \frac{1}{e^2} \cdot (x - e^2) + 2 = \frac{1}{e^2} \cdot x - 1 + 2 = \frac{1}{e^2} \cdot x + 1$

6 a) Schnittpunkte mit den Koordinatenachsen: $f(x) = 0$
$(x^2 - 2x) \cdot e^{0{,}5x} = 0$
$x \cdot (x-2) \cdot e^{0{,}5x} = 0$ für $x_1 = 0$ und $x_2 = 2$
$N_1(0|0)$ und $N_2(2|0)$
b) $f'(x) = (2x-2) \cdot e^{0{,}5x} + (x^2 - 2x) \cdot 0{,}5 \cdot e^{0{,}5x}$
$= (0{,}5x^2 + x - 2) \cdot e^{0{,}5x}$
$f''(x) = (x+1) \cdot e^{0{,}5x} + (0{,}5x^2 + x - 2) \cdot 0{,}5 \cdot e^{0{,}5x}$
$= (0{,}25x^2 + 1{,}5x) \cdot e^{0{,}5x}$
Extrempunkte: $f'(x) = 0$
$(0{,}5x^2 + x - 2) \cdot e^{0{,}5x} = 0$
für $x_1 = -1 - \sqrt{5} \approx -3{,}24$ und $x_2 = -1 + \sqrt{5} \approx 1{,}24$
$f''(x_1) < 0$, also Hochpunkt $H(-3{,}24|3{,}36)$ und $f''(x_2) < 0$, also Tiefpunkt $T(1{,}24|-1{,}75)$
Wendepunkte: $f''(x) = 0$
$(0{,}25x^2 + 1{,}5x) \cdot e^{0{,}5x} = 0$ für $x_3 = -6$ und $x_4 = 0$
f'' hat bei x_3 einen VzW von + nach – und bei x_4 einen VzW von – nach +; Wendepunkte $W_1(-6|2{,}39)$ und $W_2(0|0)$.
c) $f'(0) = -2 \cdot e^0 = -2$
$t: y = -2 \cdot (x - 0) + 0 = -2x$
d)

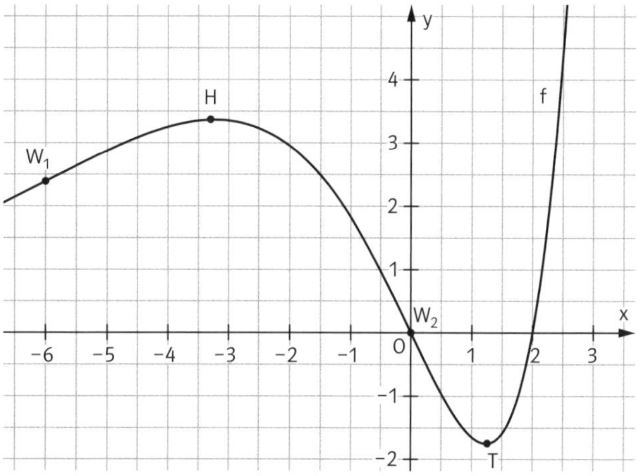

7 a) $f_k(0) = 90$
Das Essen wird mit 90 °C in die Warmhaltebehälter gefüllt.
b) $f_k(15) = 30 + 60 \cdot e^{-\frac{k}{100} \cdot 15}$
$30 + 60 \cdot e^{-\frac{k}{100} \cdot 15} = 80$ Gleichung mit GTR lösen: $k \approx 1{,}22$
$30 + 60 \cdot e^{-\frac{k}{100} \cdot 15} = 75$ Gleichung mit GTR lösen: $k \approx 1{,}92$
Für $1{,}22 < k < 1{,}92$ beträgt die Temperatur nach 15 Minuten zwischen 75 °C und 80 °C

alternativer Lösungsweg:
$30 + 60 \cdot e^{-\frac{k}{100} \cdot 15} = 80$
$e^{-\frac{k}{100} \cdot 15} = \frac{5}{6}$
$-\frac{k}{100} \cdot 15 = \ln\left(\frac{5}{6}\right)$
$k = -\frac{100}{15} \cdot \ln\left(\frac{5}{6}\right) \approx 1{,}22$
entsprechend $k = -\frac{100}{15} \cdot \ln\left(\frac{3}{4}\right) \approx 1{,}92$

c) Etwas 36 Minuten lang wird diese Vorschrift eingehalten.
d) $f(t_0 + 5) = f(t_0) - 2$
$30 + 60 \cdot e^{-0{,}015 \cdot (t_0 + 5)} = 30 + 60 \cdot e^{-0{,}015 \cdot t_0} - 2$
Gleichung mit GTR lösen: $t_0 \approx 51{,}6$
Zwischen der 52. und 57. Minute sinkt die Temperatur um 2 °C.
e) $f'(t) = 60 \cdot e^{-0{,}015t} \cdot (-0{,}015)$
$= -0{,}9 \cdot e^{-0{,}015t}$
Da $f'(t) < 0$ für alle $t \geq 0$ gilt, ist die Temperaturänderung immer negativ, d.h. die Temperatur nimmt ab.

8 a) $f'(t) = 4000e^{-0{,}4t} + 4000e^{-0{,}4t}\cdot(-0{,}4) = 4000e^{-0{,}4t}\cdot(1-0{,}4)$
$f'(t) = 0$: $e^{-0{,}4t} > 0$; $1 - 0{,}4 = 0$ für $t_1 = 2{,}5$; f' hat bei $t_1 = 2{,}5$ einen VzW von + nach −; f hat ein lokales Maximum bei $t_1 = 2{,}5$
Der Verkaufsstart sollte 2,5 Monate vor dem Weihnachtsgeschäft sein, also Anfang Oktober.
b) Die monatlichen Verkaufszahlen steigen nach dem Verkaufsstart stark an, erreichen nach 2,5 Monaten das Maximum und nehmen dann stetig ab. Langfristig (für $t \to \infty$) streben die monatlichen Verkaufzahlen gegen 0.

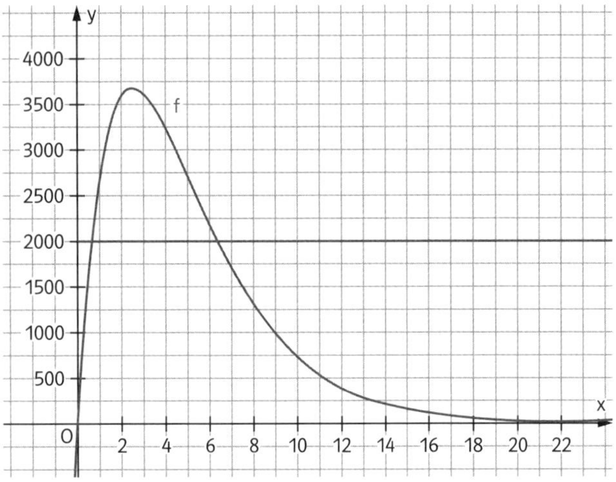

c) $F(t) = 25000 - 10000(2{,}5 + t)e^{-0{,}4t}$
$= 25000 - 25000e^{-0{,}4t} - 10000te^{-0{,}4t}$
$F'(t) = 10000e^{-0{,}4t} - 10000e^{-0{,}4t} + 4000te^{-0{,}4t} = f(t)$
$F(0) = 0$
Die Funktion F beschreibt die Gesamtzahl des verkauften Produkts.
d) $\int_0^{12} f(t)\,dt = [F(t)]_0^{12} = F(12) - F(0) \approx 23807$
Im ersten Jahr nach der Markteinführung werden ca. 23 807 Stück verkauft.
e) $f(t) = 2000$ für $t_2 = 0{,}648$ und $t_3 = 6{,}357$
Zum Zeitpunkt t_3 sinken erstmals die monatlichen Verkaufszahlen unter die monatliche Produktionszahl von 2000 Stück. Bis zu diesem Zeitpunkt werden $F(t_3) - F(0) = 18034$ Stück verkauft, im gleichen Zeitraum werden $t_3 \cdot 2000 = 12713$ Stück hergestellt.
Um die Nachfrage zu decken muss die Spielzeugfirma die Produktion mindestens $\frac{18034 - 12713}{2000} = 2{,}661 \approx 3$ Monate vor dem Verkaufsstart, also Anfang Juli, beginnen.

11, VII Wahrscheinlichkeitsbegriff und Unabhängigkeit

VII Zusammengesetzte Ereignisse, Seite 44

1 a) Es wird eine 1 oder 2 gewürfelt.
b) Die gezogene Kugel ist nicht weiß.
c) Es werden mehr als fünf Sechsen gewürfelt.
d) Es ist kein Teil defekt.
e) Es ist (mindestens) ein Satz fehlerhaft.

2 a)

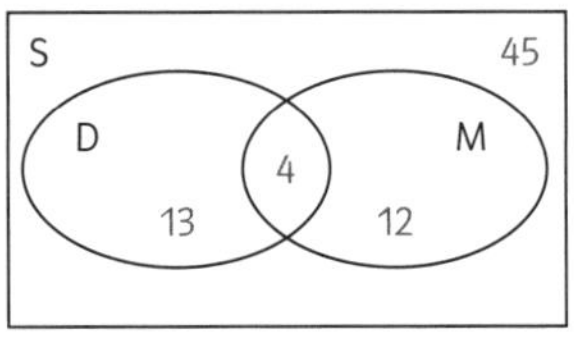

b)

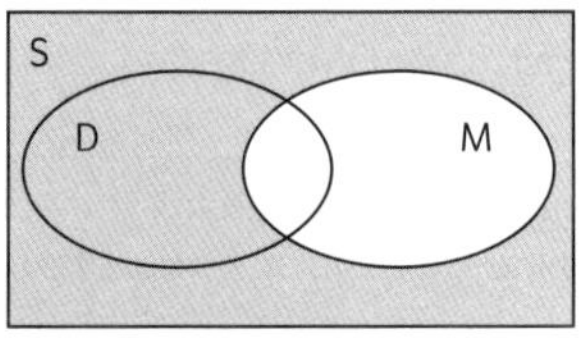

$\overline{M}$
$P(\overline{M}) = \frac{58}{74}$

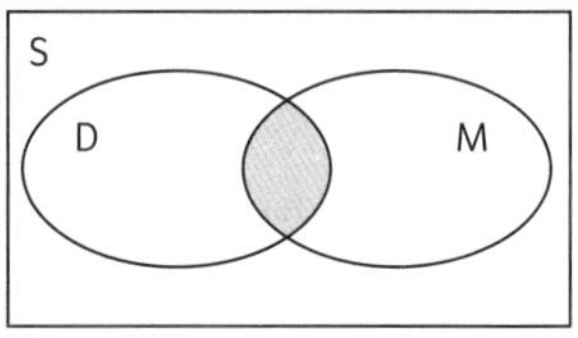

$D \cap M$
$P(D \cap M) = \frac{4}{74}$

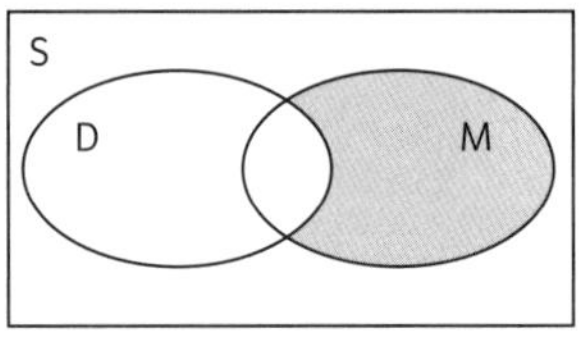

$M \cap \overline{D}$
$P(M \cap \overline{D}) = \frac{12}{74}$

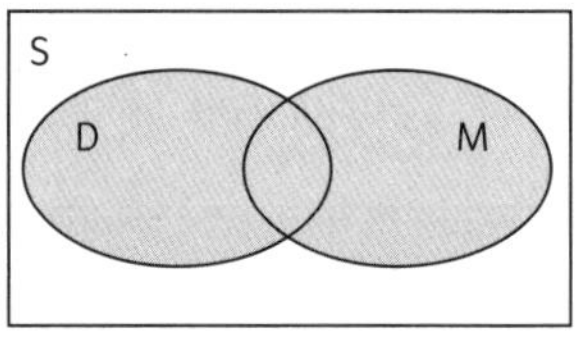

$D \cup M$
$P(D \cup M) = \frac{29}{74}$

3 a) $A \cup B = \{1, 3, 4, 5, 6\}$ $P(A \cup B) = \frac{5}{6}$
b) $A \cup C = \{1, 2, 3, 5\}$ $P(A \cup C) = \frac{2}{3}$
c) $\overline{A \cap C} = \{2, 4, 5, 6\}$ $P(\overline{A \cap C}) = \frac{2}{3}$
d) $\overline{A \cup B} = \{2\}$ $P(\overline{A \cup B}) = \frac{1}{6}$
e) $\overline{A} \cup \overline{B} = \{1, 2, 3, 4, 6\}$ $P(\overline{A} \cup \overline{B}) = \frac{5}{6}$
f) $A \cap \overline{B} = \{1, 3\}$ $P(A \cap \overline{B}) = \frac{1}{3}$

VII Der Additionssatz, Seite 45

1
a)

	bunt B	einfarbig ($\overline{B}$)	gesamt
spricht (S)	70	40	110
spricht nicht ($\overline{S}$)	60	30	90
gesamt	130	70	200

b) Es gibt insgesamt 110 sprechende und 130 bunte Papageien.
…, denn dann hätte man bunte und sprechende Papageien doppelt gezählt.
Die richtige Anzahl beträgt also 110 + 130 − 70 = 170.
c) $P(B \cup S) = P(B) + P(S) - P(B \cap S) = 65\% + 55\% - 35\% = 85\%$

2 Sabrina: Laplace-Experiment; günstige Möglichkeiten: 1 – 6; 2 – 6; 3 – 6; 4 – 6; 5 – 6; 6 – 6; 6 – 5; 6 – 4; 6 – 3; 6 – 2; 6 – 1;
Anzahl günstiger Möglichkeiten: 11;
Anzahl aller Möglichkeiten: 36; $P(E) = \frac{11}{36}$
David: $P(E) = P(A \cup B) = P(A) + P(B) - P(A \cap B)$
$= \frac{1}{6} + \frac{1}{6} - \frac{1}{36} = \frac{11}{36}$
Laura: $\overline{E}$: „Beim 1. Wurf keine Sechs und beim 2. Wurf keine Sechs."
$P(E) = 1 - P(\overline{E}) = 1 - \frac{5}{6} \cdot \frac{5}{6} = \frac{11}{36}$

3
a) A: Jedes Mal kommt eine gerade Zahl oder ein orangefarbenes Feld.
B: Die Summe der zwei Zahlen ist 12.
C: Die zweite Zahl ist größer als die erste Zahl.
D: Es kommt zweimal die gleiche Farbe.
E: Beim ersten Drehen kommt ein orangefarbenes Feld oder beim zweiten Drehen kommt ein weißes Feld.

b) zu $B \cap D$ gehören: 5 – 7; 6 – 6; 7 – 5; $P(B \cap D) = \frac{3}{64}$

$P(B \cup D) = P(B) + P(D) - P(B \cap D) = \frac{5}{64} + \frac{34}{64} - \frac{3}{64} = \frac{36}{64} = \frac{9}{16}$

VII Unabhängigkeit von Ereignissen, Seite 46

1

	B	$\overline{B}$	
A	$P(A \cap B)$	$P(A \cap \overline{B})$	$P(A)$
$\overline{A}$	$P(\overline{A} \cap B)$	$P(\overline{A} \cap \overline{B})$	$P(\overline{A})$
	$P(B)$	$P(\overline{B})$	

2

	Hersteller 1	Hersteller 2	
Nicht reklamiert $\overline{R}$	72	36	108
Reklamiert R	6	3	9
	78	39	117

$P(R \cap H_1) = \frac{6}{117} = \frac{2}{39}$

$P(H_1) = \frac{78}{117}$; $P(R) = \frac{9}{117}$

$P(H_1) \cdot P(R) = \frac{78}{117} \cdot \frac{9}{117} = \frac{2}{39}$

Schlussfolgerung: Die Anzahl der Reklamationen ist vom Hersteller unabhängig.

3 a) wahr b) falsch $P_B(A) = P(A)$ c) wahr
d) falsch e) wahr f) wahr

4 Vierfeldertafel:

	≤ 1,70 m	> 1,70 m	
Frauen	**30**	30	60
Männer	20	20	**40**
	50	**50**	100

20 % der Exkursionsteilnehmer sind Männer und größer als 1,70 m.

5 a) stochastisch unabgängig, wenn $P(A) \cdot P(B) = P(A \cap B)$. Das ist hier nicht der Fall, da $0{,}5 \cdot 0{,}4 = 0{,}02 \neq 0{,}1$.

b) $P_B(A) = \frac{P(A \cap B)}{P(B)} = \frac{0{,}1}{0{,}4} = 0{,}25$; $P_A(B) = \frac{P(A \cap B)}{P(A)} = \frac{0{,}1}{0{,}5} = 0{,}2$

6 a)

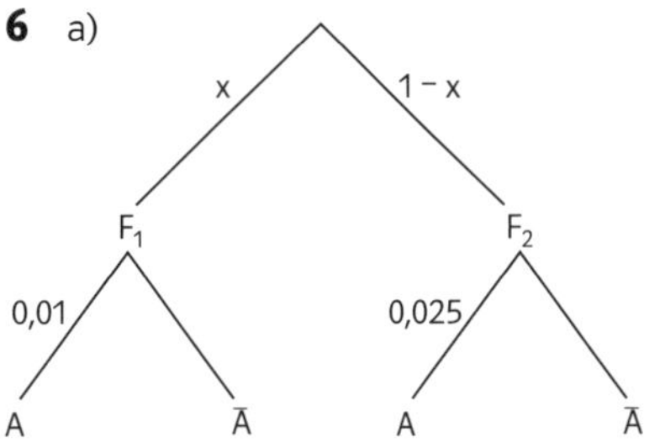

$P(A) = 0{,}01x + 0{,}025(1 - x) = 0{,}0153$ mit der Lösung $x = 0{,}647$. Die beiden Anteile betragen 64,7 % und 35,3 %.

b) Gegeben sind die bedingten Wahrscheinlichkeiten $P_{F_1}(A) = 0{,}01$ und $P_{F_2}(A) = 0{,}025$.

Aus der Gleichung $P_A(F_1) \cdot P(A) = P_{F_1}(A) \cdot P(F_1)$ folgt

$P_A(F_1) = \frac{P(F_1) \cdot P_{F_1}(A)}{P(A)} = \frac{0{,}647 \cdot 0{,}01}{0{,}0153} = 0{,}423$ und

$P_A(F_2) = \frac{P(F_2) \cdot P_{F_2}(A)}{P(A)} = \frac{0{,}353 \cdot 0{,}025}{0{,}0153} = 0{,}577.$

(Die Summe ergibt den Wert 1.)

VII Klausurtraining, Seite 47

1 Gegebene Werte fett gedruckt.

$P(\overline{S} \cap C) = \frac{8}{30} = \frac{4}{15} \approx 0{,}267$

	S	$\overline{S}$	
C	16	8	24
$\overline{C}$	2	**4**	**6**
	18	12	**30**

2 P(A) ist die Wahrscheinlichkeit, dass ein Erzeugnis der Produktion Ausschuss ist.

P(B) gibt an, dass 30 % der Erzeugnisse durch die Maschine 1 produziert wurden.

$P_B(A)$ gibt an, dass 4 % der auf Maschine 1 produzierten Erzeugnisse Ausschuss sind.

$P_A(B)$ gibt die Wahrscheinlichkeit an, mit der ein Ausschussteil von der Maschine 1 stammt.

Auflösen beider Formeln nach $P(A \cap B)$ und Gleichsetzen ergibt $P_A(B) \cdot P(A) = P_B(A) \cdot P(B)$.

$P_A(B) = \frac{P_B(A) \cdot P(B)}{P(A)} = \frac{0{,}04 \cdot 0{,}3}{0{,}02} = 0{,}6$

3 B: bayrisches Kennzeichen U: grüne Umweltplakette

$x = P(\overline{U}) = 0{,}16$

	B	$\overline{B}$	
U	0,6	$0{,}3 \cdot 0{,}8$	0,84
$\overline{U}$	0,1	$0{,}3 \cdot 0{,}2$	x
	0,7	0,3	1

4 Mindestens eine schwarze Kugel heißt: Schwarze Kugel beim 1. Zug **oder** weiße Kugel beim 1. Zug **und** schwarze Kugel beim 2. Zug.

s = P(schwarze Kugel)

Dann ist $s + (1 - s) \cdot s = \frac{189}{225}$. Daraus folgt die quadratische Gleichung $s^2 - 2s + \frac{189}{225} = 0$ mit den Lösungen $s_1 = 0{,}6$ und $s_2 = 1{,}4$. Da s eine Wahrscheinlichkeit ist, entfällt s_2.

Der prozentuale Anteil der schwarzen Kugeln in der Urne ist 60 %.

5 Von den Ereignissen A und B ist bekannt, dass sie stochastisch unabhängig sind. Einführung der Variablen:

Ansatz	B	$\overline{B}$	
A	a	c – 0,05	c
$\overline{A}$	**0,15**	0,85 – c	1 – c
	b	**0,8**	1

Lösung	B	$\overline{B}$	
A	0,05	0,2	0,25
$\overline{A}$	0,15	0,6	0,75
	0,2	0,8	1

Stochastisch unabhängig bedeutet $a = b \cdot c$, wobei $b = 0{,}2$ ist und daraus $a = 0{,}05$ folgt.

Es ist also $0{,}05 = 0{,}2 \cdot c$, also $c = 0{,}25$. Die anderen Werte werden entsprechend ergänzt.

6 a) $P(A) = \frac{8}{32} = \frac{1}{4}$

Ereignis B_1: Die erste verteilte Karte gehört zur Spielfarbe Rot.

$P(B_1) = \frac{8}{32}$

Ereignis B_2: Die erste verteilte Karte ist ein Bube.

$P(B_2) = \frac{4}{32}$

Dann ist

$P(B) = P(B_1) + P(B_2) - P(B_1 \cap B_2) = \frac{8}{32} + \frac{4}{32} - \frac{1}{32} = \frac{11}{32} \approx 0{,}3438$

b) Wegen $P(B_1 \cap B_2) = \frac{1}{32} = \frac{8}{32} \cdot \frac{4}{32} = P(B_1) \cdot P(B_2)$ sind die Ereignisse B_1 und B_2 voneinander unabhängig.

7 Es ist $P(F_1) = 0{,}04$; $P(F_1 \cap F_2) = 0{,}0025$; $P(F_1 \cup F_2) = 0{,}1$.
Additionssatz: $0{,}1 = 0{,}04 + P(F_2) - 0{,}0025$ mit der Lösung $P(F_2) = 0{,}0625$.
Für die Unabhängigkeit muss $P(F_1) . P(F_2) = P(F_1 \cap F_2)$ sein.
Wegen $0{,}0625 \cdot 0{,}04 = 0{,}0025$ ist die Bedingung erfüllt.

8 Der Hersteller geht davon aus, dass die Pumpen unabhängig voneinander arbeiten.
Es sei E: „Pumpe 1 funktioniert", $P(E) = 0{,}95$ und F: „Pumpe 2 funktioniert", $P(F) = 0{,}95$.
Dann ist wegen der Unabhängigkeit von E und F:
$P(E \cap F) = P(E) \cdot P(F) = 0{,}9025$.
Also funktioniert die Anlage mit einer Wahrscheinlichkeit von 90,25 %.

11, VIII Anwendungen der Differentialrechnung

VIII Ganzrationale Funktionen in realen Situationen, Seite 48

1 Das Koordinatensystem wird so gewählt, dass sich der Ball im Punkt $P(0\,|\,2)$ und der Korb im Punkt $Q(4\,|\,3)$ befindet.
Lösungsansatz:
$f(x) = ax^2 + bx + c$
$f'(x) = 2ax + b$
Bedingungen:
$P(0\,|\,2) \in G_f$; d.h. $f(0) = 2$; $c = 2$
$Q(4\,|\,3) \in G_f$; d.h. $f(4) = 3$; $16a + 4b + c = 3$
$m = -1$ in Q; d.h. $f'(4) = -1$; $8a + b = -1$

Das Gleichungssystem hat die Lösungen $a = -\frac{5}{16}$; $b = \frac{3}{2}$ und $c = 2$; also gilt: $f(x) = -\frac{5}{16}x^2 + \frac{3}{2}x + 2$.

b) $f'(x) = 0$; $2 \cdot \left(-\frac{5}{16}\right)x + \frac{3}{2} = 0$ für $x_0 = \frac{12}{5} = 2{,}4$

f' hat bei x_0 einen Vorzeichenwechsel von + nach −, also hat f hier ein Maximum.
$f(2{,}4) = 3{,}8$. Hochpunkt der Wurfparabel: $H(2{,}4\,|\,3{,}8)$.

2 a) $h(s_1) = 0$ für $s_1 = 29{,}3$; Flugweite 29,3 m
b) $D_h = \{s \in \mathbb{R} \mid 0 \le s \le 29{,}3\}$
c) $h(0) = 2{,}03$; Abwurfhöhe 2,03 m
d) Maximum der Funktion h; $h(13{,}5) = 7{,}5$;
maximale Flughöhe 7,5 m

3 Der Koordinatenursprung befindet sich bei allen Lösungen im Punkt A. Für die Skalierung der Koordinatenachsen wird jeweils 1 LE = 1 m gewählt.
a) $A(0\,|\,0)$; $B(50\,|\,-5)$; $m_A = 0$, $m_B = 0$
Vier Bedingungen müssen erfüllt werden, d.h. es wird ein Lösungsansatz mit einer ganzrationalen Funktion dritten Grades gemacht.
Lösungsansatz:
$f(x) = ax^3 + bx^2 + cx + d$
$f'(x) = 3ax^2 + 2bx + c$
Bedingungen:
$A(0\,|\,0) \in G_f$; d.h. $f(0) = 0$; $d = 0$
$B(50\,|\,-5) \in G_f$; d.h. $f(50) = -5$; $50^3a + 50^2b + 50c + d = -5$
$m_A = 0$; d.h. $f'(0) = 0$; $c = 0$
$m_B = 0$; d.h. $f'(50) = 0$; $3 \cdot 50^2a + 2 \cdot 50b + c = 0$
Das Gleichungssystem hat die Lösungen

$a = \frac{1}{12500}$; $b = -\frac{3}{500}$; $c = 0$ und $d = 0$;
also gilt: $f(x) = \frac{1}{12500}x^3 - \frac{3}{500}x^2$.

b) $A(0\,|\,0)$; $B(20\,|\,10)$; $m_A = 0$, $m_B = 1$
Lösungsansatz:
$f(x) = ax^3 + bx^2 + cx + d$
$f'(x) = 3ax^2 + 2bx + c$
Bedingungen:
$A(0\,|\,0) \in G_f$; d.h. $f(0) = 0$; $d = 0$
$B(20\,|\,10) \in G_f$; d.h. $f(20) = 10$; $20^3a + 20^2b + 20c + d = 10$
$m_A = 0$; d.h. $f'(0) = 0$; $c = 0$
$m_B = 1$; d.h. $f'(20) = 1$; $3 \cdot 20^2a + 2 \cdot 20b + c = 1$
Das Gleichungssystem hat die Lösungen

$a = 0$; $b = \frac{1}{40}$; $c = 0$ und $d = 0$; also gilt: $f(x) = \frac{1}{40}x^2$.

c) $A(0\,|\,0)$; $B(2000\,|\,0)$; $m_A = -1$, $m_B = 0$
Lösungsansatz: $f(x) = ax^3 + bx^2 + cx + d$
$f'(x) = 3ax^2 + 2bx + c$
Bedingungen:
$A(0\,|\,0) \in G_f$; d.h. $f(0) = 0$; $d = 0$
$B(2000\,|\,0) \in G_f$; d.h. $f(2000) = 0$;
$2000^3a + 2000^2b + 2000c + d = 0$
$m_A = -1$; d.h. $f'(0) = -1$; $c = -1$
$m_B = 0$; d.h. $f'(2000) = 0$; $3 \cdot 2000^2a + 2 \cdot 2000b + c = 0$
Das Gleichungssystem hat die Lösungen

$a = -\frac{1}{4000000}$; $b = \frac{1}{1000}$; $c = -1$ und $d = 0$;
also gilt: $f(x) = -\frac{1}{4000000}x^3 + \frac{1}{1000}x^2 - x$.

VIII Extremwertprobleme, Seite 49

1 Oberflächeninhalt (Seitenlänge a, Höhe h): $O = 2a^2 + 4ah$
Rauminhalt (Nebenbedingung): $V = a^2h = 1000$ bzw.
$h = 1000/a^2$
Quaderoberfläche (Zielfunktion):
$O(a) = 2a^2 + 4a \cdot 1000/a^2 = 2a^2 + 4000/a$; $a \in \mathbb{R}_0^+$
Untersuchung der Zielfunktion auf Extremwerte:
$O'(a) = 4a - 4000/a^2$; $O''(a) = 4 + 8000/a^3$
$O'(a) = 0$ für $a = 10$; $O''(10) > 0$
lokale Minimalstelle: 10; lokales Minimum: 600
Ergebnis: Bei einer quadratischen Grundfläche mit der Seitenlänge 10 cm wird der Oberflächeninhalt des Quaders minimal.
Der Flächeninhalt beträgt dann 600 cm².

2 $P(x_0 \mid f_1(x_0))$ $Q((x_0 \mid f_2(x_0))$

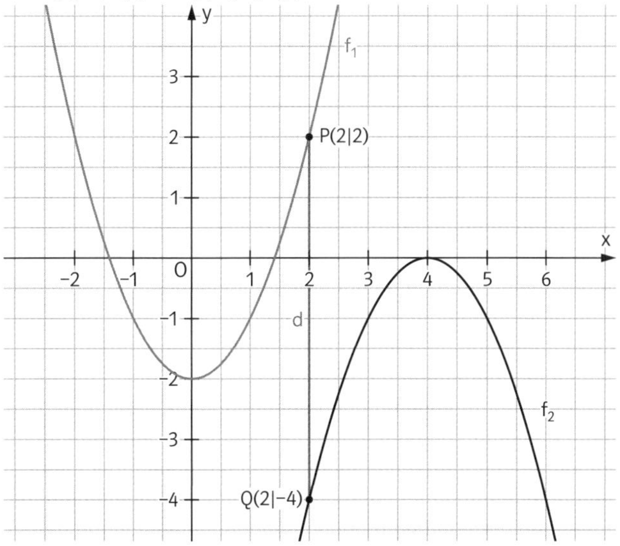

$d(x) = f_1(x) - f_2(x) = (x^2 - 2) - (-x^2 + 8x - 16) = 2x^2 - 8x + 14$
$d'(x) = 4x - 8$
$d''(x) = 4$
$d'(x) = 0$ für $x_0 = 2$
$d''(2) > 0$
$d(2) = 6$
Für die x- Koordinate $x_0 = 2$ haben die Punkte P und Q einen minimalen Abstand. Der minimale Abstand beträgt 6 LE.

3 $f(x) = 6x \cdot e^{-\frac{1}{3}x}$

(1) Formel; Flächeninhalt eines Dreiecks: $A_\Delta = \frac{1}{2} a h_a$

(2) Nebenbedingung; P liegt auf dem Graphen von f: $h_a = f(a)$

(3) Zielfunktion; Flächeninhalt des Dreiecks OQP:

$A(a) = \frac{1}{2} \cdot a \cdot f(a) = 3a^2 \cdot e^{-\frac{1}{3}a}$

(4) Untersuchung der Zielfunktion:

$A'(a) = 6a \cdot e^{-\frac{1}{3}a} + 3a^2 \cdot e^{-\frac{1}{3}a} \cdot \left(-\frac{1}{3}\right) = (6a - a^2) \cdot e^{-\frac{1}{3}a}$

$= a \cdot (6 - a) \cdot e^{-\frac{1}{3}a}$
$A'(a) = 0$ für $a_1 = 0$ und $a_2 = 6$
Da $a > 0$ vorausgesetzt wird entfällt die Lösung $a_1 = 0$.
Die Flächeninhaltsfunktion A hat an der Stelle $a_2 = 6$ einen Vorzeichenwechsel von + nach −, folglich ist der Flächeninhalt des Dreiecks OQP für $a_2 = 6$ maximal.
Der maximale Flächeninhalt beträgt $A(6) = 14{,}612$ FE.

4 a) Tragfähigkeit des Balkens: $T = b \cdot h^2$; $b > 0$; $h > 0$ (genauer: Tragfähigkeit des Balkens: $T = c \cdot b \cdot h^2$, wobei c eine materialabhängige Konstante ist; ohne Einschränkung kann $c = 1$ gewählt werden)
Balkendiagonale entspricht dem Stammdurchmesser (Nebenbedingung, Satz des Pythagoras):
$d^2 = b^2 + h^2$; $h^2 = d^2 - b^2 = 30^2 - b^2$
Tragfähigkeit des Balkens (Zielfunktion):
$T(b) = b \cdot (30^2 - b^2) = 900b - b^3$
Untersuchung der Zielfunktion: $T'(b) = 900 - 3b^2$;
$T'(b) = 0$ für $b_1 = \sqrt{300} \approx 17{,}32$; $b_1 = -\sqrt{300}$ entfällt, da $b > 0$ gelten muss. Die Zielfunktion T hat an der Stelle b_1 einen Vorzeichenwechsel von + nach −, folglich ist die Tragfähigkeit des Balkens für $b_1 \approx 17{,}32$ cm maximal. Die Balkenhöhe beträgt $h_1 = \sqrt{600}$ cm $\approx 24{,}49$ cm.

b) Der Anteil des Holzes für den Balken am gesamten Stamm entspricht dem Anteil der Querschnittsfläche des Balkens an der Querschnittsfläche des Stammes.

$\frac{b_1 \cdot h_1}{\pi \cdot \left(\frac{d}{2}\right)^2} \approx 0{,}600 = 60\,\%$

VIII Komplexere Extremwertprobleme, Seite 50

1 Zuordnung: A: (6); B: (2); C: (5); D: (3); E: (1); F: (4)

2 a) $A(a) = \frac{1}{2}a \cdot f(a) = \frac{1}{2}a \cdot (a^2 - 6a + 10) = \frac{1}{2}a^3 - 3a^2 + 5a$

$a^2 - 4a + \frac{10}{3} = 0$

$A'(a) = \frac{3}{2}a^2 - 6a + 5 = 0$ $A''(a) = 3a - 6$

$a_1 = 1{,}1835$ $A''(a_1) < 0$ Maximumstelle für den Flächeninhalt mit $A(1{,}1835) = 2{,}5443$ FE
$a_2 = 2{,}8165$ $A''(a_2) > 0$ Minimumstelle für den Flächeninhalt mit $A(2{,}8165) = 1{,}4557$ FE
(Beide Stellen sind nur lokale Extremstellen. Globale Extremstelle ist das Minimum bei 0, eine globale Maximumstelle gibt es nicht.)
b) $d(a) = \sqrt{a^2 + [f(a)]^2} = \sqrt{a^2 + [a^2 - 6a + 10]^2}$
Nutzung einer Ersatzfunktion $D(a) = [d(a)]^2 = a^2 + [a^2 - 6a + 10]^2$
$D'(a) = 2a + 2(a^2 - 6a + 10)(2a - 6) = 0$
$a + (a^2 - 6a + 10)(2a - 6) = 0$
$a + 2a^3 - 12a^2 + 20a - 6a^2 + 36a - 60 = 0$
$2a^3 - 18a^2 + 57a - 60 = 0$
Näherungslösung: $a \approx 2{,}2649$
$D''(a) = 4a^3 - 36a^2 + 114a - 120 \rightarrow D''(2{,}2649) > 0$
Minimum bei $(2{,}2649 \mid 1{,}5404)$ mit einem Abstand zum Ursprung von $d \approx 2{,}7391$ LE

3 $d(x) = f(x) - g(x) = -\frac{4}{9}x^2 + \frac{32}{9}x - \frac{28}{9} - \left(\frac{2}{9}x^2 - \frac{4}{3}x + 3\right)$

$d(x) = -\frac{2}{3}x^2 + \frac{44}{9}x - \frac{55}{9}$

$d'(x) = -\frac{4}{3}x + \frac{44}{9} = 0$ $x_0 = \frac{11}{3}$ $d''(x_0) = -\frac{4}{3} < 0$

Maximum von d(x) bei $\left(\frac{11}{3} \middle| \frac{77}{27}\right)$

An der Stelle $x_0 = \frac{11}{3}$ ist der senkrechte Abstand mit $\frac{77}{27}$ am größten.

4 $A(x) = -x \cdot f(x) = -\frac{1}{9}x^3 \cdot (x^2 - 9) = -\frac{1}{9}x^5 + x^3$

$A'(x) = -\frac{5}{9}x^4 + 3x^2 = 0$ $x_1 = 0$; $x_2 = \pm\sqrt{\frac{27}{5}}$

Der Wert 0 entfällt, weil dort kein Dreieck entsteht.

$A''(x) = -\frac{20}{9}x^3 + 6x$ $A''\left(\sqrt{\frac{27}{5}}\right) = -\frac{20}{9} \cdot \frac{27}{5} \cdot \sqrt{\frac{27}{5}} + 6 \cdot \sqrt{\frac{27}{5}} > 0$

Maximum bei $P\left(\sqrt{\frac{27}{5}} \middle| -\frac{54}{25}\right)$ mit einem Flächeninhalt von $A\left(\sqrt{\frac{27}{5}}\right) = 5{,}02$ FE

5 Die Dreieckfläche hat den Wert

$A(a) = \frac{1}{2}a \cdot (f(a) - g(a)) = \frac{1}{2}a \cdot \left(-\frac{1}{5}a^3 + 5a - a\right)$

$A(a) = -\frac{1}{10}a^4 + 2a^2$

$A'(a) = -\frac{2}{5}a^3 + 4a = 0$

$a = 0$ und $a = -\sqrt{10}$ entfallen als Lösung.
Nachweis für $a = \sqrt{10}$:
$A''(a) = -\frac{6}{5}a^2 + 4$, also $A''(\sqrt{10}) = -\frac{60}{5} + 4 < 0$
Die Dreiecksfläche ist bei $a = \sqrt{10}$ maximal.

VIII Funktionen mit Parametern, Seite 51

1 a) Berechnung der Extrempunkte der Kurvenschar f_t:

$f'_t(x) = x^3 - tx$

$f''_t(x) = 3x^2 - t$

$f'_t(x) = 0 \qquad x^3 - tx = 0$

$\qquad\qquad x \cdot (x^2 - t) = 0$

für $x_1 = 0$; $x_2 = -\sqrt{t}$ und $x_3 = +\sqrt{t}$

$f''_t(x_1) < 0$ und $f_t(x_1) = 2$; $H(0\,|\,2)$

$f''_t(x_2) > 0$ und $f_t(x_2) = 2 - \frac{1}{4}t^2 \cdot 2$; $T\left(-\sqrt{t}\,\middle|\,2 - \frac{1}{4}t^2\right)$

$f''_t(x_3) > 0$ und $f_t(x_3) = 2 - \frac{1}{4}t^2$; $T\left(+\sqrt{t}\,\middle|\,2 - \frac{1}{4}t^2\right)$

b)

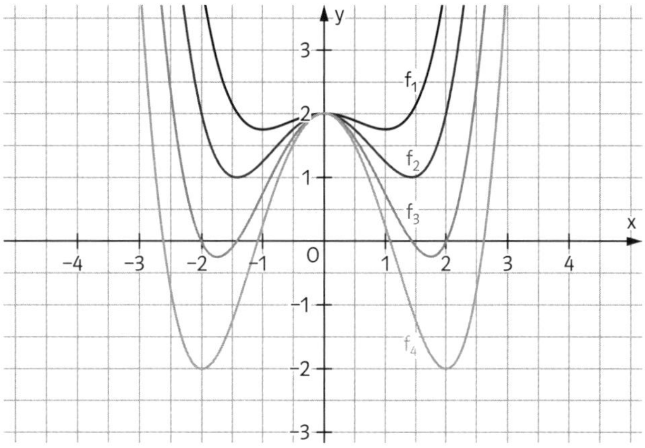

2 a) $t = 2$ b) $t = 4$ c) $t = -3$

3 a) $f_t'(x) = -\frac{t}{3}$ $\qquad f_t'(-3) = -\frac{t}{3}$

b) $f_t'(x) = \frac{3}{4}tx^2 - 2tx + t$ $\qquad f_t'(1) = -\frac{1}{4}t$

c) $f_t'(x) = t^2 \cdot e^{tx}$ $\qquad f_t'(0) = t^2$

4 a) $f_{t_1}(x) = f_{t_2}(x) \qquad t_1 \neq t_2$

$x^3 + t_1(x^2 - x) = x^3 + t_2(x^2 - x)$

$t_1x(x-1) = t_2x(x-1)$

$x_1 = 0$ oder $x_2 = 1$

$f_t(0) = 0 \quad f_t(1) = 1$ für alle $t \in \mathbb{R}$

b) mit GTR: $H(-2{,}41\,|\,10{,}66) \quad T(0{,}41\,|\,-0{,}66)$

c) $f_t'(x) = 3x^2 + 2tx - t$

$f_t''(x) = 6x + 2t$

$f_t'(x) = 0 \quad \Leftrightarrow \quad 3x^2 + 2tx - t = 0$

$$x_{1,2} = \frac{-t \pm \sqrt{t^2 + 3t}}{3}$$

Für $-3 < t < 0$ ist der Radikant negativ, d.h. der Graph von f_t hat keine Extrempunkte.

Für $t = 0$ bzw. $t = -3$ hat der Graph von f_t einen Wendepunkt mit der Steigung 0, aber keine Extrempunkte.

Für $-3 \le t \le 0$ hat der Graph von f_t keine Extrempunkte.

d) $f_t''(x) = 0 \quad \Leftrightarrow \quad 6x + 2t = 0$

$$x = -\frac{1}{3}t$$

$f_t'''(x) = 6$

Alle Graphen der Funktionenschar haben bei $x = -\frac{1}{3}t$ einen Wendepunkt.

5 a) $f'_t(x) = -x^3 + t^2x$

$f''_t(x) = -3x^2 + t^2$

$f'_t(x) = 0 \quad -x^3 + t^2x = -x \cdot (x^2 - t^2) = 0 \quad x_1 = 0 \quad x_2 = -t \quad x_3 = t$

$f''_t(0) > 0 \qquad f_t(0) = 1 \qquad T(0\,|\,1)$

$f''_t(-t) < 0 \qquad f_t(-t) = 1 + \frac{1}{4}t^4 \qquad H_1\left(-t\,\middle|\,1 + \frac{1}{4}t^4\right)$

$f''_t(t) < 0 \qquad f_t(t) = 1 + \frac{1}{4}t^4 \qquad H_2\left(t\,\middle|\,1 + \frac{1}{4}t^4\right)$

b) $H_1\left(-t\,\middle|\,1 + \frac{1}{4}t^4\right)$ in die Geradengleichung einsetzen:

$1 + \frac{1}{4}t^4 = -\frac{5}{4} \cdot (-t) + \frac{5}{2}$ und mit GTR lösen: $t_1 = -1$

$H_2\left(t\,\middle|\,1 + \frac{1}{4}t^4\right)$ in die Geradengleichung einsetzen:

$1 + \frac{1}{4}t^4 = -\frac{5}{4} \cdot t + \frac{5}{2}$ und mit GTR lösen: $\quad t_2 = 1$

Für die Parameterwerte -1 und $+1$ liegt ein Hochpunkt des Graphen von f_t auf der Geraden g.

c) $f''_t(x) = 0 \quad -3x^2 + t^2 = 0 \quad x^2 = \frac{1}{3}t^2 \quad x_1 = -\frac{1}{\sqrt{3}}t \quad x_2 = \frac{1}{\sqrt{3}}t$

f''_t hat bei x_1 und x_2 jeweils einen Vorzeichenwechsel, d.h. x_1 und x_2 sind Wendestellen.

$$f'_t\left(-\frac{1}{\sqrt{3}}t\right) = -\left(-\frac{1}{\sqrt{3}}t\right)^3 + t^2 \cdot \left(-\frac{1}{\sqrt{3}}t\right) = \left(-\frac{1}{\sqrt{3}}t\right) \cdot \left(-\frac{1}{3}t^2 + t^2\right) = -\frac{1}{\sqrt{3}} \cdot \frac{2}{3}t^3$$

$$f'_t\left(\frac{1}{\sqrt{3}}t\right) = -\left(\frac{1}{\sqrt{3}}t\right)^3 + t^2 \cdot \left(\frac{1}{\sqrt{3}}t\right) = \left(\frac{1}{\sqrt{3}}t\right) \cdot \left(-\frac{1}{3}t^2 + t^2\right) = \frac{1}{\sqrt{3}} \cdot \frac{2}{3}t^3$$

Die Wendetangenten sind orthogonal zueinander, wenn gilt:

$f'_t(x_1) \cdot f'_t(x_2) = -1.$

$\left(-\frac{1}{\sqrt{3}} \cdot \frac{2}{3}t^3\right) \cdot \left(\frac{1}{\sqrt{3}} \cdot \frac{2}{3}t^3\right) = -1 \qquad -\frac{4}{27}t^6 = -1 \qquad t = \pm\sqrt[6]{\frac{27}{4}} \approx \pm 1{,}37$

6 a) Winkel: $\alpha \approx 26{,}6°$ Höhe: 3,5 m

b) Die Wurfweite des Wasserstrahls entspricht der x-Koordinate des Schnittpunkts der Graphen von w_v mit der x-Achse:

$\frac{1}{2}x + \frac{7}{2} - \frac{5}{v^2} \cdot x^2 = 0 \qquad -\frac{5}{v^2} \cdot x^2 + \frac{1}{2}x + \frac{7}{2} = 0$

$$x_{1,2} = \frac{-\frac{1}{2} \pm \sqrt{\frac{1}{4} - 4 \cdot \left(-\frac{5}{v^2}\right) \cdot \frac{7}{2}}}{-\frac{10}{v^2}} = \frac{-\frac{1}{2} \pm \sqrt{\frac{1}{4} + \frac{70}{v^2}}}{-\frac{10}{v^2}} = \frac{v^2}{10} \cdot \left(\frac{1}{2} \pm \sqrt{\frac{1}{4} + \frac{70}{v^2}}\right)$$

Die Wurfweite beträgt $x_2 = \frac{v^2}{10} \cdot \left(\frac{1}{2} + \sqrt{\frac{1}{4} + \frac{70}{v^2}}\right)$.

c) Die maximale Höhe des Wasserstrahls entspricht der y-Koordinate des Hochpunkts der Graphen von w_v.

$w'_v(x) = \frac{1}{2} - \frac{10}{v^2} \cdot x$

$w'_v(x) = 0 \qquad \frac{1}{2} - \frac{10}{v^2} \cdot x = 0 \qquad \frac{10}{v^2} \cdot x = \frac{1}{2} \qquad x = \frac{v^2}{20}$

w'_v hat bei $x = \frac{v^2}{20}$ einen Vorzeichenwechsel von + nach –, d.h. der Graph von w_v hat bei $x = \frac{v^2}{20}$ einen Hochpunkt.

$w_v\left(\frac{v^2}{20}\right) = \frac{7}{2} + \frac{v^2}{80}$

Die maximale Höhe des Wasserstrahls beträgt $\frac{7}{2} + \frac{v^2}{80}$ Meter.

d) Für $v \approx 15{,}6\,\frac{m}{s}$ beträgt die Wurfweite 30 m.

e)

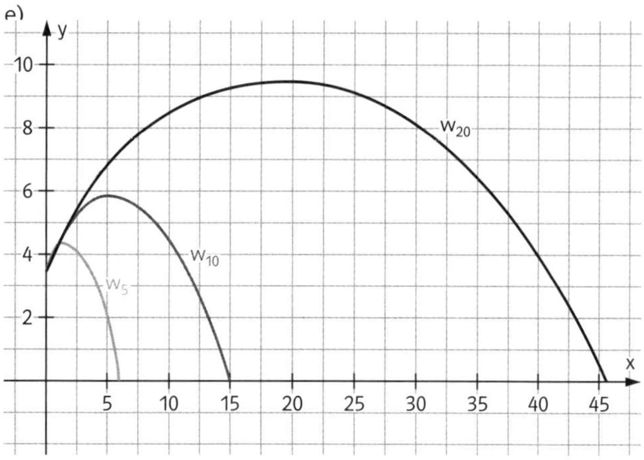

VIII Funktionsbestimmungen, Seite 52

1 a) Die Funktionsgleichung muss vier zu bestimmende Parameter beinhalten, da vier Bedingungen erfüllt werden müssen, d.h. für den Lösungsansatz verwendet man eine ganzrationale Funktion vom Grad 3 mit den Parametern a, b, c und d.
Die vier Bedingungen ergeben sich aus dem Schaubild: Funktionswert und Steigung des Graphen von f jeweils an den Stellen $x = 0$ und $x = 2$.
b) Setzt man $c = 0$ und $d = 1$ in die beiden anderen Gleichungen ein, so erhält man: $8a + 4b = 1$ und $12a + 4b = 1$. Daraus folgt $a = 0$, $b = \frac{1}{4}$ sowie $c = 0$ und $d = 1$.
Die Funktionsgleichung lautet dann: $f(x) = \frac{1}{4}x^2 + 1$.

2 a) Damit keine Ecken entstehen, muss der Graph von f in A und B die gleiche Steigung haben wie die Funktionen g bzw. h ($m_h = -1$).
$f'(1) = 2$ und $f'(5) = -1$
Modellierung mit $f(x) = ax^2 + bx + c$, da eine Gerade zu Ecken führen würde.

$f'(x) = 2ax + b$

$$\left.\begin{array}{lll} f(1) = 3 & \Rightarrow & 3 = a + b + c \\ f(5) = 5 & \Rightarrow & 5 = 25a + 5b + c \\ f'(1) = 2 & \Rightarrow & 2 = 2a + b \\ f'(5) = -1 & \Rightarrow & -1 = 10a + b \end{array}\right\} \quad \begin{array}{l} a = -\frac{3}{8} \quad b = \frac{11}{4} \quad c = \frac{5}{8} \\ f(x) = -\frac{3}{8}x^2 + \frac{11}{4}x + \frac{5}{8} \\ \text{im Intervall } I\,[1;\,5] \end{array}$$

b) Bei einer Gerade von A nach B wäre die Höhe 5 (y-Wert von A).
Der Hochpunkt von f(x) ist $H\left(\frac{11}{3} \middle| \frac{17}{3}\right)$. H liegt also $\frac{2}{3}$ mm höher, das sind $\frac{2}{3} : 5 = 0{,}1\overline{3} \approx 13{,}3\,\%$ mehr.
c) Damit die Flächen unter den Teilabschnitten bestimmt werden können, muss die Funktion g aufgestellt werden. Da g einen Tiefpunkt und einen Wendepunkt hat, ist der Modellierungsansatz $g(x) = ax^3 + bx^2 + cx + d$ sinnvoll.

$g'(x) = 3ax^2 + 2bx + c$

$$\left.\begin{array}{lll} g(0) = 0 & \Rightarrow & 0 = d \\ g(1) = 3 & \Rightarrow & 3 = a + b + c \\ g'(0) = 0 & \Rightarrow & 0 = c \\ g'(1) = 2 & \Rightarrow & 2 = 3a + 2b \end{array}\right\} \quad \begin{array}{l} a = -4 \quad b = 7 \quad c = d = 0 \\ g(x) = -4x^3 + 7x^2 \end{array}$$

$h(x) = -x + 10$

$$\int_0^1 g(x)\,dx \approx 1{,}33 \qquad \int_1^5 f(x)\,dx = 20 \qquad \int_5^7 h(x)\,dx = 8$$

Die Seitenfläche ist also $29{,}33\,\text{mm}^2$ groß.
$V = 29{,}33\,\text{mm}^2 \cdot 30\,\text{mm} = 879{,}9\,\text{mm}^3 \approx 0{,}88\,\text{cm}^3$.

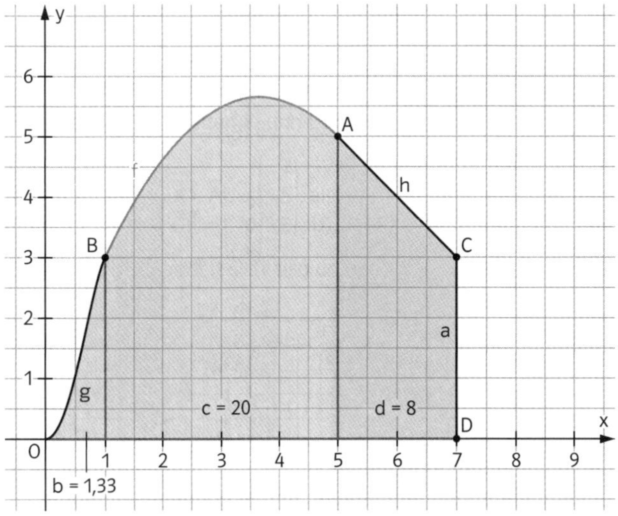

3 a) ganzrationale Funktion
$f: x \to = 0{,}5 \cdot x^2 \cdot (x + 3) = 0{,}5x^3 + 1{,}5x^2$
b) Exponentialfunktion
$f: x \to e^{ax + b} + c = e^{x - 2} + 1$
c) gebrochenrationale Funktion
$f: x \to \frac{a + bx}{(x - c)^2} = \frac{-4 + 4x}{(x - 2)^2}$

VIII Funktionsanpassungen, Seite 53

1 A → ganzrational B → exponentiell
C → trigonometrisch D → gebrochenrational
E → linear F → logarithmisch

2 a)

t (in min)	5	10	15	20	25	30	35	40	45
T (in °C)	56	42	33	28	25	23	22	21	21

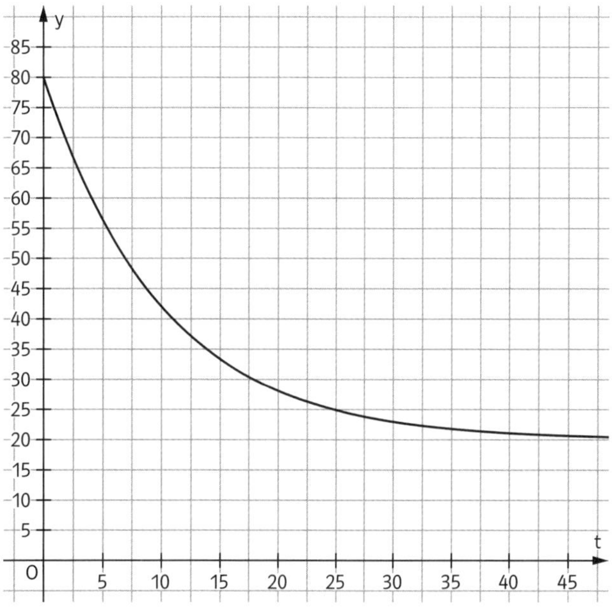

b) $T(t) = a \cdot e^{bt} + c$
Die Daten legen eine Exponentialfunktion nahe. Eine lineare Funktion kann wegen eines fehlenden Grenzwerts für $t \to \infty$ und eine gebrochenrationale Funktion wegen einer fehlenden Polstelle ausgeschlossen werden.
c) Die Werte für a, b und c können je nach gewählten Messpunkten leicht variieren. $T(t) = 60 \cdot e^{-0{,}1t} + 20$
d) $T_{Kaffee} \approx 80\,°C$ $T_{Raum} \approx 20\,°C$

3 Zwei Lösungsalternativen:
(1) Regression mit einem Rechner:
a) $V(t) = 0{,}0069x^2 - 0{,}0577x + 0{,}1468$
$V(t) = -0{,}00013x^3 + 0{,}0104x^2 - 0{,}0816x + 0{,}1729$
b) Die ganzrationale Funktion zweiten Grades stellt den Sachverhalt besser dar, da die Volumenänderung bei 18 °C näher bei 0,2 ml/°C liegt.
(2) a) Bestimmung einer ganzrationalen Funktion zweiten Grades aus drei Wertepaaren
$V(t) = ax^2 + bx + c$ mit $(0\,|\,0{,}18)$; $(4\,|\,0)$ und $(10\,|\,0{,}26)$ erhält man $a \approx 0{,}0088$; $b \approx -0{,}0803$ und $c \approx 0{,}18$
Bestimmung einer ganzrationalen Funktion dritten Grades aus vier Wertepaaren
$V(t) = ax^3 + bx^2 + cx + d$ mit $(0\,|\,0{,}18)$; $(4\,|\,0)$; $(10\,|\,0{,}26)$ und $(18\,|\,1{,}32)$ erhält man $a \approx -0{,}00013$; $b \approx 0{,}0108$; $c \approx -0{,}0858$ und $d = 0{,}18$
b) Die ganzrationale Funktion dritten Grades stellt den Sachverhalt besser dar, da die Volumenänderung bei 18° C näher bei 0,2 ml/° C liegt.

VIII Klausurtraining, Seite 54

1 a) $f'(x) = 2ax + b \Rightarrow f'(x) = 0$ für $x = -\frac{b}{2a}$

$f''(x) = 2a > 0 \Rightarrow T\left(-\frac{b}{2a} \middle| f\left(-\frac{b}{2a}\right)\right)$ ist Tiefpunkt.

$\Rightarrow$ Die Behauptung ist also falsch.

b) Behauptung ist richtig, Beispiel: $f(x) = x^3$ mit $W(0|0)$

c) Sind zwei Extremstellen gegeben, so gilt für die beiden Stellen x_{E1} und x_{E2}: $f'(x_{E1}) = f'(x_{E2}) = 0$ und $f''(x_{E1}) < 0$ und $f''(x_{E2}) > 0$.

Skizze:

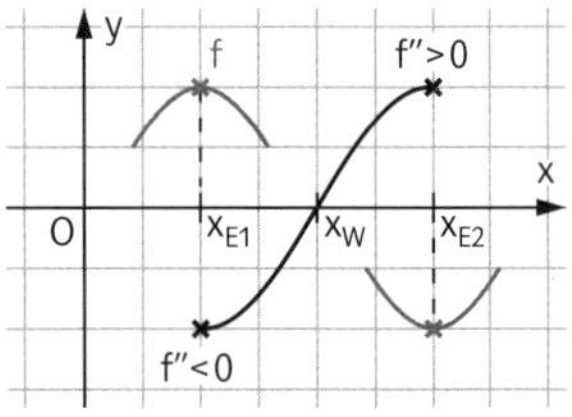

Da f ganzrational ist, gilt dies auch für f' und f''. f'' ist somit stetig und es muss daher zwischen x_{E1} und x_{E2} ein x_W geben mit $f''(x_W) = 0$ (notwendige Bedingung) und f'' hat bei x_W einen Vorzeichenwechsel (hinreichende Bedingung), d.h. x_W ist Wendestelle (siehe Skizze). Somit ist die Behauptung richtig.

2 a) Die Funktion f besitzt die Extremstellen bei $x_1 = -3$ und $x_2 = 3$, wenn f' an diesen Stellen jeweils eine Nullstelle mit Vorzeichenwechsel hat.
Dies ergibt den Lösungsansatz $f'(x) = (x + 3) \cdot (x - 3) = x^2 - 9$.

Die Funktion f mit $f(x) = \frac{1}{3}x^3 - 9x$ ist eine Stammfunktion von f' und damit eine mögliche Lösung.

b) z.B. $h(x) = \frac{1}{3}x^3 - 9x + 6$ bzw. $h_a(x) = \frac{1}{3}x^3 - 9x + a$ mit $a \in \mathbb{R}$.

3 Ansatz: $f(x) = ax^3 + bx^2 + cx + d$; I $8a + 4b + 2c + d = \frac{10}{3}$

$f'(x) = 3ax^2 + 2bx + c$; $f''(x) = 6ax + 2b$; II $12a + 4b + c = 0$

Bedingungen: $f(2) = \frac{10}{3}$; $f'(2) = 0$; III $a + b + c + d = \frac{8}{3}$

$f(1) = \frac{8}{3}$; $f''(1) = 0$ und $f'(1) = 1$ IV $6a + 2b = 0$

ergeben folgendes Gleichungssystem: V $3a + 2b + c = 1$

Die Funktion mit der Gleichung $f(x) = -\frac{1}{3}x^3 + x^2 + 2$ erfüllt die obigen Bedingungen. Es muss noch der y-Achsenabschnitt der Wendetangente geprüft werden: t: $y = (x - 1) + \frac{8}{3}$ ergibt $y = x + \frac{5}{3}$ (stimmt).

4 Aus 5 Punkten bestimmt man eine ganzrationale Funktion 4. Grades $f(x) = ax^4 + bx^3 + cx^2 + dx + e$.

Eingabe in den Rechner

16	8	4	2	1	0
81	27	9	3	1	1
256	64	16	4	1	3
2401	343	49	7	1	6
10 000	1000	100	10	1	7

$f(x) = 0{,}0212x^4 - 0{,}490x^3 + 3{,}739x^2 - 9{,}773x + 8{,}167$
$f(5) = 4{,}777$, d.h. bei einer Zugkraft von 5 N dehnt sich das Gummiband um ca. 4,8 cm.
$f(1) = 1{,}664$. Dieser Wert ist nicht sinnvoll, weil man bei weniger als 2 N keine Dehnung erwarten kann.

5 a) $h(0) = 40$ für $a = 20$

b)

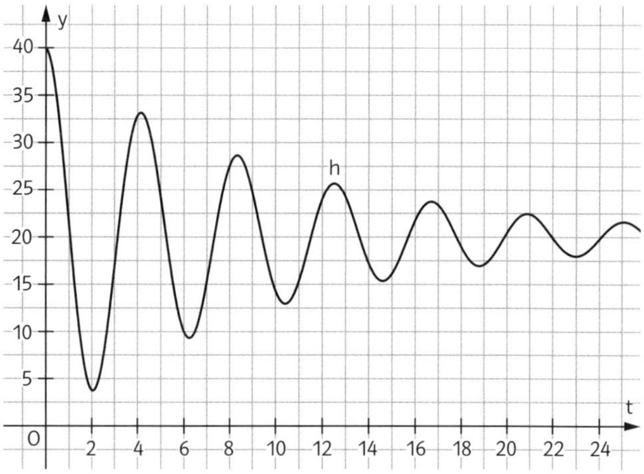

6 a) 850 ml = 850 cm³

(1) Oberfläche $O = 2 \cdot \pi r^2 + 2\pi r h$

(2) Nebenbedingung: Volumen $V = 850 = \pi r^2 h$, somit $h = \frac{850}{\pi r^2}$

(3) Zielfunktion: $O(r) = 2 \cdot \pi r^2 + 2\pi r \cdot \frac{850}{\pi r^2} = 2 \cdot \pi r^2 + \frac{1700}{r}$

(4) Untersuchung der Zielfunktion: $O'(r) = 4\pi r - \frac{1700}{r^2}$

$O'(r) = 0$: $4\pi r - \frac{1700}{r^2} = 0$; $4\pi r^3 = 1700$; $r_1 = \sqrt[3]{\frac{1700}{4\pi}} \approx 5{,}133$

Da $O'(r)$ bei r_1 einen VzW von − nach + hat liegt bei r_1 ein lokales Minimum vor.

$d_1 = 2 \cdot r_1 \approx 10{,}267$ und $h_1 = \frac{850}{\pi r_1^2} \approx 10{,}267$

Bei einem Dosendurchmesser von 10,3 cm und einer Höhe von 10,3 cm ist der Materialbedarf am geringsten.

b) Die Flächen des Dosendeckels bzw. -bodens müssen kleiner werden und entsprechend muss die Höhe der Dose größer werden, um unter diesen Bedingungen den Materialverbrauch zu minimieren. (Ergebnis: neue Zielfunktion: $O(r) = 4 \cdot \pi r^2 + \frac{1700}{r}$
Minimum für $r_2 \approx 4{,}075$; $h_2 \approx 16{,}298$)

8 a) $f'(t) = 4000e^{-0{,}4t} + 4000e^{-0{,}4t} \cdot (-0{,}4) = 4000e^{-0{,}4t} \cdot (1 - 0{,}4)$
$f'(t) = 0$: $e^{-0{,}4t} > 0$; $1 - 0{,}4 = 0$ für $t_1 = 2{,}5$; f' hat bei $t_1 = 2{,}5$ einen VzW von + nach −; f hat ein lokales Maximum bei $t_1 = 2{,}5$
Der Verkaufsstart sollte 2,5 Monate vor dem Weihnachtsgeschäft sein, also Anfang Oktober.
b) Die monatlichen Verkaufszahlen steigen nach dem Verkaufsstart stark an, erreichen nach 2,5 Monaten das Maximum und nehmen dann stetig ab. Langfristig (für $t \to \infty$) streben die monatlichen Verkaufzahlen gegen 0.

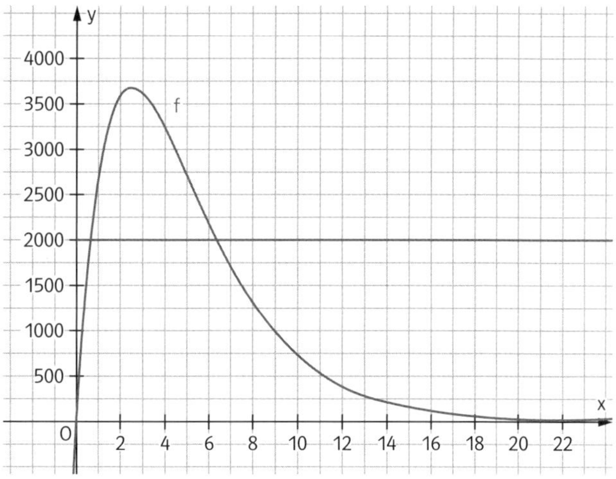

c) $F(t) = 25\,000 - 10\,000(2{,}5 + t)e^{-0{,}4t}$
$= 25\,000 - 25\,000e^{-0{,}4t} - 10\,000te^{-0{,}4t}$

$F'(t) = 10\,000\,e^{-0{,}4t} - 10\,000\,e^{-0{,}4t} + 4000\,t\,e^{-0{,}4t} = f(t)$
$F(0) = 0$
Die Funktion F beschreibt die Gesamtzahl des verkauften Produkts.
d) $\int_0^{12} f(t)\,dt = [F(t)]_0^{12} = F(12) - F(0) \approx 23\,807$
Im ersten Jahr nach der Markteinführung werden ca. 23 807 Stück verkauft.
e) $f(t) = 2000$ für $t_2 = 0{,}648$ und $t_3 = 6{,}357$
Zum Zeitpunkt t_3 sinken erstmals die monatlichen Verkaufszahlen unter die monatliche Produktionszahl von 2000 Stück. Bis zu diesem Zeitpunkt werden $F(t_3) - F(0) = 18\,034$ Stück verkauft, im gleichen Zeitraum werden $t_3 \cdot 2000 = 12\,713$ Stück hergestellt.
Um die Nachfrage zu decken muss die Spielzeugfirma die Produktion mindestens $\frac{18\,034 - 12\,713}{2000} = 2{,}661 \approx 3$ Monate vor dem Verkaufsstart, also Anfang Juli, beginnen.

12, I Integralrechnung

I Lokale Änderungsrate und Gesamtänderung, das Integral, Seite 55

1 a) Der Stau beginnt um 7 Uhr, da nach 7 Uhr die Ankunftsrate über 30 Autos/min liegt.
b) Die maximale Staulänge ist um 8.40 Uhr erreicht.
c) Maximal stehen 700 Autos im Stau. Dies entspricht dem Inhalt der unten dargestellten Fläche A_1.
d) Der Stau löst sich um 9.35 Uhr auf. Ansatz: $A_1 = A_2$
c), d)
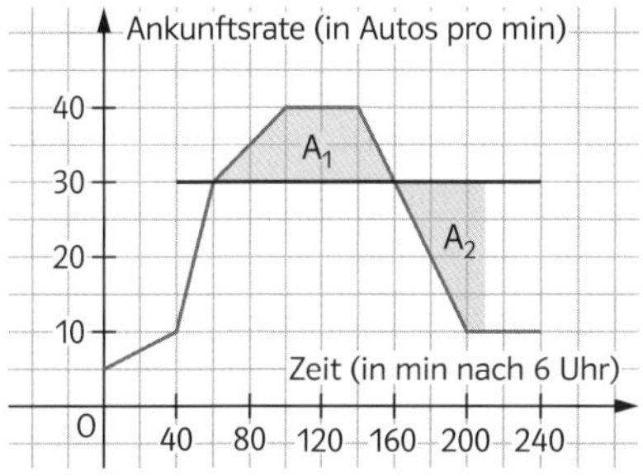

e)
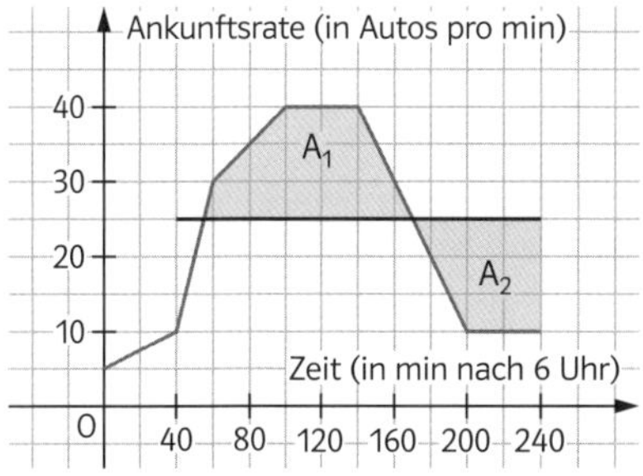

Nein, denn dann gilt: $A_1 > A_2$

2 a) Der maximale Vorsprung von Schnik beträgt 1,5 mm. Die Fläche unter dem Graphen entspricht dem zurückgelegten Weg. Daher beträgt der maximale Vorsprung von Schnik dem Inhalt der von beiden Graphen eingeschlossenen Fläche.
b) Nach 5 Sekunden wird Schnik eingeholt. Beide Schnecken sind dann 12 mm gekrochen.
c) Nach 8 Sekunden hat Schnuk 3 mm Vorsprung.

3 $\int_0^{20} \left(\frac{1200x}{x^2 + 10}\right) dx \approx 2228$
In den ersten 20 s nach der Impfung werden 2228 Antikörper gebildet.

4 a) $\int_0^{6} (0{,}25x + 2)\,dx = 2 \cdot 6 + 0{,}5 \cdot 6 \cdot 1{,}5 = 16{,}5$
$\int_4^{-4} (0{,}25x + 2)\,dx = -(1 \cdot 8 + 0{,}5 \cdot 8 \cdot 2) = -16$
b) $b = 2;\ b = -1$

5 Zeichnung:
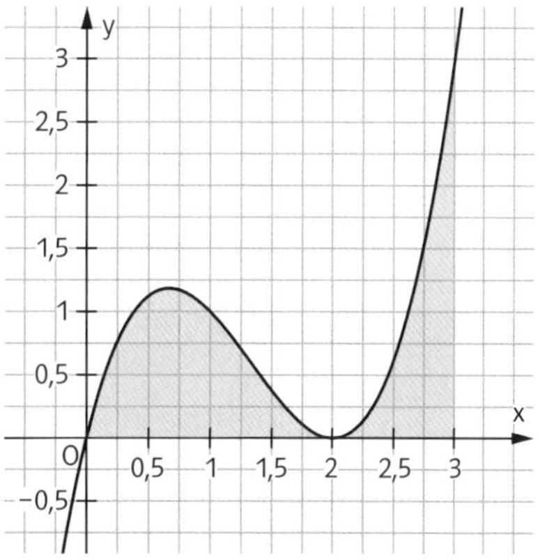

Näherungslösung und prozentualer Fehler individuell;
exakte Lösung: $\frac{27}{12} = 2\frac{1}{4}$

I Das Integral als Flächenbilanz; die Integralfunktion, Seite 56

1 a) $\int_{-2}^{7} (-0{,}5x + 2)\,dx = \frac{1}{2} \cdot 3 \cdot 6 - \frac{1}{2} \cdot 1{,}5 \cdot 3 = 9 - 2{,}25 = 6{,}75$
$\int_{-4}^{0} (-0{,}5x + 2)\,dx = 4 \cdot 2 + \frac{1}{2} \cdot 4 \cdot 2 = 8 + 4 = 12$
b) $\int_{-2}^{2} (-0{,}5x + 2)\,dx = 8 \qquad \int_{-4}^{10} (-0{,}5x + 2)\,dx = 7$
$\int_{-1}^{9} (-0{,}5x + 2)\,dx = 0$
c) $I_4(x) = \int_4^{x} (-0{,}5t + 2)\,dt = \left[-\frac{1}{4}t^2 + 2t\right]_4^x = -\frac{1}{4}x^2 + 2x - 4$
$I_0(x) = -\frac{1}{4}x^2 + 2x$

2 Integrale mit positivem Wert: M O S K A U
Integrale mit negativem Wert: A T H E N

3 a) $J_2(5) = \int_2^{5} f(t)\,dt \approx -4$ b) $J_2(1) = -J_2(3)$
c) $J_{-1}(-1) = J_{-1}(5) = 0$ d) $J_{-1}(3) \approx 3$
e) $J_0(5) = -J_5(0) \approx -1{,}2$ f) $J_{-2}(0) < 0$

4 $J_0(x) = \int_0^{x} f(t)\,dt$. Da $f(t) \geq 0$ für alle t gilt:
$J_0(x) < 0$ für $x < 0$
und
$J_0(x) > 0$ für $x > 0$.
Somit wechselt $J_0(x)$ nur an der Stelle 0 das Vorzeichen.
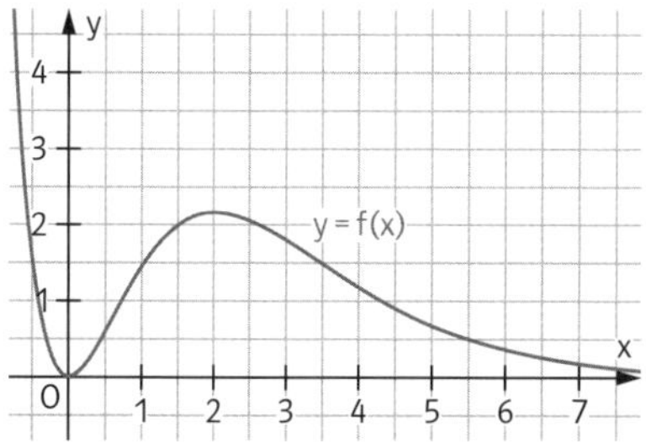

b) Wegen $J_0'(x) = f(x)$ hat die Ableitung der Funktion J_0 an der Stelle 0 eine Nullstelle ohne Vorzeichenwechsel und somit eine Terrassenstelle.
c) Wegen $J_3'(x) = f(x)$ hat die Ableitung von J_3 in I keine Nullstelle mit Vorzeichenwechsel und somit J_3 in I keine Extremstelle.
d) $J_0(1) = \int_0^{1} f(t)\,dt > 0$ und $J_1(0) = \int_1^{0} f(t)\,dt = -\int_0^{1} f(t)\,dt < 0$.

5 a)

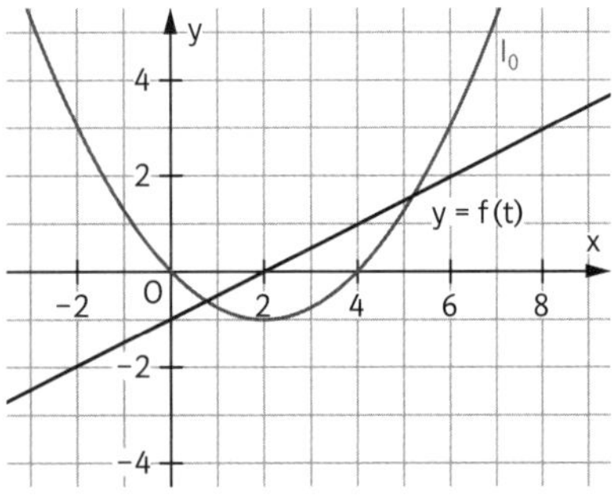

b)

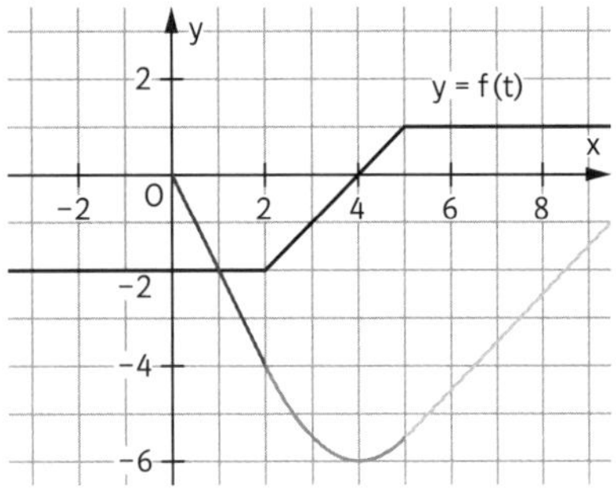

I Der Hauptsatz der Integral- und Differentialrechnung, Seite 57

1 a) $\int_1^2 (4x^3 - 6)\,dx = [x^4 - 6x]_1^2 = (16 - 12 - (1 - 6) = 9$

b) $\int_1^3 (6x^2 - 5)\,dx = [2x^3 - 5x]_1^3 = 2 \cdot 27 - 15 - (2 - 5) = 54 - 15 + 3 = 42$

c) $\int_{-2}^{-1} (-x^2 - x)\,dx = \left[-\frac{1}{3}x^3 - \frac{1}{2}x^2\right]_{-2}^{-1} = +\frac{1}{3} - \frac{1}{2} + \left(\frac{8}{3} - 2\right) = -\frac{1}{6} - \frac{2}{3} = -\frac{5}{6}$

d) $\int_0^{\ln 6} \left(\frac{1}{2} \cdot e^{2x + 4 \cdot \ln 2}\right) dx = \left[\frac{1}{4} \cdot e^{2x + 4 \cdot \ln 2}\right]_0^{\ln 6} = \frac{1}{4} \cdot e^{2 \cdot \ln 6 + 4 \cdot \ln 2}$
$- \frac{1}{4} \cdot e^{4 \cdot \ln 2} = \frac{1}{4} \cdot e^{\ln 36} \cdot e^{\ln 16} - \frac{1}{4} \cdot e^{\ln 16} = \frac{1}{4} \cdot 36 \cdot 16 - \frac{1}{4} \cdot 16 = 140$

2 Die Graphen von F gehören von links nach rechts zu:
C; D; A; B

3 a) $J_0(5) \approx 171$ bedeutet, dass in den ersten 5 Minuten nach Ausbruch des Gewitters 171 ml Regenwasser pro m^2 fällt.
b) $J_0(2) \approx 63$
c) $J_5(10) = \int_5^{10} (60\,t \cdot e^{-0{,}5t})\,dt \approx 59$
d) Max. Wasserhöhe: nach 4,95 min. Max. Wassermenge: 162 ml.
Max. Wasserhöhe: 0,16 mm.
e) $J_0(x) = 100$; $x \approx 2{,}85$; Nach 2,85 min.

I Stammfunktionen, Seite 58

1 a) $f(x) = x^3$ $F(x) = \frac{1}{4} \cdot x^4$
b) $f(x) = \sqrt[3]{x} = x^{\frac{1}{3}}$ $F(x) = \frac{3}{4} \cdot x^{\frac{4}{3}}$
c) $f(x) = \sin(x)$ $F(x) = -\cos(x)$
d) $f(x) = \frac{1}{x^7} = x^{-7}$ $F(x) = -\frac{1}{6} \cdot x^{-6}$

2

$f(x) = 2a$	$F(x) = 2ax + a$
$f(a) = 2x + 1$	$F(a) = 2ax + a$
$f(x) = 4a^2x$	$F(x) = 2a^2x^2 + a$
$f(x) = 4ax$	$F(x) = 2ax^2 + a$
$f(x) = 2a^2$	$F(x) = 2a^2x + a$
$f(a) = 4ax + 1$	$F(a) = 2a^2x + a$

3 a) $\int_1^3 (x)\,dx = \left[\frac{1}{2}x^2\right]_1^3 = \frac{1}{2} \cdot 3^2 - \frac{1}{2}1^2 = 4{,}5 - 0{,}5 = 4$

b) $\int_8^{64} \left(x^{-\frac{2}{3}}\right) dx = \left[\frac{1}{\frac{1}{3}} x^{\frac{1}{3}}\right]_8^{64} = \left[3 \cdot \sqrt[3]{x}\right]_8^{64} = 3 \cdot 4 - 3 \cdot 2 = 6$

c) $\int_1^2 (x^{-4})\,dx = \left[\frac{1}{-3}x^{-3}\right]_1^2 = \left[-\frac{1}{3x^3}\right]_1^2 = -\frac{1}{24} + \frac{1}{3} = \frac{7}{24}$

4 a)

E: F hat bei x ≈ 0 ein Maximum. wahr ☒ falsch ☐

S: F hat bei x ≈ 2,5 ein Minimum. wahr ☐ falsch ☒

U: F(4) ist positiv. wahr ☐ falsch ☒

L: F hat zwischen 2 und 3 eine Nullstelle. wahr ☒ falsch ☐

G: F hat im Intervall [−2; 2] nur positive Funktionswerte. wahr ☒ falsch ☐

A: F′ hat bei x ≈ 2,5 eine Extremstelle. wahr ☒ falsch ☐

N: F(−1) > 5. wahr ☒ falsch ☐

H: F′ hat bei x ≈ −2 eine Extremstelle. wahr ☐ falsch ☒

I: F ist im Intervall [−4; 0] monoton steigend. wahr ☒ falsch ☐

Lösungswort: Genial

b)

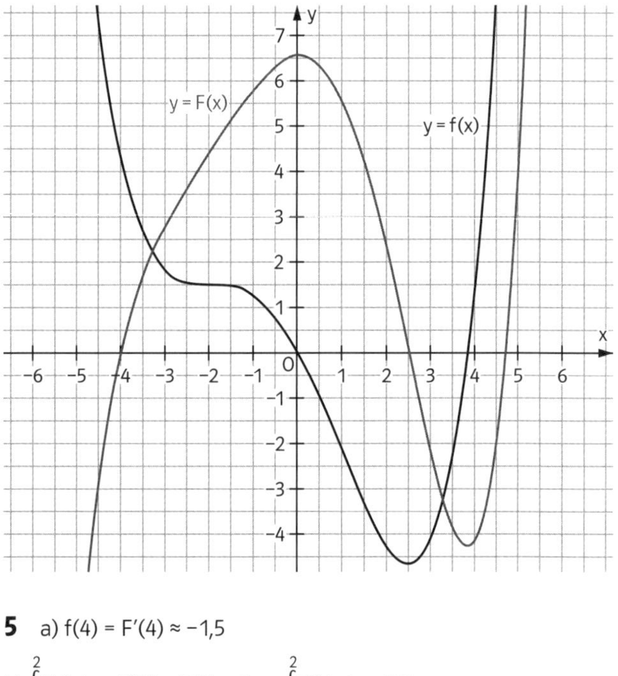

5 a) $f(4) = F'(4) \approx -1{,}5$

b) $\int_0^2 f(x)\,dx = F(2) - F(0) \approx 3$ $\int_0^2 F(x)\,dx \approx 5{,}5.$

c) F hat in [0; 2] eine Wendestelle. Dort hat F″ bzw. f′ eine Nullstelle (notwendige Bedingung für Wendestellen).
d) Der Graph von F ist in [1; 3] eine Rechtskurve. Demnach hat F″ bzw. f′ dort negative Funktionswerte.

e)

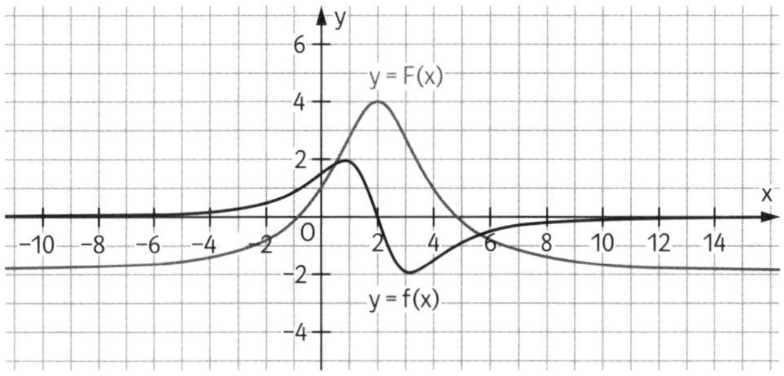

6 a) $F(x) = x^3 + \frac{1}{2}x^2 + c$

$F(2) = 4$ $\quad 2^3 + \frac{1}{2}2^2 + c = 4$ $\quad 8 + 2 + c = 4$

$c = -6$ $\quad$ Ergebnis: $F(x) = x^3 + \frac{1}{2}x^2 - 6$

b) $f(x) = 2x^{-2} + 1$ $\quad F(x) = -2x^{-1} + x + c$

$F(1) = 0$ $\quad -2 \cdot 1 + 1 + c = 0$ $\quad c = 1$

Ergebnis: $F(x) = -\frac{2}{x} + x + 1$

I Eigenschaften von Stammfunktionen und Integralen, Seite 59

1 a) $F(x) = x^2 + 3x$ $\quad$ b) $F(x) = -2\cos(2x)$

c) $F(x) = -\frac{3}{4}x^{-4}$ $\quad$ d) $f(x) = e^{2x}$

e) $F(x) = -3x^{-1} - \frac{5}{2}x^{-2}$ $\quad$ f) $f(x) = 51\cos\left(17x - 4\frac{1}{2}\right)$

d) $F(x) = \frac{3}{7} \cdot \ln|7x - 1|$ $\quad$ h) $F(x) = \frac{1}{\ln 3}3^x$

2 a) Wahr. Denn man kann zu einer Stammfunktion jede beliebige Konstante addieren und erhält so eine weitere Stammfunktion.

b) Falsch. F hat den Grad n + 1. Bsp.: $f(x) = x$; $F(x) = 0{,}5x^2$

c) Wahr. $F'(x) = f(x)$ und jede ganzrationale Funktion F hat genau eine Ableitungsfunktion.

d) Wahr. Es ist die Funktion f mit $f(x) = 0$.

e) Falsch. Gegenbeispiel: $F(x) = x^3$, $f(x) = 3x^2$. 0 ist Nullstelle von f, aber nicht Extremstelle von F.

f) Wahr. Notwendige Bedingung für eine Extremstelle x_0 von F ist $F'(x_0) = 0$. Wegen $F'(x_0) = f(x_0)$ ist die Aussage wahr.

g) Wahr. Bsp.: $f(x) = 3x^2$, $F(x) = x^3$.

3 Beide Stammfunktionen sind richtig, denn sie unterscheiden sich lediglich durch eine Konstante:

$\frac{1}{2}\ln|2x| = \frac{1}{2}\ln 2 + \frac{1}{2}\ln|x|$

Sowohl Kilians als auch Anouks Stammfunktion haben die Ableitung $F'(x) = \frac{1}{2} \cdot \frac{1}{x} = \frac{1}{2x} = f(x)$

4 a) $\int_b^c f(x)\,dx = 11 - 5 = 6$ $\quad$ b) $\int_b^a g(x)\,dx = -(-2) = 2$

c) $\int_a^c g(x)\,dx = -2 + 1 = -1$ $\quad$ d) $\int_b^c (f(x)^2)\,dx$ = nicht lösbar

e) $\int_b^c (2 \cdot f(x))\,dx = 6 + 6 = 12$ $\quad$ f) $\int_b^c f(2x)\,dx$ = nicht lösbar

g) $\int_a^b (f(x) - g(x))\,dx = 5 - (-2) = 7$ $\quad$ h) $-\int_c^a f(x)\,dx = -(-11) = 11$

i) $\int_b^c (f(x) \cdot g(x))\,dx$ = nicht lösbar

5 a) $\int_1^2 \frac{2x^3 - 5}{x^2}\,dx = \int_1^2 (2x - 5x^{-2})\,dx = \left[x^2 + 5x^{-1}\right]_1^2 = \left[x^2 + \frac{5}{x}\right]_1^2$
$= 4 + 2{,}5 - (1 + 5) = 0{,}5$

b) $\int_0^{\pi} \sin(3x)\,dx = \left[-\frac{1}{3}\cos(3x)\right]_0^{\pi} = -\frac{1}{3} \cdot (-1) - \left(-\frac{1}{3} \cdot 1\right) = \frac{2}{3}$

c) $\int_0^1 \frac{3}{4x+1}\,dx = 3 \cdot \int_0^1 \frac{1}{4x+1}\,dx = 3 \cdot \left[\frac{1}{4} \cdot \ln|4x+1|\right]_0^1 = \frac{3}{4}\ln 5 - \frac{3}{4}\ln 1$
$= \frac{3}{4}\ln 5$

d) $\int_1^9 \frac{2}{\sqrt{4x}}\,dx = \int_1^9 \frac{2}{2\sqrt{x}}\,dx = \int_1^9 x^{-\frac{1}{2}}\,dx = \left[\frac{1}{\frac{1}{2}} \cdot x^{\frac{1}{2}}\right]_1^9 = \left[2\sqrt{x}\right]_1^9 = 2 \cdot \sqrt{9} - 2 \cdot \sqrt{1}$
$= 6 - 2 = 4$

e) $\int_{-0,25}^0 e^{4x+1}\,dx = \left[\frac{1}{4}e^{4x+1}\right]_{-0,25}^0 = \frac{1}{4}e^1 - \frac{1}{4}e^0 = \frac{1}{4}e - \frac{1}{4}$

6 $F(x) = \frac{4}{3}x^3 - \frac{1}{2}x^2 + c$

$F'(x) = 4x^2 - x$

$F''(x) = 8x - 1$

$F'(x) = 0$ $\quad 4x^2 - x = 0$ $\quad x(4x - 1) = 0$ $\quad x_1 = 0$ $\quad x_2 = \frac{1}{4}$

$F''(0) = -1 < 0$ $\quad$ 0 ist eine Maximumstelle von F

$F''\left(\frac{1}{4}\right) = 1 > 0$ $\quad \frac{1}{4}$ ist eine Minimumstelle von F

Der Tiefpunkt liegt auf der x-Achse, falls gilt: $F\left(\frac{1}{4}\right) = 0$

$\frac{4}{3} \cdot \left(\frac{1}{4}\right)^3 - \frac{1}{2} \cdot \left(\frac{1}{4}\right)^2 + c = 0$ $\quad \frac{4}{3} \cdot \frac{1}{64} - \frac{1}{2} \cdot \frac{1}{16} + c = 0$ $\quad \frac{1}{48} - \frac{1}{32} + c = 0$

$c = \frac{1}{32} - \frac{1}{48} = \frac{3}{96} - \frac{2}{96} = \frac{1}{96}$

Ergebnis: $\quad F(x) = \frac{4}{3}x^3 - \frac{1}{2}x^2 + \frac{1}{96}$

7 $\int_1^b (2x - 1)\,dx = \left[x^2 - x\right]_1^b = b^2 - b - (1 - 1) = b^2 - b$

$b^2 - b = 20$ $\quad b^2 - b - 20 = 0$

$b_{1,2} = \frac{1 \pm \sqrt{1 - 4 \cdot 1 \cdot (-20)}}{2} = \frac{1 \pm 9}{2}$ $\quad b_1 = 5$ $\quad b_2 = -4$

I Flächenberechnungen mit dem Integral; ins Unendliche reichende Flächen, Seite 60

1 $f(x) = x^2 - 4$, $g(x) = 2x - 1$ $\quad x^2 - 4 = 2x - 1$ $\quad x^2 - 2x - 3 = 0$

$x_{1,2} = \frac{2 \pm \sqrt{4 + 4 \cdot 3}}{2} = 1 \pm 2$ $\quad x_1 = 3$ $\quad x_2 = -1$

$\int_{-1}^3 (2x - 1 - (x^2 - 4))\,dx = \int_{-1}^3 (-x^2 + 2x + 3)\,dx = \left[-\frac{1}{3}x^3 + x^2 + 3x\right]_{-1}^3$
$= -9 + 9 + 9 - \left(\frac{1}{3} + 1 - 3\right) = 9 + 1\frac{2}{3} = 10\frac{2}{3}$

2 Berechnen Sie den Inhalt der gefärbten Fläche.

a) $A = \int_{-\sqrt{3}}^{\sqrt{3}} (-x^2 + 4 - 1)\,dx \approx 6{,}93$

b) $A = 4 \cdot 6{,}4 - \int_0^4 (0{,}1x^3)\,dx = 25{,}4 - 6{,}4 = 19$

c) $A = -\int_0^2 (x^3 - 4x)\,dx = 4$

3 Tangentengleichung: $m = 3t^2$ $\quad t^3 = 3t^2 \cdot t + n$
$n = -2t^3$ $\quad y = 3t^2 \cdot x - 2t^3$

Schnittstelle der Tangente mit der x-Achse:
$3t^2x - 2t^3 = 0$ $\quad 3x - 2t = 0$ $\quad x = \frac{2}{3}t$

Flächeninhalt:
$A(t) = \int_0^t (x^3)\,dx - \frac{1}{2} \cdot \frac{1}{3}t \cdot t^3 = \frac{1}{4} \cdot t^4 - \frac{1}{6} \cdot t^4 = \frac{1}{12} \cdot t^4$

4 $x^2 - tx = 0$ $\quad x(x - t) = 0$ $\quad x_1 = 0$ $\quad x_2 = t$

$A(t) = \int_0^t (0 - x^2 + tx)\,dx = \left[-\frac{1}{3}x^3 + \frac{t}{2}x^2\right]_0^t = -\frac{1}{3}t^3 + \frac{1}{2}t^3 = \frac{1}{6}t^3$

$\frac{1}{6}t^3 = 4{,}5$ $\quad t^3 = 27$ $\quad t = 3$

5 $A_1(z) = \int_2^z \frac{3}{x^2}\,dx = \left[-\frac{3}{x}\right]_2^z = -\frac{3}{z} + \frac{3}{2} = 1{,}5 - \frac{3}{z}$

Für $z \to \infty$ gilt: $A_1(z) \to 1{,}5$

$A_2(z) = \int_z^1 \frac{3}{x^2}\,dx = \left[-\frac{3}{x}\right]_z^1 = -3 + \frac{3}{z}$ Für $z \to 0$ gilt: $A_2(z) \to \infty$

Ergebnis: A_1 hat einen endlichen Flächeninhalt, A_2 nicht.

I Klausurtraining, Seite 61

1 a) $F(x) = \frac{3}{4}x^8 + \frac{1}{x^7}$

b) $F(x) = \frac{2}{9}(3x+4)^{\frac{3}{2}}$

c) $F(x) = -\frac{1}{3}e^{-3x+7} - \frac{\pi}{\sqrt{2}}\cos(\sqrt{2}\cdot x)$

2 a) $\int_1^z (4 - 2x^{-2})\,dx = \left[4x + \frac{2}{x}\right]_1^z = 4z + \frac{2}{z} - 6$

$4z + \frac{2}{z} - 6 = 3 \quad 4z^2 - 9z + 2 = 0 \qquad z_1 = 2 \quad z_2 = \frac{1}{4}$

b) $\int_0^{\frac{\pi}{2}} \left(z\cdot\cos\left(2x+\frac{\pi}{2}\right)\right)dx = z\cdot\int_0^{\frac{\pi}{2}}\cos\left(2x+\frac{\pi}{2}\right)dx = z\left[\frac{1}{2}\sin\left(2x+\frac{\pi}{2}\right)\right]_0^{\frac{\pi}{2}}$

$= z\cdot\frac{1}{2}\cdot\left[\sin\left(\frac{3}{2}\pi\right) - \sin\left(\frac{\pi}{2}\right)\right] = z\cdot\frac{1}{2}\cdot[-1-1] = -z$ Also: $z = -17$

c) $\int_z^e \left(\frac{2}{x+e}\right)dx = 2\cdot\int_z^e \frac{1}{x+e}\,dx = 2\cdot[\ln|x+e|]_z^e$

$= 2\cdot\ln|2e| - 2\cdot\ln|z+e|$

$= 2\cdot(\ln 2 + \ln e) - 2\cdot\ln|z+e|$

$2\ln 2 + 2\ln e - 2\ln|z+e| = 2\ln 2$

$2\ln e - 2\ln|z+e| = 0$

$\ln e = \ln|z+e| \qquad z = 0$

3 $\int_1^3 x^2 - 2x\,dx = \left[\frac{1}{3}x^3 - x^2\right]_1^3$

$= 9 - 9 - \frac{1}{3} - 1 = \frac{2}{3}$

$\int_1^3 x^2 - 2x\,dx = A_1 - A_2$

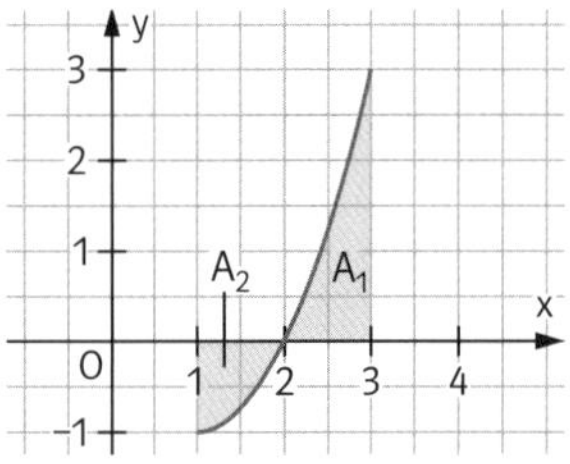

4 a) Normalengleichung:

Skizze:

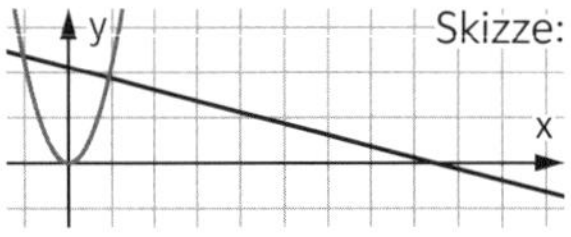

$y = mx + c$ mit $m = -\frac{1}{f'(2)} = -\frac{1}{12}$

Koordinaten von $P(2\,|\,12)$

in $y = -\frac{1}{12}x + c$ einsetzen:

$12 = -\frac{1}{12}\cdot 2 + c \qquad c = 12\frac{1}{6}$

Gleichung der Normalen: $y = -\frac{1}{12}x + 12\frac{1}{6}$

Schnittpunkt S der Normalen mit der x-Achse: $-\frac{1}{12}x + 12\frac{1}{6} = 0$

$12\frac{1}{6} = \frac{1}{12}x \qquad x = 12\cdot 12\frac{1}{6} = 146 \qquad S(146\,|\,0)$

$A = \int_0^2 (3x^2)\,dx + \frac{1}{2}\cdot 12\cdot(146 - 2)$

$= [x^3]_0^2 + 6\cdot 144 = 8 + 864 = 872$

b) $A = 2\cdot 12 - 8 + \frac{1}{2}\cdot 2\cdot\frac{1}{6} = 16 + \frac{1}{6} = 16\frac{1}{6}$

5 Schnittstellen von f_u mit der x-Achse:

$-x^3 + kx^2 = 0 \quad x^2(-x+k) = 0 \qquad x_1 = 0 \quad x_2 = k$

$A = \int_0^k (-x^3 + kx^2)\,dx = \left[-\frac{1}{4}x^4 + \frac{k}{3}x^3\right]_0^k = -\frac{1}{4}k^4 + \frac{1}{3}k^4 = \frac{1}{12}k^4$

$\frac{1}{12}k^4 = 21\frac{1}{3} \qquad k^4 = 12\cdot 21\frac{1}{3} = 256 \qquad k = \sqrt[4]{256} = 4$

6 a)

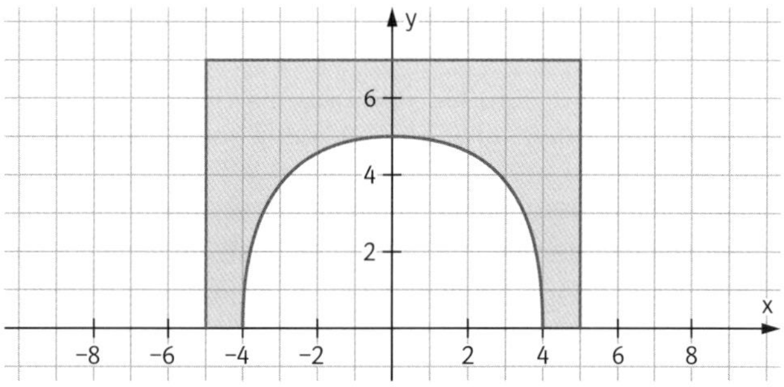

b) $10\cdot 7 - \int_{-4}^{4}\left(8 + \frac{72}{x^2 - 25}\right)dx \approx 37{,}64 \qquad 37{,}64\cdot 3 = 112{,}92$

Es werden rund $113\,m^3$ Stein verbaut.

c) Die äußere Kante des Wagens ist bei $P(2{,}5\,|\,3)$.

Abstand des Punktes P vom Graph von f:

$(d(x))^2 = (x - 2{,}5)^2 + (f(x) - 3)^2$

$d(x) = \sqrt{(x-2{,}5)^2 + \left(5 + \frac{72}{x^2-25}\right)^2}$

Tiefpunkt des Graphen von d: $T(\approx 3{,}10\,|\approx 0{,}68)$

Der Abstand zwischen Wagen und Torbogen beträgt 68 cm.

7 a) f beschreibt die Änderung der Schneehöhe und es ist $f(t) > 0$ für alle t.

Beweis: $t^2 - 7t + 21 = t^2 - 7t + \frac{49}{4} - \frac{49}{4} + 21 = \left(t - \frac{7}{2}\right)^2 + 8{,}75 > 0$

b) Um 21.00 Uhr beträgt die Schneehöhe 17,8 cm.

c) Schnittstelle von $y_1 = \int_0^x f(t)\,dt$ und $y_2 = 20$ ist $x \approx 3{,}26$

Um ca. 21.16 Uhr ist die Schneehöhe 20 cm.

d) Schnittstellen von $y_1 = f(t)$ und $y_2 = 5$ sind $x_1 = 1$ und $x_2 = 6$.

Um 19.00 Uhr bleibt erstmals Schnee auf dem Dach liegen.

e) $\int_1^6 (f(t) - 5)\,dt \approx 10{,}6$

Die maximale Schneehöhe von 10,6 cm ist um 24.00 Uhr erreicht.

f) Schnittstelle von $y_1 = \int_x^{x+1} (f(t) - 5)\,dt$ und $y_2 = 2$ ist $x \approx 7{,}04$

Die Schneehöhe nimmt zwischen 1 Uhr und 2 Uhr um 2 cm ab.

g) $\int_1^x (f(t) - 5)\,dt = 0$ hat die Lösung $x \approx 10{,}5$

Um 4.30 Uhr ist der Schnee komplett geschmolzen.

8 a) $\int_a^z \frac{100}{x^2}\,dx = 100\int_a^z \frac{1}{x^2}\,dx = 100\left[-\frac{1}{x}\right]_a^z = -\frac{100}{z} + \frac{100}{a}$

Für $z \to \infty$ gilt: $\int_a^z \frac{100}{x^2}\,dx \to \frac{100}{a}$

$\frac{100}{a} = 20 \qquad a = 5$

b) $\int_a^z \left(\frac{1}{x^2} + \frac{1}{100}\right)dx = \left[-\frac{1}{x} + \frac{1}{100}x\right]_a^z = -\frac{1}{z} + \frac{1}{100}z + \frac{1}{a} - \frac{1}{100}a$

Für $z \to \infty$ gilt: $\int_a^z \left(\frac{1}{x^2} + \frac{1}{100}\right)dx \to \infty$. Es gibt keinen Wert für a,

der die Gleichung $\int_a^\infty \left(\frac{1}{x^2} + \frac{1}{100}\right)dx = 100$ erfüllt.

c) $\int_0^a \frac{1}{\sqrt{x}}\,dx = \int_0^a x^{-\frac{1}{2}}\,dx = [2\sqrt{x}]_0^a = 2\sqrt{a} - 2\sqrt{0} = 2\sqrt{a}$

$2\sqrt{a} = 4{,}5 \qquad \sqrt{a} = 2{,}25 \qquad a = 1{,}5$

d) $\pi\int_0^5 (ax^2)^2\,dx = \pi\cdot a^2\int_0^5 x^4\,dx = \pi\cdot a^2\cdot\left[\frac{1}{5}x^5\right]_0^5 = \pi\cdot a^2\cdot 625$

$\pi\cdot a^2\cdot 625 = 491 \qquad a = \sqrt{\frac{491}{\pi\cdot 625}} \approx 0{,}5$

12, II Weitere Eigenschaften von Funktionen und deren Graphen

II Die zweite Ableitung, Seite 62

1 a) $f'(x) = 10x + \frac{10}{x^3}$ $\quad f''(x) = 10 - \frac{30}{x^4}$

b) $f'(x) = \frac{\sqrt{2e}}{2\sqrt{x}} + 2e^{2x}$ $\quad f''(x) = \frac{-\sqrt{2e}}{4\sqrt{x^3}} + 4e^{2x}$

c) $f'(x) = \cos(x^2) \cdot 2x \cdot x + \sin(x^2) \cdot 1 = \cos(x^2) \cdot 2x^2 + \sin(x^2)$

$f''(x) = -\sin(x^2) \cdot 2x \cdot 2x^2 + \cos(x^2)4x + 2x\cos(x^2)$

$= 6x \cdot \cos(x^2) - 4x^3\sin(x^2)$

d) $f'(x) = \frac{1 \cdot (1-x)^2 - x \cdot 2(1-x) \cdot (-1)}{(1-x)^4} = \frac{1 - 2x + x^2 + 2x - 2x^2}{(1-x)^4} = \frac{1-x^2}{(1-x)^4}$

$f''(x) = \frac{-2x \cdot (1-x)^4 - (1-x^2) \cdot 4(1-x)^3(-1)}{(1-x)^8} = \frac{-2x \cdot (1-x) + 4(1-x^2)}{(1-x)^5}$

$= \frac{-2x \cdot (1-x) + 4(1-x)(1+x)}{(1-x)^5} = \frac{-2x + 4 + 4x}{(1-x)^4} = \frac{2x+4}{(1-x)^4}$

2 A → II $\quad$ B → III $\quad$ C → IV $\quad$ D → I

3 a)

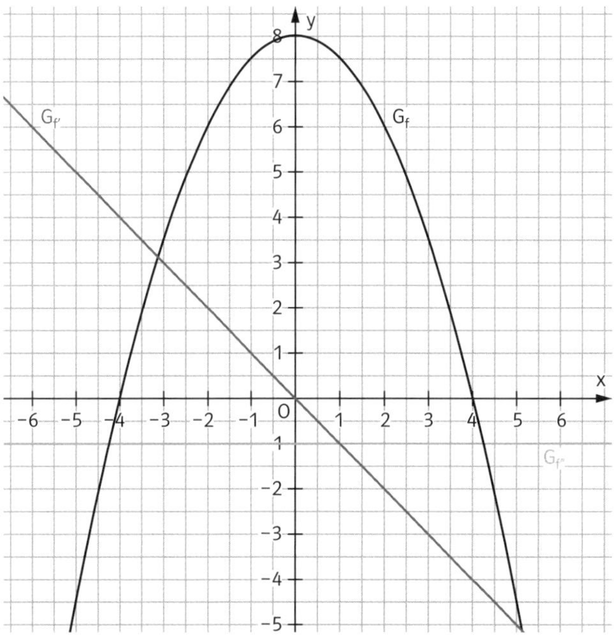

b)

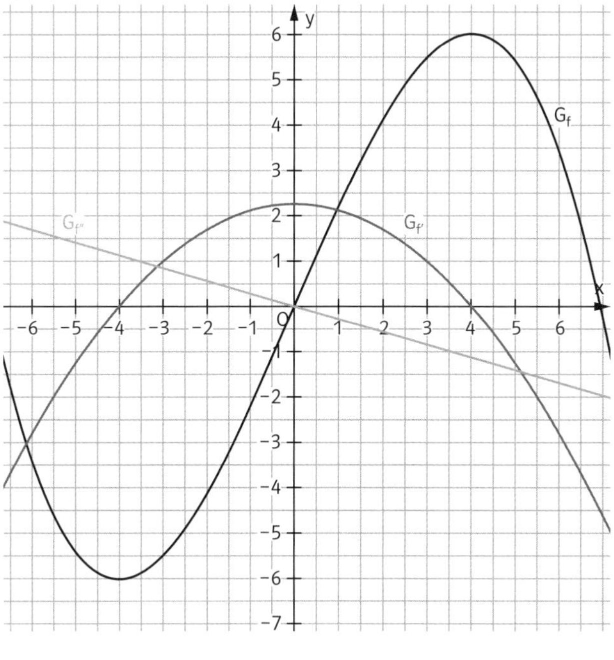

II Krümmung von Graphen, Seite 63

1 A → 4; $\quad$ B → 3; $\quad$ C → 1; $\quad$ D → 2

2 a) Linkskurve: $\{x \in \mathbb{R};\, x < -3\}$; $\quad \{x \in \mathbb{R} \mid 0 < x < 3{,}5\}$
Rechtskurve: $\{x \in \mathbb{R};\, -3 < x < 0\}$; $\quad \{x \in \mathbb{R} \mid x > 3{,}5\}$
b) Linkskurve: $\{x \in \mathbb{R};\, -4 < x < -2\}$; $\quad \{x \in \mathbb{R} \mid 1 < x < 3{,}2\}$
Rechtskurve: $\{x \in \mathbb{R};\, x < -4\}$; $\quad \{x \in \mathbb{R};\, -2 < x < 1\}$; $\quad \{x \in \mathbb{R} \mid x > 3{,}2\}$

3 a) Ableitungen: $f'(x) = \frac{2}{3}x^3 - 18x + 2$; $\quad f''(x) = 2x^2 - 18$
Nullstellen von f'': $2 \cdot (x^2 - 9) = 0$; $\quad x_1 = -3$; $\quad x_2 = 3$
Für $x < -3$ gilt $f''(x) > 0$, d.h. der Graph von f ist eine Linkskurve.
Für $-3 < x < 3$ gilt $f''(x) < 0$, d.h. der Graph von f ist eine Rechtskurve.
Für $x > 3$ gilt $f''(x) > 0$, d.h. der Graph von f ist eine Linkskurve.

b) Ableitungen: $f'(x) = x^3 + \frac{3}{2}x^2 - 6x$; $\quad f''(x) = 3x^2 + 3x - 6$
Nullstellen von f'': $3 \cdot (x^2 + x - 2) = 0$; $\quad x_{1,2} = -\frac{1}{2} \pm \sqrt{\frac{1}{4} + 2}$;
$x_1 = 1$; $\quad x_2 = -2$
Für $x < -2$ gilt $f''(x) > 0$, d.h. der Graph von f ist eine Linkskurve.
Für $-2 < x < 1$ gilt $f''(x) < 0$, d.h. der Graph von f ist eine Rechtskurve.
Für $x > 1$ gilt $f''(x) > 0$, d.h. der Graph von f ist eine Linkskurve.

4 b) Rechtskurve $\quad$ c) Rechtskurve $\quad$ d) Linkskurve

II Wendepunkte, Art der Extrema, Seite 64

1 a) Ableitungen: $f'(x) = 4x^3 - 12x^2$; $\quad f''(x) = 12x^2 - 24x$
Nullstellen von f' bestimmen: $4x^3 - 12x^2 = 0$
Faktorisieren: $4x^2 \cdot (x - 3) = 0$
Nullstellen von f': $x_1 = 0$; $\quad x_2 = 3$
Überprüfung mit der zweiten Ableitung: $f''(0) = 0$; $\quad f''(3) = 36$
An der Stelle 3 hat der Graph von f einen Tiefpunkt, die Stelle 0 muss mithilfe des Vorzeichenwechselkriteriums von f' weiter untersucht werden: Es ist $f'(-1) < 0$ und $f'(1) < 0$, d.h. an der Stelle 0 hat der Graph von f einen Sattelpunkt.
Extrempunkt des Graphen von f: $f(3) = -19$; $\quad T(3 \mid -19)$
b) Ableitungen: $f'(x) = -6x^3 + 12x^2 - 6x$;
$f''(x) = -18x^2 + 24x - 6$
Nullstellen von f' bestimmen: $-6x^3 + 12x^2 - 6x = 0$
Faktorisieren: $-6x \cdot (x^2 - 2x + 1) = 0$
Nullstellen von f': $x_1 = 0$; $\quad x_2 = 1 \pm \sqrt{1-1}$; $\quad x_2 = 1$
Überprüfung mit der zweiten Ableitung: $f''(0) = -6$; $\quad f''(1) = 0$
An der Stelle 0 hat der Graph von f einen Hochpunkt, die Stelle 1 muss mithilfe des Vorzeichenwechselkriteriums von f' weiter untersucht werden: Es ist $f'(0{,}5) = -0{,}75 < 0$ und $f'(2) = -12 < 0$, d.h. an der Stelle 1 hat der Graph von f einen Sattelpunkt.
Extrempunkt des Graphen von f: $f(0) = 5$; $\quad H(0 \mid 5)$

2 Tief; $\quad T(0 \mid 0)$; $\quad$ 0; $\quad$ 0; $\quad$ 0;
Vorzeichenwechselkriteriums

3 a) $f'(x) = \frac{4}{3}x^3 - 4x + 3$;
$f''(x) = 4x^2 - 4$; $\quad f'''(x) = 8x$
Nullstellen von f' bestimmen: $4x^2 - 4 = 0$
Faktorisieren: $4 \cdot (x + 1) \cdot (x - 1) = 0$
Nullstellen: $x_1 = -1$; $\quad x_2 = 1$
Einsetzen der Nullstellen in die 3. Ableitung:
$f'''(-1) = -8$; $\quad f'''(1) = 8$
Koordinaten der Wendepunkte bestimmen:
$f(-1) = \frac{1}{3} - 2 - 3 = -4\frac{2}{3}$; $\quad W_1\left(-1 \mid -4\frac{2}{3}\right)$

$f(1) = \frac{1}{3} - 2 + 3 = 1\frac{1}{3}$; $W_2\left(1 \middle| 1\frac{1}{3}\right)$

b) $f'(x) = \frac{1}{4}x^4 + x^3 + x^2$

$f''(x) = x^3 + 3x^2 + 2x$

$f'''(x) = 3x^2 + 6x + 2$

Nullstellen von f″ bestimmen: $x^3 + 3x^2 + 2x = 0$;

$x \cdot (x^2 + 3x + 2) = 0$; $x_1 = 0$; $x_{2,3} = -\frac{3}{2} \pm \sqrt{\frac{9}{4} - 2}$;

$x_2 = -1$; $x_3 = -2$

Einsetzen der Nullstellen in die 3. Ableitung:

$f'''(0) = 2$; $f'''(-1) = -1$; $f'''(-2) = 2$

Koordinaten der Wendepunkte bestimmen:

$f(0) = 0$; $W_1(0|0)$

$f(-1) = -\frac{2}{15}$; $W_2\left(-1 \middle| -\frac{2}{15}\right)$

$f(-2) = -\frac{4}{15}$; $W_3\left(-2 \middle| -\frac{4}{15}\right)$

II Klausurtraining, Seite 65

1

Funktion f(x)	1. Ableitungsfunktion f′(x)	2. Ableitungsfunktion f″(x)
quadratische Funktion	lineare Funktion	konstante Funktion
Wendepunkt	Extrempunkt	Nullstelle
streng monoton wachsend	> 0	
Hochpunkt	Nullstelle mit Vorzeichenwechsel	< 0
Terrassenpunkt	Nullstelle ohne Vorzeichenwechsel	Nullstelle
Extrempunkt	Nullstelle mit Vorzeichenwechsel	Nullstelle ohne Vorzeichenwechsel
Extrempunkt auf der x-Achse	Nullstelle mit Vorzeichenwechsel	≠ 0

2 a) Nullstellen: $x_1 = 0$; $x_2 = 0{,}75$

Lokale Extrempunkte: Hochpunkt bei $\left(\frac{1}{4} \middle| \frac{1}{24}\right)$ Tiefpunkt bei $\left(\frac{3}{4} \middle| 0\right)$

Wendepunkt: $f''(x) = 4x - 2$ ist linear, damit gibt es genau einen Wendepunkt $W\left(\frac{1}{2} \middle| \frac{1}{48}\right)$.

b) Tangente in $P\left(\frac{1}{2} \middle| \frac{1}{48}\right)$: $y = -\frac{1}{8}x + \frac{1}{12}$ mit der Nullstelle $x_{0T} = \frac{2}{3}$

Dreiecksfläche $A = \frac{1}{2} \cdot \frac{2}{3} \cdot \frac{1}{12}$ FE $= \frac{1}{36}$ FE

c) Gerade g durch A(0|1) und B(4|2,5):

$y = mx + 1$ $2{,}5 = 4m + 1$ $m = \frac{3}{8}$

f soll die Steigung m haben: $f'(x_g) = \frac{3}{8}$ $2x_g^2 - 2x_g + \frac{3}{8} = \frac{3}{8}$

$x_3 = 1$; $x_4 = 0$

3 a) Der K-Punkt entspricht dem Wendepunkt der Funktion f.

Ableitungen: $f'(x) = \frac{9}{100\,000}x^2 - \frac{18}{1000}x + \frac{1}{5}$; $f''(x) = \frac{18}{100\,000}x - \frac{18}{1000}$;

$f'''(x) = \frac{18}{100\,000} \neq 0$

Aus $f''(x_w) = 0$ folgt $x_W = 100$. Der K-Punkt hat die Koordinaten (100 | 40).

Das Gefälle ist die Steigung im Wendepunkt, also $f'(100) = -0{,}7$, also 70 %.

b) Aus $m = \tan 148° \approx -0{,}625$ und dem Ansatz $f'(x) = m$ ergeben sich die Werte $x_1 \approx 71{,}11$ (entfällt laut Aufgabe) und $x_2 \approx 128{,}89$. Mit $f(x_2) \approx 20{,}50$ ergibt sich der „Hillsize" als Abstand der Punkte A(0 | 86) und P(128,89 | 20,50) mit $\sqrt{128{,}89^2 + (86 - 20{,}5)^2} \approx 144{,}58$. Der „Hillsize" beträgt also rund 145 m.

12, III Zufallsgrößen und Binomialverteilung

III Zufallsgrößen und ihre Verteilung, Seite 66

1 a) X = { 1; 2; 3; 4}

b)

x_i	1	2	3	4
$P(X = x_i)$	0,25	0,25	0,25	0,25

2 a) Ermitteln Sie, welche Werte die Zufallsvariable X annehmen kann. Es ist

X = {1; 2; 3; 4; 5; 6; 8; 9; 10; 12; 15; 16; 18; 20; 24; 25; 30; 36}

b)

Würfel 1 \ Würfel 2	1	2	3	4	5	6
1	1	2	3	4	5	6
2	2	4	6	8	10	12
3	3	6	9	**12**	15	18
4	4	8	12	16	20	24
5	5	10	15	20	25	30
6	6	12	18	24	30	36

X = 1: {(1 1)}

X = 2: {(1 2); (2 1)}

X = 3: {(1 3); (3 1)}

X = 4: {(1 4); (2 2); (4 1)}

X = 5: {(1 5); (5 1)}

X = 6: {(1 6); (2 3); (3 2); (6 1)}

X = 8: {(2 4); (4 2)}

X = 9: {(3 3)}

X = 10: {(2 5); (5 2)}

X = 12: {(2 6); (3 4); (4 3); (6 2)}

X = 15: {(3 5); (5 3)}

X = 16: {(4 4)}

X = 18: {(3 6); (6 3)}

X = 20: {(4 5); (5 4)}

X = 24: {(4 6); (6 4)}

X = 25: {(5 5)}

X = 30: {(5 6); (6 5)}

X = 36: {(6 6)}

Daraus ergibt sich die Wahrscheinlichkeitsverteilung der Zufallsgröße X: siehe Tabelle 1

3

Anzeige	1	2; 4	3	5	6; 0	7	8	9
x_i	2	4	6	5	12	14	16	9
$P(X = x_i)$	0,1	0,2	0,1	0,1	0,2	0,1	0,1	0,1

III Erwartungswert und Varianz, Seite 67

1 $E(X) = 3{,}5 \cdot 0{,}3 + 4 \cdot 0{,}25 + 4{,}5 \cdot 0{,}4 + 5 \cdot 0{,}05 = 4{,}1$

Um weniger als 0,5 weichen nur die Werte 4 und 4,5 vom Erwartungswert ab.

Tabelle 1

x	1	2	3	4	5	6	8	9	10	12	15	16	18	20	24	25	30	36
$P(X = x_i)$	$\frac{1}{36}$	$\frac{2}{36}$	$\frac{2}{36}$	$\frac{3}{36}$	$\frac{2}{36}$	$\frac{4}{36}$	$\frac{2}{36}$	$\frac{1}{36}$	$\frac{2}{36}$	$\frac{4}{36}$	$\frac{2}{36}$	$\frac{1}{36}$	$\frac{2}{36}$	$\frac{2}{36}$	$\frac{2}{36}$	$\frac{1}{36}$	$\frac{2}{36}$	$\frac{1}{36}$

2

x_i	$P(X = x_i)$	$x_i \cdot P(X = x_i)$	$x_i - \mu$	$(x_i - \mu)^2$	$(x_i - \mu)^2 \cdot P(X = x_i)$
1	0,02	0,02	−3,42	11,7	0,234
2	0,12	0,24	−2,42	5,856	0,703
3	0,15	0,45	−1,42	2,016	0,302
4	0,22	0,88	−0,42	0,176	0,039
5	0,24	1,2	0,58	0,336	0,081
6	0,13	0,78	1,58	2,496	0,325
7	0,11	0,77	2,58	6,656	0,732
8	0,01	0,08	3,58	12,82	0,128
		E(X) = 4,42			Var(X) = 2,544

3

Würfel 1 \ Würfel 2	1	2	3	4	5	6
1	2	3	4	5	6	7
2	3	4	5	6	7	8
3	4	5	6	7	8	9
4	5	6	7	8	9	10
5	6	7	8	9	10	11
6	7	8	9	10	11	12

1 gerade Primzahl 17 gerade Nicht-Primzahlen
14 ungerade Primzahlen 4 ungerade Nicht-Primzahlen

Augensumme	gerade Primzahl	ungerade Primzahl	gerade Nicht-Primzahl	ungerade Nicht-Primzahl
Anzahl	1	14	17	4
Auszahlung in €	9	5	3	0
Gewinn g in €	5	1	−1	−4
P(G = g)	$\frac{1}{36}$	$\frac{14}{36}$	$\frac{17}{36}$	$\frac{4}{36}$

$E(G) = -\frac{14}{36} \approx -0{,}39$ €

4 siehe Tabelle 1

$E(X) = 2 \cdot \frac{20}{462} + 3 \cdot \frac{70}{462} + 4 \cdot \frac{42}{462} + 1{,}5 \cdot \frac{100}{462} + 2{,}5 \cdot \frac{140}{462} + 1 \cdot \frac{90}{462} = \frac{1008}{462}$

$\approx 2{,}18$

III Spielpläne (1), Seite 68

1 a)

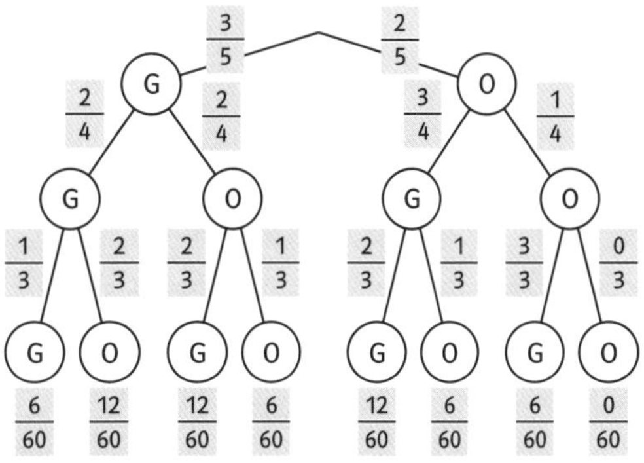

b)

Anzahl a	0	1	2	3
P(X = a)	0	$\frac{18}{60} = \frac{3}{10}$	$\frac{36}{60} = \frac{6}{10} = \frac{3}{5}$	$\frac{6}{60} = \frac{1}{10}$

$E(X) = 0 \cdot 0 + 1 \cdot \frac{3}{10} + 2 \cdot \frac{3}{5} + 3 \cdot \frac{1}{10} = 1{,}8$

c) Mia kann langfristig mit einer Auszahlung von 1,80 € pro Spiel rechnen. Ein fairer Einsatz würde also 1,80 € betragen.

2 Von 1–16 gibt es 6 Primzahlen und 8 gerade Zahlen. Die Zahl 2 ist sowohl Primzahl als auch gerade.
Gewinnplan für Anna:

Gewinn in EURO	3	−2	1
Wahrscheinlichkeit	$\frac{6-1}{16}$	$\frac{8-1}{16}$	$\frac{1}{16}$

$E(X) = 3 \cdot \frac{5}{16} + (-2) \cdot \frac{7}{16} + 1 \cdot \frac{1}{16} = \frac{1}{8}$

Das Spiel ist nicht fair, weil Anna im Durchschnitt 12,5 ct pro Spiel gewinnt.

3 a) Untere Tabellenzeile: $\frac{3}{10}$; $\frac{5}{10} = \frac{1}{2}$; $\frac{2}{10} = \frac{1}{5}$

Damit das Spiel fair ist, muss gelten: $E(X) = 0$.

Dies führt auf die Gleichung $\frac{3}{10} \cdot (-2) + \frac{5}{10} \cdot (-3) + \frac{2}{10} \cdot z = 0$.

Lösung der Gleichung:

$-\frac{6}{10} - \frac{15}{10} + \frac{2}{10} \cdot z = 0$; $-21 + 2z = 0$; $2z = 21$; $z = 10{,}5$

Bei einem fairen Spiel muss der Gewinn bei „Weiß" 10,50 € betragen, also muss der Betreiber dann 15,50 € auszahlen.

b) Es muss gelten: $E(X) = -0{,}5$.

Dies führt auf die Gleichung $\frac{3}{10} \cdot (-2) + \frac{5}{10} \cdot (-3) + \frac{2}{10} \cdot z = -0{,}5$.

Lösung der Gleichung: $-21 + 2z = -5$; $2z = 16$; $z = 8$
Der Betreiber muss dann 13 Euro auszahlen.

Tabelle 1

Möglichkeiten	1€/1€	1€/2€	2€/2€	1€/50 ct	2€/50€	50 ct/50 ct
Betrag x_i	2€	3€	4€	1,50€	2,50€	1€
$P(X = x_i)$	$\frac{5}{22} \cdot \frac{4}{21}$	$\frac{5}{22} \cdot \frac{7}{21} + \frac{7}{22} \cdot \frac{5}{21}$	$\frac{7}{22} \cdot \frac{6}{21}$	$\frac{5}{22} \cdot \frac{10}{21} + \frac{10}{22} \cdot \frac{5}{21}$	$\frac{7}{22} \cdot \frac{10}{21} + \frac{10}{22} \cdot \frac{7}{21}$	$\frac{10}{22} \cdot \frac{9}{21}$

III Spielpläne (2), Seite 69

4 Das Spiel ist nicht fair, weil der Spieler im Durchschnitt 8 ct verliert:

Gewinn g	1 €	2 €	3 €	−1 €
P(G = g)	$3\cdot\frac{1}{6}\cdot\left(\frac{5}{6}\right)^2=\frac{75}{216}$	$3\cdot\frac{5}{6}\cdot\left(\frac{1}{6}\right)^2=\frac{15}{216}$	$\left(\frac{1}{6}\right)^3=\frac{1}{216}$	$\left(\frac{5}{6}\right)^3=\frac{125}{216}$

$E(G)=1\cdot\frac{75}{216}+2\cdot\frac{15}{216}+3\cdot\frac{1}{216}-1\cdot\frac{125}{216}=-\frac{17}{216}\approx-0{,}08$

Der Einsatz x für ein faires Spiel ergibt sich aus der Gleichung

$0=1\cdot\frac{75}{216}+2\cdot\frac{15}{216}+3\cdot\frac{1}{216}-x\cdot\frac{125}{216}$ mit $x=0{,}864$:

86 ct ist der Einsatz bei einem fairen Spiel.

5 Für $p=\frac{1}{2}$ wegen $\alpha=180°$ gilt:

g	0	−15	60
P(X = g)	$\frac{1}{2}$	$\frac{1}{4}$	$\frac{1}{4}$

$E(X)=\frac{45}{4}=11{,}25$

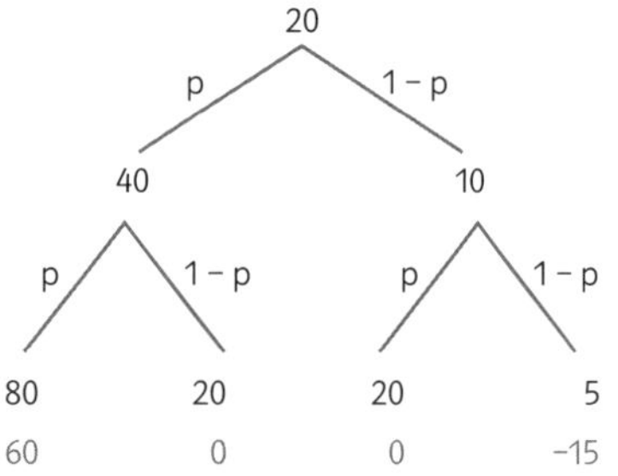

X … Gewinn von Anna

Da Anna im Vorteil ist, muss der Verdopplungssektor kleiner werden. Allgemeiner Ansatz für p:
$E(X)=-15(1-p)^2+60p^2=0$ führt auf
$p^2+\frac{2}{3}p-\frac{1}{3}=0$ mit den Lösungen $\frac{1}{3}$ und −1.

g	0	−15	60
P(X = g)	$2p(1-p)$	$(1-p)^2$	p^2

Wegen $(p>0)$ ist $p=\frac{1}{3}=\frac{\alpha}{360}$, also $\alpha=120°$.

6 X … Auszahlungsbetrag

x_i	0	5	10	30
$P(X=x_i)$	$\left(\frac{5}{6}\right)^3=\frac{125}{216}$	$3\cdot\frac{1}{6}\cdot\frac{5}{6}\cdot\frac{5}{6}=\frac{75}{216}$	$3\cdot\frac{1}{6}\cdot\frac{1}{6}\cdot\frac{5}{6}=\frac{15}{216}$	$\left(\frac{1}{6}\right)^3=\frac{1}{216}$

$E(X)=\frac{555}{216}\approx2{,}5694$

Einsatz − E(X) ≥ 2 Einsatz ≥ 2 + E(X) = 4,5694
Einsatz muss 5 € sein.

7 a)

gerade Primzahl	{2}	(11)
ungerade Primzahl	{3; 5; 7; 11}	(12); (21); (14); (41); (23); (32); (16); (61); (25); (52); (34); (43); (56); (65)
gerade Nicht-Primzahl	{4; 6; 8; 10; 12}	(13); (31); (22); (15); (51); (24); (42); (33); (46); (64); (26); (62); (35); (53); (44); (55); (66)
ungerade Nicht-Primzahl	{9}	(36); (63); (45); (54)

Gewinn g_i	9 − 4	5 − 4	3 − 4	0 − 4
$P(X=g_i)$	$\frac{1}{36}$	$\frac{14}{36}$	$\frac{17}{36}$	$\frac{4}{36}$

$E(G)=\frac{5}{36}+\frac{14}{35}-\frac{17}{35}-\frac{16}{35}=-\frac{14}{36}\approx-0{,}40\,€$

b) $0=\frac{5+x}{36}+\frac{14}{35}-\frac{17}{35}-\frac{16}{35}=-\frac{14+x}{36}$

Der Auszahlungsbetrag für die gerade Primzahl müsste 14 € betragen.

8

Ergebnis	(RR)	(RB)	(BR)	(BB)
Gewinn	1	−1	−1	0
Wahrscheinlichkeit	p^2	$p(1-p)$	$(1-p)p$	$(1-p)^2$

$E(X)=p^2-2p(1-p)=0$ gibt die quadratische Gleichung $3p^2-2p=0$ mit den Lösungen $p_1=0$ und $p_2=\frac{2}{3}$.
Da p_1 entfällt, muss der Sektor des roten Bereichs den Winkel 240° und der des blauen Bereichs 120° betragen, damit das Spiel fair ist.

III Anzahl der Möglichkeiten – das Urnenmodell, Seite 70

1 a) Dann gibt es 8 Möglichkeiten.
b) … für die 1. Kugel 8 Möglichkeiten und für die 2. Kugel 8 Möglichkeiten, also insgesamt 8 · 8 = 64 Möglichkeiten.
c) Dann hat man für die 1. Kugel 8 Möglichkeiten und für die 2. Kugel 7 Möglichkeiten, also insgesamt 8 · 7 = 56 Möglichkeiten. Dabei muss diese Anzahl halbiert werden, weil die Reihenfolge uninteressant ist. Also gibt es 28 Möglichkeiten.

2 In der Urne sind 8 Kugeln, sie repräsentieren die Eissorten.
a) Ziehen von einer Kugel aus einer Urne mit 8 Kugeln.
b) Nacheinander Ziehen von 2 Kugeln aus einer Urne mit 8 Kugeln mit Zurücklegen.
c) Ziehen mit einem Griff von 2 Kugeln aus einer Urne mit 8 Kugeln.

3 a) → D b) → A c) → E d) → C

4 a) → 2^{12} b) → 12! c) → $\binom{12}{3}$ d) → $\binom{12}{3}$
e) → 12 · 11 · 10 f) → 3^{12} g) 12^3

5 a) 2-maliges Ziehen ohne Zurücklegen (Vorsitzender, Stellvertreter) je einer Kugel aus einer Urne mit 7 Kugeln (4 Frauen, 3 Männer):
→ 7 · 6 = 42 Möglichkeiten
b) beides Männer **oder** beides Frauen:
→ 3 · 2 + 4 · 3 = 18 Möglichkeiten
c) genau eine Frau **oder** beides Frauen:
→ 4 · 3 · 2 + 4 · 3 = 36 Möglichkeiten
(genau eine Frau kann jeweils als Vorsitzende oder als Stellvertreterin mit einem der drei Männer zusammenarbeiten)

III Wahrscheinlichkeiten mit dem Urnenmodell, Seite 71

1 Für die Wahrscheinlichkeiten bedeutet das
$\frac{5}{8}\cdot\frac{4}{7}+\frac{3}{8}\cdot\frac{2}{7}=\frac{13}{28}$

2 a) Stets die 1 oder stets die 2 oder … oder stets die 10:
$P(A)=10\cdot\frac{1}{10^3}=\frac{1}{100}$
b) $P(B)=\frac{10\cdot9\cdot8}{10^3}=\frac{18}{25}$
c) Die Nummern 1–7 sind nicht dabei, dafür alle Nummern von 8–10: $P(C)=\frac{\binom{7}{0}\cdot\binom{3}{3}}{\binom{10}{3}}=\frac{1}{120}$
d) $P(D)=\frac{\binom{5}{3}}{\binom{10}{3}}=\frac{1}{12}$

3 Anzahl aller Möglichkeiten: 8 Kugeln vertreten die Freunde, gezogen werden 5 Kugeln für die eingeladenen Freunde.

Die Anzahl aller Möglichkeiten ist also $\binom{8}{5} = 56$.

Wenn Moritz dabei sein soll, können nur noch 4 Freunde ausgelost werden, also $\binom{7}{4} = 35$

Wahrscheinlichkeit $P(A) = \frac{35}{56} = 0{,}625$

4 a) $P(A) = \frac{\binom{6}{0} \cdot \binom{43}{6}}{\binom{49}{6}} \approx 0{,}4360$ b) $P(B) = \frac{\binom{6}{4} \cdot \binom{43}{2}}{\binom{49}{6}} \approx 9{,}686 \cdot 10^{-4}$

c) $P(C) = \frac{1}{10} \cdot \frac{1}{\binom{49}{6}} \approx 7{,}151 \cdot 10^{-9}$

5 a) $P(A) = \frac{\binom{1}{1} \cdot \binom{19}{2}}{\binom{20}{3}} \approx 0{,}15$ b) $P(B) = \frac{\binom{13}{3} \cdot \binom{7}{0}}{\binom{20}{3}} \approx 0{,}2509$

c) $P(C) = \frac{\binom{13}{0} \cdot \binom{7}{3} + \binom{13}{1} \cdot \binom{7}{2}}{\binom{20}{3}} \approx 0{,}2702$

6 Ziehen von zwei Kugeln aus einer Urne mit 4 Kugeln ohne Zurücklegen: $P(A) = \frac{1}{4 \cdot 3} = \frac{1}{12}$

7 a) Anzahl aller Möglichkeiten: Ziehen von 2 Kugeln aus einer Urne mit 365 unterschiedlichen Kugeln (mögliche Geburtstage) mit Zurücklegen, also 365^2.
Anzahl der günstigen Möglichkeiten: 365

Es ist $P(A) = \frac{365}{365^2} = \frac{1}{365} \approx 0{,}00274$

b) Anzahl aller Möglichkeiten: Ziehen von 13 Kugeln aus einer Urne mit 365 unterschiedlichen Kugeln mit Zurücklegen.
Anzahl der ungünstigen Möglichkeiten: Ziehen von 13 Kugeln aus einer Urne mit 365 unterschiedlichen Kugeln ohne Zurücklegen.

$P(B) = 1 - \frac{365 \cdot 364 \cdot 363 \cdot 362 \cdot 361 \cdot 360 \cdot 359 \cdot 358 \cdot 357 \cdot 356 \cdot 355 \cdot 354 \cdot 353}{365^{13}}$

$\approx 1 - 0{,}806 = 0{,}194$

III Bernoulliversuche, Seite 72

1 a) TTNN, TNTN, TNNT, NTTN, NTNT, NNTT

Also: $\binom{4}{2} = 6$

b) TTNNN, TNTNN, TNNTN, TNNNT, NTTNN, NTNTN, NTNNT, NNTTN, NNTNT, NNNTT

Also: $\binom{5}{2} = 10$

2

siehe Figur 1

Einzusetzen sind der Reihe nach

$\frac{1}{2}$; $\left(\frac{1}{2}\right)^5 = \frac{1}{32}$; $\left(\frac{1}{2}\right)$.

siehe Tabelle 1

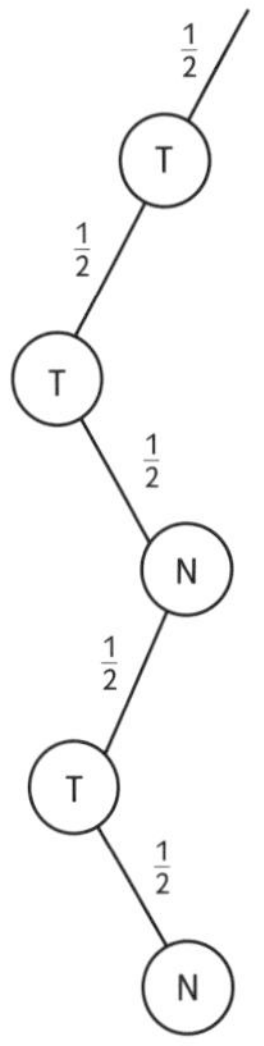

$\left(\frac{1}{2}\right)^5 = \frac{1}{32}$

Figur 1

3 Dabei steht n für die Anzahl der Versuche, p für die Trefferwahrscheinlichkeit und r für die Anzahl der Treffer.

b) $P(X = 3) = \binom{4}{3} \cdot \left(\frac{1}{6}\right)^3 \cdot \left(\frac{5}{6}\right)^1 \approx 0{,}0154$

c) $P(X = 3) = \binom{10}{3} \cdot \left(\frac{2}{10}\right)^3 \cdot \left(\frac{8}{10}\right)^7 \approx 0{,}2013$

d) $P(X = 4) = \binom{5}{4} \cdot \left(\frac{5}{10}\right)^4 \cdot \left(\frac{5}{10}\right)^1 = 0{,}15625$

e) $P(X = 1) = \binom{9}{1} \cdot \left(\frac{1}{4}\right)^1 \cdot \left(\frac{3}{4}\right)^8 \approx 0{,}2253$

f) $P(X = 3) = \binom{6}{3} \cdot \left(\frac{1}{4}\right)^3 \cdot \left(\frac{3}{4}\right)^3 \approx 0{,}1318$

4 Der Binomialkoeffizient $\binom{n}{r}$ steht im pascalschen Dreieck in der (n + 1)-ten Zeile an der (r + 1)-ten Stelle.

$\binom{5}{1} = 5$; $\binom{6}{2} = 15$; $\binom{7}{3} = 35$; $\binom{7}{4} = 35$; $\binom{8}{8} = 1$;

$\binom{7}{6} = 7$; $\binom{10}{5} = 252$; $\binom{9}{7} = 36$; $\binom{12}{0} = 1$

1
1 1
1 2 1
1 3 3 1
1 4 6 4 1
1 5 10 10 5 1
1 6 15 20 15 6 1
1 7 21 35 35 21 7 1
1 8 28 56 70 56 28 8 1
1 9 36 84 126 126 84 36 9 1
1 10 45 120 210 252 210 120 45 10 1

III Binomialverteilung (1), Seite 73

1 $n = 20$; $p = \frac{1}{7}$

a) $P(X = 2) \approx 0{,}2418$
b) $P(X \leqq 2) \approx 0{,}4404$
c) $P(X \geqq 3) = 1 - P(X \leqq 2) \approx 0{,}5596$
d) $P(X \geqq 5) = 1 - P(X \leqq 4) \approx 0{,}1465$

2 a) ja b) nein c) nein d) ja e) nein

3 $P(X \leqq 3) = P(X < 4) = 1 - P(X \geqq 4) = 0{,}8208$
$P(1 \leqq X \leqq 5) = 1 - P(X = 0) - P(X = 6) = 1 - 0{,}4^6 - 0{,}6^6 \approx 0{,}9492$
$P(2 \leqq X \leqq 4) = 1 - P(X \geqq 5) - P(X < 2) = P(X \leqq 4) - P(X \leqq 1) \approx 0{,}7258$
$P(X \geqq 5) = P(X = 5) + P(X = 6) = 1 - P(X \leqq 4) \approx 0{,}0410$

4 $n = 10$; $p = 0{,}6$

a) $P(X = 4) = \binom{10}{4} \cdot 0{,}6^4 \cdot 0{,}4^6 \approx 0{,}1115$
b) $P(X \geqq 4) = 1 - P(X \leqq 3) \approx 0{,}9452$
c) $P(X \leqq 6) \approx 0{,}6177$
d) $P(X \geqq 6) = 1 - P(X \leqq 5) \approx 0{,}6331$
e) $P(3 \leqq X \leqq 6) = P(X \leqq 6) - P(X \leqq 2) \approx 0{,}6054$
f) $P(3 \leqq X \leqq 7) = P(X \leqq 7) - P(X \leqq 2) \approx 0{,}8204$

III Binomialverteilung (2), Seite 74

5 Die Zufallsgröße X hat die Realisierungen {0, 1, 2, ..., 10}.
Interpretieren Sie die folgenden Aussagen:
a) $P(X = 0)$: In der Stichprobe ist kein Teil unbrauchbar.
b) $P(X < 2)$: In der Stichprobe sind weniger als 2 Teile unbrauchbar.
c) $P(X > 0)$: In der Stichprobe ist mindestens ein Teil unbrauchbar.
d) $P(X = k) < 0{,}9$: Die Wahrscheinlichkeit ist kleiner als 90 %, wenn k unbrauchbare Teile in der Stichprobe sind.
e) $P(X \leq k) < 0{,}5$: Wie viel unbrauchbare Teile dürfen bei einer Wahrscheinlichkeit von weniger als 50 % höchstens in der Stichprobe sein?

6 Die Anzahl X der Schachteln mit abweichender Stückzahl ist binomialverteilt mit n = 100 und p = 0,02
$P(X \leqq 3) \approx 0{,}8590$

k: Anzahl der Treffer	0	1	2	3	4	5
Wahrscheinlichkeit	0,03125	0,15625	0,3125	0,3125	0,15625	0,03125

Tabelle 1

7 Die Anzahl X der geheilten Schweine ist binomialverteilt mit $n = 100$ und $p = 0{,}8$.
a) $P(X \geq 70) = 0{,}9939$ b) $P(X \leq 79) = 0{,}4405$

8 Die Zufallgröße X beschreibt die Anzahl der bestellten Fischgerichte. X ist binomialverteilt mit $n = 100$ und $p = \frac{1}{3}$.
a) $P(X > 33) = 1 - P(X \leq 33) = 1 - 0{,}5188 = 0{,}4812$, also fast 50 %.
b) Gesucht ist k mit $P(X \leq k) \geq 0{,}9$. Die Tabelle ergibt den Wert $k = 39$; es müssen also mindestens 39 Fischgerichte vorbereitet werden.

9 a) Jeder Wurf hat zwei Versuchsausgänge, 5 oder nicht Fünf. Bei jedem Wurf ist die Wahrscheinlichkeit eine Fünf zu würfeln gleich ($p = \frac{1}{6}$). Es ist eine Bernoullikette der Länge $n = 8$.
b) $P(X > 0) = 1 - P(X = 0) = 1 - \binom{8}{0} \cdot \left(\frac{1}{6}\right)^0 \cdot \left(\frac{5}{6}\right)^8 \approx 0{,}7674$.
Die Wahrscheinlichkeit, dass mindestens eine Fünf geworfen wird, beträgt 76,7 %. $P(X = 8) = \left(\frac{1}{6}\right)^8 \approx 6 \cdot 10^{-7} \approx 0$
Die Wahrscheinlichkeit, dass bei jedem Wurf eine Fünf geworfen wird, beträgt annähernd Null.
$P(X < 2) = P(X = 0) + P(X = 1) = \left(\frac{5}{6}\right)^8 + \binom{8}{1} \cdot \left(\frac{1}{6}\right)^1 \cdot \left(\frac{5}{6}\right)^7$
$\approx 0{,}2326 + 0{,}3721 = 0{,}6047$
Die Wahrscheinlichkeit, dass weniger als eine Fünf geworfen wird, beträgt 60,5 %.

10 Die Anzahl X unvollständiger Verpackungen ist binomialverteilt mit $n = 10$ und $p = \frac{5}{166} \approx 0{,}030$.
$P(A) = P(X \leq 2) \approx 0{,}9972$; $P(B) = P(X \geq 4)$
$= 1 - P(X \leq 3) = 1 - 0{,}9999 = 0{,}0001$; $P(C) = P(X = 0) \approx 0{,}7374$

III Klausurtraining, Seite 75

1 a) $P(A) = \left(\frac{1}{6}\right)^2 + \left(\frac{1}{3}\right)^2 + \left(\frac{1}{2}\right)^2 = \frac{7}{18}$
$P(B) = 2 \cdot \frac{1}{6} \cdot \frac{1}{3} + \frac{7}{18} = \frac{1}{2}$
$P(C) = 2 \cdot \frac{1}{6} \cdot \frac{1}{2} + 2 \cdot \frac{1}{2} \cdot \frac{1}{3} = \frac{1}{2}$
b) $E(X) = n \cdot p$ mit $n = 20$ und $p = 0{,}5$, also ist $E(X) = 10$.
Im Mittel kann man 10 Sechsen erwarten.

2 a) $P(A) = \frac{\binom{12}{2}}{\binom{18}{2}} = \frac{22}{51}$ $P(B) = \frac{\binom{4}{2}}{\binom{18}{2}} = \frac{2}{51}$
$P(C) = 1 - \frac{\binom{4}{2} + \binom{8}{2} + \binom{6}{2}}{\binom{18}{2}} = \frac{104}{153}$
b) Es gibt $\frac{18!}{6! \cdot 8! \cdot 4!} = 9\,189\,180$ Anordnungsmöglichkeiten.
Die erste Schülerin der Klassenstufe 10 kann an 1., 2., …, 15. Stelle stehen. Für die restlichen Schülerinnen ist nur die Klassenstufe von Bedeutung.
Es gibt also $15 \cdot \frac{14!}{6! \cdot 8!}$ günstige Möglichkeiten dafür, dass alle Schülerinnen der Klassenstufe 10 nebeneinander stehen.
Damit ist $P = 15 \cdot \frac{\frac{14!}{6! \cdot 8!}}{\frac{18!}{6! \cdot 8! \cdot 4!}} = \frac{15 \cdot 14! \cdot 4!}{18!} \approx 0{,}0049$.
Die Wahrscheinlichkeit, dass alle Schülerinnen der Klassenstufe 10 nebeneinander stehen, beträgt etwa 0,5 %.
c) (1) Der Torwart hält den 1. Ball und er hält den 2. Ball:
$P(C1) = 0{,}2 \cdot 0{,}2 = 0{,}04$
(2) $P(C2) = 0{,}8^5$
(3) Im Baumdiagramm gibt es fünf Pfade mit 4 gehaltenen und einem nicht gehaltenen Ball:
$P(C3) = 5 \cdot 0{,}2^4 \cdot 0{,}8^1 = 0{,}0064$

3 Baumdiagramm:

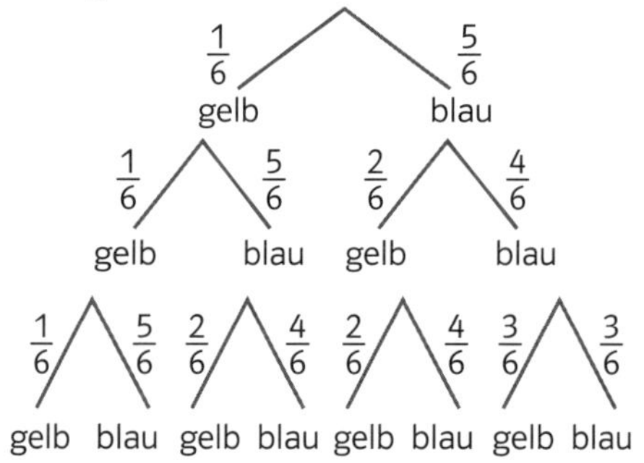

Anzahl gelber Kugeln	0	1	2	3
Gewinn für Spieler	−3 €	0 €	2 €	47 €
Wahrscheinlichkeit	$\frac{60}{216}$	$\frac{120}{216}$	$\frac{35}{216}$	$\frac{1}{216}$

$E(X) = -\frac{63}{216}\,€ \approx -0{,}29\,€$
Das Spiel ist nicht fair, weil der Spieler durchschnittlich 29 ct je Spiel verliert. Für ein faires Spiel muss die Gleichung
$-\frac{60}{216} \cdot e + (5 - e) \cdot \frac{35}{216} + (50 - e) \cdot \frac{1}{216} = 0$ erfüllt sein.
Lösung: $e = 2{,}34\,€$
Für ein faires Spiel müsste der Einsatz 2,34 € betragen.

4 a) Die Anzahl X der Treffer von Paul ist binomialverteilt mit $n = 10$ und $p = 0{,}4$
$P(X \geq 5) = 0{,}3669$
$P(X \geq 1) \geq 0{,}9$ entspricht $P(X = 0) \leq 0{,}1$, also $\binom{n}{0} \cdot 0{,}4^0 \cdot 0{,}6^n \leq 0{,}1$
mit $n \geq 4{,}5$. Paul muss also mindestens fünfmal werfen, um mit 90 %-iger Sicherheit einen Korb zu werfen.
b) Gewinnplan für das Spiel zwischen Maria und Lina:

Ergebnis	$3 \leq X \leq 4$	$0 \leq X \leq 2$ oder $5 \leq X \leq 10$
Gewinn von Maria	−3 €	2 €
Wahrscheinlichkeit	$P(X = 3) + P(X = 4) \approx 0{,}4658$	0,5342

E(Gewinn von Maria) $= -3 \cdot 0{,}4658 + 2 \cdot 0{,}5342 = -0{,}3291$
Das Spiel ist nicht fair, weil Maria pro Spiel im Durchschnitt 33 ct verlieren wird.

12, IV Beurteilende Statistik

IV Hypothesentest (1), Seite 76

1 a) Vor dem Test wird ein linksseitiger Ablehnungsbereich festgelegt
… spricht man von einem Fehler 2. Art, den man auch β-Fehler nennt.
b) … um einen zweiseitigen Test. Für jeden der beiden Ablehnungsbereiche gilt dann die halbe Irrtumswahrscheinlichkeit
c) Fehler 1. Art: Die Nullhypothese wird abgelehnt, obwohl sie wahr ist.
Fehler 2. Art: Die Nullhypothese wird angenommen, obwohl sie falsch ist.
d) Der Bereich $\{0, 1, 2, …, g\}$ ist linksseitiger Ablehnungsbereich, wenn $p_0 > p_1$ ist.
Der α-Fehler wird mit $\alpha = P(X \leq g)$ unter Verwendung von n und der Wahrscheinlichkeit p_0 berechnet.

2 a) Für die Ablehnung von H_0 ist der Ablehnungsbereich also rechtsseitig und wird mit {g, ..., 100} festgelegt.
X ist die Anzahl der Stimmen für den Kandidaten mit n = 100
$\alpha = 0{,}05$
Nullhypothese H_0: $p_0 = 0{,}5$ Gegenhypothese H_1: $p_1 > p_0$
$P(X \geq g) \leq 0{,}05$; $1 - P(X < g) \geq 0{,}05$ $P(X < g) \leq 0{,}95$
$P(X \leq g - 1) \leq 0{,}95$; für n = 100 ist g = 58
b) Da 65 > 58, schließt er daraus, dass er ein besseres Ergebnis erzielen wird. Er irrt sich zu maximal 5%.

3 1. Möglichkeit: Der Anteil „süßer" Rüben ist geringer als 40%.
2. Möglichkeit: Der Anteil „süßer" Rüben ist mindestens 40%, das Ergebnis ist zufällig. Ist X die Anzahl „süßer" Rüben in der Stichprobe, dann ist X binomialverteilt mit n = 50 und p = 0,4.
$P(X \leq 10) = 0{,}0022$
Bei einem Fehler 1. Art mit $\alpha = 0{,}2\%$ kann der Bauer davon ausgehen, dass der Anteil „süßer" Rüben geringer ist als 40%.

IV Hypothesentest (2), Seite 77

1 ... wobei die größte ganze Zahl g mit $P(T \leq g) \leq 0{,}05$ gesucht ist. Die Trefferanzahl ist binomialverteilt mit n = 100 und p = 0,4. Aus $P(T \leq 31) \approx 0{,}0398$ und $P(T \leq 32) \approx 0{,}0615$ folgt g = 31. Der Ablehnungsbereich ist {0, 1, 2, ..., 31}.

2 siehe Tabelle 1

3 Es ist $p_0 = 0{,}4$ und $p_1 < 0{,}4$. Die Anzahl X der geheilten Patienten ist binomalverteilt. Die Wahrscheinlichkeit, dass die Nullhypothese wahr ist, aber abgelehnt wird, heißt Fehler 1. Art.
Es ist $\alpha = P(X \leq 7)$ mit n = 25 und $p_0 = 0{,}4$.
$\alpha = P(X \leq 7) = 0{,}1536$

4 H_0: $p_0 = 0{,}5$ H_1: $p_1 \neq 0{,}5$
Die Zufallsvariable X beschreibt die Anzahl männlicher Tiere in der Stichprobe. Sie ist binomialverteilt mit n = 50; $\alpha = 0{,}05$
Ablehnungsbereiche: {0; 1; 2; ...; a} ∪ {b; ...; 50}
Es ist $P(X \leq a) \leq \frac{\alpha}{2}$ $P(X \leq 17) = 0{,}0164$;
$P(X \geq 32) = 0{,}0325$, also a = 17
Es ist $P(X \geq b) \leq \frac{\alpha}{2}$ $P(X \geq 32) = 0{,}0325$;
$P(X \geq 33) = 0{,}0164$, also b = 33
Ablehnungsbereiche: {0; 1; ...;17} ∪ {33; ...; 50}
30 liegt im Annahmebereich
Man kann also nicht daraus schließen, dass männliche und weibliche Nachkommen nicht gleich häufig sind.

5 siehe Tabelle 2
Berechnung des Fehlers 1. Art:
Beim Fehler 1. Art ist in der Schachtel ein Anteil von 10% fehlerhaften Schrauben, aber von den 10 Schrauben in den Stichproben sind mehr als 3 fehlerhaft.
Es gilt n = 10; $p_0 = 0{,}1$ sowie k > 3;
$P(X > 3) = 1 - P(X \leq 3) \approx 0{,}0128$.
Mit einer Wahrscheinlichkeit von etwa 1,3% wird die richtige Hypothese abgelehnt.
Fehler 2. Art: $P(X \leq 3)$ mit $p_1 = 0{,}4$ $\beta = 0{,}3823$
Mit einer Wahrscheinlichkeit von 38,2% wird die falsche Hypothese angenommen.

IV Klausurtraining, Seite 78

1 Nullhypothese: Der Angeklagte ist schuldig.
Gegenhypothese: Der Angeklagte ist unschuldig.
Fehler 1. Art: Der Angeklagte ist schuldig, wird aber freigesprochen. Fehler 2. Art: Der Angeklagte ist unschuldig, wird aber verurteilt.

2 Es soll die Behauptung H_0: $p_0 = 0{,}05$ gegen H_1: $p_1 = 0{,}2$ getestet werden. Dabei ist X die Anzahl nicht voll funktionsfähiger Geräte.
Der Fehler 1. Art besteht darin, dass dem Kleinbetrieb nicht geglaubt wird, obwohl er die Geräte repariert hat.
Der Fehler 2. Art besteht darin, dass dem Kleinbetrieb geglaubt wird, obwohl er die Geräte nicht repariert hat.
Es ist ein rechtsseitiger Ablehnungsbereich für H_0. {g, ..., 15}

X	1	2	3
$\alpha = P(X \geq g)$ mit p = 0,05	0,5367	0,1710	0,0362
$\beta = P(X < g)$ mit p = 0,2	0,0352	0,1671	0,3980

Für g = 2 ist das Risiko für beide annähernd gleich.
Dem Kleinbetrieb wird die Reparatur nur geglaubt, wenn in der Stichprobe höchstens 1 nicht voll funktionstüchtiges Gerät gefunden wird.

3 a) H_0: p = 0,6; H_1: p < 0,6, also ein linksseitiger Ablehnungsbereich K = {0, 1, 2, ... , 50}
Fehler 1. Art: $P(X \leq 50)$ mit n = 100 und p = 0,6 ist
$P(X \leq 50) = F_{100;0,6}(50) = 0{,}0271$
b) Fehler 2. Art bedeutet, dass man glaubt, 60% der Personen über 18 Jahre haben die Sendung gesehen, obwohl es weniger waren.
$P(X > 50)$ mit n = 100 und p = 0,5 ist
$P(X > 50) = 1 - F_{100;0,6}(50) = 0{,}4602$
c) Ablehnungsbereich K = {0, 1, 2, ... , g}
$P(X \leq g) = F_{100;0,6}(g) \leq 0{,}01$ gilt für g = 48.
K = {0, 1, ... , 48}
Wenn 45 Personen die Sendung gesehen haben, wird die Hypothese abgelehnt. Es besteht das Risiko 1. Art, dass die Hypothese trotzdem richtig ist.

4 Fasst man das Vorgehen des Händlers als ein zweiseitiges Testen auf, so lässt sich die Aufgabe a) bzw. b) als Frage nach dem Risiko 1. bzw. 2. Art interpretieren.
Treffer soll bedeuten, dass eine 40-Watt-Birne gezogen wurde.
Es gilt: H_0: p = 0,5; H_1: p ≠ 0,5; K = {0; 1; 2} ∪ {8; 9; 10}
a) Ist H_0 wahr, so ist die Zufallsvariable T (Trefferanzahl)

Tabelle 1

H_1:	Ablehnungsbereich	α	Ansatz
$p < p_0$	{0, 1, 2, ..., g}	0,05	$P(X \leq g) \leq 0{,}05$
$p > p_0$	{g, ..., 199, 200}	0,01	$P(X \geq g) \leq 0{,}01$

Tabelle 2

Realität/Stichprobe	In der Stichprobe sind bis zu 3 Schrauben fehlerhaft: $0 \leq X \leq 3$	In der Stichprobe sind mehr als 3 Schrauben fehlerhaft: $3 < X \leq 10$
Schachtel ist von hoher Quallität, H_0 ist wahr, $p_0 = 0{,}1$	richtige Entscheidung	falsche Entscheidung, H_0 ist wahr und wird verworfen, Fehler 1. Art
Schachtel ist von minderer Qualität H_1 ist wahr, $p_1 = 0{,}4$	falsche Entscheidung, H_1 ist wahr und wird verworfen, Fehler 2. Art	richtige Entscheidung

$B_{10;0,5}$-verteilt.
Es gilt $\alpha = P(T \leq 2) + P(T \geq 8) = 0{,}1094 \approx 11\,\%$.

b) Gilt $p = \frac{2}{3}$, so ist H_1 wahr und die Trefferanzahl T^* ist $B_{10;\frac{2}{3}}$-verteilt.
Es gilt $\beta = P(3 \leq T^* \leq 7) = P(T^* \leq 7) - P(T^* \leq 2) = 0{,}6975 \approx 70\,\%$.

5 a) Treffer bedeutet, dass die Illustrierte einer befragten Person bekannt ist. H_0: $p = 0{,}3$ wird für große Trefferzahlen zugunsten von H_1: $p > 0{,}3$ abgelehnt. Ist H_0 wahr, so wird die Zufallsvariable T (Trefferanzahl) $B_{100;0,3}$-verteilt. Als Ablehnungsbereich ergibt sich $K = \{42; 43; \ldots; 100\}$. Die Entscheidungsregel lautet: Kennen mindestens 42 der 100 Befragten die Illustrierte, so erhält die Agentur die Prämie.
b) Ist $p = 0{,}5$, so ist H_1 wahr und die Trefferanzahl T^* ist $B_{100;0,5}$-verteilt. In diesem Fall ist das Risiko der Agentur $\beta = P(T^* \leq 41) = 0{,}0443 \approx 4\,\%$.

12, V Geraden und Ebenen im Raum

V Vektorielle Darstellung von Geraden, Seite 79

1 Individuelle Lösung, z. B.:
a) $A(-1|-1|3)$, $B(1|3|2)$, $g\colon \vec{X} = \begin{pmatrix}-1\\-1\\3\end{pmatrix} + \lambda \cdot \begin{pmatrix}2\\4\\-1\end{pmatrix}$

b) Stützvektor: $\overrightarrow{OA} = \begin{pmatrix}-1\\-1\\3\end{pmatrix}$, Richtungsvektor: $\overrightarrow{AB} = \begin{pmatrix}2\\4\\-1\end{pmatrix}$

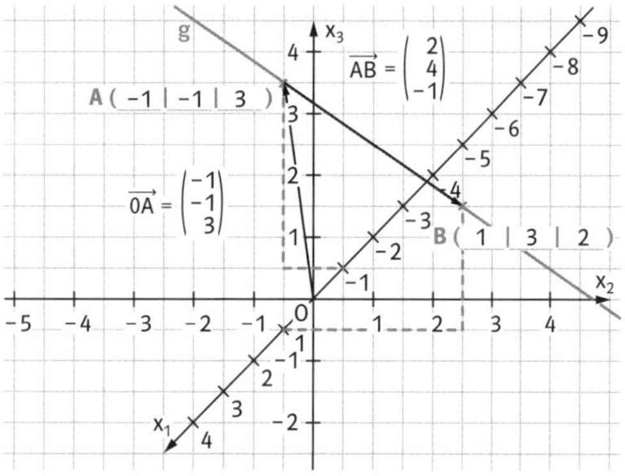

c) $g\colon \vec{X} = \begin{pmatrix}1\\3\\2\end{pmatrix} + \lambda \cdot \begin{pmatrix}-2\\-4\\1\end{pmatrix}$

d) $C(-1|-1|3)$, $D(-5|-9|5)$, $E(0|1|2{,}5)$

2
a) Die zweite, vierte und fünfte Begründung ist richtig.
b) Svenjas Meinung ist richtig.

3
a) $A(4|0|0)$, $G(0|5|3)$, $B(4|5|0)$, $H(0|0|3)$
Individuelle Lösung, z. B.

$g\colon \vec{X} = \begin{pmatrix}4\\0\\0\end{pmatrix} + \lambda \cdot \begin{pmatrix}-4\\5\\3\end{pmatrix}$, $h\colon \vec{X} = \begin{pmatrix}4\\5\\0\end{pmatrix} + \mu \cdot \begin{pmatrix}-4\\-5\\3\end{pmatrix}$

b) Das Gleichungssystem
I: $4 - 4\lambda = 4 - 4\mu$
II: $0 + 5\lambda = 5 - 5\mu$
III: $0 + 3\lambda = 0 + 3\mu$
liefert $\mu = \frac{1}{2}$ und $\lambda = \frac{1}{2}$.
Ergebnis: $M(2|2{,}5|1{,}5)$

c) Individuelle Lösung, z. B. $k\colon \vec{X} = \begin{pmatrix}4\\5\\3\end{pmatrix} + \tau \cdot \begin{pmatrix}-2\\-2{,}5\\-1{,}5\end{pmatrix}$

4 a) $B(4|2|-1)$ b) $A(16|-11|0)$

V Gegenseitige Lage von Geraden, Seite 80

1 1. Zeile:
Laura: „…, da sie denselben Richtungsvektor haben."
Fynn: „…, da $\begin{pmatrix}-2\\3\\2\end{pmatrix}$ kein Vielfaches von $\begin{pmatrix}3\\-2\\2\end{pmatrix}$ ist."
Malin: „…, da $\begin{pmatrix}-2\\3\\2\end{pmatrix}$ kein Vielfaches von $\begin{pmatrix}3\\-2\\2\end{pmatrix}$ ist."

2. Zeile: F(ynn), M(alin), L(aura)
3. Zeile: M(alin), L(aura), F(ynn)
4. Zeile: L(aura), M(alin), F(ynn)

2 a) Gesucht ist die Lösung der Gleichung

$$\begin{pmatrix}5\\0\\3\end{pmatrix} + \lambda \cdot \begin{pmatrix}2\\4\\-2\end{pmatrix} = \begin{pmatrix}-1\\-2\\6\end{pmatrix} + \mu \cdot \begin{pmatrix}4\\-2\\-1\end{pmatrix}$$

bzw. des Gleichungssystems:
$$\begin{aligned} 5 + 2\cdot\lambda &= -1 + 4\cdot\mu \\ 4\cdot\lambda &= -2 - 2\cdot\mu \\ 3 - 2\cdot\lambda &= 6 - \mu \end{aligned}$$

Das LGS wird umgeformt zu:
$$\begin{aligned} 2\cdot\lambda + (-4)\cdot\mu &= -6 \\ 4\cdot\lambda + 2\cdot\mu &= -2 \\ -2\cdot\lambda + \mu &= 3 \end{aligned}$$

Lösungen sind $\lambda = -1$ und $\mu = 1$.
Durch Einsetzen von $\lambda = -1$ in die Gleichung für g erhält man den Ortsvektor $\overrightarrow{OS} = \begin{pmatrix}3\\-4\\5\end{pmatrix}$. Der Schnittpunkt ist also $S(3|-4|5)$.

b) $\begin{pmatrix}0\\1\\1\end{pmatrix} + \lambda \cdot \begin{pmatrix}1\\0\\1\end{pmatrix} = \begin{pmatrix}6\\3\\5\end{pmatrix} + \mu \cdot \begin{pmatrix}2\\1\\1\end{pmatrix}$;
$$\begin{aligned} \lambda &= 6 + 2\cdot\mu \\ 1 &= 3 + \mu; \\ 1 + \lambda &= 5 + \mu \end{aligned}$$
$$\begin{aligned} \lambda - 2\cdot\mu &= 6 \\ -\mu &= 2 \\ \lambda - \mu &= 4 \end{aligned}$$
Lösungen sind: $\lambda = 2$ und $\mu = -2$.
Durch Einsetzen von $\lambda = 2$ in die Gleichung für g erhält man den Ortsvektor $\overrightarrow{OS} = \begin{pmatrix}2\\1\\3\end{pmatrix}$. Der Schnittpunkt ist also $S(2|1|3)$.

3
a) $a = -\frac{1}{2}$
b) $a = -1$ $S(3|-1|-4)$

V Vektorielle Darstellung von Ebenen, Seite 81

1 falsch: E ist parallel zur x_2x_3-Ebene.
falsch: siehe oben
wahr: siehe oben
falsch: Drei Punkte im Raum legen keine Ebene fest, wenn sie auf einer gemeinsamen Geraden liegen.
wahr: Zwei parallele (nicht identische) Geraden im Raum legen immer eine Ebene fest.
wahr: F enthält den Ursprung.
wahr: F enthält die x_3-Achse.
wahr: F schneidet die x_1-Achse unter einem Winkel von 45°.

2 $\overrightarrow{OA} = \begin{pmatrix}1\\0\\2\end{pmatrix}$, $\overrightarrow{AB} = \begin{pmatrix}2\\2\\3\end{pmatrix}$ und $\overrightarrow{AC} = \begin{pmatrix}-3\\1\\1\end{pmatrix}$

$E\colon \vec{X} = \begin{pmatrix}1\\0\\2\end{pmatrix} + \lambda \cdot \begin{pmatrix}2\\2\\3\end{pmatrix} + \mu \cdot \begin{pmatrix}-3\\1\\1\end{pmatrix}$
Da die Richtungsvektoren $\overrightarrow{AB}$ und $\overrightarrow{AC}$ Vielfache voneinander sind, erhält man eine Ebenengleichung. $D(0|3|6)$

$$\begin{pmatrix}0\\3\\d_3\end{pmatrix} = \begin{pmatrix}1\\0\\2\end{pmatrix} + \lambda \cdot \begin{pmatrix}2\\2\\3\end{pmatrix} + \mu \cdot \begin{pmatrix}-3\\1\\1\end{pmatrix}$$ liefert $\lambda = \mu = 1$ und damit $d_3 = 6$

3 a) Für $\lambda = 3$ und $\mu = 1$ ergibt sich $A \in E$. Für $\mu = 0$ und $\lambda = 2$ ergibt sich $B \in E$.

b) E_{ABC}: $\vec{X} = \begin{pmatrix}3\\2\\9\end{pmatrix} + \lambda \cdot \begin{pmatrix}1\\1\\6\end{pmatrix} + \mu \cdot \begin{pmatrix}0\\1\\8\end{pmatrix}$. Die vier Punkte liegen nicht in einer Ebene.

c) g und h schneiden sich für $\lambda = 1$ und $\mu = 0$ in $S(3|7|8)$.

$$E: \vec{X} = \begin{pmatrix}3\\7\\8\end{pmatrix} + \mu \cdot \begin{pmatrix}1\\3\\4\end{pmatrix} + \lambda \cdot \begin{pmatrix}2\\7\\5\end{pmatrix}$$

4 Das zugehörige

LGS $2 + \lambda = 3 + \tau$

$5\lambda - 2\mu = 5 + 3\tau$

$5 + 2\lambda + 7\mu = 7 + 9\tau$

hat unendlich viele Lösungen ($\lambda = \tau + 1$ und $\mu = \tau$).

5 $B(1|0|0)$, $C(1|1|0)$, $D(0|1|0)$, $E(0|0|1)$, $F(1|0|1)$, $H(0|1|1)$

z. B. $E: \vec{X} = \lambda \cdot \begin{pmatrix}1\\1\\1\end{pmatrix} + \mu \cdot \begin{pmatrix}0\\0\\1\end{pmatrix}$

V Normalenform der Ebenengleichung, Seite 82

1 E_1, E_3 und E_7; E_2, E_4 und E_5.

2 wahr, denn sie besitzen denselben Normalenvektor $\begin{pmatrix}a\\b\\c\end{pmatrix}$

falsch: Die Normalenvektoren müssen nicht gleich sein, sondern Vielfache von einander

falsch: Der Normalenvektor von E ist ein Vielfachen des Richtungsvektors von g. g schneidet E daher orthogonal.

wahr: Die Ebenen der Schar sind parallel zur x_1x_3-Ebene und daher orthogonal zur x_2-Achse

wahr: s. o.

3 $\vec{n_E} = \overrightarrow{PD} = \begin{pmatrix}2\\0\\-7\end{pmatrix}$; $E: \begin{pmatrix}2\\0\\-7\end{pmatrix} \cdot \left(\vec{X} - \begin{pmatrix}5\\2\\-1\end{pmatrix}\right) = 0$; $E: 2x_1 - 7x_3 = 17$;

$S_1\left(\frac{17}{2}\middle|0\middle|0\right)$; $S_3\left(0\middle|0\middle|-\frac{17}{7}\right)$; E ist parallel zur x_2-Achse.

4 a) $E: x_1 = 97$

b) $E: x_3 = 3$

c) $E: \vec{X} = \begin{pmatrix}-2\\1\\5\end{pmatrix} + \tau \cdot \begin{pmatrix}1\\1\\-1\end{pmatrix} + \mu \cdot \begin{pmatrix}-7\\1\\4\end{pmatrix}$. Für $\vec{n_E} = \begin{pmatrix}n_1\\n_2\\n_3\end{pmatrix}$ gilt:

$\begin{pmatrix}1\\1\\-1\end{pmatrix} \cdot \begin{pmatrix}n_1\\n_2\\n_3\end{pmatrix} = 0$ und $\begin{pmatrix}-7\\1\\4\end{pmatrix} \cdot \begin{pmatrix}n_1\\n_2\\n_3\end{pmatrix} = 0$. Dies liefert z. B. $\begin{pmatrix}n_1\\n_2\\n_3\end{pmatrix} = \begin{pmatrix}5\\3\\8\end{pmatrix}$, also

$E: 5x_1 + 3x_2 + 8x_3 = d$. Einsetzen von $P(-2|1|5)$ liefert $d = 33$.

d) $M_{PQ}(2|3|2)$; $\vec{n} = \begin{pmatrix}1\\-2\\4\end{pmatrix}$; $E: x_1 - 2x_2 + 4x_3 = 4$

5 a) $E: \vec{X} = \begin{pmatrix}2\\3\\0\end{pmatrix} + \lambda \cdot \begin{pmatrix}-1\\2\\2\end{pmatrix} + \mu \cdot \begin{pmatrix}-2\\4\\-1\end{pmatrix}$

b) $E: \begin{pmatrix}2\\1\\0\end{pmatrix} \cdot \left(\vec{X} - \begin{pmatrix}2\\3\\0\end{pmatrix}\right) = 0$

c) $E: 2x_1 + x_2 = 7$

6 $E: \begin{pmatrix}1\\2\\9\end{pmatrix} \cdot \left(\vec{X} - \begin{pmatrix}2\\5\\3\end{pmatrix}\right) = 0$; $E: x_1 + 2x_2 + 9x_3 = 39$

7 a) $A \notin E$ b) $\lambda = -1$, $\mu = 1$: $A \in E$ c) $A \in E$

V Lagebeziehungen, Seite 83

1 Die Gleichung $a \cdot (p_1 + \tau \cdot u_1) + b \cdot (p_2 + \tau u_2) + c(p_3 + \tau u_3) = d$ hat für τ

- genau eine Lösung: es gibt einen Schnittpunkt von g und E
- keine Lösung: g und E sind parallel
- unendlich viele Lösungen: g liegt in E

Die Koordinaten des Schnittpunktes bestimmt man, indem man den Wert von τ in die Geradengleichung einsetzt.

2 ACF; BH; DEG

3 $g: \vec{X} = \begin{pmatrix}2\\1\\3\end{pmatrix} + \lambda \cdot \begin{pmatrix}5\\0\\2\end{pmatrix}$

a) $(2 + 5\lambda) + 1 - (3 + 2\lambda) = 5$ liefert $\lambda = \frac{5}{3}$ und damit $D\left(\frac{31}{3}\middle|1\middle|\frac{19}{3}\right)$

b) $3 + 2\lambda = 0$ liefert $\lambda = -\frac{3}{2}$ und damit $D\left(-\frac{11}{2}\middle|1\middle|0\right)$

c) $2 \cdot (2 + 5\lambda) - 5 \cdot (3 + 2\lambda) = 4$ liefert $-11 = 4$, also g ist parallel zu E

d) $2 \cdot (2 + 5\lambda) - 5 \cdot (3 + 2\lambda) = 4$ liefert $-11 = -11$, also ist für alle $\lambda \in \mathbb{R}$ die Gleichung richtig, d. h. g liegt in E

e) Das LGS $2 + 5\tau = -2 + 2\lambda + \mu$ liefert $\tau = 1$, $\lambda = 2$, $\mu = 3$

$1 = -16 + 3\mu$ und damit $D(7|1|5)$

$3 + 2\tau = -25 + 5\lambda + 4\mu$

4 Das zugehörige lineare Gleichungssystem hat

- keine Lösung: die Ebenen sind parallel
- die Normalenvektoren sind linear abhängig: die Ebenen sind identisch
- die Normalenvektoren sind linear unabhängig: die Ebenen schneiden sich in einer Geraden

Die Gleichung der Schnittgeraden bestimmt man, indem man einen Parameter durch den berechneten Wert des anderen Parameters in der Ebenengleichung ersetzt.

5 $E_1 \cap E_2$: $2 \cdot (2 + \lambda - \mu) - 3 \cdot (3 + 2\mu) = 5$ liefert $\lambda = 4\mu + 5$,

also $g: \vec{X} = \begin{pmatrix}2\\3\\5\end{pmatrix} + (4\mu + 5) \cdot \begin{pmatrix}1\\0\\3\end{pmatrix} + \mu \cdot \begin{pmatrix}-1\\2\\1\end{pmatrix} = \begin{pmatrix}7\\3\\20\end{pmatrix} + \mu \cdot \begin{pmatrix}3\\2\\13\end{pmatrix}$

V Abstandsbestimmungen (1), Seite 84

1 a) A(4), B(5), C(1), D(6)

b) (7) $d = \left|\left[\begin{pmatrix}3\\7\\2\end{pmatrix} - \begin{pmatrix}5\\2\\3\end{pmatrix}\right] \cdot \begin{pmatrix}1\\1\\1\end{pmatrix}\right|$; (3) $d = \left|\frac{2 \cdot 3 + 4 \cdot 7 - 5 \cdot 2}{\sqrt{4 + 16 + 25}}\right|$

(8) $d = \left[\begin{pmatrix}3\\1\\2\end{pmatrix} - \begin{pmatrix}5\\-2\\4\end{pmatrix}\right] \cdot \frac{1}{3}\begin{pmatrix}1\\2\\2\end{pmatrix}$; (2) $d = \left|\frac{2 \cdot 5 + 4 \cdot 2 - 5 \cdot 4}{\sqrt{4 + 16 + 25}}\right|$

2 a) $\vec{n} = \begin{pmatrix}4\\4\\-2\end{pmatrix}$; Normalenvektor von F; orthogonal;

$\vec{u} = \begin{pmatrix}2\\0\\4\end{pmatrix}$; $\vec{v} = \begin{pmatrix}1\\-1\\0\end{pmatrix}$; $\vec{n} \cdot \vec{u} = \begin{pmatrix}4\\4\\-2\end{pmatrix} \cdot \begin{pmatrix}2\\0\\4\end{pmatrix} = 8 + 0 - 8 = 0$

$\vec{n} \cdot \vec{v} = \begin{pmatrix}4\\4\\-2\end{pmatrix} \cdot \begin{pmatrix}1\\-1\\0\end{pmatrix} = 4 - 4 + 0 = 0$; 0

b) $P(3|0|2)$, Ebene F; $\vec{n_0} = \frac{1}{\sqrt{16 + 16 + 4}}\begin{pmatrix}4\\4\\-2\end{pmatrix}$;

$d = \left| \left(\begin{pmatrix} 3 \\ 0 \\ 2 \end{pmatrix} - \begin{pmatrix} 3 \\ 1 \\ 0 \end{pmatrix} \right) \cdot \frac{1}{6} \begin{pmatrix} 4 \\ 4 \\ -2 \end{pmatrix} \right| = \left| \begin{pmatrix} 0 \\ -1 \\ 2 \end{pmatrix} \cdot \begin{pmatrix} 4 \\ 4 \\ -2 \end{pmatrix} \cdot \frac{1}{6} \right| = \frac{4}{3}$

c) Koordinatengleichung von E: $4x_1 + 4x_2 - 2x_3 = 16$
gesuchte Ebene G: $4x_1 + 4x_2 - 2x_3 = k$
Wenn $Q(q_1 | q_2 | q_3)$ ein Punkt von G ist, so gilt:
$d(Q; E) = \left| \frac{4q_1 + 4q_2 - 2q_3 - 16}{\sqrt{16 + 16 + 4}} \right| = \left| \frac{k - 16}{6} \right|$.
Da $d(Q; E) = 2$ gelten soll, folgt $\frac{k - 16}{6} = 2$ oder $\frac{k - 16}{6} = -2$.
Also $k_1 = 28$ und $k_2 = 4$ und somit G_1: $4x_1 + 4x_2 - 2x_3 = 28$ und G_2: $4x_1 + 4x_2 - 2x_3 = 4$.

3 $|\overrightarrow{AB}| = 4$, Grundfläche $G = 16$, $V = \frac{1}{3} G \cdot h$ $\quad h = \frac{3V}{G} = 3 \cdot \frac{64}{16} = 12$;
E_1: $x_2 = 12$ bzw. E_2: $x_2 = -12$; Gleichsetzen von g und E_1 bzw. E_2 liefert $r_1 = 4$ bzw. $r_2 = -4$, also $S_1(4 | 12 | 4)$ und $S_2(-4 | -12 | -4)$.

V Abstandsbestimmungen (2), Seite 85

1 (1) Man bestimmt eine Hilfsebene E, die orthogonal zu g und durch den Punkt Q verläuft.
(2) Der Richtungsvektor von g ist Normalenvektor von E.
(3) Man berechnet den Schnittpunkt S der Ebene E mit der Geraden g.
(4) Der Abstand von g zu h ist gleich dem Betrag des Vektors $\overrightarrow{QS}$.

2 Hilfsebene E: $2x_1 - x_2 + 3x_3 = b$;
Wenn $(6 | 2 | 4)$ ein Punkt von E ist, ergibt sich aus
$2 \cdot 6 - 1 \cdot 2 + 3 \cdot 4 = b$, dass $b = 22$ ist.
E: $2x_1 - x_2 + 3x_3 = 22$;
Schnittpunkt S von g mit E: $S(3 | 2 | 6)$;
$d(g; h) = |\overrightarrow{QS}| = \sqrt{13}$

3 Grundseite sei AB mit $|\overrightarrow{AB}| = \sqrt{68}$
Abstand von C zur Geraden g durch A und B:
$g: \vec{x} = \begin{pmatrix} 0 \\ -1 \\ 8 \end{pmatrix} + t \begin{pmatrix} -4 \\ -4 \\ 6 \end{pmatrix}$; $\overrightarrow{CP_t} = \begin{pmatrix} -4t - 5 \\ -4t - 3 \\ 6t + 6 \end{pmatrix}$;
Aus $\begin{pmatrix} -4t - 5 \\ -4t - 3 \\ 6t + 6 \end{pmatrix} \cdot \begin{pmatrix} -4 \\ -4 \\ 6 \end{pmatrix} = 0$ ergibt sich $t = -1$.
Höhe des Dreiecks: $|\overrightarrow{CP_{-1}}| = \left| \begin{pmatrix} 4 - 5 \\ 4 - 3 \\ -6 + 6 \end{pmatrix} \right| = \left| \begin{pmatrix} -1 \\ 1 \\ 0 \end{pmatrix} \right| = \sqrt{2}$
Flächeninhalt $A = \frac{1}{2} \cdot \sqrt{2} \cdot \sqrt{68} = \sqrt{34}$
Alternative: Höhe über Minimum der Funktion $d(t) = |\overrightarrow{CP_t}|$
Mithilfe des Vektorproduktes:

$\overrightarrow{AB} = (-4 | -4 | 6)$

$\overrightarrow{AC} = (1 | -1 | 0)$

$\overrightarrow{AB} \times \overrightarrow{AC} = (6 | 10 | 10)$

$A = \frac{1}{2} |\overrightarrow{AB} \times \overrightarrow{AC}| = 7{,}68$

4 Die Richtungsvektoren sind nicht parallel zueinander, also sind die Geraden windschief zueinander.
$G_s(0 | 2 + s | 3 + s)$, $H_t(11 + 4t | 2 - 5t | 2 + 2t)$
$\overrightarrow{G_sH_t} = \begin{pmatrix} 11 + 4t \\ -5t - s \\ -1 + 2t - s \end{pmatrix}$
Aus $\overrightarrow{G_sH_t} \cdot \begin{pmatrix} 0 \\ 1 \\ 1 \end{pmatrix} = 0$ und $\overrightarrow{G_sH_t} \cdot \begin{pmatrix} 4 \\ -5 \\ 2 \end{pmatrix} = 0$ ergibt sich das LGS:
$-2s - 3t = 1$
$3s + 45t = -42$.
Lösung: $s = 1$, $t = -1$
$G(0 | 3 | 4)$ und $H(7 | 7 | 0)$
$d(g; h) = |\overrightarrow{GH}| = \sqrt{7^2 + 4^2 + (-4)^2} = \sqrt{81} = 9$

5 $P_\tau(-4 + \tau | 6 | 6 - 2\tau)$; $\overrightarrow{AP_\tau} = \begin{pmatrix} -4 + \tau - 5 \\ 6 - 4 \\ 6 - 2\tau - 3 \end{pmatrix} = \begin{pmatrix} -9 + \tau \\ 2 \\ 3 - 2\tau \end{pmatrix}$

a) $|\overrightarrow{AP_\tau}| = \left| \begin{pmatrix} -9 + \tau \\ 2 \\ 3 - 2\tau \end{pmatrix} \right| = \sqrt{(-9 + \tau)^2 + 2^2 + (3 - 2\tau)^2}$

$= \sqrt{81 - 18\tau + \tau^2 + 4 + 9 - 12\tau + 4\tau^2} = \sqrt{94 - 30\tau + 5\tau^2}$;
$\tau = 3$ mit $d(3) = 7$
b) $\begin{pmatrix} -9 + \tau \\ 2 \\ 3 - 2\tau \end{pmatrix} \cdot \begin{pmatrix} 1 \\ 0 \\ -2 \end{pmatrix} = 0$; $-9 + \tau - 6 + 4\tau = 0 \quad \tau = 3$
$|\overrightarrow{AP_3}| = \left| \begin{pmatrix} -6 \\ 2 \\ -3 \end{pmatrix} \right| = \sqrt{36 + 4 + 9} = 7$

V Schnittwinkel, Seite 86

1 a) Schnittwinkel α von h und E_1, Schnittwinkel β von h und g, Schnittwinkel γ von E_1 und E_2

b) $\sin(\delta) = \frac{\left| \begin{pmatrix} 2 \\ 1 \\ -3 \end{pmatrix} \cdot \begin{pmatrix} 3 \\ 2 \\ 1 \end{pmatrix} \right|}{\left| \begin{pmatrix} 2 \\ 1 \\ -3 \end{pmatrix} \right| \cdot \left| \begin{pmatrix} 3 \\ 2 \\ 1 \end{pmatrix} \right|} = \frac{|6 + 2 - 3|}{\sqrt{14} \cdot \sqrt{14}} = \frac{5}{14}$, $\delta \approx 20{,}9°$

2 a) Die beiden Geraden g_1 und g_2 haben den gleichen Richtungsvektor und verlaufen daher parallel oder sind identisch.
Sie schließen also keinen Schnittwinkel ein.
h_1: $\vec{X} = \begin{pmatrix} 6 \\ -4 \\ 4 \end{pmatrix} + \lambda \begin{pmatrix} 2 \\ 5 \\ 3 \end{pmatrix}$, h_2: $\vec{X} = \begin{pmatrix} 6 \\ -4 \\ 4 \end{pmatrix} + \tau \begin{pmatrix} 6 \\ -4 \\ 4 \end{pmatrix}$
b) E_1: $6x_1 - 4x_2 + 4x_3 = a$ und E_2: $2x_1 + 5x_2 + 3x_3 = b$ mit $a, b \in \mathbb{R}$. Die Normalenvektoren müssen Vielfache der Vektoren $\vec{a}$ und $\vec{b}$ sein.
c) $\alpha \approx 85{,}5°$
d) $\beta = 90° - \alpha = 90° - 85{,}5° = 4{,}5°$

3 a) Festlegung der Eckpunkte des vorderen Giebels:
$A(0 | 0 | 5{,}5)$, $B(0 | 6 | 7)$, $C(0 | 10 | 3)$
$\cos(\alpha) = \frac{|\overrightarrow{AB} \cdot \overrightarrow{CB}|}{|\overrightarrow{AB}| \cdot |\overrightarrow{CB}|} = \frac{|24 - 6|}{\sqrt{38{,}25} \cdot \sqrt{32}} = \frac{18}{\sqrt{1224}}$, $\alpha \approx 59°$
$a^* = 180 - 59° = 121°$
b) Die Dachflächen schließen mit den Giebelflächen jeweils einen 90°-Winkel ein.
Winkel zwischen linker Dachfläche und Seitenwand:

$\cos(\beta) = \frac{\begin{pmatrix} 0 \\ 0 \\ -1 \end{pmatrix} \cdot \overrightarrow{AB}}{\left| \begin{pmatrix} 0 \\ 0 \\ -1 \end{pmatrix} \right| \cdot |\overrightarrow{AB}|} = \frac{-1{,}5}{\sqrt{38{,}25}}$, $\beta \approx 104{,}0°$

Winkel zwischen rechter Dachfläche und Seitenwand:

$\cos(\gamma) = \frac{\begin{pmatrix} 0 \\ 0 \\ -1 \end{pmatrix} \cdot \overrightarrow{BC}}{\left| \begin{pmatrix} 0 \\ 0 \\ -1 \end{pmatrix} \right| \cdot |\overrightarrow{BC}|} = \frac{-4}{\sqrt{32}}$, $\gamma \approx 135°$

V Klausurtraining (1), Seite 87

1 a) $S_1(4|0|0)$, $S_2(0|2|0)$, $S_3(0|0|8)$

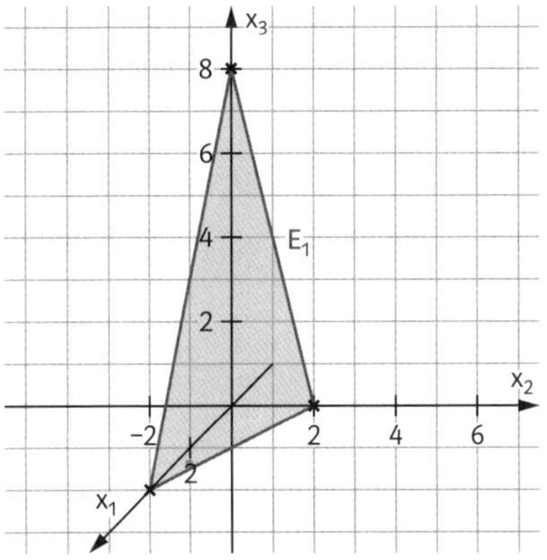

b) Das LGS $4 + \tau = -\mu$, $2 + \tau = 4 + 2\mu$, $-16 - 8\tau = -8 - 4\mu$ hat die Lösung $\tau = -2$, $\mu = -2$

Einsetzen von τ in die Gleichung von g oder μ in die Gleichung von h liefert S(2|0|0).

c) $E_2: \vec{x} = \begin{pmatrix}2\\0\\0\end{pmatrix} + \lambda \cdot \begin{pmatrix}1\\1\\-8\end{pmatrix} + \mu \cdot \begin{pmatrix}-1\\2\\-4\end{pmatrix}$ $\quad E_1 \cap E_2$ liefert:

$2 \cdot (2 + \lambda - \mu) + 4 \cdot (\lambda + 2\mu) + (-8\lambda - 4\mu) = 8$, also $\lambda = \mu - 2$ und

damit g: $\vec{x} = \begin{pmatrix}2\\0\\0\end{pmatrix} + (\mu - 2)\begin{pmatrix}1\\1\\-8\end{pmatrix} + \mu \cdot \begin{pmatrix}-1\\2\\-4\end{pmatrix}$ oder g: $\vec{x} = \begin{pmatrix}0\\-2\\16\end{pmatrix} + \tau \cdot \begin{pmatrix}0\\1\\-4\end{pmatrix}$

2 a) E: $\vec{x} = \begin{pmatrix}-3\\4\\7\end{pmatrix} + \lambda \cdot \begin{pmatrix}2\\0\\-3\end{pmatrix} + \mu \cdot \begin{pmatrix}1\\4\\-3\end{pmatrix}$

b) g: $\vec{x} = \begin{pmatrix}-3\\4\\7\end{pmatrix} + \tau \cdot \begin{pmatrix}2\\0\\-3\end{pmatrix}$

g und E haben denselben Stützvektor und der Richtungsvektor von g ist ein möglicher Richtungsvektor von E.

$g \cap E_1$: $2 \cdot (-3 + 2\tau) - 3 \cdot (7 - 3\tau) = -1$ liefert $\tau = 2$ und damit D(1|4|1)

3 Setze im LGS $x_1 - 3x_2 + 10x_3 = 7$ $\quad x_1 := \tau$

Dann folgt $3x_1 + x_2 = 11$

$x_2 = 11 - 3\tau$, $x_3 = 4 - \tau$ und damit g: $\vec{x} = \begin{pmatrix}0\\11\\4\end{pmatrix} + \tau \cdot \begin{pmatrix}1\\-3\\-1\end{pmatrix}$

$\vec{n_{E_1}} \cdot \vec{n_{E_2}} = \begin{pmatrix}1\\-3\\10\end{pmatrix} \cdot \begin{pmatrix}3\\1\\0\end{pmatrix} = 0$

4 $E_1: x_1 - 24x_2 + 17x_3 = 53$.

Da $E_1 \neq E_2$ und die Normalenvektoren von E_1 und E_2 Vielfache voneinander sind, liegen E_1 und E_2 parallel zueinander.

5 $\vec{AB} = \begin{pmatrix}1\\-2\\-2{,}5\end{pmatrix} = \vec{DC}$; $\vec{AD} = \begin{pmatrix}-2\\1{,}5\\5{,}5\end{pmatrix}$, also $\vec{AB} \cdot \vec{AD} \neq 0$ und

$|\vec{AB}| \neq |\vec{AD}|$. Es handelt sich also um ein Parallelogramm.

6 a) $\vec{AB} = \begin{pmatrix}2\\3\\6\end{pmatrix}$, $\vec{AD} = \begin{pmatrix}6\\2\\-3\end{pmatrix}$, daher $|\vec{AB}| = |\vec{AD}|$ und $\vec{AB} \cdot \vec{AD} = 0$

b) $\frac{1}{2}|\vec{AB}| \cdot |\vec{AD}| = \frac{49}{2}$

c) Mit $\vec{AD} = \vec{BC}$ folgt C(8|2|5)

7 a) A(4|0|0), B(4|4|0), C(0|4|0), S(2|2|6)

b) E: $\vec{x} = \begin{pmatrix}4\\4\\0\end{pmatrix} + \lambda \cdot \begin{pmatrix}1\\0\\0\end{pmatrix} + \mu \cdot \begin{pmatrix}1\\1\\-3\end{pmatrix}$; E: $3x_2 + x_3 = 12$

c) $M_{BC}(2|4|0)$, $M_{CS}(1|3|3)$

Der Richtungsvektor der Mittelsenkrechten von CS ist orthogonal zu $\vec{CS} = \begin{pmatrix}2\\-2\\6\end{pmatrix}$ und zum Normalenvektor $\vec{m_E} = \begin{pmatrix}0\\3\\1\end{pmatrix}$ von E.

Also m_{CS}: $\vec{x} = \begin{pmatrix}1\\3\\3\end{pmatrix} + \lambda \cdot \begin{pmatrix}10\\1\\-3\end{pmatrix}$. Da das Dreieck BCS gleichschenklig ist, geht die Mittelsenkrechte von BC durch den Punkt S. Also

m_{BC}: $\vec{x} = \begin{pmatrix}2\\4\\0\end{pmatrix} + \mu \cdot \begin{pmatrix}0\\2\\-6\end{pmatrix}$

$m_{CS} \cap m_{BC}$ liefert für $\lambda = \frac{1}{10}$ und $\mu = -\frac{9}{20}$ den Schnittpunkt

U(2|3,1|2,7) und damit für die Bohrung g: $\vec{x} = \begin{pmatrix}2\\3{,}1\\2{,}7\end{pmatrix} + \tau \cdot \begin{pmatrix}0\\3\\1\end{pmatrix}$.

Für $\tau = -2{,}7$ ergibt sich der Schnittpunkt von g mit der x_1x_2-Ebene in P(2|−5,4|0). Da die x_2-Koordinate negativ ist, liegt P außerhalb des Vierecks ABCD.

V Klausurtraining (2), Seite 88

8 a) mögliche Spannvektoren von E sind $\begin{pmatrix}0\\0\\1\end{pmatrix}$ und $\begin{pmatrix}2\\-2\\-1\end{pmatrix}$.

Also ist ein möglicher Normalenvektor von E: $\vec{n_E} = \begin{pmatrix}1\\1\\0\end{pmatrix}$.

Daraus ergibt sich E: $\begin{pmatrix}1\\1\\0\end{pmatrix} \cdot \left(\vec{x} - \begin{pmatrix}1\\1\\0\end{pmatrix}\right) = 0$ $\quad$ E: $x_1 + x_2 = 2$

b) g: $\vec{x} = \begin{pmatrix}1\\1\\5\end{pmatrix} + \lambda \cdot \begin{pmatrix}2\\-2\\-1\end{pmatrix}$ $\cap$ x_1x_2-Ebene: Q(11|−9|0)

Länge des Schattens: $|\vec{PQ}| = \sqrt{200} = 10 \cdot \sqrt{2}$

h: $\vec{x} = \begin{pmatrix}1\\1\\0\end{pmatrix} + \mu \cdot \begin{pmatrix}1\\-1\\0\end{pmatrix}$

9 a) g_{F_1}: $\vec{x} = \begin{pmatrix}-6\\1\\2\end{pmatrix} + \lambda \cdot \begin{pmatrix}-1\\5\\2\end{pmatrix}$; g_{F_2}: $\vec{x} = \begin{pmatrix}-3\\6\\4\end{pmatrix} + \mu \cdot \begin{pmatrix}1\\5\\2\end{pmatrix}$

b) Da die Geschwindigkeitsvektoren der beiden Flugzeuge den gleichen Betrag ($\sqrt{30}$) haben, sind die Flugzeuge gleich schnell. Nach 3 Minuten ist F_1 im Punkt $F_1(-9|16|8)$ und F_2 bei $F_2(0|21|10)$; $|\vec{F_1F_2}| = \sqrt{110} \approx 10{,}5$

c) $g_{F_1} \cap g_{F_2}$ für $\lambda = -1$ und $\mu = -2$ in S(−5|−4|0)

d) Da $\lambda \neq \mu$ für den Schnittpunkt S gilt, kommt es nicht zur Kollision der Flugzeuge.

10 a) $d = \left|\left[\begin{pmatrix}2\\10\\-6\end{pmatrix} - \begin{pmatrix}5\\1\\0\end{pmatrix}\right] \cdot \frac{1}{3}\begin{pmatrix}2\\-2\\1\end{pmatrix}\right| = \frac{1}{3}\left|\begin{pmatrix}-3\\9\\-6\end{pmatrix} \cdot \begin{pmatrix}2\\-2\\1\end{pmatrix}\right| = 10$

b) $d = \frac{6 \cdot 5 + 17 \cdot 6 - 6 \cdot 3 - 19}{\sqrt{36 + 289 + 36}} = \frac{95}{19} = 5$

11 a) Ebene E hat den Normalenvektor $\vec{n} = \begin{pmatrix}3\\2\\2\end{pmatrix}$.

Er ist orthogonal zu den Richtungsvektoren der Ebene F, da gilt: $\begin{pmatrix}3\\2\\2\end{pmatrix} \cdot \begin{pmatrix}0\\-2\\2\end{pmatrix} = -4 + 4 = 0$, $\begin{pmatrix}3\\2\\2\end{pmatrix} \cdot \begin{pmatrix}-2\\0\\3\end{pmatrix} = -6 + 6 = 0$.

Also ist n auch ein Normalenvektor von F.

Wenn die Ebenen E und F identisch wären, müsste der Punkt P(4|4|1) der Ebene F auch ein Punkt der Ebene E sein.

$$\left|\left[\begin{pmatrix}4\\4\\1\end{pmatrix}-\begin{pmatrix}0\\2\\2\end{pmatrix}\right]\cdot\begin{pmatrix}3\\2\\2\end{pmatrix}\right| = \left|\begin{pmatrix}4\\2\\-1\end{pmatrix}\cdot\begin{pmatrix}3\\2\\2\end{pmatrix}\right| = 14 \neq 0$$

Die Ebenen E und F sind daher parallel.
b) Abstandbestimmung erfolgt über den Abstand des Punktes P(4 | 4 | 1) der Ebene F zur Ebene E: Einheitsnormalenvektor von E:

$$\vec{n}_0 = \frac{1}{\sqrt{17}}\begin{pmatrix}3\\2\\2\end{pmatrix};$$

$$d(E;F) = d(R;E) = \left|\left[\begin{pmatrix}4\\4\\1\end{pmatrix}-\begin{pmatrix}0\\2\\2\end{pmatrix}\right]\cdot\begin{pmatrix}3\\2\\2\end{pmatrix}\frac{1}{\sqrt{17}}\right| = \left|\begin{pmatrix}4\\2\\-1\end{pmatrix}\cdot\begin{pmatrix}3\\2\\2\end{pmatrix}\right|\frac{1}{\sqrt{17}} = \frac{14}{\sqrt{17}}$$

12 a) Da g und h denselben Stützvektor haben, sind sie entweder identisch oder sie schneiden sich im Punkt S(3 | 2 | 5). Da die Richtungsvektoren keine Vielfachen voneinander sind, liegt ein gemeinsamer Schnittpunkt vor, daher ist der Abstand d = 0.
b) Der Richtungsvektor von g ist das (−2)-Fache des Richtungsvektors von h, daher verlaufen die Geraden parallel oder sie sind identisch. Der Punkt Q(−4 | 0 | 3) der Gerade h liegt jedoch nicht auf g, da $\begin{pmatrix}-4\\0\\3\end{pmatrix} = \begin{pmatrix}-4\\1\\3\end{pmatrix} + \lambda\begin{pmatrix}4\\2\\-6\end{pmatrix}$ keine eindeutige Lösung für λ ergibt. Daher verlaufen g und h parallel.
Abstandsbestimmung: Gesucht ist der Vektor $\overrightarrow{P_\lambda Q}$ von einem Punkt P_λ der Gerade g zum Punkt Q der Gerade h, der orthogonal zur h verläuft. Die Länge dieses Vektors liefert dann den Abstand von g zu h.

$P_\lambda(-4 + 4\lambda \mid 1 + 2\lambda \mid 3 - 6\lambda)$, also $\overrightarrow{P_\lambda Q} = \begin{pmatrix}-4\lambda\\-1-2\lambda\\6\lambda\end{pmatrix}$;

Aus $\begin{pmatrix}-4\lambda\\-1-2\lambda\\6\lambda\end{pmatrix}\cdot\begin{pmatrix}-2\\-1\\3\end{pmatrix} = 0$ folgt, $8\lambda + 1 + 2\lambda + 18\lambda = 0$. Also $\lambda = -\frac{1}{28}$.

Somit ist $d(g;h) = \left|\overrightarrow{P_{-\frac{1}{28}}Q}\right| = \left|\begin{pmatrix}-\frac{1}{7}\\-\frac{13}{14}\\-\frac{3}{14}\end{pmatrix}\right| = \sqrt{\frac{13}{14}}$

13 Gegeben sind die windschiefen Geraden g: $\vec{X} = \vec{p} + \lambda\vec{u}$ und h: $\vec{X} = \vec{q} + \mu\vec{v}$.
Verfahren zur Abstandbestimmung:
Man bezeichnet die Punkte der Geraden g mit P_λ, die Punkte der Geraden h mit Q_μ. Dann bildet man den Vektor $\overrightarrow{P_\lambda Q_\mu}$.
Die gesuchte kürzeste Strecke zwischen g und h muss orthogonal zu g und zu h sein. Aus $\overrightarrow{P_\lambda Q_\mu}\cdot\vec{u} = 0$ und $\overrightarrow{P_\lambda Q_\mu}\cdot\vec{v} = 0$ erhält man ein LGS. Als Lösung des LGS erhält man λ und μ.
Man berechnet mit λ und μ die Koordinaten der gesuchten Punkte P und Q. Der gesuchte Abstand $d(g;h) = |\overrightarrow{PQ}|$.
Alternatives Verfahren:
Man bestimmt einen Normaleneinheitsvektor der Ebene, die g enthält und parallel zu h verläuft. Den Normalenvektor erhält man als orthogonalen Vektor zu den beiden Richtungsvektoren $\vec{u}$ und $\vec{v}$. Für den gesuchten Abstand gilt: $d(g;h) = |(\vec{q} - \vec{p})\cdot\vec{n}_0|$.

14 a) Die Aussage ist falsch. Wenn der Winkel α zwischen den Vektoren $\vec{a}$ und $\vec{b}$ 50° beträgt (also 0° < α < 90°), gilt $|\vec{a}\cdot\vec{b}| = \vec{a}\cdot\vec{b}$. Für den Schnittwinkel β zwischen den zwei Ebenen gilt demnach: $\cos(\beta) = \frac{|\vec{a}\cdot\vec{b}|}{|\vec{a}|\cdot|\vec{b}|} = \frac{\vec{a}\cdot\vec{b}}{|\vec{a}|\cdot|\vec{b}|} = \cos(50°)$.
Also β = α = 50°.
b) Die Aussage ist richtig. Für den Winkel zwischen den Vektoren $\vec{a}$ und $\vec{b}$ gilt: $\cos(50°) = \frac{\vec{a}\cdot\vec{b}}{|\vec{a}|\cdot|\vec{b}|}$. Da 0° < α < 90° ist, ist $\vec{a}\cdot\vec{b}$ positiv. Für den Schnittwinkel zwischen einer Geraden mit dem Richtungsvektor $\vec{a}$ und einer Ebene mit dem Normalenvektor $\vec{b}$ gilt: $\sin(\alpha) = \frac{|\vec{a}\cdot\vec{b}|}{|\vec{a}|\cdot|\vec{b}|} = \frac{\vec{a}\cdot\vec{b}}{|\vec{a}|\cdot|\vec{b}|} = \cos(50°)$.
Da sin(α) = cos(90° − α) ist, gilt α = 90° − 50° = 40°.

c) Die Aussage ist falsch, denn das hieße, dass die Gerade g in der Ebene E liegt, also P(2 | 1 | 2) ein Punkt der Ebene wäre. Da aber 2 − 2 · 1 + 2 = 2 ≠ 4 ist, ist P kein Punkt der Ebene.

12, VI Anwendungen der Differential- und Integralrechnung

VI Exponentielles Wachstum, Seite 89

1 Hierbei ist a der Wachstums*faktor* für eine Zeiteinheit, k die Wachstums*konstante*, T_V die *Verdopplungszeit*, T_H die *Halbwertszeit*, B(n) die diskrete und f(x) die *kontinuierliche* Darstellung. Die Variablen n bzw. x werden in der passenden Zeiteinheit angegeben.

A	$B(n) = 2\cdot 2^n$	a = 2	k ≈ 0,69	$T_V \approx 1$
B	$B(n) = \frac{3}{4}e^{-0,5n}$	a ≈ 0,6	k = −0,5	$T_H \approx 1{,}39$
C	$f(x) = 3e^{0,75x}$	a ≈ 2,1	$k = \frac{3}{4}$	$T_V \approx 0{,}92$
D	$f(x) = 2e^{-\frac{9}{10}x}$	a ≈ 0,4	k = −0,9	$T_H \approx 0{,}77$

2 a) B(0) = 3 und B(1) = 4,5 ergibt $B(n) = 3\cdot 1{,}5^n$
b) B(0) = 2. Einsetzen von B(2) = 196 in den Ansatz $B(n) = B(0)\cdot a^n$ ergibt: $196 = 2\cdot a^2$, also $a = \sqrt{98} = 7\cdot\sqrt{2} \approx 9{,}9$.
Insgesamt $B(n) = 2\cdot 9{,}9^n$
c) Ansatz: $B(n) = B(0)\cdot a^n$.
$B(1) = 5 \Rightarrow 5 = B(0)\cdot a \Rightarrow B(0) = \frac{5}{a}$
$B(5) = 1 \Rightarrow 1 = B(0)\cdot a^5$
Die Lösung dieses Gleichungssystems liefert:
$1 = \frac{5}{a}\cdot a^5 = 5\cdot a^4 \Rightarrow a = \sqrt[4]{\frac{1}{5}} \approx 0{,}669$ und $B(0) = 5\cdot\sqrt[4]{5} = 7{,}477$
Insgesamt $B(n) = 7{,}477\cdot 0{,}669^n$

3 a) Es ergeben sich Werte für T_V zwischen 30 und 35 Jahren.

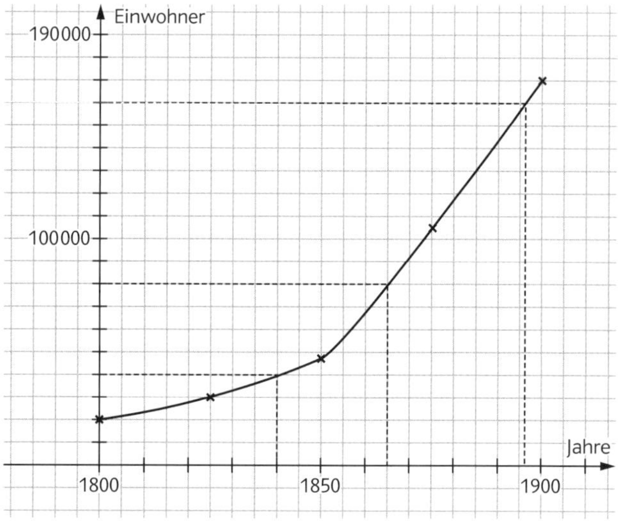

b) $a_{25} = \frac{(1{,}5 + 1{,}6 + 2{,}2 + 1{,}6)}{4} \approx 1{,}7$;
$a = \sqrt[25]{a_{25}} \approx 1{,}022$; $k = \ln(a) \approx 0{,}022$
c) $T_V = \frac{\ln(2)}{k} = 31{,}8$ Jahre
Es ergibt sich eine gute Übereinstimmung mit dem graphisch bestimmten Wert.
d) $f(x) = 20\,000\cdot 1{,}022^x$ (x in Jahren ab 1800)
$f(210) = 20\,000\cdot 1{,}022^{210} \approx 1\,930\,000$.
Der mit der Modellfunktion errechnete Wert ist mehr als dreimal so groß wie die tatsächliche Bevölkerungszahl Stuttgarts im

Jahre 2010.
e) Der Ansatz eines exponentiellen Wachstums für die Bevölkerungszahl Stuttgarts ist nur für einen begrenzten Zeitraum brauchbar und liefert für größere Zeitspannen keine realistischen Ergebnisse.

VI Verdopplungs- und Halbwertszeit, Seite 90

1 Bei der Berechnung des exponentiellen Wachstums kann man die diskrete Darstellung $B(n) = B(0) \cdot a^n$ oder die kontinuierliche Darstellung $f(x) = c \cdot a^x = c \cdot e^{kx}$ mit $k = \ln(a)$ verwenden. Die Variablen x bzw. n geben die (Zeit-)Schritte an. Für $a > 1$ bzw. $k > 0$ wird eine exponentielle Zunahme und für $0 < a < 1$ bzw. $k < 0$ eine exponentielle Abnahme beschrieben.

2 a)

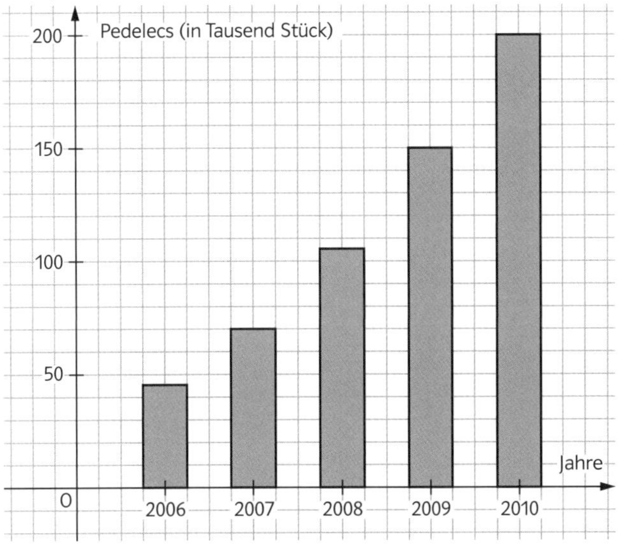

b) $T_V \approx 2$ Jahre

c)

Jahr	2006	2007	2008	2009	2010
Pedelecs	45 000	70 000	105 000	150 000	200 000
Quotient	–	1,56	1,50	1,43	1,33

$a \approx (1{,}56 + 1{,}50 + 1{,}43 + 1{,}33)/4 \approx 1{,}45$
$k = \ln(a) \approx 0{,}373$

d) $T_V = \frac{\ln(2)}{k} \approx 1{,}86$
Die graphisch und rechnerisch ermittelten Werte stimmen in guter Näherung überein.

e) $P(t) = 45\,000 \cdot 1{,}45^t$
P: Anzahl der pro Jahr verkauften Pedelecs
t: Zeit in Jahren ab 2006
$P(5) = 45\,000 \cdot 1{,}45^5 \approx 288\,000$
Die für das Jahr 2011 erwarteten Verkaufszahlen stimmen näherungsweise mit der Modellfunktion überein.

f) $P(20) = 45\,000 \cdot 1{,}45^{20} \approx 76\,000\,000$
Im Jahr 2026 müsste sich nach diesem Modell fast jeder Bundesbürger ein Pedelec kaufen.
Der Ansatz eines exponentiellen Wachstums für die Verkaufszahlen von Pedelecs ist nur für einen begrenzten Zeitraum brauchbar und liefert für größere Zeiträume keine sinnvollen Ergebnisse.

3 a)

n	0	1	2	3	4
B(n)	5	7,5	11	17	25
$\frac{B(n)}{B(n-1)}$		1,5	1,47	1,55	1,47

$a \approx 1{,}5 \quad B(n) \approx 5 \cdot 1{,}5^n$
Regression: $B(n) \approx 4{,}99 \cdot e^{0{,}404 \cdot n}$

b)

n	0	1	2	3	4
B(n)	0,5	1,4	3,7	10,0	27,3
$\frac{B(n)}{B(n-1)}$		2,8	2,64	2,70	2,73

$a \approx 2{,}7 \quad B(n) \approx 0{,}5 \cdot 2{,}7^n$
Regression: $B(n) \approx 0{,}51 \cdot e^n$

c)

n	0	2	4	6	8
B(n)	150	96	60	39	25
$\frac{B(n)}{B(n-1)}$		0,64	0,63	0,65	0,64

$a^2 \approx 0{,}64$ (exp. Wachstum: $a > 0$) $\quad a \approx 0{,}8 \quad B(n) \approx 150 \cdot 0{,}8^n$
Regression: $B(n) \approx 149{,}5 \cdot e^{-0{,}224 \cdot n}$

d) Die Datenreihe in Teilaufgabe c) zeigt einen exponentiellen Zerfall. Für die Halbwertszeit T_H gilt: $T_H = \frac{\ln(0{,}5)}{\ln(a)} \approx 3{,}11$.

4 a) $A(t) = 6{,}0 \cdot 1{,}1^t$;
Fläche A in cm^2, Zeit t in Tagen nach Beobachtungsbeginn
b) $A(7) = 6{,}0 \cdot 1{,}1^7 \approx 11{,}69 \qquad 11{,}69\,cm^2$
$A(-3) = 6{,}0 \cdot 1{,}1^{-3} \approx 4{,}51 \qquad 4{,}51\,cm^2$

c) $A(t) = 15 \qquad 6{,}0 \cdot 1{,}1^t = 15 \qquad t = \frac{\ln\left(\frac{15}{6}\right)}{\ln(1{,}1)} \approx 9{,}61$
Nach ca. 9,6 Tagen beträgt die überdeckte Fläche $15\,cm^2$.
d) $2 \cdot A(0) = A(0) \cdot 1{,}1^t \qquad 2 = 1{,}1^t \qquad t = \frac{\ln(2)}{\ln(1{,}1)} \approx 7{,}27$
Innerhalb ca. 7,3 Tagen verdoppelt sich die überdeckte Fläche.

e) $A(t) = 6{,}0 \cdot 1{,}1^t = 6{,}0 \cdot e^{0{,}09531 \cdot t}$
$A'(t) = 0{,}09351 \cdot 6{,}0 \cdot e^{0{,}09531 \cdot t} = 0{,}57186 \cdot e^{0{,}09531 \cdot t}$
$A'(2) \approx 0{,}6919$
Am zweiten Tag wächst die überdeckte Fläche um ca. $0{,}69\,cm^2$.

VI Untersuchung verknüpfter Funktionen, Seite 91

1

... am größten/ am kleinsten ...	Maximum/Minimum der Funktion f	Bestimmung der Extrempunkte (Randextrema berücksichtigen)
... größte/kleinste Veränderung ...	Maximum/Minimum der Ableitungsfunktion f′	Bestimmung der Wendepunkte
... durchschnittlich ...	Mittelwert von f im Intervall [a; b]	Bestimmung des Integrals $\frac{1}{b-a}\int_a^b f(x)\,dx$
... insgesamt ...	Fläche zwischen dem Graphen von f und der x-Achse im Intervall [a; b]	Bestimmung des Integrals $\int_a^b f(x)\,dx$

2 a) $f(-x) = \frac{4e^{-x}}{(e^{-x}+1)^2} = \frac{4e^{-x}}{(e^{-x}+1)^2} \cdot \frac{(e^x)^2}{(e^x)^2} = \frac{4e^x}{(1+e^x)^2} = \frac{4e^x}{(e^x+1)^2} = f(x)$

Der Graph der Funktion f ist symmetrisch zur y-Achse.

b) $F'(x) = \frac{0-(-4)\cdot e^x}{(e^x+1)^2} = \frac{4e^x}{(e^x+1)^2} = f(x)$

Die Funktion F ist eine Stammfunktion von f.

c) Für $x \to \infty$ gilt $F(x) \to 4$ und für $x \to -\infty$ gilt $F(x) \to 0$.

Für $a, b \in \mathbb{R}$ gilt: $\int_a^b f(x)\,dx = F(b) - F(a)$

Für $b \to \infty$ gilt $F(b) \to 4$ und für $a \to -\infty$ gilt $F(a) \to 0$.
Damit hat die nach links und rechts unbegrenzte Fläche zwischen dem Graphen von f und der x-Achse den endlichen Inhalt 4 FE.

3 a) $x \to \infty$: $f(x) \to \infty$, da $4x \to \infty$ und $\sqrt{e^x} \to \infty$
$x \to -\infty$: $f(x) \to 0$, da $4x \to -\infty$ und $\sqrt{e^x} \to 0$ und $\sqrt{e^x}$ das Produkt dominiert

b) Ableitungen: $f'(x) = 4e^{\frac{1}{2}x} + 4x \cdot e^{\frac{1}{2}x} \cdot \frac{1}{2} = (4 + 2x) \cdot e^{\frac{1}{2}x}$

$f''(x) = = 2e^{\frac{1}{2}x} + (4 + 2x) \cdot e^{\frac{1}{2}x} \cdot \frac{1}{2} = (4 + x) \cdot e^{\frac{1}{2}x}$

Im Folgenden ist es wichtig die Faktoren in f bzw. f' zu betrachten. Da $e^{\frac{1}{2}x} > 0$ gilt reicht die Betrachtung der anderen Faktoren aus.
Schnittpunkte mit den Koordinatenachsen:
$f(x) = 0$ für $x_1 = 0$; $N(0|0)$
Hoch und Tiefpunkte: $f'(x) = 0$; $(4 + 2x) \cdot e^{\frac{1}{2}x}$ für $x_2 = -2$;
$f''(-2) > 0$; $T(-2|-8 \cdot e^{-1})$
Wendepunkte: $f''(x) = 0$; $(4 + 1x) \cdot e^{\frac{1}{2}x}$ für $x_3 = -4$;
$f''(x)$ hat VzW von − nach + bei $x_3 = -4$; $W(-4|-16 \cdot e^{-2})$

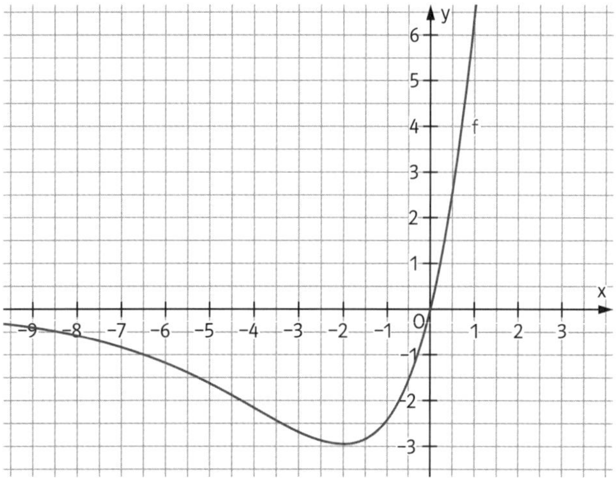

c) $F(x) = 8x \cdot e^{\frac{1}{2}x} - 16 \cdot e^{\frac{1}{2}x}$

$F'(x) = 8e^{\frac{1}{2}x} + 4x \cdot e^{\frac{1}{2}x} - 8e^{\frac{1}{2}x} = 4x \cdot e^{\frac{1}{2}x} = f(x)$

d) $\int_{-6}^{0} f(x)\,dx = [F(x)]_{-6}^{0} = F(0) - F(-6) = (-16) - (-64e^{-3}) \approx -12{,}814$
Die eingeschlossene Fläche ist ca. 12,814 FE groß.

e) $a \in \mathbb{R}$, $a < 0$:

$A(a) = \int_a^0 f(x)\,dx = [F(x)]_a^0 = F(0) - F(a) = (-16) - (8(a-2)e^{-0{,}5a})$

für $a \to -\infty$ gilt: $A(a) \to -16 = -A$ (−A, da unterhalb der x-Achse)
Die nach links unbegrenzte Fläche hat den endlichen Inhalt A = 16 FE.

4 a) $f'(t) = e^{-0{,}1t} - 0{,}1t \cdot e^{-0{,}1t} = (1 - 0{,}1t) \cdot e^{-0{,}1t}$
$f'(t) = 0$ für $t_1 = 10$; $f(10) = 40{,}178$
Die maximale Körpertemperatur beträgt 40,2 °C und wird nach 10 Stunden erreicht.
b) $f''(t) = -0{,}1 \cdot e^{-0{,}1t} - 0{,}1(1 - 0{,}1t) \cdot e^{-0{,}1t} = (-0{,}2 + 0{,}01t) \cdot e^{-0{,}1t}$
$f''(t) = 0$ für $t_2 = 20$; alternativ: f'' hat bei t = 20 einen VzW von − nach +, also besitzt f' ein Minimum.
Die Ableitungsfunktion f' hat bei $t_3 = 0$ (Randmaximum) den größten Wert und bei $t_2 = 20$ den kleinsten Wert. Die Temperatur steigt daher zu Beginn der Erkrankung am stärksten an und nimmt nach 20 Stunden am stärksten ab.
c) $f(t) = 37$ für $t_4 \approx 45$
Aus der Abbildung bzw. einer Wertetabelle kann dieser Näherungswert bestimmt werden.
Nach ca. 45 Stunden sinkt die Temperatur unter 37 °C.
d) $f'(t) = (1 - 0{,}1t) \cdot e^{-0{,}1t}$
Für $t > 10$ ist $(1 - 0{,}1t) < 0$ und somit auch $f'(t) < 0$, daher ist f für $t > 10$ streng monoton fallend.
Die Temperatur erreicht 10 Stunden nach Krankheitsbeginn den maximalen Wert (Teilaufgabe a) und sinkt danach ständig.

VI Klausurtraining, Seite 92

1 a) Keine Schnittpunkte mit der x-Achse, da e^x nie 0 wird.
Schnittpunkt mit der y-Achse W(0 | 2,5).

Ableitungen: $f'(x) = 5\frac{e^x(1+e^x) - e^x e^x}{(1+e^x)^2} = \frac{5e^x}{(1+e^x)^2}$ hat keine Nullstellen, also keine Extrempunkte.

$f''(x) = 5\frac{e^x(1+e^x)^2 - e^x e^x 2(1+e^x)}{(1+e^x)^4} = 5\frac{e^x(1-e^{2x})}{(1+e^x)^2}$;

Nullstelle mit Vorzeichenwechsel bei x = 0, also Wendepunkt W(0 | 2,5).

b)

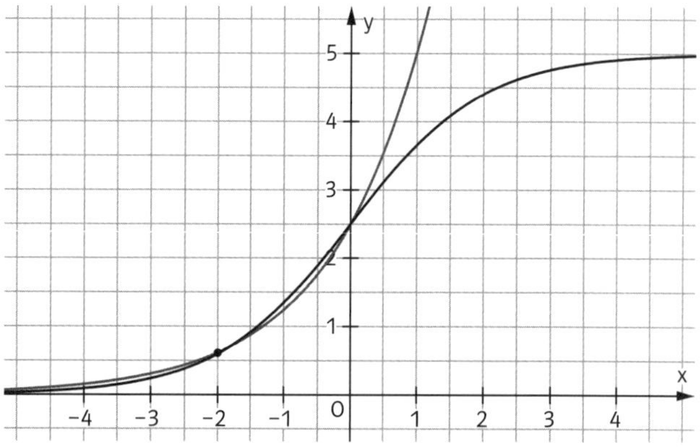

c) Asymptote für $x \to \infty$: $y = 5$; für $x \to -\infty$: $y = 0$;

d) Es gilt $g(0) = 2{,}5$ und $g(-2) \approx 0{,}6$, also $a = 2{,}5$ und
$2{,}5 \cdot e^{-2k} = 0{,}6$, also $k = -\frac{1}{2}\ln\left(\frac{0{,}6}{2{,}5}\right) \approx 0{,}7$.

Für den Flächeninhalt gilt also

$A = \lim\limits_{u \to -\infty} \int_u^0 2{,}5 \cdot e^{0{,}7x}\,dx = \lim\limits_{u \to -\infty} \left[\frac{2{,}5}{0{,}7}e^{0{,}7x}\right]_u^0 = \lim\limits_{u \to -\infty} \left(\frac{2{,}5}{0{,}7} - \frac{2{,}5}{0{,}7}e^{0{,}7u}\right)$
$= \frac{2{,}5}{0{,}7} \approx 3{,}6.$

2 a) Schnittpunkt mit der x-Achse: $f_t(x) = 0$; $(e^x - t) = 0$ für $x = \ln(t)$; $N_t(\ln(t) \mid 0)$
Schnittpunkt mit der y-Achse: $f_t(0) = (1 - t)^2$; $M_t(0 \mid (1 - t)^2)$
b) für $x \to \infty$ gilt $f(x) \to \infty$ und für $x \to -\infty$ gilt $f(x) \to t^2$
waagrechte Asymptote $y = t^2$
c) Schnittpunkt des Graphen von f mit der Asymptote:
$(e^x - t)^2 = t^2$
$e^{2x} - 2te^x + t^2 = t^2$
$e^{2x} - 2te^x = e^x \cdot (e^x - 2t) = 0$
$e^x = 2t$
$x = \ln(2t)$
Schnittpunkt $S_t(\ln(2t) \mid t^2)$
d) $x = \ln(2t)$, also $t = \frac{1}{2}e^x$
$y = t^2 = \left(\frac{1}{2}e^x\right)^2 = \frac{1}{4}e^{2x}$
Ortskurve der Schnittpunkte S_t: $y = \frac{1}{4}e^{2x}$

3 a) t in Monaten, am 1. März ist
$t = 0$, $f(t) = c \cdot 0{,}8^t = c \cdot e^{t \cdot \ln 0{,}8}$. Am 1. Oktober ist $t = 7$, also
$f(7) = c \cdot e^{7 \cdot \ln 0{,}8} = 20$; $c = 20 \cdot e^{-7 \ln 0{,}8} \approx 95$.
Er muss 95 Fahrräder einkaufen.
Die Funktion lautet: $f(t) = 95 \cdot e^{t \cdot \ln 0{,}8}$.
b) $T_H = -\frac{\ln 2}{k} = -\frac{\ln 2}{\ln 0{,}8} \approx 3{,}1$. In 3,1 Monaten verkauft er jeweils die Hälfte des Bestands.
c) $g(t) = 95 \cdot a^t$; $g(7) = 1 = 95 \cdot a^7$; $a = \frac{1}{\sqrt[7]{95}} \approx 0{,}52$; er muss ca. 48 % der vorhandenen Fahrräder pro Monat verkaufen.

4 a) K_1: Das Präparat B wächst sehr stark an, weil schnell neue Atome entstehen, aber nur langsam abgebaut werden.
b) K_3: Das Präparat B wächst an und wird, da immer weniger nachgeliefert wird, dann kontinuierlich abnehmen.
c) K_2: Es entstehen sehr langsam neue Atome des Präparats B, diese werden aber immer sehr schnell wieder abgebaut. Deshalb ergibt sich über längere Zeit ein nahezu konstanter Bestand.

5 a) $f'(t) = -3{,}2(t - 5) \cdot e^{-0{,}2 \cdot (t-5)^2}$, hat eine Nullstelle mit Vorzeichenwechsel von + nach − bei $t = 5$. Dort ist also der Hochpunkt $H(5 \mid 8)$.
b) $f(t) = 8 \cdot e^{-0{,}2 \cdot (t-5)^2} = 5$; $-0{,}2(t - 5)^2 = \ln\frac{5}{8}$;
$t = 5 \pm \sqrt{-5 \cdot \ln\frac{5}{8}}$; $t_1 \approx 3{,}5$; $t_2 \approx 6{,}5$; d.h. der kritische Pegel wird 3 Tage überschritten.
c) Das ist beim Wendepunkt der Fall.
$f''(t) = -3{,}2 \cdot e^{-0{,}2 \cdot (t-5)^2} + 1{,}28(t - 5)^2 e^{-0{,}2 \cdot (t-5)^2} = 0$;
$3{,}2 = 1{,}28(t - 5)^2$; $t = 5 \pm \sqrt{2{,}5}$; es ist der erste Wendepunkt, also steigt das Wasser nach 3,4 Tagen nicht mehr schneller.

Abiturähnliche Aufgaben

Abiturähnliche Aufgaben – Aufgaben ohne Hilfsmittel (1), Seite 105

1 a) $f(x) = -x^3 + 6x^2 - 8x + 4$
$f'(x) = -3x^2 + 12x - 8$
$f''(x) = -6x + 12$ ✓
notwendige Bedingung: $f''(x) = 0$: $-6x + 12 = 0$ für $x = 2$
hinreichende Bedingung: f″ hat bei $x = 2$ einen Vorzeichenwechsel
$f(2) = 4$; $W(2 \mid 4)$ ✓
$f'(2) = 4 = m_t$
$t: y = 4 \cdot (x - 2) + 4 = 4x - 4$ ✓
b) gemeinsame Punkte mit den Koordinatenachsen: $S(1 \mid 0)$ und $T(0 \mid -4)$ ✓
Flächeninhalt $A = \frac{1}{2} \cdot 1 \cdot 4 = 2$ ✓

2 a) Rechteck ABCD mit $A(0 \mid 0)$, $B(4 \mid 0)$, $C(4 \mid 2)$ und $D(0 \mid 2)$
$A_{Rechteck} = 4 \cdot 2 = 8$ ✓
$A_1 = \int_0^4 \sqrt{x}\,dx = \left[\frac{2}{3}x^{\frac{3}{2}}\right]_0^4 = \frac{2}{3} \cdot 8 - 0 = \frac{16}{3}$ ✓
$A_2 = 8 - \frac{16}{3} = \frac{8}{3}$
Verhältnis der Teilflächen: $A_1 : A_2 = \frac{16}{3} : \frac{8}{3} = 2 : 1$ ✓
b) $A_{Rechteck} = u \cdot \sqrt{u} = u^{\frac{3}{2}}$
$A_1 = \int_0^u \sqrt{x}\,dx = \left[\frac{2}{3}x^{\frac{3}{2}}\right]_0^u = \frac{2}{3} \cdot u^{\frac{3}{2}} - 0 = \frac{2}{3} \cdot u^{\frac{3}{2}}$ ✓
$A_2 = u^{\frac{3}{2}} - \frac{2}{3} \cdot u^{\frac{3}{2}} = \frac{1}{3} \cdot u^{\frac{3}{2}}$
Verhältnis der Teilflächen: $A_1 : A_2 = \frac{2}{3} \cdot u^{\frac{3}{2}} : \frac{1}{3} \cdot u^{\frac{3}{2}} = 2 : 1$ ✓

3 a) Wahrscheinlichkeit für zwei Treffer:
$P(2\ \text{Treffer}) = 0{,}9^2 = 0{,}81$ ✓
b) A: Der Spieler wirft 10-mal und trifft jedes Mal den Korb. ✓
B: Der Spieler wirft 20-mal auf den Korb und trifft dabei genau 18-mal den Korb. ✓
c) Gegenereignis $\overline{C}$: bei zwei Freiwürfen erzielt der Spieler keinen Treffer. $P(C) = 1 - P(\overline{C}) = 1 - 0{,}1^2 = 1 - 0{,}01 = 0{,}99$ ✓✓

4 a) $\begin{pmatrix} -2 \\ 4 \\ 2 \end{pmatrix} = \begin{pmatrix} 0 \\ 2 \\ 1 \end{pmatrix} + t \cdot \begin{pmatrix} -4 \\ 4 \\ 2 \end{pmatrix}$ für $t = \frac{1}{2}$; P liegt auf g. ✓
b) $\begin{pmatrix} -4 \\ 4 \\ 2 \end{pmatrix} = r \cdot \begin{pmatrix} 2 \\ -2 \\ -1 \end{pmatrix}$ für $r = -2$; ✓
der Richtungsvektor von g ist parallel zum Normalenvektor von E, d.h. die Gerade g ist orthogonal zur Ebene E. ✓
c) Da P auf g liegt und g orthogonal zu E verläuft ist Q der Schnittpunkt von g mit E.
g in E einsetzen: $2 \cdot (-4t) - 2 \cdot (2 + 4t) - 1 \cdot (1 + 2t) = 31$ ✓
$-18t - 5 = 31$ $\quad -18t = 36$ $\quad t = -2$
einsetzen in g: $\vec{q} = \begin{pmatrix} 0 \\ 2 \\ 1 \end{pmatrix} + (-2) \cdot \begin{pmatrix} -4 \\ 4 \\ 2 \end{pmatrix} = \begin{pmatrix} 8 \\ -6 \\ -3 \end{pmatrix}$; $Q(8 \mid -6 \mid -3)$ ✓

Abiturähnliche Aufgaben – Aufgaben ohne Hilfsmittel (2), Seite 106

1 Folgende Bedingungen müssen erfüllt werden:
$f(x_0) = g(x_0)$ und $f'(x_0) \cdot g'(x_0) = -1$. ✓

$x^3 + \frac{1}{2}x = x^2 - 2x$

$x^3 - x^2 + \frac{5}{2}x = 0$

$x \cdot \left(x^2 - x + \frac{5}{2}\right) = 0$

Es ist $x_1 = 0$ die einzige Lösung, da $x_{2,3} = \frac{1 \pm \sqrt{1-10}}{2}$ keine weitere Lösung liefert, d.h. für $x = 0$ ist die Bedingung $f(x_0) = g(x_0)$ erfüllt. ✓

$f'(x) = 3x^2 + \frac{1}{2}$ und $f'(0) = \frac{1}{2}$.

$g'(x) = 2x - 2$ und $g'(0) = -2$. ✓

Da für $x = 0$ auch die Bedingung $f'(x_0) \cdot g'(x_0) = -1$ erfüllt ist, schneiden sich die beiden Graphen orthogonal. ✓

$f(0) = 0$; Schnittpunkt $S(0\,|\,0)$ ✓

2 a) Für die Funktion f mit $f(x) = (3x - a) \cdot e^x$ und $a > 0$ gilt:
$f(x) \to 0$ für $x \to -\infty$ und $f(x) \to \infty$ für $x \to +\infty$;
$f(0) = -a \cdot e^0 = -a < 0$.
Nur der Funktionsgraph in Abbildung (2) zeigt diese Eigenschaften. ✓✓
Für den Schnittpunkt des Graphen von f mit der y-Achse gilt: $S(0\,|\,-2)$.
Eingesetzt in die Funktionsgleichung folgt:
$f(0) = -a = -2$ und $a = 2$. ✓
b) Der Graph von f hat bei $x \approx -0{,}3$ einen Tiefpunkt. Somit muss die Ableitungsfunktion f′ an dieser Stelle eine Nullstelle mit Vorzeichenwechsel von – nach + haben. Diese Eigenschaft zeigt der Graph in Abbildung (4). ✓
Die Integralfunktion J hat bei $x = 0$ eine Nullstelle, da $J(0) = 0$ gilt. Die Funktion f hat bei $x \approx -0{,}6$ eine Nullstelle. Folglich muss jede Stammfunktion von f und damit auch die Integralfunktion J an dieser Stelle eine Extremstelle haben. Diese Eigenschafen zeigt der Graph in Abbildung (1). ✓

Abiturähnliche Aufgaben – Aufgaben ohne Hilfsmittel (2), Seite 107

3 a) Die Zufallsvariable X kann nur ganzzahlige Werte zwischen 0 und 10 annehmen und es ist $E(X) = n \cdot p = 4$, also muss $P(X = 4)$ maximal sein. Nur Abbildung (3) zeigt die richtige Verteilung der Zufallsvariablen X. ✓✓✓
b) $P(4 \le X < 6) = P(X = 4) + (P(X = 5) \approx 0{,}25 + 0{,}20 = 0{,}45$ ✓
$P(X \neq 5) = 1 - P(X = 5) \approx 1 - 0{,}2 = 0{,}8$ ✓

4 g liegt nicht parallel zu E, d.h. g schneidet E in einem Punkt S. P sei ein weiterer Punkt auf g. Man stellt eine Hilfsgerade h auf, die den Ortsvektor von P als Stützvektor und den Normalenvektor von E als Richtungsvektor enthält. h: $\vec{x} = \vec{p} + r \cdot \vec{n}$. ✓
Die Gerade h schneidet die Ebene E für einen Parameterwert r_0. Den Bildpunkt P′ von P erhält man, indem man in h den Wert $2 \cdot r_0$ einsetzt. ✓

$\vec{p'} = \vec{p} + 2r_0 \cdot \vec{n}$

Die Bildgerade g′ ist die Gerade durch P′ und S. ✓

g′: $\vec{X} = \vec{p} + t \cdot \left(\vec{s} - \vec{p'}\right)$

Abiturähnliche Aufgaben – Aufgaben ohne Hilfsmittel (3), Seite 108

1 Berechnung der Schnittpunkte der beiden Graphen:
$f(x) = g(x)$; $-x^2 + 2 = x$; $-x^2 - x + 2 = 0$; $x_1 = -2$ und $x_2 = 1$ ✓
Berechnung des Inhalts der eingeschlossenen Fläche:

$A = \int_{-2}^{1} (f(x) - g(x))\,dx = \int_{-2}^{1} (-x^2 - x + 2)\,dx$ ✓

$= \left[-\frac{1}{3}x^3 - \frac{1}{2}x^2 + 2x\right]_{-2}^{1}$ ✓

$= \left(-\frac{1}{3} - \frac{1}{2} + 2\right) - \left(\frac{8}{3} - 2 - 4\right) = 4{,}5$ ✓

Der Inhalt der von den Graphen f und g eingeschlossenen Fläche beträgt 4,5 Flächeneinheiten. ✓

2 a) $f(4) = F'(4) \approx 0{,}4$ ✓
b) $\int_{1}^{4} f(x)\,dx = F(4) - F(1) = 0 - (-3) = 3$ ✓
c) wahr; F ist im Bereich $-5 < x < 0$ streng monoton fallend, also ist $f(x) < 0$ für $-5 < x < 0$. ✓
d) wahr; F besitzt im Bereich $0 < x < 4$ eine Wendestelle (näherungsweise bei $x \approx 1{,}2$), also hat f an dieser Stelle eine Extremstelle. ✓
Der Graph von F zeigt hier den Übergang von einer Links- in eine Rechtskurve, also hat f in diesem Bereich ein Maximum. ✓

3 a) $P(A) = \binom{5}{3} \cdot p^3 \cdot (1 - p)^2$ ✓
$P(B) = 1 - P(\overline{B}) = 1 - (1 - p)^5$ ✓✓
b) Es $0{,}5^3 = 0{,}125 < 0{,}216$. ✓
Es sind mehr rote als blaue Kugeln in der Urne. ✓

4 [AB] ist die Grundseite des Dreiecks ABC:

$\vec{AB} = \begin{pmatrix} 4 \\ 2 \\ -4 \end{pmatrix}$, $|\vec{AB}| = \left|\begin{pmatrix} 4 \\ 2 \\ -4 \end{pmatrix}\right| = \sqrt{4^2 + 2^2 + (-4)^2} = 6$. ✓

Die Gerade g verläuft durch die Punkte A und B:

g: $\vec{X} = \begin{pmatrix} 1 \\ 3 \\ 2 \end{pmatrix} + \tau \cdot \begin{pmatrix} 4 \\ 2 \\ -4 \end{pmatrix}$

Die Hilfsebene H ist senkrecht zur Gerade g und enthält den Punkt C:

H: $\left[\vec{X} - \begin{pmatrix} 6 \\ 2 \\ 2 \end{pmatrix}\right] \cdot \begin{pmatrix} 4 \\ 2 \\ -4 \end{pmatrix} = 0$ bzw. H: $4x_1 + 2x_2 - 4x_3 = 20$ ✓

Setzt man die Gleichung der Geraden g in die Ebenengleichung von H ein, erhält man $4 \cdot (1 + 4\tau) + 2 \cdot (3 + 2\tau) - 4 \cdot (2 - 4\tau) = 20$.
Die Gleichung liefert $\tau = 0{,}5$ und damit den Schnittpunkt F der Hilfsebene H mit der Geraden g, den Lotfußpunkt $F(3\,|\,4\,|\,0)$. ✓
[CF] ist die Höhe des Dreiecks ABC:

$\vec{CF} = \begin{pmatrix} -3 \\ 2 \\ -2 \end{pmatrix}$, $|\vec{CF}| = \left|\begin{pmatrix} -3 \\ 2 \\ -2 \end{pmatrix}\right| = \sqrt{17}$. ✓

Damit folgt für den Flächeninhalt des Dreiecks ABC:

$A_\Delta = \frac{1}{2} \cdot |\vec{AB}| \cdot |\vec{CF}| = \frac{1}{2} \cdot 6 \cdot \sqrt{17} = 3 \cdot \sqrt{17}$. ✓

Abiturähnliche Aufgaben – Analysis, Seite 109

1 a) Der Graph von f_2 beschreibt die Änderungsrate der Staulänge für a = 2: $f_2(t) = 0{,}5t^3 - 3t^2 + 4t$.
Positive Funktionswerte: Positive Werte der Änderungsrate der Staulänge bedeuten eine Zunahme der Staulänge.
Negative Funktionswerte: Negative Werte der Änderungsrate der Staulänge bedeuten eine Abnahme der Staulänge.
Die schnellste Zunahme der Staulänge entspricht dem Maximum von f_2.
$f_2'(t) = 1{,}5t^2 - 6t^2 + 4$
$f_2'(t) = 0;\ 1{,}5t^2 - 6t^2 + 4 = 0;\ t_{1,2} = \frac{6 \pm \sqrt{6^2 - 4 \cdot 1{,}5 \cdot 4}}{3} = \frac{6 \pm \sqrt{12}}{3};$
$t_1 \approx 3{,}15;\ t_2 \approx 0{,}85$
f_2' hat bei $t_2 \approx 0{,}85$ einen Vorzeichenwechsel von + nach −, d.h. f_2 hat an dieser Stelle ein Maximum.
$0{,}85\,h \cdot 60\frac{min}{h} \approx 51\,min$.
Die maximale Zunahme der Staulänge wird um 6:51 Uhr erreicht.
Die maximale Staulänge wird zu dem Zeitpunkt erreicht, an dem die Änderungsrate der Staulänge 0 ist und einen Vorzeichenwechsel von + nach − aufweist.
$f_2(t) = 0;$
$0{,}5t^3 - 3t^2 + 4t = 0{,}5t \cdot (t^2 - 6t + 8) = 0{,}5t \cdot (t-2) \cdot (t-4) = 0$
f_2 weist eine Nullstelle mit Vorzeichenwechsel von + nach − für t = 2 auf. Um 8:00 Uhr ist die Staulänge maximal.
Berechnung der Staulänge:
$L = \int_{t=0}^{t=2} f_2(t)\,dt = \int_{t=0}^{t=2} (0{,}5t^3 - 3t^2 + 4t)\,dt = \left[\frac{1}{8}t^4 - t^3 + 2t^2\right]_0^2$
$= (2 - 8 + 8) - (0) = 2{,}0$
Die maximale Staulänge beträgt 2,0 km.

b) Die maximale Staulänge wird zu dem Zeitpunkt erreicht, an dem die Änderungsrate der Staulänge 0 ist und einen Vorzeichenwechsel von + nach − aufweist.
$f_a(t) = 0;\ 0{,}5t^3 - 1{,}5at^2 + a^2t = 0{,}5t \cdot (t^2 - 3at + 2a^2) = 0$
$t_1 = 0;\ t_{2,3} = \frac{3a \pm \sqrt{(3a)^2 - 4 \cdot 1 \cdot 2a^2}}{2} = \frac{3a \pm 1a}{2};\ t_2 = 2a;\ t_3 = a$
f_a weist eine Nullstelle mit Vorzeichenwechsel von + nach − für t = a auf. Um (6 + a) Uhr ist die Staulänge maximal.
Die Staulänge wird durch eine Stammfunktion $F_a(t)$ von $f_a(t)$ angegeben.
$F_a(t) = 0{,}125t^4 - 0{,}5at^3 + 0{,}5a^2t^2 + c$
$F_a(0) = 0$ für c = 0.
Staulänge zum Zeitpunkt t:
$F_a(t) = 0{,}125t^4 - 0{,}5at^3 + 0{,}5a^2t^2$
$F_a(2) = 3$, d.h. $0{,}125 \cdot (2)^4 - 0{,}5a \cdot (2)^3 + 0{,}5a^2 \cdot (2)^2$
$= 2 - 4a + 2a^2 = 3;\ 2a^2 - 4a - 1 = 0;$
$a_{1,2} = \frac{4 \pm \sqrt{(-4)^2 - 4 \cdot 2 \cdot (-1)}}{4} = \frac{4 \pm \sqrt{24}}{4} = 1 \pm \sqrt{1{,}5}$
Die Lösungen der Gleichung sind $a_1 \approx 2{,}22$ und $a_2 \approx -0{,}22$.
Da jedoch a > 0 vorgegeben ist, ist $a_1 \approx 2{,}22$ die einzige sinnvolle Lösung. Für a ≈ 2,22 beträgt zum Zeitpunkt 8:00 Uhr die Staulänge 3,0 km.

c) Die Abnahme der Staulänge ist insgesamt größer als die vorherige gesamte Zunahme der Staulänge, sodass sich für die Staulänge auch negative Werte ergeben würden.
Negative Werte machen jedoch für die Staulänge keinen Sinn, sodass die Änderungsrate der Staulänge nicht durch die Funktion g beschrieben werden kann.

d) Die Staulänge kann durch die Stammfunktion H von h mit H(0) = 4 beschrieben werden. Damit die Staulänge in dem Zeitintervall immer positiv und um 11:00 Uhr (t = 2) vollständig abgebaut ist, muss gelten: $H(t) \geq 0$ für $0 \leq t \leq 2$ und $H(2) = 0$.

Abiturähnliche Aufgaben – Analysis, Seite 110

2 a) Setzt man die Werte t = 4 und y = 8,83 in die Funktionsgleichung $f_a(t) = a \cdot t \cdot e^{-0{,}25t}$ ein, so ergibt sich die Gleichung:
$f_a(4) = a \cdot 4 \cdot e^{-0{,}25 \cdot 4} = 8{,}83 \quad a \cdot 4 \cdot e^{-1} = 8{,}83 \quad a = \frac{8{,}83 \cdot e}{4} \approx 6{,}00$
Für a = 6 ergibt sich vier Stunden nach der Einnahme eine Wirkstoffkonzentration von $8{,}83\frac{mg}{l}$.
Graph der Funktion f_6:

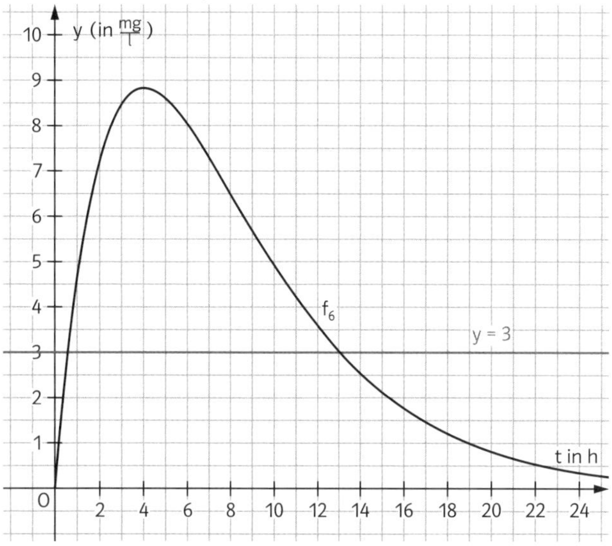

Schneidet man den Graphen der Funktion f_6 mit der Geraden y = 3, so erhält man die Werte: $t_1 \approx 0{,}58$ und $t_2 \approx 13{,}05$;
$t_2 - t_1 = 13{,}05 - 0{,}58 \approx 12{,}47$.
Für ungefähr $12\frac{1}{2}$ Stunden ist die Wirkstoffkonzentration im Blut über $3\frac{mg}{l}$.
b) Ableitungsfunktion der Funktionenschar f_a:
$f_a'(t) = a \cdot e^{-0{,}25t} + a \cdot t \cdot e^{-0{,}25t} \cdot (-0{,}25)$
$f_a'(t) = a \cdot e^{-0{,}25t} \cdot (1 - 0{,}25t)$
Es ist $f_a'(t) = 0$ für t = 4; außerdem gilt: $a \cdot e^{-0{,}25t} > 0$ für alle Werte von t, der Faktor (1 − 0,25t) hat bei t = 4 einen Vorzeichenwechsel von + nach −. Folglich ist jede Funktion f_a an der Stelle t = 4 maximal. Da die maximale Wirkstoffkonzentration im Blut nach 4 Stunden erreicht wird, muss $f_a(4) \leq 14$ gelten.
$a \cdot 4 \cdot e^{-0{,}25 \cdot 4} = a \cdot 4 \cdot e^{-1} \leq 14$ für $a \leq 9{,}51$
Der Parameter a, der die verabreichte Dosis berücksichtigt, sollte nicht größer als 9,51 sein.
c) Der Zeitpunkt, an dem der Wirkstoff am stärksten abgebaut wird, ist der Zeitpunkt, bei dem die momentane Änderungsrate den größten negativen Wert annimmt. Dies entspricht dem Minimum der Ableitungsfunktion f_a'.
Zweite Ableitungsfunktion der Funktionenschar f_a:
$f_a''(t) = -0{,}25a \cdot e^{-0{,}25t} \cdot (1 - 0{,}25t) + a \cdot e^{-0{,}25t} \cdot (-0{,}25)$
$f_a''(t) = a \cdot e^{-0{,}25t} \cdot (-0{,}5 + 0{,}0625t)$
Es ist $f_a''(t) = 0$ für t = 8; außerdem gilt: $a \cdot e^{-0{,}25t} > 0$ für alle Werte von t. Der Faktor (−0,5 + 0,0625t) hat bei t = 8 einen Vorzeichenwechsel von − nach +. Folglich hat jede Funktion f_a' an der Stelle t = 8 eine Minimalstelle.
Acht Stunden nach der Einnahme wird der Medikamentenwirkstoff am stärksten abgebaut.

d) Damit $F_a(t) = -4a \cdot (t+4) \cdot e^{-0,25t}$ eine Stammfunktion von f_a ist, muss $F_a'(t) = f_a(t)$ gelten.

$$F_a(t) = -4a \cdot t \cdot e^{-0,25t} - 16a \cdot e^{-0,25t}$$
$$F_a'(t) = -4a \cdot e^{-0,25t} - 4a \cdot t \cdot e^{-0,25t} \cdot (-0,25) - 16a \cdot e^{-0,25t} \cdot (-0,25)$$
$$= -4a \cdot e^{-0,25t} + a \cdot t \cdot e^{-0,25t} + 4a \cdot e^{-0,25t}$$
$$= a \cdot t \cdot e^{-0,25t}$$
$$= f_a(t)$$

Für die mittlere Wirkstoffkonzentration in den ersten 24 Stunden nach der Einnahme gilt:

$$m_6 = \frac{1}{24-0} \cdot \int_0^{24} f_6(t)\,dt = \frac{1}{24} \cdot (F_6(24) - F_6(0))$$
$$= \frac{1}{24} \cdot [(-4 \cdot 6 \cdot (24+4) \cdot e^{-0,25 \cdot 24}) + 16 \cdot 6] \approx 3,93$$

Die mittlere Wirkstoffkonzentration für a = 6 in den ersten 24 Stunden nach der Einnahme beträgt ca. $3,93 \frac{mg}{l}$.
Für die mittlere Wirkstoffkonzentration $m_a(s)$ in den ersten s Stunden nach der Einnahme des Medikaments gilt:

$$m_a(s) = \frac{1}{s-0} \cdot \int_0^{s} f_a(t)\,dt = \frac{1}{s} \cdot (F_a(s) - F_a(0))$$
$$= \frac{1}{s} \cdot ((-4a \cdot (s+4) \cdot e^{-0,25 \cdot s}) - (-4a \cdot (0+4) \cdot e^{-0,25 \cdot 0}))$$
$$= \frac{1}{s} \cdot ((-4a \cdot (s+4) \cdot e^{-0,25 \cdot s}) + 16a)$$

e) Wertetabelle (Näherungswerte) siehe Tabelle 1

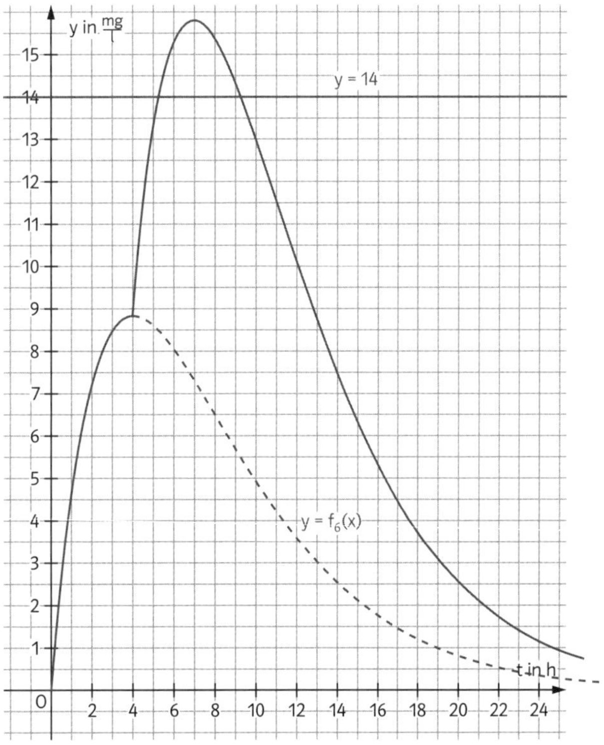

In einem Zeitraum von ca. vier Stunden beginnend ungefähr fünf Stunden nach der ersten Einnahme ist die Wirkstoffkonzentration über der empfohlenen maximalen Wirkstoffkonzentration von $14 \frac{mg}{l}$.

Abiturähnliche Aufgaben – Exponentialfunktion, Seite 111

1 a) $18 = s e^0$, also s = 18; $95 = 18 e^{k 20}$; $k = \frac{1}{20} \ln \frac{95}{18} \approx 0,083$;
$f(t) = 18 e^{0,083t}$; $f(15) \approx 62,5$; prozentualer Fehler: $\frac{3,5}{59} \approx 6\%$.

b) $f'(t) = 0,083 \cdot 18 \cdot e^{0,083t} = 0,083 \cdot f(t)$; $\frac{f'(t)}{f(t)} = 0,083 = 8,3\%$.

Die jährliche Neuverschuldung beträgt 8,3 %. Der Schuldenstand ist 40-mal so hoch wie 2010, also $f(t) = 40 \cdot 95 = 3800 = 18 e^{0,083t}$; $t \approx 64,5$; Im Jahr 2055 sind die Schulden auf das 40fache der jährlichen Steuereinnahmen des Staates im Jahr 2010 gewachsen.

c) Solange die Neuverschuldung oberhalb der t-Achse liegt, nimmt der Schuldenstand zu. Wenn die Neuverschuldung ab t = 22 unter der t-Achse liegt, nimmt der Schuldenstand ab. Der Schuldenstand beträgt ca. im Jahr 2016/2017 wieder ungefähr 95 Mrd. Euro: Im Neuverschuldungsdiagramm ist die Fläche zwischen der y-Achse, der t-Achse und der Kurve in etwa so groß wie die Fläche zwischen Kurve und t-Achse von t = 22 bis t = 26,5. Es sind ungefähr 20,5 Kästchen (s. die grau unterlegten Flächen im Diagramm S. 171).

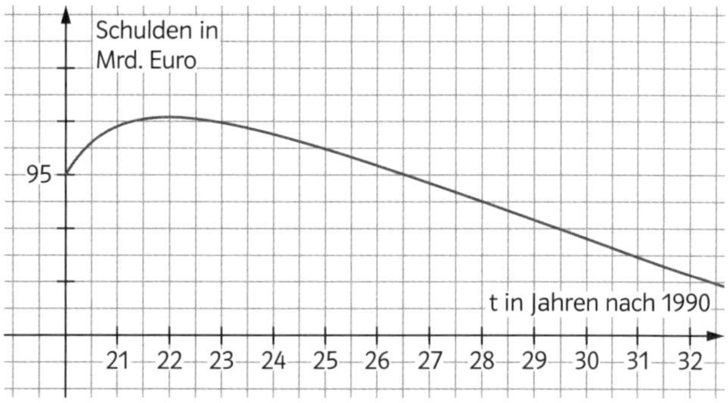

d) Die Gerade fällt zwischen t = 20 und t = 30 um ungefähr 0,6, d.h. die Steigung ist −0,6/10 = −0,06.
g(t) = −0,06t − 1,1 Das Trapez von 26,5 bis t, das die graue Gerade mit der t-Achse bildet, hat den Flächeninhalt:

$$\int_{26,5}^{u} (-0,6t - 1,1)\,dt = [-0,3t^2 - 1,1t]_{26,5}^{u}$$
$$= -0,3u^2 - 1,1u + 239,825 = -95$$

(alternative Berechnung mit der Flächenformel ohne Integral)
Löst man die quadratische Gleichung $-0,3u^2 - 1,1u + 335 = 0$ so ergibt sich: $u \approx 32$ (der zweite Wert ist negativ); die Schulden wären damit im Jahr 2022 zurückbezahlt.

Tabelle 1

Zeit t in Stunden nach der ersten Einnahme	0	1	2	4	5	6	8	9	10	12
Wirkstoffmenge durch die erste Einnahme in $\frac{mg}{l}$: $f_6(t)$	0	4,7	7,3	8,8	8,6	8,0	6,5	5,7	4,9	3,6
Wirkstoffmenge durch die zweite Einnahme in $\frac{mg}{l}$: $f_6(t-4)$	0	0	0	0	4,7	7,3	8,8	8,6	8,0	6,5
gesamte Wirkstoffmenge in $\frac{mg}{l}$	0	4,7	7,3	8,8	13,3	**15,3**	**15,3**	**14,3**	12,9	10,1

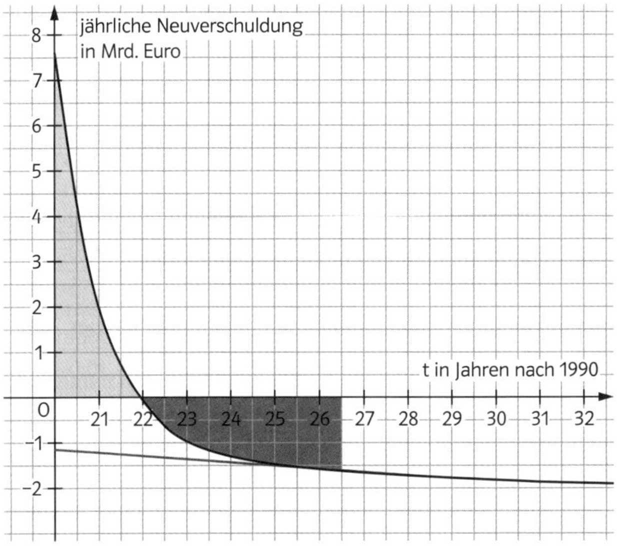

e) Bestimmung des Maximums:
$f'(t) = -a\,95e^{2at} + 2a(1 - at)95e^{2at} = 95(a - 2a^2t)e^{2at}$
$t_0 = \frac{1}{2a}$; f' hat an der Nullstelle = 0 einen Vorzeichenwechsel von + nach −, also handelt es sich um ein Maximum.

Das Maximum beträgt $f\left(\frac{1}{2a}\right) = 95\left(1 - a\frac{1}{2a}\right)e^{\frac{2a}{2a}} = 95 \cdot \frac{e}{2}$; es ist unabhängig von a. Es liegt zwischen 2010 und 2030, wenn gilt $0 \le \frac{1}{2a} \le 20$; also $a \ge 0{,}025$.

f) Man benötigt das geringste Wirtschaftswachstum, wenn das Maximum möglichst spät erreicht wird, weil die Höhe des Maximums immer dieselbe ist und der durchschnittliche Anstieg am geringsten ist, wenn die Dauer des Anstiegs möglichst lange ist. Das ist für a = 0,025 der Fall.

g) Die Steuereinnahmen müssen immer genau so groß wie der Schuldenstand bleiben. Das heißt, die Änderungsrate der Steuereinnahmen muss gleich der Änderungsrate des Schuldenstands sein. Um die prozentuale Änderungsrate zu erhalten, muss die Änderung des Schuldenstandes ins Verhältnis zum absoluten Schuldenstand gesetzt werden.

$g(t) = \frac{95 \cdot 0{,}025(1 - 0{,}05t)e^{0{,}05t}}{95(1 - 0{,}025t)e^{0{,}05t}} \cdot 100 = \frac{2{,}5(1 - 0{,}05t)}{1 - 0{,}025t} = \frac{100 - 5t}{40 - t}$.

$g'(t) = \frac{-5(40 - t) + 100 - 5t}{(40 - t)^2} = \frac{-100}{(40 - t)^2} < 0$,

d.h. g ist streng monoton fallend. Es gilt $g(0) \ge g(t) \ge g(20)$ im geforderten Bereich, also $2{,}5 \ge g(t) \ge 0$. Der Staat muss in diesem Zeitraum ein maximales Wachstum von 2,5 % erreichen.

Abiturähnliche Aufgaben – Exponentialfunktion, Seite 113

2 a) Schnittpunkte mit den Achsen:
y-Achse: $f_a(0) = -a$ $S_a(0\,|-a)$
x-Achse: $(x - a) \cdot e^{\frac{x}{a}} = 0$ Nullprodukt: $\underbrace{x - a}_{x_1 = a}$ oder $\underbrace{e^{\frac{x}{a}} = 0}_{\text{keine Lösung}}$
Abgebildet sind die Graphen von f_2 und f_5.

b) Wendepunkte der Graphen von f_a mit $f_a(x) = (x - a)e^{\frac{x}{a}}$

$f_a'(x) = 1 \cdot e^{\frac{x}{a}} + (x - a) \cdot \frac{1}{a} \cdot e^{\frac{x}{a}} = e^{\frac{x}{a}} \cdot \left(1 + (x - a) \cdot \frac{1}{a}\right) = \frac{x}{a} \cdot e^{\frac{x}{a}}$

$f_a''(x) = \frac{1}{a} \cdot e^{\frac{x}{a}} + \frac{x}{a} \cdot \frac{1}{a} \cdot e^{\frac{x}{a}} = \frac{1}{a} \cdot e^{\frac{x}{a}} \cdot \left(1 + \frac{x}{a}\right)$

$f_a'''(x) = \frac{1}{a^2} \cdot e^{\frac{x}{a}} \cdot \left(1 + \frac{x}{a}\right) + \frac{1}{a} \cdot e^{\frac{x}{a}} \cdot \frac{1}{a} = \frac{1}{a^2} \cdot e^{\frac{x}{a}} \cdot \left(2 + \frac{x}{a}\right)$

Stellen mit $f_a''(x) = 0$:

$\frac{1}{a} \cdot e^{\frac{x}{a}} \cdot \left(1 + \frac{x}{a}\right) = 0$ $1 + \frac{x}{a} = 0$ $x_1 = -a$

Überprüfung:

$f_a'''(-a) = \frac{1}{a^2} \cdot e^{-1} > 0$ ⇒ a ist eine Wendestelle von f_a

$f_a(-a) = -2a\,e^{\left(-\frac{a}{a}\right)} = \frac{-2a}{e}$

Wendepunkt des Graphen von f_a: $W_a\left(-a\,\middle|\,\frac{-2a}{e}\right)$
Ortskurve der Wendepunkte

$x_a = -a$ $y_a = \frac{-2a}{e}$ Einsetzen: $y_a = \frac{2}{e} \cdot x_a$ Aus a > 0 folgt $x_a < 0$.

Ortskurve der Wendepunkte: $y = \frac{2}{e} \cdot x$; $x < 0$

c) Tangentengleichung bestimmen:
t_a: $y = m_a x + n_a$ mit $m_a = f_a'(a) = 1e^1 = e$
Koordinaten von $W(a\,|\,0)$ in $y = e \cdot x + n_a$ einsetzen:
$0 = e \cdot a + n_a$ $n_a = -e \cdot a$ Ergebnis: t_a: $y = e \cdot x - e \cdot a$

d) $A(u) = u \cdot (-f_5(u)) = -u \cdot (u - 5) \cdot e^{0{,}2 \cdot u} = (5u - u^2) \cdot e^{0{,}2 \cdot u}$
$A'(u) = (5 - 2u) \cdot e^{0{,}2 \cdot u} + (5u - u^2) \cdot 0{,}2 \cdot e^{0{,}2 \cdot u}$
$= e^{0{,}2 \cdot u} \cdot (5 - 2u + u - 0{,}2u^2) = e^{0{,}2 \cdot u} \cdot (5 - u - 0{,}2u^2)$
$A'(u) = 0$ $e^{0{,}2 \cdot u} \cdot (5 - u - 0{,}2u^2) = 0$ $5 - u - 0{,}2u^2 = 0$

$u^2 + 5u - 25 = 0$ $u_{1/2} = \frac{-5 \pm \sqrt{25 + 4 \cdot 25}}{2} = 2{,}5 \pm 0{,}5 \cdot \sqrt{125}$

Wegen u > 0 ergibt sich: $u = 2{,}5 + 0{,}5 \cdot \sqrt{125} \approx 3{,}09$
Aus der Problemstellung ist direkt ersichtlich, dass es sich um eine Maximumstelle handelt.
$A(3{,}09) = (5 \cdot 3{,}09 - 3{,}09^2) \cdot e^{0{,}2 \cdot 3{,}09} \approx 10{,}9$
Die maximale Rechteckfläche von ca. 10,9 FE erhält man für $u \approx 3{,}09$.

e) Aufgrund der Schnittpunkte mit den Achsen liegt die Vermutung nahe, dass die Graphen von f_2 und f_{-2} zueinander punktsymmetrisch bzgl. des Ursprungs sind. Beweis:
$f_2(-x) = (-x - 2) \cdot e^{-\frac{x}{2}} = -(x + 2) \cdot e^{-\frac{x}{2}}$
$f_{-2}(x) = (x - (-2)) \cdot e^{\frac{x}{-2}} = (x + 2) \cdot e^{-\frac{x}{2}}$
Wegen $f_2(-x) = -f_{-2}(x)$ ist diese Behauptung bewiesen.

f) $F_a(x) = a(x - 2a)e^{\frac{x}{a}}$

$F_a'(x) = a(x - 2a)e^{\frac{x}{a}} = a\left(1 \cdot e^{\frac{x}{a}} + (x - 2a) \cdot \frac{1}{a} \cdot e^{\frac{x}{a}}\right) = a \cdot e^{\frac{x}{a}}\left(1 + \frac{x}{a} - 2\right)$

$= a \cdot e^{\frac{x}{a}}\left(\frac{x}{a} - 1\right) = (x - a) \cdot e^{\frac{x}{a}} = f_a(x)$

Demnach ist F_a eine Stammfunktion von f_a.
Berechnung des Inhalts der eingeschlossenen Fläche in Abhängigkeit von a:

$-\int_0^a \left((x - a) \cdot e^{\frac{x}{a}}\right)dx = -\left[a(x - 2a)e^{\frac{x}{a}}\right]_0^a = a^2e^1 + a(0 - 2a)e^0$

$= a^2 \cdot e - 2a^2 = a^2(e - 2)$

Berechnung des gesuchten Parameterwerts:

$a^2(e - 2) = 10$ $a = \sqrt{\frac{10}{e - 2}} \approx 3{,}73$

Für $a \approx 3{,}73$ hat die vom Graph von f_a und den Achsen eingeschlossene Fläche den Inhalt 10 FE.

Abiturähnliche Aufgaben – Ganzrationale Funktionen, Seite 114

1 a) $f(x) = \frac{1}{3}x^3 - 4x^2 + 12x = \frac{1}{3}x(x^2 - 12x + 36) = \frac{1}{3}x(x - 6)^2$ im Vergleich mit $g_t(x) = \frac{1}{3}x \cdot (x - 3t)^2$: t = 2

b) Nullstellen: $f(x) = \frac{1}{3}x(x - 6)^2 = 0$ $x_1 = 0$; $x_2 = 6$

Ableitungen: $f'(x) = x^2 - 8x + 12$; $f''(x) = 2x - 8$; $f'''(x) = 2$
Extrema: $f'(x) = x^2 - 8x + 12 = 0$ $x_{3/4} = 4 \pm \sqrt{16 - 12} = 4 \pm 2$
$x_3 = 2$; $x_4 = 6$
$f''(2) = -4 < 0$ Maximum bei $P_{Max}\left(2\,\middle|\,\frac{32}{3}\right)$; $f''(6) = 4 > 0$
Minimum bei $P_{Min}(6\,|\,0)$
Wendepunkt: $f''(x) = 2x - 8 = 0$; $x_5 = 4$ und wegen $f'''(4) = 2 > 0$
$W\left(4\,\middle|\,\frac{16}{3}\right)$

c) Berechnung des eingeschlossenen Flächeninhalts:
$A = \int_0^6 f(x)\,dx = \left[\frac{1}{12}x^4 - \frac{4}{3}x^3 + 6x^2\right]_0^6 = 36$
Der Flächeninhalt bis zum Hochpunkt ist $A_1 = \int_0^2 f(x) = \frac{44}{3}$

Der Flächeninhalt von A_1 und A_2 muss also den Wert 18 haben. A_2 wird aus dem rechtwinkligen Dreieck mit den Katheten $\frac{32}{3}$ und $k - 2$ berechnet. Es ist also $18 = \frac{44}{3} + \frac{1}{2} \cdot (k - 2) \cdot \frac{32}{3} \quad | \cdot 6$

$108 = 88 + 32 \cdot (k - 2)$

$20 = 32 \cdot (k - 2)$, also $k = \frac{21}{8} = 2{,}625$ und $S(2{,}625\,|\,0)$

Skizze:

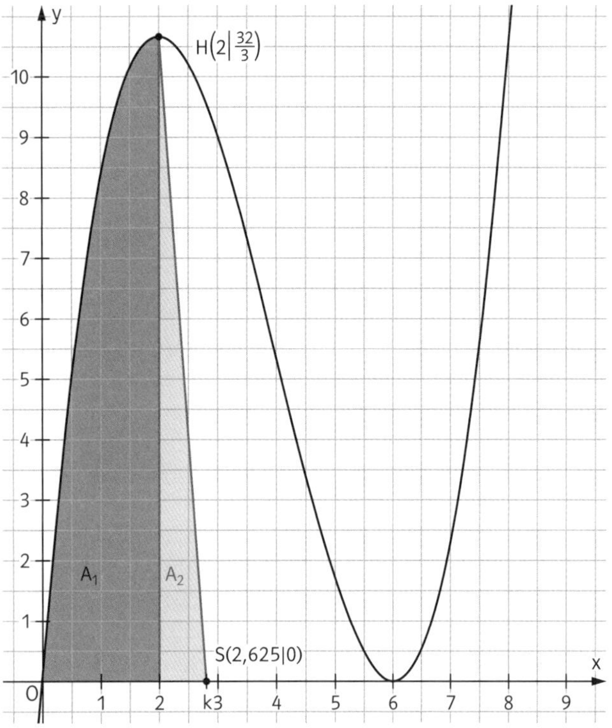

Schnittpunkt der Geraden mit der x-Achse: $S(2{,}625\,|\,0)$

d) Skizze:

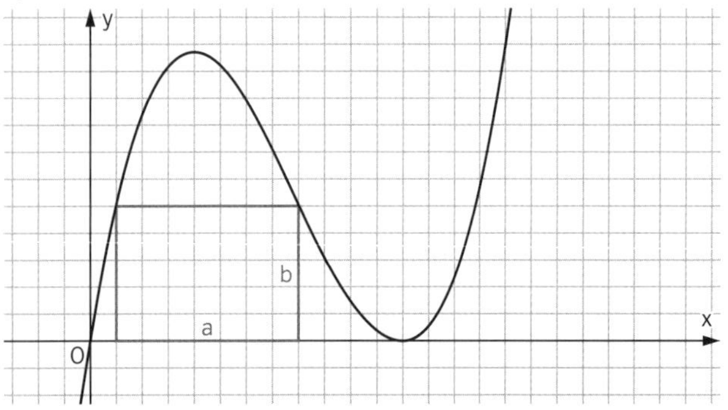

Die obere Rechteckseite hat die Gleichung $y = \frac{16}{3}$. Es ist also $b = \frac{16}{3}$.

Berechnung der Schnittstellen:

$f(a) = \frac{16}{3}$, also $\frac{1}{3}a^3 - 4a^2 + 12a - \frac{16}{3} = 0 \quad | \cdot 3$

$a^3 - 12a^2 + 36a - 16 = 0$ hat die eine Lösung mit $a = 4$.

Die restlichen Lösungen erhält man nach Polynomdivision:

$$
\begin{array}{l}
(a^3 - 12a^2 + 36a - 16) : (a - 4) = a^2 - 8a + 4 \\
\underline{-(a^3 - 4a^2)} \\
\quad -8a^2 + 36a - 16 \\
\quad \underline{-(-8a^2 + 32a)} \\
\qquad 4a - 16 \\
\qquad \underline{-(4a - 16)} \\
\qquad\quad 0
\end{array}
$$

$a^2 - 8a + 4 = 0$ hat die Lösungen $a_{1/2} = 4 \pm \sqrt{12}$, also für unser Rechteck den Wert 0,5359. Es ist $a = 4 - 0{,}5359 = 3{,}4641$

e) Der Flächeninhalt des Dreiecks ist $A = \frac{1}{2}t \cdot f(t)$ und damit

$A = \frac{1}{2}t\left(\frac{1}{3}t^3 - 4t^2 + 12t\right) = \frac{1}{6}t^4 - 2t^3 + 6t^2$.

Gesucht ist der Extremwert von A.

$A'(t) = \frac{2}{3}t^3 - 6t^2 + 12t = \frac{2}{3}t(t^2 + 9t + 18) = 0$ hat die Lösungen

0, 3 und 6. Wegen des gegeben Intervalls ist die Lösung $t = 3$.

$A''(x) = 2x^2 - 12x + 12$, also $A''(3) = -6 < 0$, also Maximum bei $(3\,|\,A(3))$

Der Flächeninhalt beträgt $A = \frac{1}{6}3^4 - 2 \cdot 3^3 + 6 \cdot 3^2 = 13{,}5$ FE.

Skizze:

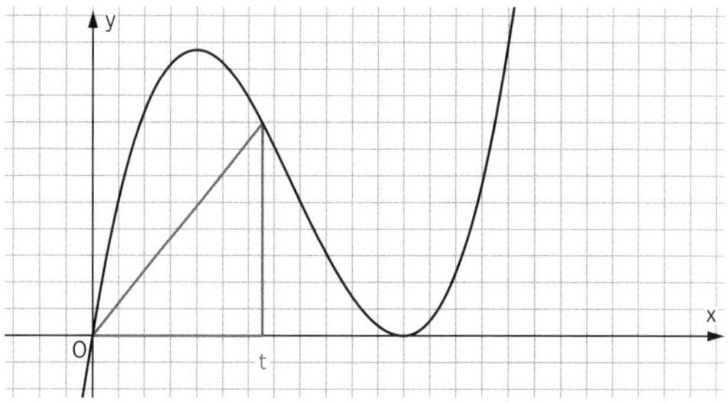

f) $g_t(x) = \frac{1}{3}x^3 - 2t \cdot x^2 + 3t^2 \cdot x \quad g_t'(x) = x^2 - 4t \cdot x + 3t^2$

$g_t''(x) = 2x - 4t = 0 \quad x = 2t$

$y = g_t(2t) = \frac{1}{3}(2t)^3 - 2t \cdot (2t)^2 + 3t^2 \cdot 2t = \frac{8}{3}t^3 - 8t^3 + 6t^3 = \frac{2}{3}t^3$

Wendepunkt $W\left(2t\,\middle|\,\frac{2}{3}t^3\right)$

Aus $x = 2t$ folgt $t = \frac{x}{2}$. Eingesetzt in y folgt $y = \frac{2}{3}\left(\frac{x}{2}\right)^3 = \frac{1}{12}x^3$.

Die Ortslinie aller Wendepunkte ist $y = \frac{1}{12}x^3$.

Abiturähnliche Aufgaben – Ganzrationale Funktionen, Seite 115

2 a) $f(x) = -\frac{1}{81}x^3 + \frac{1}{9}x = -\frac{1}{81}x(x^2 - 9)$

Nullstellen: $x_1 = 0$; $x_2 = -3$; $x_3 = 3$

Extrema: $f'(x) = -\frac{1}{27}x^2 + \frac{1}{9} = 0$; $x^2 = 3$, also $x_4 = \sqrt{3}$; $x_5 = -\sqrt{3}$;

$f''(\sqrt{3}) = -\frac{2}{27} \cdot \sqrt{3} < 0$, also ein Hochpunkt bei $\left(\sqrt{3}\,\middle|\,\frac{2}{27}\sqrt{3}\right)$ bzw. $(1{,}732\,|\,0{,}1283)$.

$f''(x) = -\frac{2}{27}x$; $f''(\sqrt{3}) = \frac{2}{27} \cdot \sqrt{3} > 0$, also ein Tiefpunkt bei $\left(-\sqrt{3}\,\middle|\,-\frac{2}{27}\sqrt{3}\right)$ bzw. $(-1{,}732\,|\,-0{,}1283)$.

Begründung für den Wendepunkt im Ursprung: Die Funktion hat nur ungerade Exponenten, also ist sie punktsymmetrisch zum Koordinatenursprung. Dann muss genau zwischen Hoch- und Tiefpunkt, also im Koordinatenursprung der Wendepunkt sein.

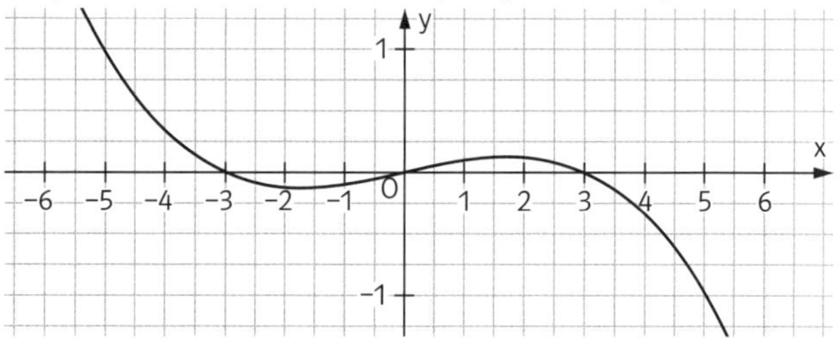

b) $A = \int_0^3 \left(-\frac{1}{81}x^3 + \frac{1}{9}x\right)dx = \left[-\frac{1}{4} \cdot \frac{1}{81}x^4 + \frac{1}{2} \cdot \frac{1}{9}x^2\right]_0^3 = -\frac{1}{4} + \frac{1}{2} = \frac{1}{4}$ FE

$A_1 = \int_0^{\sqrt{3}} \left(-\frac{1}{81}x^3 + \frac{1}{9}x\right)dx = \left[-\frac{1}{4} \cdot \frac{1}{81}x^4 + \frac{1}{2} \cdot \frac{1}{9}x^2\right]_0^{\sqrt{3}} = -\frac{1}{36} + \frac{1}{6} = \frac{5}{36}$ FE

$A_2 = A - A_1 = \frac{4}{36}$ Verhältnis: $A_1 : A_2 = 5 : 4$

c) $g_a(x) = a \cdot x^2 + \frac{7}{4}x$; $g_a'(x) = 2a \cdot x + \frac{7}{4}$;

$g_a'(-0{,}5) = 2a \cdot (-0{,}5) + \frac{7}{4} = 2$; $-a + \frac{7}{4} = 2$; $a = -\frac{1}{4}$

Tangente an $g_{-\frac{1}{4}}(x) = -\frac{1}{4} \cdot x^2 + \frac{7}{4}x$: $y = 2x + n$ geht durch $\left(-\frac{1}{2}\,\middle|\,-\frac{15}{16}\right)$, also $-\frac{15}{16} = -1 + n$

Die Tangentengleichung ist $y = 2x + \frac{1}{16}$.

d) Fläche A_a:
Nullstellen bestimmen: $x \cdot \left(ax + \frac{7}{4}\right) = 0$, also sind die Grenzen 0 und $-\frac{7}{4a}$.

$$-\int_0^{-\frac{7}{4a}} \left(ax^2 + \frac{7}{4}x\right)dx = \left[\frac{1}{3}ax^3 + \frac{7}{8}x^2\right]_0^{-\frac{7}{4a}} = -\frac{343}{192a^2} + \frac{343}{128a^2} = \frac{343}{384a^2} = \frac{21}{8};$$

$a^2 = \frac{343 \cdot 8}{384 \cdot 21} = \frac{49}{144}$; wegen $a < 0$ ist $a = -\frac{7}{12}$.

e) $g_{-\frac{1}{3}}(x) = -\frac{1}{3}x^2 + \frac{7}{4}x$

Nullstellen: 0 und $\sqrt{\frac{21}{2}}$ Fläche $\sqrt{\frac{21}{2}} \cdot \frac{7}{4} \approx 4$ FE

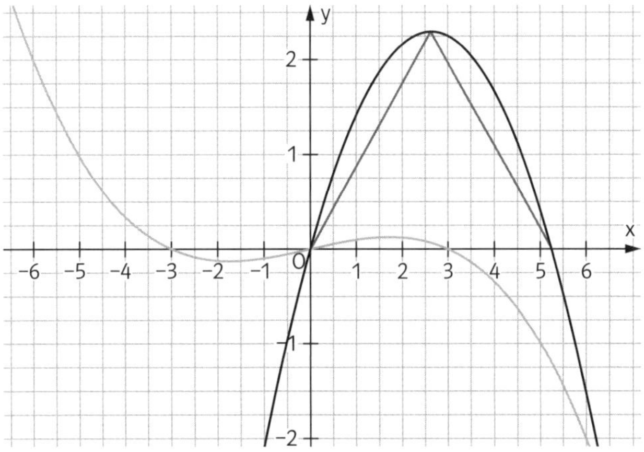

f) Die Differenz $d(u) = g_{-\frac{1}{3}}(u) - f(u)$ muss maximal werden.

$d(u) = \frac{1}{81}u^3 - \frac{1}{3}u^2 + \frac{59}{36}$; $d'(u) = \frac{1}{27}u^2 - \frac{2}{3}u + \frac{59}{36} = 0$ hat die Lösung $u = 2{,}938$ (die 2. Lösung liegt nicht im angegebenen Intervall)

$d''(u) = \frac{2}{27}u - \frac{2}{3}$; $d''(2{,}938) = \frac{2}{27} \cdot 2{,}938 - \frac{2}{3} < 0$, also ein Hochpunkt bei $u = 2{,}938$.

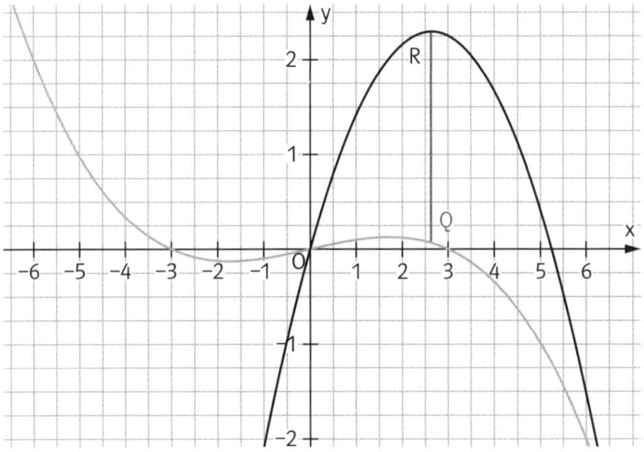

g)

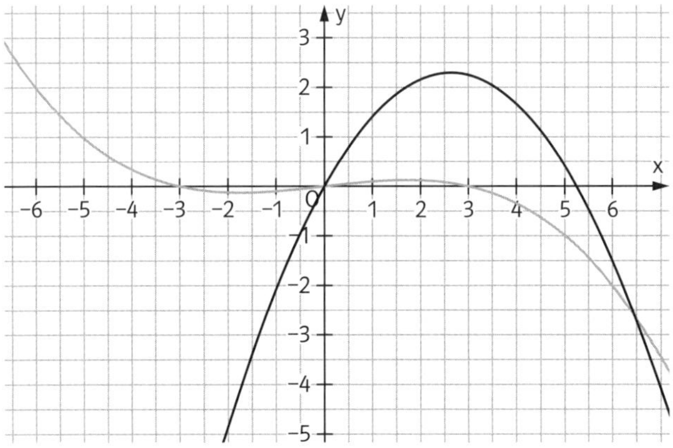

Abiturähnliche Aufgaben – Gebrochen rationale Funktionen, Seite 116

1 a) $f(x) = \frac{ax^2 + 4}{x + b}$

Wegen der senkrechten Asymptote muss $b = 1$ gelten.

$f'(x) = \frac{2ax(x+1) - ax^2 - 4}{(x+1)^2} = \frac{ax^2 + 2ax - 4}{(x+1)^2} = 0$;

$x_{1,2} = -1 \pm \sqrt{1 + \frac{4}{a}} = 2$; $1 + \frac{4}{a} = 9$; $a = \frac{1}{2}$;

f' hat an der Stelle 2 einen Vorzeichenwechsel von – nach +, also handelt es sich um einen Tiefpunkt T(2 | 2).

b) $\frac{0{,}5x^2 + 4}{x + 1} - (0{,}5x - 0{,}5) = \frac{0{,}5x^2 + 4 - (0{,}5x - 0{,}5)(x + 1)}{x + 1}$
$= \frac{0{,}5x^2 + 4 - 0{,}5x^2 + 0{,}5}{x + 1} = \frac{4{,}5}{x + 1} \to 0$ für $x \to \pm\infty$

Die Gleichung der schiefen Asymptote lautet also $y = 0{,}5x - 0{,}5$.

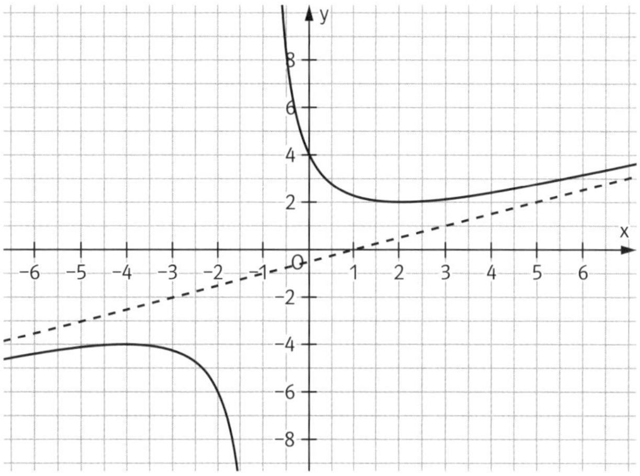

c) Punkte mit y-Koordinate t:

Es gilt $\frac{tx^2 + 4}{x + 1} = t$; $tx^2 + 4 = tx + t$

$t(x^2 - x - 1) = -4$; $t = \frac{-4}{x^2 - x - 1}$

Damit ergibt sich mit $y = t$: $y = \frac{-4}{x^2 - x - 1}$

d) $\int_0^2 \frac{0{,}5x^2 + 4}{x + 1}dx = \int_0^2 \left(0{,}5x - 0{,}5 + \frac{4{,}5}{x + 1}\right)dx = \left[\frac{1}{4}x^2 - \frac{1}{2}x + 4{,}5\ln(x + 1)\right]_0^2$
$= 1 - 1 + 4{,}5\ln(3) = \frac{9}{2}\ln(3) \approx 4{,}9$

e) $f_t'(x) = \frac{2tx(x+1) - tx^2 - 4}{(x+1)^2} = \frac{tx^2 + 2tx - 4}{(x+1)^2} = 0$;

Diskriminante muss größer als null sein. $D = 1 + \frac{4}{t} \geq 0$; also $\frac{4}{t} \geq -1$;
1. Fall: $t > 0 \wedge t \geq -4$; also $t > 0$;
2. Fall: $t < 0 \wedge t \leq -4$; also $t \leq -4$.
Insgesamt ergibt sich: Falls $t > 0$ oder $t \leq -4$ hat f_z Punkte mit waagerechter Tangente.

f) $f_t'(x) = \frac{tx^2 + 2tx - 4}{(x+1)^2} = 0$ $x_{1,2} = -1 \pm \sqrt{1 + \frac{4}{t}}$;

Der Abstand beträgt dann $l(t) = 2\sqrt{1 + \frac{4}{t}}$

$\frac{4}{t}$ nimmt mit wachsendem t monoton ab. (Die Wurzelfunktion ist monoton zunehmend und ändert deshalb an der Monotonie nichts.) Es gilt $\lim_{t \to \infty} l(t) = 2$.

Abiturähnliche Aufgaben – Geometrie, Seite 117

1 a) Die Flugbahn von F_1 hat die Gleichung g: $\vec{x} = \begin{pmatrix} 3 \\ 5 \\ 2 \end{pmatrix} + t \cdot \begin{pmatrix} -4 \\ 4 \\ 1 \end{pmatrix}$,

(t in Minuten nach Beobachtungsbeginn)
Für t = 3 ergibt sich der Punkt P(−9 | 17 | 5).
Für $x_3 = 6$ befindet sich F_1 für $2 + t \cdot 1 = 6$, also nach t = 4 Minuten, in einer Höhe von 6 km.
Der Richtungsvektor von g ist der Geschwindigkeitsvektor für F_1.

Demnach hat F_1 eine Geschwindigkeit von $v = \sqrt{(-4)^2 + 4^2 + 1^2} = \sqrt{33}\,\frac{km}{min}$, also $v = \sqrt{33} \cdot 60\,\frac{km}{h} \approx 345\,\frac{km}{h}$

Die Flugbahn von F_2 hat (mit normiertem Richtungsvektor, d.h. der Richtungsvektor hat die Länge 1 [in km]) die Gleichung h:

$\vec{x} = \begin{pmatrix} -1 \\ 3 \\ 3 \end{pmatrix} + r \cdot \begin{pmatrix} \frac{2}{3} \\ -\frac{2}{3} \\ \frac{1}{3} \end{pmatrix}$. Da F_2 in einer Minute 5 km zurücklegt,

befindet sich dieses Flugzeug demnach nach einer Minute (r = 5) im Punkt $Q\left(\frac{7}{3} \middle| -\frac{1}{3} \middle| \frac{14}{3}\right)$.

b) g ∩ h: Die Vektorgleichung $\begin{pmatrix} 3 \\ 5 \\ 2 \end{pmatrix} + t \cdot \begin{pmatrix} -4 \\ 4 \\ 1 \end{pmatrix} = \begin{pmatrix} -1 \\ 3 \\ 3 \end{pmatrix} + s \cdot \begin{pmatrix} 2 \\ -2 \\ 1 \end{pmatrix}$ bzw. das sich daraus ergebende lineare Gleichungssystem hat keine Lösung. Die Geraden g und h sind damit windschief.

Für jedes t ist $G_t(3 - 4t \mid 5 + 4t \mid 2 + t)$ ein Punkt auf g und für jedes s ist $H_s(-1 + 2s \mid 3 - 2s \mid 3 + s)$ ein Punkt auf h.

Also ist $\overrightarrow{G_tH_s} = \begin{pmatrix} -4 + 2s + 4t \\ -2 - 2s - 4t \\ 1 + s - t \end{pmatrix}$ und $\begin{pmatrix} -4 + 2s + 4t \\ -2 - 2s - 4t \\ 1 + s - t \end{pmatrix} \cdot \begin{pmatrix} -4 \\ 4 \\ 1 \end{pmatrix} = 0$

und $\begin{pmatrix} -4 + 2s + 4t \\ -2 - 2s - 4t \\ 1 + s - t \end{pmatrix} \cdot \begin{pmatrix} 2 \\ -2 \\ 1 \end{pmatrix} = 0$.

Dies führt auf das LGS (1) $15s + 33t = 9$ und (2) $9s + 15t = 3$ mit den Lösungen $s = -0{,}5$ und $t = 0{,}5$. Der Abstand von g und h ist damit gleich dem Abstand von $G(1 \mid 7 \mid 2{,}5)$ und $H(-2 \mid 4 \mid 2{,}5)$, also $d = \sqrt{(1 - (-2))^2 + (7 - 4)^2 + 0^2} = 3\sqrt{2} \approx 4{,}24$ km.

Nach drei Minuten befindet sich F_1 in $(-9 \mid 17 \mid 6)$ und F_2 in $(-1 + 5 \cdot 2 \mid 3 + 5 \cdot (-2) \mid 3 + 5 \cdot 1) = (9 \mid -7 \mid 8)$. Der Abstand der beiden Flugzeuge beträgt demnach nach drei Minuten $d_{F_1,F_2}(3) = \sqrt{(9 - (-9))^2 + (-7 - 17)^2 + (8 - 6)^2} = 2\sqrt{226} \approx 30$ km.

Bezeichnet man mit t die Zeit in Minuten nach Beobachtungsbeginn, so befindet sich F_2 nach t Minuten im Punkt X mit dem

Ortsvektor $\vec{x} = \begin{pmatrix} -1 \\ 3 \\ 3 \end{pmatrix} + t \cdot 5 \begin{pmatrix} \frac{2}{3} \\ -\frac{2}{3} \\ \frac{1}{3} \end{pmatrix}$. Der Abstand der Flugzeuge ist

daher $d_{F_1,F_2}(t) =$

$\sqrt{\left(3 - 4t - \left(-1 + \frac{10}{3}t\right)\right)^2 + \left(5 + 4t - \left(3 - \frac{10}{3}t\right)\right)^2 + \left(2 + t - \left(3 + \frac{5}{3}t\right)\right)^2}$

$= \sqrt{108 \cdot t^2 - 28 \cdot t + 21}$. Das Minimum von $d_{F_1,F_2}(t)$ ergibt sich für $t = \frac{7}{54}$ (GTR). Der minimale Abstand der beiden Flugzeuge ist daher $d_{F_1,F_2}\left(\frac{7}{54}\right) = 4{,}38$ km.

c) Situation:

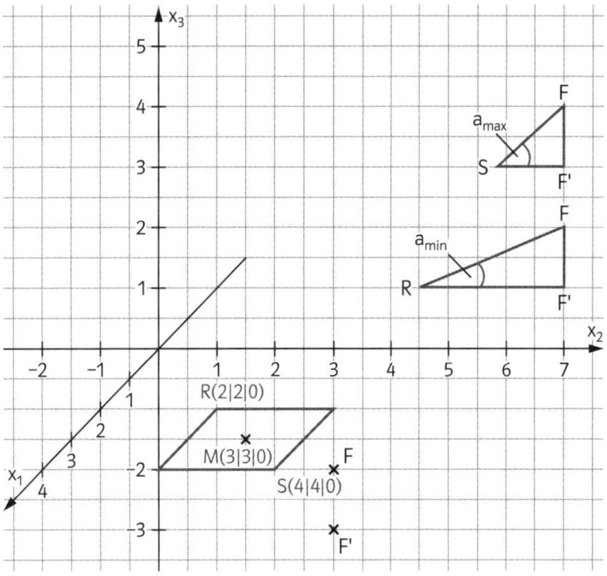

Der maximale Blickwinkel α_{max} ergibt sich für den von F am nächstgelegenen Punkt S. Es gilt: $\tan(\alpha_{max}) = \frac{1}{\sqrt{2^2 + 2^2}} = \frac{1}{4} \cdot \sqrt{2}$.

Damit ist $\alpha_{max} = 19{,}5°$

Der minimale Blickwinkel α_{min} ergibt sich für den von F am weitest weg gelegenen Punkt R. Es gilt:

$\tan(\alpha_{min}) = \frac{1}{\sqrt{4^2 + 4^2}} = \frac{1}{8} \cdot \sqrt{2}$. Damit ist $\alpha_{min} = 10°$

Alternativer Lösungsweg:

Berechnung von α_{max}: Schnittwinkel der Geraden g durch S und F mit der x_1x_2-Ebene:

$\sin(\alpha_{max}) = \frac{\begin{pmatrix} 2 \\ 2 \\ 1 \end{pmatrix} \cdot \begin{pmatrix} 0 \\ 0 \\ 1 \end{pmatrix}}{\sqrt{9} \cdot \sqrt{1}} = \frac{1}{3}$. Damit $\alpha_{max} = 19{,}5°$

Berechnung von α_{min}: Schnittwinkel der Geraden h durch R und F mit der x_1x_2-Ebene:

$\sin(\alpha_{min}) = \frac{\begin{pmatrix} 4 \\ 4 \\ 1 \end{pmatrix} \cdot \begin{pmatrix} 0 \\ 0 \\ 1 \end{pmatrix}}{\sqrt{33} \cdot \sqrt{1}} = \frac{1}{\sqrt{33}}$. Damit $\alpha_{min} = 10°$

Bemerkung: Die Augenhöhe des Beobachters ist vernachlässigbar.

d) Situation:

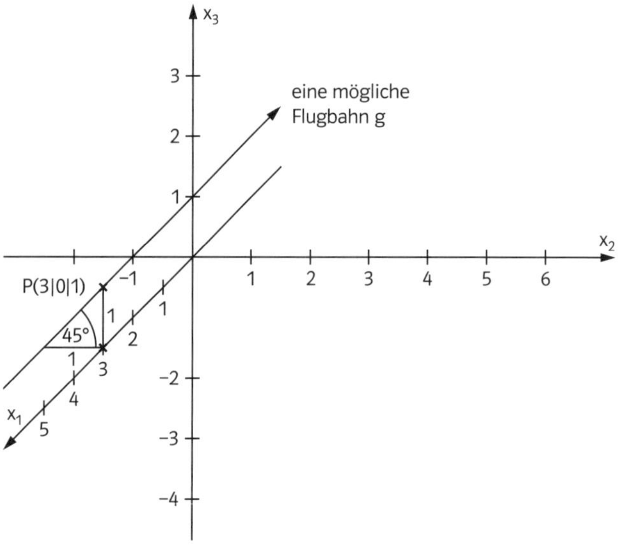

Da tan(45°) = 1 gilt für die mögliche Flugbahn g:

g: $\vec{x} = \begin{pmatrix} 3 \\ 0 \\ 1 \end{pmatrix} + r \cdot \begin{pmatrix} 0 \\ 1 \\ 1 \end{pmatrix}$; g liegt dabei in der gesuchten Ebene E.

Aufgrund der Parallelität von E zur x_1-Achse ist ein zweiter Spannvektor von E z.B. $\begin{pmatrix} 1 \\ 0 \\ 0 \end{pmatrix}$ Damit: E: $\vec{x} = \begin{pmatrix} 3 \\ 0 \\ 1 \end{pmatrix} + r \cdot \begin{pmatrix} 0 \\ 1 \\ 1 \end{pmatrix} + s \cdot \begin{pmatrix} 1 \\ 0 \\ 0 \end{pmatrix}$

Ein Normalenvektor von E ist daher $\vec{n_E} = \begin{pmatrix} 0 \\ 1 \\ -1 \end{pmatrix}$ und es ergibt sich E: $x_2 - x_3 = -1$

Abiturähnliche Aufgaben – Geometrie, Seite 118

2 a) g: $\vec{x} = \begin{pmatrix} 2 \\ 6 \\ 0 \end{pmatrix} + r \begin{pmatrix} 2 \\ 1 \\ -2 \end{pmatrix}$; A liegt in E: 8 + 12 = 20 und B liegt in E: 10 + 10 = 20; Länge von $\overline{AB}$: $\sqrt{4 + 1 + 4} = 3$

Koordinaten von $M(1 \mid 5{,}5 \mid 1)$.

b) Spurpunkte $(5 \mid 0 \mid 0)$, $(0 \mid 10 \mid 0)$, $(0 \mid 0 \mid 4)$

Zeichnung siehe oben

Orthogonale in E zu g in M: Richtungsvektor $\begin{pmatrix} v_1 \\ v_2 \\ v_3 \end{pmatrix}$

senkrecht zu Normalenvektor
und senkrecht zu Richtungsvektor von g:
$4v_1 + 2v_2 + 5v_3 = 0$ und $2v_1 + v_2 - 2v_3 = 0$ ergibt
$v_3 = 0;\ v_1 = 1;\ v_2 = -2;$

Gleichung der Geraden g_1: $\vec{x} = \begin{pmatrix}1\\5{,}5\\1\end{pmatrix} + s\begin{pmatrix}1\\-2\\0\end{pmatrix}$

Flächeninhalt des Dreiecks $F = \frac{1}{2} \cdot 3 \cdot h;\ h = \frac{2}{3} \cdot 3\sqrt{5}$

Länge des Richtungsvektors von g_1: $l = \sqrt{5};\ \frac{h}{l} = \frac{2\sqrt{5}}{\sqrt{5}} = 2;$

also ist C(3 | 1,5 | 1) oder C(−1 | 9,5 | 1).
Wegen x_1 positiv ist der gesuchte Punkt C(3 | 1,5 | 1).

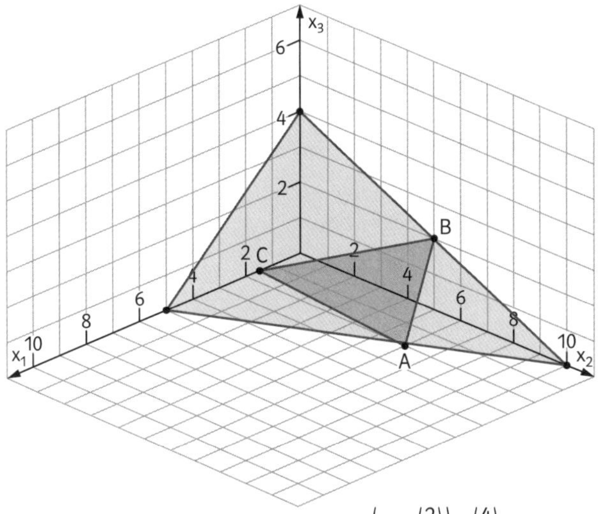

c) Hesse'sche Normalenform von E: $\frac{1}{\sqrt{45}}\left(\vec{x} - \begin{pmatrix}2\\6\\0\end{pmatrix}\right) \cdot \begin{pmatrix}4\\2\\5\end{pmatrix} = 0;$

$d = \left|\frac{1}{\sqrt{45}}(-9)\right| = \frac{3}{\sqrt{5}};$

$V = \frac{1}{3}F \cdot d = \frac{1}{3} \cdot 3 \cdot \sqrt{5} \cdot \frac{3}{\sqrt{5}} = 3.$

d) Schnittpunkt T
Einsetzen eines Punktes S auf h (3 + t | 1,5 | 1 + t) in E ergibt:
$4(3 + t) + 3 + 5(1 + t) = 20;\ t = 0$ also T = C.
S(3 + t | 1,5 | 1 + t)

Abstand S von E: $d = \left|\frac{1}{\sqrt{45}}\begin{pmatrix}1+t\\-4{,}5\\1+t\end{pmatrix} \cdot \begin{pmatrix}4\\2\\5\end{pmatrix}\right| = \frac{3}{\sqrt{5}}|t|;$

$V = \frac{1}{3} \cdot 3\sqrt{5} \cdot \frac{3}{\sqrt{5}}|t| = 3|t|.$

e) $|\overrightarrow{AS}|^2 = (t + 1)^2 + 4{,}5^2 + (t + 1)^2 = 2t^2 + 4t + 22{,}25;$

$|\overrightarrow{BS}|^2 = (t + 3)^2 + 3{,}5^2 + (t - 1)^2 = 2t^2 + 4t + 22{,}25.$

$F = \frac{1}{2} \cdot 3 \cdot |\overrightarrow{SM}| = \frac{3}{2}\sqrt{(-2 - t)^2 + 16 + (-t)^2} = \frac{3}{2}\sqrt{20 + 4t + 2t^2}$

GTR ergibt Minimum bei t = −1 oder Rechnung mit Ableitung.
S(2 | 1,5 | 0).

Winkel an der Spitze: $\cos(\alpha) = \frac{\overrightarrow{AS} \cdot \overrightarrow{BS}}{|\overrightarrow{AS}| \cdot |\overrightarrow{BS}|} = \frac{-4{,}5 \cdot (-3{,}5)}{4{,}5 \cdot \sqrt{4 + 3{,}5^2 + 4}} = \frac{7}{9};$

$\alpha \approx 38{,}9°.$

f) Koordinatengleichung von F: $-x_1 + 4x_2 + x_3 = 13$
Schnittpunkte von F mit den Pyramidenkanten:
$M_{\overline{CA}}(2{,}5 | 3{,}75 | 0{,}5)$; $M_{\overline{CB}}(1{,}5 | 3{,}25 | 1{,}5)$; $M_{\overline{AD}}(2 | 3{,}75 | 0)$;
$M_{\overline{BD}}(1 | 3{,}25 | 1)$ sind jeweils die Mittelpunkte der Kanten.
Durch Aufstellen der Vektoren benachbarter Schnittpunkte ergibt sich:
Beide Körper haben als Grundfläche ein Parallelogramm.
Verwendung des Satzes von der Mittelparallele: An 2 Seiten liegen sich kongruente Dreiecke gegenüber, an den anderen beiden Seiten liegen sich Trapeze gegenüber, bei denen die eine parallele Seite doppelt so lang wie die andere ist.

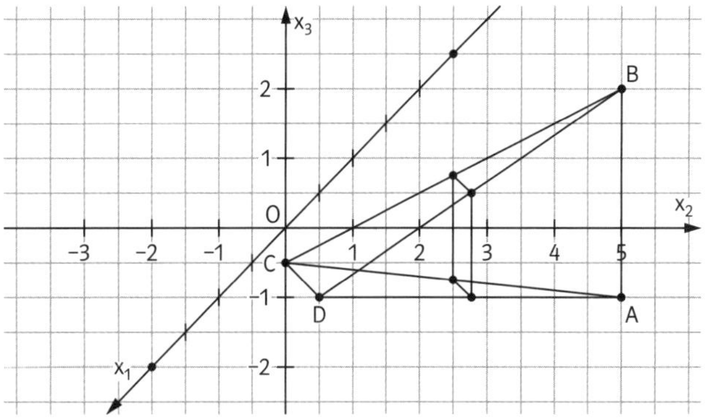

Abiturähnliche Aufgaben – Stochastik, Seite 119

1 a) (kein Rauchmelder erkennt die Gefar) = $(1 - p)^2$
P(mindestens ein Rauchmelder erkennt die Gefahr) =
1 − P(kein Rauchmelder erkennt die Gefahr) = $1 - (1 - p)^2$
Für p = 0,90 folgt P(Gefahr erkannt) = $1 - (1 - 0{,}9)^2 = 0{,}99$.
Die Sicherheit hat sich also um 9 % erhöht.

b) Das Gerät funktioniert (92 %) nur, wenn kein Materialfehler (98 %) und kein Montagefehler (1 − x) vorliegt.
Wahrscheinlichkeit für einen Montagefehler:
Es ist also $0{,}98 \cdot (1 - x) = 0{,}92$. $x = 1 - \frac{0{,}92}{0{,}98} = 0{,}0612$
Die Wahrscheinlichkeit für einen Montagefehler beträgt 6,12 %.

c) Binomialverteilung, wenn man für jedes der 50 Geräte mit der gleichen Wahrscheinlichkeit die Ereignisse „funktioniert" oder „funktioniert nicht" erhält. Also eine Bernoullikette der Länge n = 50 und der Wahrscheinlichkeit p = 0,08 für die Zufallsgröße X (Anzahl der nicht funktionierenden Geräte).
P(A) = P(X = 4) = 0,2037; P(B) = P(X < 3) = P(X ≤ 2) = 0,226;
P(C) = P(X ≤ 5) = 0,7919

d) Bezeichnen wir mit Y die Anzahl funktionierender Geräte aus der Anzahl n mit p = 0,92, so ist P(X ≥ 80) ≥ 0,95, also P(X ≤ 79) ≤ 0,05. Diese Gleichung gilt erst bei n = 92. Er muss also mindestens 92 Rauchmelder bestellen.

e) Nullhypothese H_0: $p_0 = 0{,}05$ Gegenhypothese: H_1: $p_1 = 0{,}08$
Es liegt ein rechtsseitiger Ablehnungsbereich vor, weil $p_0 < p_1$ ist. [g, …, 50]
Die Nullhypothese wird abgelehnt, wenn die Anzahl defekter Rauchmelder in der Stichprobe im Bereich [g, …, 50] liegt.
Der Fehler 1. Art (α-Fehler) liegt vor, wenn die Nullhypothese abgelehnt wird, obwohl sie wahr ist.
$\alpha = P(X \geq g) = 1 - P(X \leq g - 1)$ mit $p_0 = 0{,}05$
Der Fehler 2. Art (β-Fehler) liegt vor, wenn die Nullhypothese angenommen wird, obwohl sie falsch ist.
$\beta = P(X < g) = P(X \leq g - 1)$ mit $p_1 = 0{,}08$
Aus der Tabelle entnimmt man die Werte

g	α	β
3	0,50	0,23
4	0,24	0,43
5	0,10	0,63

Dem Wert $p_0 = 0{,}05$ kann man glauben, wenn höchstens 3 defekte Rauchmelder in der Stichprobe sind, ansonsten wird man den Wert $p_1 = 0{,}08$ als richtig annehmen.

Abiturähnliche Aufgaben – Stochastik, Seite 120

1 a) $P_J(A) = \frac{P(A \cap J)}{P(J)} = \frac{\frac{x}{28}}{\frac{12}{28}} = \frac{x}{12} = \frac{5}{6}$; $x = 10$

$P_A(J) = \frac{P(A \cap J)}{P(A)} = \frac{\frac{10}{28}}{\frac{y}{28}} = \frac{1}{2}$; $y = 20$

	A	$\bar{A}$	
J	x		12
M			16
	y		28

	A	$\bar{A}$	
J	10	→ 2	12
M	10	→ 6	16
	20	→ 8	28

$P(A) = \frac{20}{28}$; stochastische Abhängigkeit, wenn

$P(A \cap J) \neq P(A) \cdot P(J)$, $P(J) = \frac{12}{28}$, $P(A \cap J) = \frac{10}{28} \approx 0{,}357$

$P(A) \cdot P(J) \approx 0{,}306$, also stochastisch abhängig.

b) X als Anzahl der Kinder Alleinerziehender in der Klassenstufe 6 ist binomialverteilt mit $p = \frac{2}{3}$.

(1) $P(X \geq 8) = 1 - P(X \leq 7) = 1 - F_{20;\frac{2}{3}}(7) = 0{,}996$, also etwa 99,6 %.
(2) $P(X \leq 1) = F_{25;\frac{2}{3}}(1) \approx 0$

c) $P(X \geq 1) = 1 - P(X = 0) \geq 0{,}99$, also $P(X = 0) \leq 0{,}01$

$\binom{n}{0} \cdot \left(\frac{1}{3}\right)^0 \cdot \left(\frac{2}{3}\right)^n \leq 0{,}01$, d.h. $n \cdot \ln\left(\frac{2}{3}\right) \leq \ln(0{,}01)$ mit der Lösung

$n \geq \frac{\ln(0{,}01)}{\ln\left(\frac{2}{3}\right)} \approx 4{,}2$, man muss also mindestens 12 Kinder befragen.

d) Es ist $\mu_A = 200 \cdot p$ und $2 \cdot \sigma_A = 2 \cdot \sqrt{200 \cdot p \cdot (1 - p)}$.
Damit ist aus
$200p - 2 \cdot \sqrt{200 \cdot p \cdot (1 - p)} < 108 < 200p + 2 \cdot \sqrt{200 \cdot p \cdot (1 - p)}$
der Wert für p zu berechnen.
Es ist $200p - 108 < 2 \cdot \sqrt{200 \cdot p \cdot (1 - p)}$ bzw.
$200p - 108 > -2 \cdot \sqrt{200 \cdot p \cdot (1 - p)}$.
Durch Quadrieren erhält man $(200p - 108)^2 < 800 \cdot p \cdot (1 - p)$ und erhält die Intervallgrenzen des Wertes p als Lösung der Gleichung $(200p - 108)^2 = 800 \cdot p \cdot (1 - p)$.
$40\,000p^2 - 43\,200p + 11\,664 = 800p - 800p^2$
$40\,800p^2 - 44\,000p + 11\,664 = 0$ mit den Lösungen $p_1 = 0{,}4694$ und $p^2 = 0{,}609$. Die geschätzte Wahrscheinlichkeit liegt im Intervall [0,4694; 0,609].

e) Ein Baumdiagramm veranschaulicht die Situation.

Es ist also $P(A) = \frac{210}{866} \cdot 0{,}6 + \frac{656}{866} \cdot 0{,}5 = 0{,}5242$.

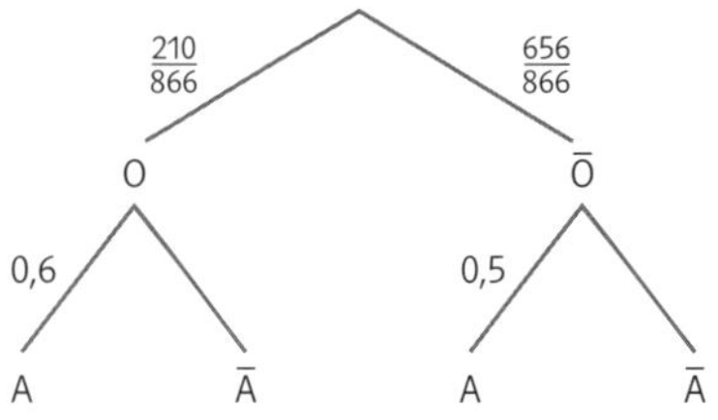

Abiturähnliche Aufgaben – Stochastik, Seite 121

1 a) Bezeichnet man mit S, dass ein Besucher die ständige Ausstellung aufsucht, und mit B, dass ein Besucher zur Beckmannausstellung geht, so ist $P(S) = 0{,}28$, $P(B) = 0{,}85$ und $P(S \cap B) = 0{,}15$.
Aus $P(S \cup B) = P(S) + P(B) - P(S \cap B) = 0{,}28 + 0{,}85 - 0{,}15 = 0{,}98$ folgt, dass 2 % nur die Buchhandlung aufsuchen.

b) X ist die Anzahl der Befragten, auf die das Ereignis zutrifft.
$P(A) = P(X \geqq 3) = 1 - F_{20;\,0{,}15}(2) = 0{,}595$, also etwa 60 %.
$P(B) = P(X \leqq 1) = F_{20;\,0{,}02}(1) = 0{,}940$

c) $0{,}85 + 0{,}15 \cdot 0{,}85 + 0{,}15^2 \cdot 0{,}85 + \ldots + 0{,}15^{n-1} \cdot 0{,}85 \geqq 0{,}99$ lässt sich leichter über das Gegenereignis lösen: $1 - 0{,}15^n \geqq 0{,}99$ $\quad 0{,}15^n \leqq 0{,}01$ $\quad n \geqq 2{,}47$.
Man muss also mindestens 3 Besucher befragen.

d) Ereignis C: Von 20 befragten Besuchern sehen sich genau 3 beide Ausstellungen an.
Ereignis D: Von 20 befragten Besuchern (11 Frauen, 9 Männer) werden zufällig 6 ausgewählt.
P(D) ist dann die Wahrscheinlichkeit, dass höchstens eine Frau darunter ist.

e) Betrachtet wird der Schalter, an dem Herr Schmidt steht. Da Herr Schmidt als Letzter gesetzt ist, sind nur noch 7 Personen zu verteilen.
(siehe Tab. 1)

$E(X) = 4 \cdot \frac{1}{35} + 6 \cdot \frac{12}{35} + 8 \cdot \frac{18}{35} + 10 \cdot \frac{4}{35} = \frac{260}{35} \approx 7{,}43\,\text{min}.$

Tabelle 1

Auswahl	4 Jahreskarte 0 Zahler	3 Jahreskarte 1 Zahler	2 Jahreskarte 2 Zahler	1 Jahreskarte 3 Zahler
x_i	4 min	6 min	8 min	10 min
$p = P(X = x_i)$	$\frac{\binom{3}{3} \cdot \binom{4}{0}}{\binom{7}{3}} = \frac{1}{35}$	$\frac{\binom{3}{2} \cdot \binom{4}{1}}{\binom{7}{3}} = \frac{12}{35}$	$\frac{\binom{3}{1} \cdot \binom{4}{2}}{\binom{7}{3}} = \frac{18}{35}$	$\frac{\binom{3}{0} \cdot \binom{4}{3}}{\binom{7}{3}} = \frac{4}{35}$

Abiturähnliche Aufgaben – Stochastik (3), Seite 119

1 a) Bezeichnet man mit S, dass ein Besucher die ständige Ausstellung aufsucht, und mit B, dass ein Besucher zur Beckmannausstellung geht, so ist $P(S) = 0{,}28$, $P(B) = 0{,}85$ und $P(S \cap B) = 0{,}15$.
Aus $P(S \cup B) = P(S) + P(B) - P(S \cap B) = 0{,}28 + 0{,}85 - 0{,}15 = 0{,}98$ folgt, dass 2 % nur die Buchhandlung aufsuchen.

b) X ist die Anzahl der Befragten, auf die das Ereignis zutrifft.
$P(A) = P(X \geqq 3) = 1 - F_{20;\,0{,}15}(2) = 0{,}595$, also etwa 60 %.
$P(B) = P(X \leqq 1) = F_{20;\,0{,}02}(1) = 0{,}940$

c) $0{,}85 + 0{,}15 \cdot 0{,}85 + 0{,}15^2 \cdot 0{,}85 + \ldots + 0{,}15^{n-1} \cdot 0{,}85 \geqq 0{,}99$ lässt sich leichter über das Gegenereignis lösen: $1 - 0{,}15^n \geqq 0{,}99 \quad 0{,}15^n \leqq 0{,}01 \quad n \geqq 2{,}47$.
Man muss also mindestens 3 Besucher befragen.

d) Ereignis C: Von 20 befragten Besuchern sehen sich genau 3 beide Ausstellungen an.
Ereignis D: Von 20 befragten Besuchern (11 Frauen, 9 Männer) werden zufällig 6 ausgewählt.
P(D) ist dann die Wahrscheinlichkeit, dass höchstens eine Frau darunter ist.

e) Betrachtet wird der Schalter, an dem Herr Schmidt steht. Da Herr Schmidt als Letzter gesetzt ist, sind nur noch 7 Personen zu verteilen.
(siehe Tab. 1)

$E(X) = 4 \cdot \frac{1}{35} + 6 \cdot \frac{12}{35} + 8 \cdot \frac{18}{35} + 10 \cdot \frac{4}{35} = \frac{260}{35} \approx 7{,}43\,\text{min}.$

Auswahl	4 Jahreskarte 0 Zahler	3 Jahreskarte 1 Zahler	2 Jahreskarte 2 Zahler	1 Jahreskarte 3 Zahler
x_i	4 min	6 min	8 min	10 min
$p = P(X = x_i)$	$\frac{\binom{3}{3}\cdot\binom{4}{0}}{\binom{7}{3}} = \frac{1}{35}$	$\frac{\binom{3}{2}\cdot\binom{4}{1}}{\binom{7}{3}} = \frac{12}{35}$	$\frac{\binom{3}{1}\cdot\binom{4}{2}}{\binom{7}{3}} = \frac{18}{35}$	$\frac{\binom{3}{0}\cdot\binom{4}{3}}{\binom{7}{3}} = \frac{4}{35}$

Tabelle 1

Stichwortverzeichnis

Ableitung 12, 31, 61
Ableitungsfunktion 11
Abstände 83, 84, **99**
Additionssatz 44

Bernoulliversuche 71
Betrag von Vektoren 26
Binomialverteilung 72, 73

Definitionslücken 5
Differenzenquotient 9
Differentialquotient 10

Ebenengleichung 81
Ereignisse 43, 45
Erwartungswert 66
Exponentialfunktion 37, 40, 41
Exponentialgleichungen 40
Exponentielles Wachstum 88
Extrempunkte **94**
Extremstellen 17
Extremwerte 17
Extremwertprobleme 48, 49

Faktorregel 13
Fehler beim Testen von Hypothesen 75, **103**
Funktionenscharen 50, **94**
Funktionsuntersuchung 19

ganzrationale Funktionen 47
gegenseitige Lage von Geraden 79
Geraden 78
Gleichung der Normalen **92**
Gleichung der Tangente **92**
Größe von Winkeln 27

Halbwertszeit 89
Hauptsatz der Integral- und Differentialrechnung 56
Hypothesentest 75, 76, **103**

Integral 54, 55, 58, 59, 96
Integralfunktion 55

Koordinatensystem 22
Kreise 29
Krümmung 62
Kugeln 29

Lagebeziehung 82, **97**
Laplace-Experimente **101**
Logarithmusfunktion 38, 41
lokale Änderungsrate 10

mittlere Änderungsrate 9
Möglichkeiten 69
Monotonie 16, **92**

Normale **92**

Ortskurve **95**

Parameter 50
Potenzfunktion 35
Produktregel 14

Quotientenregel 14

Rekonstruieren einer Größe **96**

Sattelpunkte **94**
Schnittpunkt und -winkel der Graphen zweier Funktionen **93**
Schnittwinkel 85
Sinus- und Kosinusfunktion 31
Skalarprodukt 27
S-Multiplikation 25
Spielpläne 67, 68
Stammfunktion 57, 58
Steigung von Funktionsgraphen **92**
Summenregel 13

Tangente **92**

Umkehrfunktion 32
uneigentliche Integrale **96**
Urnenmodell 69, 70

Vektoren 23
Vektorprodukt 28
Verdopplungszeit 89
Verkettung von Funktionen 33

Wahrscheinlichkeiten 70
Wendepunkte 63, **94**

zueinander senkrechte Tangenten **93**
Zufallsgröße 65, **101**
zusammengesetzte Funktionen 39, 90

Die Seitenangaben in Schwarz verweisen auf die Aufgabenseiten, die Seitenangaben in Orange auf Basisfertigkeiten-Seiten.